Die deutsche Pferdewirtschaft

Blickpunkt Sportmanagement

Herausgegeben von Ronald Wadsack

Band 4

PL ACADEMIC RESEARCH

Christina Münch / Katharina Wiegand (Hrsg.)

Die deutsche Pferdewirtschaft

Betriebswirtschaftliche Aspekte zwischen Hobby und Unternehmung

PL ACADEMIC RESEARCH

Bibliografische Information der Deutschen Nationalbibliothek
Die Deutsche Nationalbibliothek verzeichnet diese Publikation in der Deutschen Nationalbibliografie; detaillierte bibliografische Daten sind im Internet über http://dnb.d-nb.de abrufbar.

ISSN 1861-681X
ISBN 978-3-631-66589-3 (Print)
E-ISBN 978-3-653-06040-9 (E-Book)
DOI 10.3726/978-3-653-06040-9

PL Academic Research ist ein Imprint der Peter Lang GmbH.

Peter Lang – Frankfurt am Main · Bern · Bruxelles · New York · Oxford · Warszawa · Wien

Diese Publikation wurde begutachtet.

www.peterlang.com

Vorwort Christina Münch und Katharina Wiegand

Die deutsche Pferdewirtschaft ist heute eine sehr komplexe und facettenreiche Branche. Betriebswirtschaftliche Fragestellungen stehen dabei im Blickpunkt von Unternehmen, Dienstleistern oder Pferdebetrieben, die es sich zum Ziel gesetzt haben, unternehmerisch erfolgreich zu sein. Das Pferd als Hobby steht wiederum hierzulande bei mehr als drei Millionen Personen im Mittelpunkt des Interesses. Ob Ausgleich zum Alltag, sportlicher Erfolg oder Naturverbundenheit – zum Pferd und zum Pferdesport kommen die Menschen aus den unterschiedlichsten Motiven. Allen gemeinsam allerdings, ob Unternehmer, Sport- oder Freizeitreiter, ist die Liebe zum Pferd.

Der Kontrast zwischen wirtschaftlicher Unternehmung und Hobby mag die Begründung für den insgesamt niedrigen Professionalisierungsgrad in der Pferdewirtschaft sein. So kennen alle, die sich schon mal intensiveren Literaturstudien zur Pferdewirtschaft gewidmet haben, das Problem der mitunter knappen wissenschaftlichen Datengrundlage. Seit der Etablierung der ersten pferdewissenschaftlichen Studiengänge in Deutschland vor nunmehr fast zehn Jahren hat sich die Zahl wissenschaftlicher Abhandlungen, die sich mit dem Pferd und der Pferdewirtschaft auseinandersetzen, deutlich erhöht.

Wir freuen uns, dass wir gemeinsam mit den verschiedenen Autoren, denen wir an dieser Stelle herzlich danken möchten, durch Ronald Wadsack die Möglichkeit erhalten haben, die Vielfalt der Pferdewirtschaft in diesem Sammelband darstellen zu können. Ebenso danken wir Frau Gabriele Wach für „den letzten Schliff" am Werk.

Den Leserinnen und Lesern möchten wir mit auf den Weg geben, dieses Werk nicht als statische Wissenssammlung zu sehen, sondern vielmehr als Ideengeber und als Aufforderung, sowohl Gewohntes wie auch Neues in der Pferdebranche im konstruktiven Sinne zu hinterfragen. Wir möchten zu einer kontinuierlichen Auseinandersetzung mit der Pferdwirtschaft anregen und dazu, diese im Zusammenhang mit gesamtgesellschaftlichen Entwicklungen immer wieder neu zu betrachten. Es ist wichtig, das Wissen um das Pferd und die Pferdewirtschaft stets weiterzuentwickeln und, wo es notwendig ist, neue Richtungen einzuschlagen.

In diesem Sinne wünschen wir viel Freude!

Christina Münch und Katharina Wiegand

Vorwort des Reihen-Herausgebers

„Blickpunkt Sportmanagement" bedeutet auch, Themen aufzugreifen, welche sonst eher weniger Beachtung finden. Es ist sehr erfreulich, dass Christina Münch und Katharina Wiegand als profunde Kennerinnen der Reit- und Pferdeszene sich bereit gefunden haben, einen Band zu der deutschen Pferdewirtschaft zusammenzustellen. Der Bereich Reiten bzw. Reit- und Pferdesport bildet innerhalb des Sportes und des Sportmanagement, wie einzelne andere Bereiche auch, eine eigene Szene.

Umso interessanter ist es, mit diesem Band verschiedene Beiträge vorzulegen, welche in der Lage sind, die Diskussion um das Thema zu beflügeln. Gerade aus wirtschaftlicher Sicht ist dieser Bereich des Sportes durchaus attraktiv.

Allen Autorinnen und Autoren, die sich die Mühe gemacht haben, zu dem Band beizutragen, sei auch von mir als Reihenherausgeber gedankt. Ebenso gilt mein Dank den beiden Herausgeberinnen, die sich um die konzeptionelle Aufbereitung und Ansprache von Autorinnen und Autoren gekümmert haben. Letztlich gilt mein Dank Frau Gabriele Wach, die sich neben der Autorenschaft ebenfalls mit bewährter Akribie um die finale Manuskriptaufbereitung gekümmert hat.

Salzgitter, September 2015
Ronald Wadsack

Inhaltsverzeichnis

Christina Münch und Katharina Wiegand

Zahlen, Daten, Fakten

Status Quo und Entwicklungen in der deutschen Pferdewirtschaft

Abstract Gesellschaftliche Entwicklungen wirken sich auf die Nutzung, Haltung und Zucht des Pferdes aus. Im Verlauf der vergangenen 100 Jahre gab es grundlegende Umbrüche innerhalb der deutschen Pferdewirtschaft, die sich insbesondere an Hand der Bestandszahlen nachvollziehen lassen. Diese Entwicklungen sowie aktuelle Trends innerhalb der reitenden und der nicht-reitenden Bevölkerung erlauben es, Maßgaben für eine gute, zukunftsfähige Ausrichtung der deutschen Pferdewirtschaft abzuleiten. Veränderungen im Freizeitverhalten der Menschen, Motive von Reitern und Züchtern, aber auch aktuelle Strukturen in Nutzung und Haltung der Pferde geben dafür wichtige Impulse.

1. Die deutsche Pferdewirtschaft gestern, heute und morgen

Die deutsche Pferdewirtschaft bewegt sich mit den ihr vor- und nachgelagerten Wirtschaftsbereichen im Übergang zwischen Sport- und Freizeitmarkt, zwischen Hobby und Wirtschaftlichkeit, Landwirtschaft und Tourismus. So kommt es insgesamt zu einer Vermischung ökonomischer und gemeinnütziger Interessen; sport- oder verbandspolitische Aspekte spielen dabei ebenso eine Rolle wie Entwicklungen in den Agrarmärkten oder gesellschaftliche Trends und Tierschutzdiskussionen.

Es sind noch keine hundert Jahre vergangen, seitdem sämtliche Prozesse im Transport- und Militärwesen sowie in der Land- und Forstwirtschaft ohne das Pferd denkbar gewesen wären. Durch die Technisierung in den genannten Bereichen haben sich die Strukturen in großen Teilen der Welt mittlerweile komplett verändert – und damit auch die Rolle des Pferdes. Sein Einsatz hat sich in Deutschland beinahe vollständig in den Sport- und Freizeitmarkt verschoben, dennoch gibt es nach wie vor Bezüge zur Land- und Forstwirtschaft und seit Neuerem auch zum Gesundheitswesen und dem Tourismus.

Als Indikator der strukturellen Umbrüche innerhalb der Pferdewirtschaft können die Pferdebestandszahlen im Zeitverlauf herangezogen werden: So wurden um 1900 ca. 4,2 Millionen Pferde in Deutschland gehalten, um 1950 konnten noch 1,5 Millionen Pferde in der Bundesrepublik gezählt werden.[1]

1 Brade 2013, 1.

Ihren vorübergehenden Tiefpunkt erreicht die deutsche Pferdepopulation Mitte der 1960er Jahre bei einer Bestandsgröße von 250.000 Tieren[2], mittlerweile schätzt die Deutsche Reiterliche Vereinigung e. V. (FN) den Bestand auf rund 1,2 Millionen Pferde.[3]

Um die aktuelle Situation zu erklären und zukünftige Entwicklungen prognostizieren und beeinflussen zu können, bildet das Verständnis des Wandlungsprozesses eine wichtige Grundlage. Teilweise bis heute bewahrte und gepflegte Einrichtungen und Traditionen erklären sich aus Vergangenem. Gleichzeitig spiegeln die Neuerungen gesellschaftliche Entwicklungen wider und geben Aufschluss darüber, aus welchen Motiven heraus und innerhalb welcher Bevölkerungsgruppen die Menschen heutzutage und zukünftig dem Pferdesport und der Pferdezucht nachgehen.

Die Wurzeln in Militär und Landwirtschaft

Betrachtet man die Kriegsgeschichte der europäischen Armeen, kann man feststellen, dass die berittenen und bespannten Truppen einen wesentlichen Bestandteil erfolgreich verlaufener Schlachten bildeten. Entsprechend hoch waren allerdings auch der Bedarf sowie der Verlust an Pferden während der Kriegsjahre. So wurden im ersten Weltkrieg in Deutschland 1,5 Millionen Pferde eingesetzt, im zweiten Weltkrieg waren es sogar 2,7 Millionen[4]; der monatliche Verlust wird für den ersten Weltkrieg auf circa 13.000 Pferde geschätzt.[5] Gleichzeitig war auch der Bedarf der Landwirtschaft an Pferden als Zug- bzw. Arbeitstiere groß. Um eine ausreichende Anzahl geeigneter Pferde bereitstellen zu können, wurde die Pferdezucht staatlich gefördert und gelenkt. Durch die Errichtung der Landgestüte mit ihren ausgelagerten Deckstationen im 17. und 18. Jahrhundert wurden den bäuerlichen Pferdezüchtern im Land kontinuierlich hochwertige Hengste für ihre Zucht zur Verfügung gestellt. Ziel war es, die Qualität der privaten bäuerlichen Zucht zu heben, um so qualitativ hochwertige Pferde für Landwirtschaft und Kavallerie zu erhalten. Vor allem der Einsatz in der Landwirtschaft hat zur flächendeckenden Verbreitung des Pferdes in Deutschland geführt. Auch die traditionelle Verankerung der Pferdezucht und -haltung in der Landwirtschaft erklärt sich aus diesem früheren Einsatzbereich.

---

2 Brade 2013, 2.

3 FN 2015.

4 Gierse 2000, 96.

5 Satter 2004, 64.

In der Zeit der Kavallerie gab es in Deutschland militärische Reitschulen und -institute, die sich der Ausbildung von Pferden und Soldaten widmeten. Auf die Ausbildungssysteme, Lehren und Schriften aus dieser Zeit geht die international anerkannte deutsche Reitlehre – als Richtlinien für Reiten und Fahren von der FN publiziert – bis heute zurück. So entwickelte sich auch aus der europäischen Militärreiterei das Reiten zur sportlichen Freizeitbeschäftigung der Menschen: Zu den turniersportlichen und teils olympischen Disziplinen zählen seit jeher die Dressur, das Springen, die Vielseitigkeit und das Fahren. Diese werden schon seit 1905 durch den Dachverband, die Deutsche Reiterliche Vereinigung e V., koordiniert. Parallel zur vermehrten sportlichen Ausübung dieser klassischen Disziplinen, die zunächst vor allem auf die oberen gesellschaftlichen Schichten beschränkt und damals noch viel mehr als heute am Turniersport ausgerichtet waren, setzte mit der so genannten „Freizeitreiter-Bewegung" eine ganz neue Entwicklung innerhalb der Deutschen Pferdewirtschaft ein.

Vom Tiefpunkt zur Vielfalt

Als der Tiefpunkt der Pferdepopulation in Deutschland durch Modernisierungsprozesse in Militär und Landwirtschaft Anfang der 60er Jahre erreicht war, mussten das Pferd und die Reiterei ihre Rolle in vielerlei Hinsicht neu finden. Die Stimmung unter den Pferdeliebhabern, vom Landwirt bis zum Pferdesportler war so düster, dass der Hauptverband der Zucht und Prüfung deutscher Pferde gemeinsam mit dem Provinzialverband westfälischer Reit- und Fahrvereine im Zusammenhang mit dem Dortmunder Hallenturnier 1963 die Veranstaltung „Das Pferd muß bleiben" organisierte. Viele namenhafte Akteure aus Landespferdezuchten, Reit- und Rennsport, der Landwirtschaft und der deutschen Pferdewirtschaft wirkten mit. Den Höhepunkt bildete das große Schaubild der Pferde aller Zucht- und Nutzungsrichtungen: Vom Shetland-Pony bis zum Kaltblüter, vom Fohlen bis zum Spitzensportler, vom Schaubild eines Trakehner Treckgespannes in Erinnerung an die Ostpreußen-Flucht am Ende des zweiten Weltkrieges bis zur königlichen Karosserie. Der damalige Bundespräsident Heinrich Lübke schickte ein Telegramm mit folgendem Wortlaut: „Einzig und allein der Mensch entscheidet, ob das Pferd bleiben wird oder nicht. Sollte eines Tages das Pferd verschwinden, so nur durch die Schuld des Menschen." Willi Daume, damaliger Präsident des Nationalen Olympischen Komitees, prophezeite zu diesem Zeitpunkt, dass „die deutsche Reiterei keinesfalls in ihrer Existenz gefährdet sei, sondern im Gegenteil sehr stark in die Breite wachsen wird."[6]

---

6 Popken 2012.

Krisen bieten auch immer die Chance zu Veränderung und Neubeginn – so auch in der deutschen Pferdewirtschaft. Welche Auslöser es letztendlich waren, die den Negativtrend umkehrten, lässt sich rückblickend nur vermuten. Mit dem wirtschaftlichen Aufschwung in Deutschland und den veränderten Rahmenbedingungen im Arbeits- und Gesellschaftsleben wuchs der Wunsch vieler Menschen danach, sich mit dem Pferd zu umgeben. Was noch vor dem Krieg nur der elitären Bevölkerungsschicht in der Freizeit möglich war, schien nun für viele erreichbar. Der *Spiegel* widmete dieser Entwicklung im Jahr 1978 einen zehnseitigen Artikel und berichtet darin unter anderem von jährlichen Zuwachsraten von über 10 Prozent und den positiven Auswirkungen auf Branchen wie den Tourismus und das Handwerk.[7] Jedoch begeisterten sich nicht alle am Pferd Interessierten für die klassische Sportreiterei – mit dem Import von Pferderassen und Reitweisen aus aller Welt erlangte der Pferdesport in Deutschland eine Vielfalt, die es zuvor noch nie gab. So kann beispielsweise der Import der ersten Islandpferde in den 1960er Jahren nicht nur als Anfang des Gangpferdereitens hierzulande betrachtet werden, sondern brachte mit robusten, kleinen Pferden, ihrer ganzjährigen Weide- bzw. Offenstallhaltung und Reitern, die weder nach Vereinsmitgliedschaften noch nach Reithallen strebten, viele bis dato weitgehend unbekannte Aspekte in die deutsche Pferdeszene. Ursula Bruns, deren Person bis heute untrennbar mit diesen Entwicklungen verbunden ist, schrieb ihre Beobachtungen im Jahr 1965 nieder:

> „Das [die Isländer] nun zurückkehren, verdanken sie (...) keinem Impuls der „traditionellen" Reiter (...). Niemand vermag recht zu sagen, wie es kam, daß sich kurz nach dem vernichtendsten aller Kriege die Menschen der Städte, der Büros und der Fabriken auf das Pferd besannen. (...) Wandern zu Pferde gehört in diesen Bereich der Freizeit-Sehnsucht, Ponyhotels erfüllen die Reiterträume wenigstens auf einige Ferienwochen, und die ganz Entschlossenen holen sich die Ur-Natur hinters Haus, in den Umkreis ihres täglichen Lebens hinein. Dieser neuen Beschäftigung mit dem Pferd sind Menschen allen Alters und aller gesellschaftlichen Schichten verfallen."[8]

Seit diesen Anfängen ist Zeit vergangen – um einen Eindruck der folgenden Entwicklung zu erlangen, genügt der Blick auf einige Ereignisse: Neben dem 1967 gegründeten Verband der Islandpferdereiter und -züchter e. V. besteht seit 1988 die Internationale Gangpferdevereinigung e. V. und trägt der Entwicklung hin zu einer größeren Rassenvielfalt innerhalb der Gangreiterei Rechnung. Parallel begann das Distanzreiten sich hierzulande zu entwickeln. Sieben Jahre nach dem

7 Wild 1978, 215 ff.
8 Bruns 1965, 75f.

ersten deutschen Distanzritt wurde 1976 der Verein Deutscher Distanzreiter e. V. gegründet – drei Jahre später als die Vereinigung der Freizeitreiter und -fahrer in Deutschland e. V. Anlass für letzteres war es in erster Linie, das Recht auf freies Reiten in Wald und Flur zu erhalten und zu fördern. Das Westernreiten wurde in der zweiten Hälfte des vergangenen Jahrhunderts vermehrt von Europäern als alternative Reitweise entdeckt, es kam 1978 zur Gründung der Ersten Westernreiter Union Deutschland e. V. Im Zuge einer Rückbesinnung auf die alten Lehren der klassischen europäischen Reiterei freut sich das klassisch-barocke Reiten wachsender Beliebtheit, was sich in der Gründung des Bundesverbands für klassisch-barocke Reiterei Deutschland e. V. im Jahr 2004 widerspiegelt. Allein diese Betrachtung der vergangenen einhundert Jahre zeigt, wie sehr die Rolle des Pferdes von gesellschaftlichen Rahmenbedingungen geprägt wird und auch abhängt. Für die Zukunft gilt es deshalb, diese Bedingungen zu erkennen und im Sinne des Pferdes und der Gesellschaft zu lenken.

Weichenstellung für morgen

So steht die deutsche Pferdewirtschaft bzw. das Pferd in der deutschen Gesellschaft auch heute wieder vor großen Herausforderungen und Zeiten des Umbruchs. Es reiten aktuell in Deutschland 3,7 Millionen Menschen zumindest gelegentlich; 1,17 davon geben sogar an, häufig zu reiten. 0,91 Millionen Personenbesitzen mindestens ein Pferd. 14,75 Millionen Menschen interessieren sich für das Pferd bzw. den Pferdesport[9], das entspricht über 21 Prozent der über 14-jährigen Bundesbürger. Während diese Werte isoliert betrachtet für große Potenziale stehen, ist deren Entwicklung im Zeitverlauf besorgniserregend: Im Jahr 2005 gaben noch 6,4 Millionen Deutsche über 14 Jahre an, häufig oder ab und zu reiten.[10] So verschwindet das Pferd zunehmend aus der Wahrnehmung der deutschen Bevölkerung und verlor im Ranking der beliebtesten Sportarten über die vergangenen Jahre.[11] Demographischer Wandel, Ganztagsschulen und ein verändertes Freizeitverhalten innerhalb der Bevölkerungsgruppen mögen dazu führen, dass zunehmend weniger Kinder den Weg in den Reitverein finden. Ebenso wird der Pferdesport als Leistungssport mit negativen Bildern wie dem Doping von Pferden, schweren Unfällen oder auch tierschutzrelevanten Ausbildungsmethoden in Verbindung gebracht. Ähnlich wie in der Landwirtschaft akzeptiert dies die

9 AWA 2014.
10 AWA 2014.
11 IfD Allensbach 2005, 8.

zunehmend unwissende, aber zugleich kritische Öffentlichkeit nicht mehr und so wird die Nutzung des Pferdes im Sport zunehmend in Frage stellt.

Ein wichtiges Thema für die Zukunft ist daher der Dialog von Pferdewirtschaft und Gesellschaft. Insbesondere der internationale Turniersport hat in der öffentlichen Wahrnehmung an Strahlkraft verloren. Umgekehrt ist es so, dass das Pferd als Lebewesen noch sehr positiv besetzt ist. Fördernde Effekte des Pferdes auf die Persönlichkeitsentwicklung von Kindern und Jugendlichen, die therapeutische Wirkung des Pferdes auf behinderte Menschen und der Stressabbau durch den Umgang mit Pferden bei Berufstätigen im komplexen Lebensalltag sind nur einige der positiven Aspekte, die dem Pferd zugeschrieben werden. Hier liegen Potentiale, die es zukünftig zu schöpfen gilt.

Eine weitere wesentliche Herausforderung für die Zukunft der deutschen Pferdebranche ist es, die Motive, Vorstellungen, Lebensweisen und Wünsche sowohl aktiver als auch potenzieller Pferdesportler und Züchter zu identifizieren, um aus vorerst interessierten Menschen aktive Reiter, Fahrer, Voltigierer und Züchter zu machen. Nur wenn entsprechende Informationen zu diesen Aspekten vorliegen, ist es für Reitschulen, Zuchtbetriebe, Unternehmen, Dienstleister und Institutionen der Pferdebranche möglich, eine Grundlage für eine zielgruppenorientierte Kundenansprache zu schaffen. Diese wiederum ist notwendig für ein effektives Marketing und für eine strategische und nachhaltige Unternehmensausrichtung und kann somit wirtschaftlichen Erfolg in dichter werdenden Märkten sicherstellen.

2. Zahlen, Daten, Fakten

Belastbare Zahlen, insbesondere in Bezug auf die Grundgesamtheit der deutschen Pferdewirtschaft, gilt es zukünftig erst noch zu erfassen. Dennoch wird im Folgenden, soweit anhand aktueller Daten möglich, zu relevanten Bereichen der Branche ein Überblick quantitativer Aspekte und aktueller Strukturen gegeben.

Volkswirtschaftliche Betrachtung

Die Pferdewirtschaft ist charakterisiert durch eine komplexe Wertschöpfungskette, über deren monetäre Volumina bislang keine genauen Zahlen vorliegen. Die Deutsche Reiterliche Vereinigung beziffert den in der Pferdewirtschaft, inklusive der ihr vor- und nachgelagerten Bereiche, jährlich umgesetzten Betrag bereits seit 2001 auf 5 Milliarden Euro. Jedoch kann dabei keine genaue Zuordnung des Umsatzes auf die einzelnen Segmente erfolgen. In einer Untersuchung zur wirtschaftlichen Bedeutung des Deutschen Sportkonsums aus dem Jahr 2012 steht der

Reitsport an siebter Stelle von 71 untersuchten Sportarten; die Angabe beläuft sich nach dieser Quelle auf über 4,4 Milliarden Euro, die jährlich insgesamt – sowohl von Sportinteressierten wie auch von Aktiven – ausgegeben werden.[12]

Um die Wertschöpfungskette der Pferdewirtschaft in ihrer Komplexität zu strukturieren, zeigt Abbildung 1 ein vereinfachtes Modell aus Großbritannien, das an die Struktur der Deutschen Pferdewirtschaft angepasst wurde. Dieses soll im Folgenden dabei helfen, die Übersicht zu bewahren.

Zum vorgelagerten Bereich zählen dabei die Akteure, die Produkte und Dienstleistungen, die zur weiteren Verarbeitung benötigt werden (z. B. Züchter, Landwirte). Zum nachgelagerten Bereich gehören die Akteure, die die Endprodukte „konsumieren" (z. B. Reiter, Fahrer, Reitlehrer). Teilweise können Akteure der Wertschöpfunskette auch dem vor- und dem nachgelagerten Bereich zugeordnet werden.

Abbildung 1: Strukturen der Deutschen Pferdewirtschaft[13]

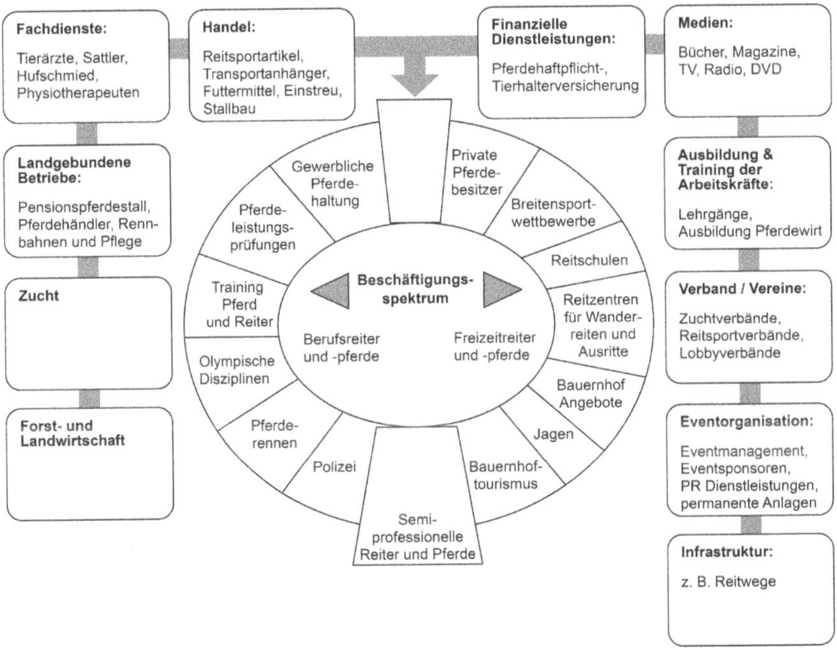

---

12 Preuß et al. 2012, 8.
13 IST 2008.

Innerhalb des nachgelagerten Bereiches findet man zum einen die Berufsreiter, die mit der Ausübung des aktiven Pferdesports ihren Lebensunterhalt verdienen. Zum anderen findet man die Freizeitreiter, deren Geld in die Pferdewirtschaft fließt. Darüber hinaus gibt es die intermediär anzusiedelnde Gruppe der Pferdesportler, die semiprofessionellen Reiter, die teils durch den Pferdesport, teils durch eine andere Tätigkeit ihr Einkommen erzielen. Um das Zentrum der Nachfrager angesiedelt, finden sich die weiteren Produkte, Dienstleistungen und Segmente, die der Wertschöpfung innerhalb der Pferdewirtschaft zuträglich sind und die wiederum durch die Freizeit-, Berufsreiter und Semiprofessionelle genutzt werden. Dem vorgelagerten Bereich sind hier z. B. die Züchter zuzuorden, die die Pferde für die Nachfrager bereitstellen oder die Landwirte, die z. B. die Rohstoffe für Fütterung (Heu, Getreide) liefern.

Der nachgelagerte Bereich

Wie oben beschrieben gibt es in Deutschland etwa 3,7 Millionen Menschen, die dem Pferdesport aktiv nachgehen. Es gibt sehr viele unterschiedliche Möglichkeiten, die große Gruppe der Pferdesportler in kleinere Gruppen zu unterteilen, etwa an Hand der Intensität, mit der sie dem Reitsport nachgehen, ihrer Reitweise oder anderer Kriterien. Folgt man Abbildung 1, so erscheint unter anderem die Unterscheidung in die Gruppe der Hobbyreiter, also diejenigen Pferdesportler, die dem Pferdesport in ihrer Freizeit nachgehen, und in die Gruppe der Berufspferdesportler, also die, die mit der Ausübung des Pferdesports ihr Einkommen erwirtschaften, sinnvoll. Dabei ist die überwiegende Mehrheit der Pferdesportler der Gruppe der Hobbyreiter zuzuordnen (3,69 Mio. Menschen[14]), während der verbleibende Rest die Gruppe der Berufspferdesportler bildet.

Neben der Einteilung der Pferdesportler in die Gruppen der Hobby- und der Berufspferdesportler wird sehr häufig eine Segmentierung der Pferdesportler in Turnier- und Freizeitreiter vorgenommen. Dies bietet ebenfalls einen praxisrelevanten Ansatzpunkt, denn neben den nahezu alle Reiter verbindenden Motiven wie Spaß oder Tierliebe für die Ausübung des Pferdesports (Tabelle 1) unterscheiden sich Turnier- und Freizeitpferdesportler voneinander: Freizeitreiter suchen z. B. das Naturerlebnis, Turnierreiter suchen die sportliche Herausforderung. (Diese Benennung sollte allerdings nicht darüber hinwegtäuschen, dass auch die allermeisten Turnierreiter dem Reitsport in ihrer Freizeit nachgehen.)

14 AWA 2014.

Tabelle 1: Vergleich der Reitsportmotive von Turnier- und Freizeitreitern[15]

Motive für das Reiten …	… für Turnierreiter	… für Freizeitreiter
Die größten Gemeinsamkeiten		
Spaß	88 %	87 %
Tierliebe	86 %	88 %
Gesundheit	52 %	54 %
Die größten Unterschiede		
Sport	69 %	23 %
Erfolg	50 %	5 %
Wettbewerb	41 %	1 %
Naturerlebnis	38 %	76 %

[Dargestellt ist die Bedeutung der jeweiligen Reitsportmotive als Top-2-Box: „besonders wichtig" und „wichtig" (n = 2.500)]

Für die Hälfte der Turnierreiter gibt es neben dem Reiten keine anderen relevanten Hobbys, für die Freizeitreiter ist das Reiten hingegen zwar ein wichtiges Hobby, aber sie pflegen auch noch andere Freizeitaktivitäten. Diese Konstellation spiegelt sich auch in der im Stall verbrachten Zeit wieder: So verbringen 73 % der turnierreitenden Probanden mehr als 15 Stunden pro Woche im Stall, bei den Freizeitreitern sind es lediglich 39 %.[16]

Pferdehandel

Aktuell liegen keine genauen Zahlen vor, wie viele Pferde in Deutschland pro Jahr ihren Besitzer wechseln. Auf der Angebots- bzw. Verkäuferebene treten v.a. (landwirtschaftliche) Pferdezüchter, gewerbliche Pferdehändler, Berufsreiter, Verbände und Privatpersonen auf. Auf der Nachfrager-, also der Käuferebene, findet man ebenfalls diese Personengruppen, wobei die Privatpersonen die größte Gruppe darstellen.

Die Anforderungen, die unterschiedliche Nachfragergruppen an die Pferde stellen, unterscheiden sich ebenfalls stark. So wünscht sich die überwiegende Mehrheit der Pferdesportler Eigenschaften wie Gesundheit, Ausgeglichenheit, und Rittigkeit (Tabelle 2) – egal, ob sie am Wochenende auf den Turnierplatz fahren oder mit Freunden durch den Wald reiten möchten. Zu dieser Gruppe gesellt

15 Ikinger et al. 2013, 17.

16 Georg-August-Universität Göttingen und HorseFuturePanel 2012.

sich die kleine Gruppe der Berufs- und Leistungspferdesportler, in der Leistungsvermögen und -potential der Pferde einen sehr hohen Stellenwert einnehmen.

Tabelle 2: Wichtige Eigenschaften eines Pferdes aus Pferdesportler- und Pferdezüchtersicht

Frage: Was macht für Sie persönlich ein gutes Pferd aus? Bitte wählen Sie die für Sie wichtigsten fünf Eigenschaften aus und rangieren diese nach ihrer Bedeutung für Sie! [n = 2.249]|[17]		
Eigenschaften	**Anteil der Probanden, die die Eigenschaft auf Platz 1 gewählt haben**	**Anteil der Probanden, die die Eigenschaft nicht auf einen der ersten 5 Plätze gewählt haben**
Gute Gesundheit	33 %	16 %
Guter Charakter	27 %	19 %
Hohe Rittigkeit	12 %	28 %
Ausgeglichenes Temperament	7 %	51 %
Vielseitig einsetzbar	4 %	62 %
Gute Grundgangarten	3 %	58 %
Überdurchschnittliche Grundgangarten	3 %	81 %
Überdurchschnittliches Springvermögen	2 %	92 %
Gutes Springvermögen	2 %	90 %
Kindereignung	0 %	96 %

Wie aber finden nun Angebot und Nachfrage im Pferdemarkt zusammen? Im Rahmen des Informationsprozesses spielt heute das Internet eine sehr bedeutende Rolle. Neben der Möglichkeit für Anbieter, Verkaufspferde auf eigenen Webseiten zu offerieren, hat sich das Vermarktungsportal „ehorses.de" zum größten „Online-Marktplatz" für Pferde aller Rassen entwickelt. So werden hier pro Monat in Deutschland über 17.000 Pferde eingestellt und die Plattform wird monatlich mehr als 10 Millionen Mal aufgerufen.

Nach einer aktuellen Studie des HorseFuturePanels haben 32 % der Probanden ihr Pferd vom Züchter gekauft, 31 % von einer Privatperson und 15 % von einem Pferdehändler. Probanden, die einen Pferdekauf planen, können sich am ehesten

17 HFP-Trendbarometer Pferdezucht 2014.

vorstellen, das Pferd von einer Privatperson (62 %) oder vom Züchter (56 %) zu kaufen (Mehrfachnennungen waren möglich).[18]

Tourismus

Der Reittourismus bezeichnet alle touristischen Aktivitäten rund um das Thema Pferd. So gehören neben dem Reiten selbst auch pferdebezogene Aktivitäten wie das Fahren mit der Kutsche oder die passive Beschäftigung mit Pferden dazu. Neben den pferdebezogenen Urlaubsreisen mit Übernachtung sind auch der Tagestourismus rund ums Pferd und das Reiten im „normalen" Urlaub wichtige Bestandteile des Reittourismus. Zum Reittourismusangebot mit Übernachtung zählen touristische Angebote wie der Reiturlaub mit dem eigenen Pferd, das Wanderreiten, Reitkurse, Kinderreitferien, Besuche von Pferdeevents. Zum Reittourismusangebot ohne Übernachtung gehören beispielsweise Angebote von Reitstunden im Urlaub, die Buchung von Kutsch- und Kremserfahrten sowie der Besuch von Hoffesten und Turnieren.[19]

Auch im Tourismus unterscheiden sich Ansprüche und Wünsche in Abhängigkeit der Zielgruppe stark. So sind beispielsweise die „Ü 30-Pferdesportler" älter und anspruchsvoller, weisen ein hohes Preis-Leistungsbewusstsein auf, wollen in ihrem Urlaub viel erleben und gleichzeitig entspannen sowie individuell betreut werden. Für sie spielen Sicherheit und Komfort (Erziehung der Pferde, Individualität und Qualität des Unterrichts, umfassender Service) eine wichtige Rolle.

Ferner wird die Nachfrage nach Angeboten für die preisgünstigen Einsteigerangebote sowie Urlaubsangebote für die ganze Familie mit Reitangeboten und attraktiven Freizeitmöglichkeiten für nicht-reitende Familienmitglieder steigen. Insgesamt nimmt die Polarisierung der Angebote zu und die Suche des Reittouristen schwankt zwischen Schnäppchen- und Premium-Urlaub.[20]

Gerade auch im ländlich, teils strukturell vor großen Herausforderungen stehenden Raum, sind Absatzwege im pferdesporttouristischen Segment zu entwickeln. Landwirtschaftliche Betriebe – bereits heute bieten 25.000 von ihnen Urlaub auf dem Bauernhof an – können ihr Portfolio um ein pferdespezifisches Angebot erweitern, um so auch zukünftig die Attraktivität zu erhöhen. Voraussetzung für eine Weiterentwicklung ist die Schaffung einer guten Infrastruktur unter Pferdehaltern, Landwirten und Gemeinden sowie die Entwicklung zielgruppenspezifischer Angebote und Kommunikationskanäle.

---

18 HorseFuturePanel 2015.

19 Landesamtes für Umwelt, Landwirtschaft und Geologie 2008.

20 BTE 2010.

Rennsport und Pferdewetten

Traditionell haben der Galopp- und Trabrennsport in Deutschland die größte Bedeutung im Pferderennsport. Dieser finanziert sich selbst in erster Linie über die Wetteinnahmen. Zusammen mit anderen Finanzierungsquellen wie z. B. Sponsoringeinnahmen können die Rennpreise und die laufenden Betriebskosten der Anlage aufgebracht werden.[21]

Galopprennsport

Weltweit betrachtet ist der Galopprennsport der beliebteste Zuschauersport im Pferdesport. In Deutschland hat er in den vergangenen Jahren allerdings an Bedeutung verloren. In 2014 wurden 1.359 Rennen von rund 2.300 aktiven Galopprennpferden gelaufen. In Deutschland gibt es 340 Trainer, 75 Berufsrennreiter und 79 lizensierte Amateurrennreiter.

Ferner wurden 1.093 Besitzer und 578 Züchter registriert. Über 80 % der Züchter besitzen eine oder zwei Stuten, 22 Züchter besitzen mehr als 10 Mutterstuten.[22]

In 2014 wurden an deutschen Totalisatoren 32 Mio. Euro umgesetzt, zusammen mit Sponsoring- und Rennvereinseinnahmen wurden 18 Mio. Euro Züchterprämien und Rennpreise für die Ställe ausgeschüttet. Rund 75 % des Umsatzes erhalten die erfolgreichen Wetter als Gewinne zurück. Weltweit werden beim Pferderennen Wetteinsätze von schätzungsweise 97 Mrd. Euro getätigt.[23]

Trabrennsport

Die Vereinigungen, die der Traberzucht und dem Trabrennsport in Deutschland dienen, haben sich im Hauptverband für Traberzucht e. V. (HVT) zusammengeschlossen. Dieser fördert und beaufsichtigt die Traberzucht und deren Leistungsprüfungen sowie andere Trabrennen. Er ist eine nach dem Tierzuchtgesetz von den zuständigen Landesbehörden anerkannte Züchtervereinigung auf dem Gebiet der Traberzucht, der die eingetragenen Vereine der Züchter, Besitzer und Amateurfahrer, die Veranstalter von Trabrennen, der Deutsche Trabrenn-Amateurfahrer-Verband e. V. sowie der Bundesverband Deutscher Traber-Trainer e. V. angehören. Eine dokumentierte Zuchtbuchführung besteht in der deutschen Traberzucht seit 1896 – also seit über 100 Jahren.

---

21 Direktorium für Vollblutzucht und Rennen 2013.

22 Direktorium für Vollblutzucht und Rennen 2014.

23 Direktorium für Vollblutzucht und Rennen 2014.

Der deutsche Trabrennsport hat in den vergangenen Jahren sehr deutlich an Bedeutung verloren. Während der Traber früher als „Rennpferd des kleinen Mannes" bezeichnet wurde und sich die Trabrennbahnen in Industrieräumen wie dem Ruhrgebiet mit Recklinghausen und Gelsenkirchen größter Beliebtheit erfreuten, fristet der Trabrennsport heute ein Nischendasein.

Im Jahr 2014 fanden in Deutschland 2.164 Trabrennen an 229 Renntagen statt. Insgesamt wurden 2.806 Pferde im Besitz von 1.035 Menschen gestartet, die von 153 Berufs- und 280 Amateurfahrern vorgestellt wurden. Es gibt 305 Trainer und 479 Lehrlingsfahrer.

2014 haben 246 Züchter 392 Stuten (mit 170 Hengsten) decken lassen. Es wurden 311 Fohlen geboren.

Es wurden knapp 8 Mio. Euro an Rennpreisen inklusive Züchterprämien ausgeschüttet. An den Totalisatoren wurden rund 19 Mio. Euro umgesetzt.[24]

Aus- und Weiterbildung

Die Möglichkeiten der Aus- und Weiterbildung in der deutschen Pferdewirtschaft sind mittlerweile so vielfältig wie die Pferdewirtschaft selbst. Eine vollständige Darstellung würde zu weit führen und so werden im Folgenden beispielhaft für die Berufsausbildungen die Ausbildung zum Pferdewirt sowie das Bachelor- bzw. Masterstudium der Pferdewissenschaften dargestellt.

Der Pferdewirt ist ein staatlich anerkannter Beruf. Die Ausbildung erstreckt sich über drei Jahre. Je nach Interesse spezialisieren sich die Auszubildenden auf die verschiedenen Fachrichtungen Klassische Reitausbildung, Pferdehaltung und Service, Pferdezucht, Pferderennen (Galopp- und Trabrennen) und Spezialreitweisen (Westernreiten und Gangpferdereiten).[25]

In Deutschland kann man an drei Hochschulstandorten einen Bachelor in den Pferdewissenschaften ablegen und an einem den Master. An der HfWU in Nürtingen-Geislingen handelt es sich um den Abschluss Pferdewirtschaft, den maximal 40 Studenten pro Jahr nach sieben Semestern erreichen können, an der Hochschule Osnabrück handelt es sich um ein sechssemestriges Bachelorstudium mit dem Studienschwerpunkt Pferdemanagement und an der Freien Universität Berlin handelt es sich um ein sechssemestriges auf 31 Studenten beschränktes Bachelorstudium.

24 Hauptverband für Traberzucht 2014.
25 BBR 2015.

Die Georg-August-Universität ist die einzige Hochschule Deutschlands, die einen Masterstudiengang in den Pferdewissenschaften anbietet. Den Abschluss erlangen maximal 30 Studenten pro Jahr nach vier Semestern.

Pädagogischer, gesundheitsfördernder und therapeutischer Einsatz des Pferdes

Im Hinblick auf den Einsatz des Pferdes als Medium zur Schulung oder Behandlung von Menschen gibt es vielfältige Bezeichnungen, Varianten und Herangehensweisen, die zunächst verwirren können.

Pädagogischer Einsatz des Pferdes: Durch die veränderten Lebenswelten in der deutschen Gesellschaft finden Kinder und Jugendliche heute kaum noch Lebensräume, in denen sie sich frei bewegen und ihren Spieltrieb ausleben können. Dazu kommen Leistungsdruck in Schule und Umfeld, prall gefüllte Terminkalender und eine Überforderung mit Alltagsreizen.[26]

Als Folge der veränderten Lebensbedingungen ergeben sich negative Auswirkungen sowohl auf die körperliche Leistungsfähigkeit als auch auf die Gesundheit.[27]

So weisen annähernd 65 % der Schuleintrittskinder Haltungsschwächen und -schäden auf, etwa 40 % Prozent Koordinationsstörungen (vor allem Gleichgewichtsprobleme), circa 30 % Herz-Kreislauferkrankungen und über 30 % Fettleibigkeit auf. In dieser Situation kann das Pferd Kindern bezüglich der Bewegungsförderung, Wahrnehmungsschulung und Lebenserfahrung fundamentale Entwicklungsmöglichkeiten bieten. Zudem belegt eine Studie der Deutschen Reiterlichen Vereinigung, dass Reiten den Charakter prägt und reitende Kinder in hohem Maß von ihrem Hobby profitieren. Mit der Liebe zum Pferd entwickeln sie Verantwortungsgefühl, Zuverlässigkeit und Disziplin. Der Vierbeiner lehrt Empathie und Einfühlungsvermögen. Reiten bringt Kinder in Bewegung und fördert Balance und Feinmotorik. Gleichzeitig verbindet es Kinder mit der Natur.[28]

Reiten als Gesundheitssport: Den Begriff „Gesundheitssport" gibt es in Deutschland seit 1995. Er zielt darauf ab, regelmäßig und systematisch durch körperliche Belastung die Gesundheit zu fördern, zu erhalten und wiederherzustellen – und zwar physisch und psychosozial (Definition der GKV). Folglich ist auch die Ausübung des Reitens als Gesundheitssport noch eine recht junge Disziplin. Es

---

26 Zimmer 2004.
27 Riedel 2015.
28 FN 2015.

werden Gesundheitssportkurse angeboten, die Bewegungsübungen im Umgang mit dem Pferd beinhalten. Durch die sportliche Aktivität und Zusammenarbeit mit dem Partner Pferd sollen u. a. Wohlbefinden und psychische Belastbarkeit gesteigert werden.[29]

Das therapeutische Reiten: Ganz allgemein ausgedrückt, versteht man unter dem therapeutischen Reiten die Verbesserung und Linderung psychosozialer Probleme und Störungen sowie die Behandlung körperlicher Behinderungen.

Die Fachbereiche des therapeutischen Reitens sind die Hippotherapie (durchgeführt von Physiotherapeuten mit entsprechender Zusatzausbildung), die Heilpädagogische Förderung mit dem Pferd (durchgeführt von Pädagogen oder Psychologen mit entsprechender Zusatzausbildung), die ergotherapeutische Behandlung mit dem Pferd (durchgeführt von speziell ausgebildeten Ergotherapeuten) und das Reiten als Sport für Menschen mit Behinderung (durchgeführt von Trainern mit einer Zusatzqualifikation im Bereich Reiten als Sport für Menschen mit Behinderungen).[30]

Aktuell sind dem Deutschen Kuratorium für Therapeutisches Reiten e. V. insgesamt 1.098 Betriebe angeschlossen, von denen 400 die Hippotherapie anbieten, 631 die Heilpädagogische Förderung mit dem Pferd, 27 die ergotherapeutische Behandlung mit dem Pferd und 291 das Reiten als Sport für Menschen mit Behinderungen.

Der vorgelagerte Bereich

In Deutschland gibt es, so schätzt man, etwa 10.000 Unternehmen, die direkt oder indirekt durch die Herstellung, den Verkauf oder den Handel von Produkten für Pferd und Reiter im weitesten Sinne ihren Umsatz in der Pferdewirtschaft erzielen: Von der Zeitschrift für Mädchen bis zur fertigen Reitanlage, von den Mähnengummis über die Reithose bis zum Pferdetransporter – die Vielfalt kennt kaum Grenzen. Zudem gibt es circa 49.000 landwirtschaftliche Betriebe, die u. a. den Betriebszweig Pferdehaltung betreiben. Produzenten von Reitsportartikeln sind dabei in der Regel nicht, wie im übrigen Sportsegment zu beobachten, Hersteller von Artikeln für mehrere Sportarten, die Pensionspferdehaltung ist nicht vergleichbar mit der landwirtschaftlichen Tierhaltung, der Markt für Pferdefutter ist keinesfalls gleichzusetzen mit dem für andere Großtiere – um nur einige Beispiele zu nennen. Es bestehen besondere Marktgegebenheiten und daraus resultierend

29 RGS 2015.
30 DKThR 2013.

besondere Anforderungen. Zu den direkt in der Pferdewirtschaft beheimateten Unternehmen und Institutionen gesellen sich außerdem Weltkonzerne, die das Pferd und den Pferdesport im Rahmen von Sponsoringmaßnahmen zum Aufbau von Markenwerten und Markenbindung in der Zielgruppe der Reiter nutzen, um so wiederum ihren Absatz zu steigern.

Am Beispiel der Beziehung zwischen Pferde- und Landwirtschaft kann man die komplexen Wechselwirkungen entlang der Wertschöpfungskette besonders eindrucksvoll nachvollziehen. So haben beispielsweise die konjunkturellen Trends in der Agrarwirtschaft große Auswirkungen auf die Pferdewirtschaft. Die Preise für Grundfutter wie Heu und Heulage variieren z. B. in Abhängigkeit der Witterungsverhältnisse teilweise stark und können durch entstehende Angebotsdefizite steigen. Die Erzeugerpreise landwirtschaftlicher Produkte steigen darüber hinaus seit einigen Jahren an, so verteuerten sich z. B. die Einkaufspreise landwirtschaftlicher Betriebsmittel wie Dünger, Treibstoff oder Saatgut. Generell werden seit dem weitgehenden Abbau der EU-Agrarpreisstützung die heimischen Erzeugerpreise immer mehr von der Situation auf den internationalen Agrarmärkten geprägt. Infolgedessen haben sich die Preisschwankungen (Volatilitäten) an den europäischen Agrarmärkten in den letzten Jahren deutlich erhöht. Der Spielraum für Preisveränderungen bei Mischfutter wird zunehmend durch den Getreidehandel an den Warenterminmärkten bestimmt. Auch Kapitalanleger suchen auf den Rohstoffmärkten (z. B. Getreide) nach rentierlichen Anlagemöglichkeiten.

Zudem wirkt sich eine zunehmende Verknappung von Flächen auf alle „grünen" Branchen aus. Die Preise für Agrarland steigen stetig an. Je nach Bodenqualität, Nutzungsart oder regionaler Lage sind die Preisunterschiede beim Kauf von Agrarflächen erheblich. In Abhängigkeit verschiedener landwirtschaftlicher und außerlandwirtschaftlicher Einflüsse (z. B. gestiegene Agrarpreise, EEG-geförderte Biogasanlagen, Verwertung von Wirtschaftsdünger), die sich gegenseitig überlagern und/oder kumulieren können, resultieren auch bei den landwirtschaftlichen Pachtpreisen große regionale Unterschiede. Die Konkurrenz um Pachtflächen ist derzeit zum Beispiel im Nordwesten und im Südosten Deutschlands sehr groß; die starke Nachfrage nach Bebauungs-, Verkehrs- und Ausgleichsflächen ist insbesondere in Teilen Bayerns und Nordrheinwestfalens hoch. Die Pachtpreise für Ackerland steigen dabei deutlich stärker als die für Grünland.

Über die Volumina und die volkswirtschaftliche Bedeutung der einzelnen Marktsegmente (z. B. Investitionsgüter, Transport, Logistik, Pferdesportausrüstung) und deren Warenströme in die Pferdewirtschaft und aus ihr heraus liegen keine belastbaren Zahlen vor. Ebenso fehlt in vielen Bereichen die unternehmens- und kundenindividuelle Datengrundlage im Zeitverlauf, die auch konjunkturelle und gesellschaftspolitische Effekte berücksichtigt. Es ist für Unternehmen und

Institutionen der Pferdewirtschaft daher aktuell schwer zu prognostizieren, in welche Richtung sich der Markt in Deutschland entwickeln wird. Vor allem die Heterogenität in den Gruppen der Pferdesportler, eine immer weiter zunehmende Ausdifferenzierung derer Ansprüche sowie die gesamtgesellschaftlichen Trends stellen die oftmals eher im klassischen Pferdesport etablierten Unternehmen und Institutionen vor vielfältige Herausforderungen. Diesen kann nur durch die Entwicklung zielgruppenspezifischer Unternehmens- und Kommunikationsstrategien Rechnung getragen werden.

Zudem ist es für die Zukunft unerlässlich, eine Quantifizierung der Wertschöpfungskette der Pferdewirtschaft vorzunehmen. Gemeint ist damit eine genaue Erfassung und Bezifferung des Produktions- und Dienstleistungsvolumens innerhalb der einzelnen Segmente der Pferdewirtschaft und deren Beziehung zueinander. Sie ist die Grundlage der Bewertung der Pferdebranche im Vergleich zu anderen Branchen und kann Ansatz für die Durchführung strukturpolitischer Maßnahmen sein sowie auch für viele weitere wirtschaftspolitische Maßnahmen im In- und Ausland.

Das Verbandswesen

Es gibt in der deutschen Pferdewirtschaft mehr als 150 Verbände und Interessengemeinschaften, die sich der Förderung von Sport, Zucht, Haltung, Wirtschaft und weiteren Aspekte verschrieben haben. Im Folgenden werden beispielhaft einige der Verbände und Zusammenschlüsse vorgestellt:

Die **Deutsche Reiterliche Vereinigung e. V. (FN)** ist als Bundes- und Dachverband der klassischen Pferdsportdisziplinen und der Pferdezucht in Deutschland auch mit Abstand die größte nationale Organisation der Pferdebranche. Ihr Mitgliedsbestand addiert sich aus den Mitgliedern aller örtlichen Reitvereine, die über die Pferdesportverbände der Länder an die FN angeschlossen sind. Eine wichtige Funktion der Pferdesportvereine bildet somit die durch sie – über die FN als Dachverband – geschaffene organisatorische Anbindung des Pferdesports an den Deutschen Olympischen Sportbund (DOSB) und seine Mitgliederstatistiken. Hinter dieser Zugehörigkeit stehen sowohl für den Breiten-, wie auch für den Leistungssport verbandspolitische Zusammenhänge.

In der Bestandserhebung der deutschen Spitzenverbände des Deutschen Olympischen Sportbundes (DOSB) 2014 rangiert die FN mit rund 7.200 Vereinen und über 690.000 Mitgliedern auf Platz 8 (DOSB, 2014). Seit 2005 hat die FN rund 67.500 Mitglieder verloren.

Eine Befragung der HorseFuturePanel UG unter 600 Pferdesportlern zum Thema Organisationen im Pferdesport hat gezeigt: Vereine nehmen in den Augen der

Pferdesportler nach wie vor eine wichtige Rolle ein: So bewerten 92 Prozent aller Befragten Vereine für das Fortbestehen des Pferdesports als Breitensportart als besonders wichtig, 80 Prozent der Umfrageteilnehmer meinen darüber hinaus, dass die Pferdebranche zukünftig nicht ohne Vereine auskommt.[31]

Der Rückgang des Mitgliederbestandes der FN von 2013 auf 2014 liegt bei 1,65 % bzw. 11.729 Mitgliedern. Die größten Rückgänge verzeichneten Schleswig-Holstein (5,3 %) sowie das Saarland (6,4 %). Hingegen konnten Mecklenburg-Vorpommern sowie Hamburg und Berlin-Brandenburg einen kleinen Zuwachs an Mitgliedern vermelden. Die Anzahl der Reitervereine sank von 2013 auf 2014 von 7.621 auf 7.598 Vereine (Durchschnittsgröße der Vereine: 92 Vereinsmitglieder). Eine ebenfalls negative Tendenz ist im Turniersport zu beobachten. In 2014 wurden rund 83.000 Jahresturnierlizenzen ausgestellt, das entspricht 8 % weniger als noch 2002 (90.700).[32]

Während in den klassischen Pferdesportdisziplinen, die unter dem Dach der FN zusammengeschlossen sind, die Zahlen kontinuierlich rückläufig sind, gibt es etwa 3 Millionen Pferdesportler, die sich entweder in alternativen Organisationen zusammengeschlossen haben oder überhaupt nicht organisiert sind. Nachfolgend werden einige der größeren Zusammenschlüsse, teilweise offizielle FN-Anschlussverbände, charakterisiert.

Die **Vereinigung der Freizeitreiter und -fahrer in Deutschland e. V. (VFD)** ist mit mehr als 60.000 Mitgliedern die größte Organisation nach der FN und ein Zusammenschluss insbesondere für Freizeitreiter und -fahrer in Deutschland. Sie gliedert sich in den Bundesverband, 13 Landesverbände und zurzeit einen Anschlussverband (Südtirol). Anlass für die Gründung der VFD im Jahr 1973 war die Wahrung des Rechts auf freies Reiten und Fahren in Wald und Flur. Bis heute setzt die VFD sich für Reitwege und Reitrechte in der Natur ein, zudem gibt es ein breites Ausbildungsangebot für die Mitglieder.[33]

Unter dem Dach des **Island-Pferde-, Reiter- und Züchterverbands e. V. (IPZV)** sind 22.000 Mitglieder in 12 Landesverbänden sowie 140 örtlichen Reitvereinen zusammengeschlossen. Zudem sind 60.000 Islandpferde beim IPZV registriert. Der Verband wurde in 1967 gegründet. Heute, fast 40 Jahre später, ist der IPZV e. V. Deutschland der mitgliederstärkste Verband aller europäischen und überseeischen Islandpferdeverbände und verzeichnet jährlich weiteren Mitgliederzulauf.[34]

---

31 HorseFuturePanel 2013.

32 FN 2014.

33 VFD 2015.

34 IPZV 2015.

Der **Ersten Westernreiter Union Deutschlands e. V. (EWU)** gehören 8.000 Mitglieder und insgesamt 15 Landesverbände an. Jährlich werden 140 Turniere veranstaltet. Beim der EWU sind 20.000 Turnierpferde gemeldet, sie ist der größte Westernreitverband in Deutschland und Europa.[35] Die EWU wurde 1978 gegründet und ist seit 1993 auf Bundesebene freier Anschlussverband der Deutschen Reiterlichen Vereinigung (FN).[36]

Derzeit gibt es für die deutsche Pferdewirtschaft keinen gemeinsamen, übergeordneten Wirtschaftsverband. Segmentspezifisch haben sich aber einzelne Unternehmen denen zu ihren Produkten und Dienstleistungen passenden Wirtschaftsverbänden angeschlossen. Beispielhaft sei hier der **Bundesverband der Deutschen Sportartikel-Industrie e. V. (BSI) genannt**. Dieser vertritt die Interessen der Sportartikelhersteller, -importeure und -großhändler in Deutschland gegenüber Gesetzgebern, Marktpartnern und Institutionen. Der BSI wurde im Jahr 1910 in Frankfurt gegründet. Er repräsentiert heute rund 150 Unternehmen aus der Sportartikel- und Freizeitbranche; hierunter Weltmarktführer wie Adidas, Puma und Asics sowie über 80 % kleine und mittelständische Unternehmen. Innerhalb des BSI besteht eine Fachgruppe Pferd, welche sich in weitere Arbeitsgruppen gliedert.[37]

Ein weiterer Zusammenschluss, in diesem Fall mit besonderem Fokus auf die strategische Entwicklungen ausländischer Märkte, ist die **German Horse Industry GmbH (GHI)**. In diesem Netzwerk sind 16 Unternehmen der deutschen Pferdewirtschaft zusammengeschlossen. Die GHI bietet Beratung den Bereichen Marketing- und Kommunikationsstrategien, die Analyse der Exportfähigkeit von Unternehmen, die Beratung zur Erschließung neuer Absatzmärkte sowie Elemente der Personalberatung an.[38]

Pferdezucht und Pferdehaltung

Aktuell gibt es in Deutschland etwa 82.000 in Zuchtverbänden organisierte Pferdezüchter.[39] Auch die deutsche Pferdezucht steht großen Herausforderungen gegenüber: Innerhalb der vergangen fünf Jahre sind in Abhängigkeit von Zuchtverband und Pferderasse die Mitgliederzahlen stark rückläufig. Zudem sind die Bedeckungszahlen innerhalb der letzten fünf Jahre um bis zu 25 % zurückgegangen und

---

35 Ikinger et al. 2013, 7.

36 EWU 2015.

37 BSI 2015.

38 GHI 2015.

39 Dohms-Warnecke 2013.

die Zahl der eingetragenen Zuchtstuten um bis zu 15 %. Auch die Prognosen für die nächsten fünf Jahre sind nach Meinung der Probanden des Trendbarometers des HFP im Oktober 2014 nicht rosig: So meinen 75 % der Befragten, dass die Zuchtpferdebestände weiter abnehmen werden, ebenso die Zahl der Zuchtverbandsmitglieder (73 %). 53 % sehen diesen Negativtrend gar für die Zuchtverbände selbst.

Für die Pferdezucht wurden in 2014 3.325 Reitpferde-Zuchthengste (2013: 3.504), 54.034 Reitpferde-Zuchtstuten (2013: 55.561) und 23.097 Reitpferdefohlen (2013: 25.071) registriert. Hinzu kommen 3.583 registriere Reitpony- und Kleinpferdehengste (2013: 3.764), 20.287 Reitpony- und Kleinpferde-Zuchtstuten (2013: 21.395) sowie 7.892 Reitpony- und Kleinpferde-Fohlen (2013: 8.392).[40]

Pferdebestandsverteilung

Über die Anzahl der Pferde, die in Deutschland gehalten werden sowie auch die Anzahl der Pferdehalter, gibt es keine einheitlichen Angaben. Obwohl nach Viehverkehrsordnung seit dem 1. Juli 2009 jeder Pferdehalter für sein Pferd einen gültigen Equidenpass vorweisen können muss und pferdehaltende Betriebe dazu verpflichtet sind, alle bei ihnen eingestellten Equiden dem zuständigen Kreisveterinäramt zu melden, kann vermutet werden, dass noch nicht alle Pferde registriert wurden. Die FN schätzt den Pferdebestand in Deutschland auf 1,2 Millionen.[41] Bei den Tierseuchenkassen waren hingegen im Jahr 2014 915.170 Pferde gemeldet, die sich schwerpunktmäßig auf Niedersachsen und Bremen (196.212), Nordrhein-Westfahlen (157.770), Bayern (133.815) und Baden-Württemberg (109.255) verteilen und zu insgesamt 182.177 Pferdehaltern gehören.[42]

Folgt man den Ergebnissen der Pferdezählung in der Schweiz, die sich einer vergleichbaren Ausgangssituation der Transparenz hinsichtlich der Pferdebestandsverteilung gegenübersieht, ist von einer Dunkelziffer nicht registrierter Pferde zusätzlich zu den bei der Tierseuchenkasse gemeldeten Pferden von 20 % auszugehen. Schlägt man also noch mal 20 % auf die bei der Tierseuchenkasse in Deutschland gemeldeten 915.170 Pferde auf, würde sich der deutsche Pferdebestand auf 1,1 Millionen Pferde belaufen.

Das statistische Bundesamt weist 46.300 landwirtschaftliche pferdehaltende Betriebe aus, auf die sich im Jahr 2013 461.300 Pferde (durchschnittlich 10,0 Pferde pro Pferdehalter) verteilen.[43]

---

40 FN 2014.

41 FN 2015.

42 Sieweck & Hartwig 2015, 34f.

43 Statistisches Bundesamt 2013.

In der Umsatzsteuerstatistik 2013 sind rund 1.500 pferdehaltende und umsatzsteuerpflichtige Betriebe ausgewiesen.[44]

Eine aktuelle Studie zu den Strukturen in der deutschen Pferdehaltung kann zwar keinen Anspruch auf Vollständigkeit erfüllen, aber grundlegende Tendenzen aufzeigen: So ist beispielsweise die Zucht häufiger als an andere Betriebsformen an die landwirtschaftliche Pferdehaltung gekoppelt (66 % mit Pferdezucht), während Schulbetriebe am häufigsten in vereinsgeführten Pferdehaltungen zu finden sind (87 % der befragten Vereine). Insgesamt gaben 18 % der 1.254 befragten Pferdehalter an, zukünftig die Pferdehaltung noch erweitern zu wollen, 11 % schätzen, dass sie die Pferdehaltung zukünftig einschränken werden und 2 % werden diese aufgeben. An einen Verband angeschlossen waren 72 % der befragten Pferdehalter; eine zertifizierte Pferdehaltung zu haben, gaben 20 % von ihnen an. Durchschnittlich wurden pro Haltung 19 Pferde gehalten, wobei der Werte bei den landwirtschaftlichen Pferdehalter am höchsten (37 Pferde) und bei den privaten Pferdehaltern am niedrigsten (7 Pferde) lag.[45]

Einsatzgebiete des Pferdes

Das Pferd wird heute in sehr unterschiedlichen Bereichen eingesetzt. Eine genaue Zuordnung der Pferdezahlen entsprechend der eingesetzten Pferde ist nur bedingt möglich, da, wie im vorhergehenden Absatz beschrieben, nicht bekannt ist, wie viele Pferde überhaupt in Deutschland gehalten werden und eine Erfassung der Nutzungszuordnung nur marginal erfolgt. Durch die FN-Jahresberichte kann man sicher sagen, dass 140.000 Pferde in Deutschland in der Zucht eingesetzt werden und sich 160.000 Pferde in der Aufzucht befinden. Im Turniereinsatz sind 150.000 Pferde bzw. sind diese zumindest als Turnierpferd eingetragen.[46] Außerdem gibt es noch die rund 5.000 Galopp- und Trabrennpferde.

Geht man von insgesamt 1,1 Millionen Pferden in Deutschland aus, so bleiben nach dieser Rechnung noch 650.000 Pferde übrig, von denen man nicht weiß, wie sie genutzt werden. Es ist anzunehmen, dass ein Großteil dieser Pferde als Freizeitpferde ohne Turniereinsatz Verwendung finden. Zu dieser Gruppe kommen noch die kranken bzw. rekonvaleszenten Pferde sowie die laut Praxismeinung wachsende Gruppe der Rentnerpferde, also der Pferde, die auf Grund ihres Alters nicht mehr sportlich bzw. reiterlich genutzt werden.

---

44 Statistisches Bundesamt 2013.

45 Georg-August-Universität Göttingen und HorseFuturePanel 2015.

46 FN 2014.

Darüber hinaus werden Pferde auch heute zur Arbeit eingesetzt. Als Einsatzgebiete sind hier folgende zu nennen:

- Schulunterricht
- Therapie
- Gesundheit
- Land und Forstwirtschaft
- Polizei und Militär

Das Pferd fungiert zudem als Rohstofflieferant für Fleisch und Milch.

Diese über die rein hobbymäßigen Einsatzgebiete hinausgehenden Nutzungsformen des Pferdes werden im Folgenden kurz beschrieben.

Schulunterricht

Schul- oder Lehrpferde werden von vereinsgetragenen oder privatwirtschaftlich organisierten Reitschulbetrieben gehalten und gegen ein Entgelt den Reit-, Fahr- und Voltigierschülern im Rahmen der Unterrichtsangebote oder darüber hinaus zur Nutzung überlassen. Laut dem Sportentwicklungsbericht 2013 der Deutschen Reiterlichen Vereinigung e. V. (FN) gibt es in den ihr angeschlossenen Vereinen und Betrieben circa 62.500 Schulpferde und -ponys.[47] Wie viele Schulbetriebe und Lehrpferde bzw. -ponys außerhalb der FN-Strukturen existieren, lässt sich derzeit nur schätzen.

Land- und Forstwirtschaft

Die Bedeutung des Pferdes als Arbeitstier ist durch Einzug der Motorisierung stark zurückgedrängt worden. Gerade in ökologisch wirtschaftenden Betrieben und im forstwirtschaftlichen Rückeeinsatz findet das Pferd aber wieder vermehrt Zuspruch. So wurde bereits 1992 die Interessengemeinschaft Zugpferde e. V. gegründet, die sich für den Einsatz tierischer Arbeitskraft in allen dafür in Frage kommenden Bereichen einsetzt. Aktuell sind bei der IG Zugpferde 48 Betriebe registriert, die Pferde im land- und forstwirtschaftlichen Einsatz haben.[48]

Polizei und Militär

Die **berittene Polizei** ist eine Einheit der Polizei, die Pferde als Einsatzmittel nutzt. Derzeit unterhalten sieben Bundesländer Reiterstaffeln (Bayern,

47 FN 2013.
48 IG Zugpferde 2015.

Baden-Württemberg, Hessen, Niedersachsen, Sachsen, Nordrhein-Westfalen und Hamburg) mit insgesamt 218 Pferden. Ferner unterhält die Bundespolizei eine Reiterstaffel in Berlin mit 24 Pferden. Aus Kostengründen verfügen nicht alle Landespolizeien über eine eigene Reiterstaffel.[49]

Die berittenen Einheiten der Polizei können vielfältig eingesetzt werden. Einsatzgebiete sind beispielsweise folgende:

- Maßnahmen zur Bekämpfung von Kriminalität oder Verkehrsunfällen (z. B. Streifendienst aller Art)
- Maßnahmen zur Erhöhung der gezielten Präsenz (z. B. Überwachung von Brennpunkten oder bei der Evakuierung größerer Menschenmengen)
- Maßnahmen zum Schutz von besonderen Anlässen (z. B. Fußballspiele, Open-Air-Konzerte, Umzüge, Versammlungen und Demonstrationen)
- Maßnahmen zur Steigerung der öffentlichen Wahrnehmung der Polizei (z. B. im Rahmen von Schauauftritten)

Die **Bundeswehr** verfügt in der Einheit der Gebirgsjäger über 50 Mulis und Haflinger, die als Tragtiere in unwegsamem Gelände und im Gebirge eingesetzt werden können. In erster Linie transportieren die Equiden Ausrüstung, Waffen, Munition und Verpflegung für die Gebirgsjäger. Bis zu 120 Kilogramm können die Tiere tragen, und das bis zu acht Stunden lang. Zunehmend werden sie aber auch als Reittiere eingesetzt.[50]

Pferde als Rohstofflieferanten

Das Pferd als Rohstofflieferant spielt gesamtwirtschaftlich gesehen in der Bundesrepublik eine untergeordnete Rolle – so wie auch die Fleisch- und Milchproduktion mit Pferden.

Pferdefleisch

Im Jahr 2014 wurden in Deutschland 2.198 Tonnen Pferdefleisch produziert, das entspricht einem Rückgang um 640 Tonnen oder 23 % im Vergleich zum Vorjahr.[51] Insgesamt lag das Niveau gewerblicher Pferdeschlachtungen in den vergangenen Jahren recht stabil bei rund 3.200 Tonnen im Jahr und rund 12.000

49 Webseiten der Landes- und Bundespolizeien 2015.

50 Bundeswehr 2015.

51 Statista 2015.

geschlachteten Pferden. Der Pro-Kopf-Verbrauch an Pferdefleisch ist seit 2005 nicht mehr ausweisbar – 2001 lag er bei 0,1 kg.[52]

Der Großteil der Schlachtpferde in Deutschland wird zuvor als Sport- oder Freizeitpferde genutzt. Die spezielle Pferdezucht zur Fleischproduktion spielt in Deutschland eine untergeordnete Rolle. Oft ist die Erhaltung von Pferderassen, wie bestimmte Kaltblutrassen, der Hauptgrund für die Aufzucht der Schlachtpferde.[53]

Stutenmilch

Die Produktion der Stutenmilch geschieht in der Bundesrepublik Deutschland zurzeit in ca. 40 Stutenmilchbetrieben. Um die Milch zu gewinnen, werden in den meisten Betrieben Haflinger, aber auch Warmblutpferde, Kaltblüter und Spezialrassen, gehalten. Stutenmilch wird in vielen Betrieben als Vorzugsmilch hergestellt.[54]

Der Markt für Stutenmilch ist vielfältig. Die Milch besitzt heilende Wirkung, ist für Allergiker geeignet und wird auch als Kosmetikum verwendet. Der aus Stutenmilch hergestellte „Milchwein", auch als „Kumys" bekannt, ist sehr vitamin- und mineralstoffhaltig.

Unter dem Dach des Bundesverbandes Deutscher Stutenmilcherzeuger e. V. (BVDS) sind 25 Stutenmilch-Produzenten zusammengeschlossen, die insgesamt 380 Melkstuten besitzen. Der größte Betrieb besitzt 100 Stuten zur Milchgewinnung.[55]

Literatur

AWA (2014): Markt- und Werbeträgeranalyse 2014. Institut für Demoskopie Allensbach, Allensbach. Abgefragt unter http://sportfive.comsulting.de/cgi-bin/Navigation.py?navPoint=0, 26.07.2015.

BBR (Bundesvereinigung der Berufsreiter) (2015): http://www.berufsreiter.com/berufseinsteiger/ausbildung-zum-r--pferdewirt-in/index.html, 26.07.2015.

Brade, W., 2013: Die deutsche Reitpferdezucht – aktueller Stand und wirtschaftliche Bedeutung. In: Berichte über Landwirtschaft, 91/1, Mai 2013, Hrsg.: Bundesministerium für Ernährung, Landwirtschaft und Verbraucherschutz,

52 Bundesministerium für Ernährung und Landwirtschaft 2015.

53 Mörlein 2010.

54 Bundesverband Deutscher Stutenmilcherzeuger 2015.

55 Schubert 2009.

Bonn. URL: http://buel.bmelv.de/index.php/buel/article/view/Brade/brade-pdf (Stand: 18.05.2015).

Bundesministerium für Ernährung und Landwirtschaft (2015): http://berichte.bmelv-statistik.de/DFT-9000100-0000.pdf (Stand: 01.03.2015).

Bundesverband Deutscher Stutenmilcherzeuger (2015): http://www.bvds.info/info.php (Stand: 29.07.2015).

Bruns, U. (1965): Reiter-Träume… Mit geliebten Pferden leben. Albert Müller Verlag, AG, Rüschlikon-Zürich.

BSI (Bundesverband der Deutschen Sportartikel-Industrie e V.): http://www.bsi-sport.de/UEber-den-BSI.58.0.html (Stand 26.07.2015).

BTE (2010): BTE-Studie 2010 „Tourismus rund ums Pferd".

Bundeswehr (2015): https://treff.bundeswehr.de (Stand: 26.07.2015).

Direktorium für Vollblutzucht und Rennen (2013): http://www.galopp-sport.de/dvrWebApp/htdocs/oeffentliche/wirUeberUns/indexWirUeberUns.jsp.

Direktorium für Vollblutzucht und Rennen (2014): http://www.turf-times.de/tt-artikel/deutsche-galopprennsport-zahlen-0 (Stand: 26.07.2015).

DKThR (Deutsches Kuratorium für Therapeutisches Reiten) (2013): https://www.dkthr.de/de/ (Stand: 26.07.2015).

Dohms-Warnecke, T. (2013): Persönliche Mitteilung.

EWU (Erste Westernreiter Union Deutschland e. V.): http://www.westernreiter.com/verband/.

FN (Deutsche Reiterliche Vereinigung e. V.) (2013): Sportentwicklungsbericht Pferdesport 2013 – Zusammenfassung und ausgewählte Fakten zur Situation der organisierten Pferdesportvereine und -betriebe in Deutschland. Warendorf / Köln.

FN (Deutsche Reiterliche Vereinigung e. V.) (2014): Jahresbericht 2014. Download unter http://www.pferd-aktuell.de/shop/index.php/cat/c106_Verband.html#21027.

FN (Deutsche Reiterliche Vereinigung e. V.) (2015): Zahlen & Fakten. Internetseite der FN, Warendorf. URL: http://www.pferd-aktuell.de/fn-service/zahlen--fakten/zahlen--fakten (Stand: 11.05.2015).

FN (Deutsche Reiterliche Vereinigung e. V.) (2015): FN-Studie Wert Pferd. Internetseite der FN, Warendorf. http://www.pferd-aktuell.de/wertpferd/wert-pferd (Stand: 26.07.2015).

Georg-August-Universität Göttingen, HorseFuturePanel (2012): Basisstudie Reitsport. Weiterführende Auswertungen, nicht veröffentlicht.

Georg-August-Universität Göttingen, HorseFuturePanel (2015): Strukturdatenerfassung Pferdehaltender Betriebe in Deutschland. Noch nicht veröffentlichte

Zwischenergebnisse im Juli 2013, Lehrstuhl für Lebensmittel und Agrarprodukte, Universität Göttingen.

GHI (German Horse Industry): http://www.ghi-consulting.com/index.html.

Gierse, W. (2000): Peitsche, Sporen und Kandare. BoD – Books on Demand.

Hauptverband für Traberzucht (2014): http://www.hvt.de/web/home.nsf?Open (Stand: 01.01.2015).

HorseFuturePanel (2015): HFP-Trendbarometer Pferdekauf 2015–06.

HorseFuturePanel (2014): HFP-Trendbarometer Pferdezucht 2014–10.

HorseFuturePanel (2013): HFP-Trendbarometer Vereinsmitgliedschaft 2013–03.

IfD Allensbach (2005): Trends im Freizeitverhalten. Abgefragt unter http://www.ifd-allensbach.de/fileadmin/AWA/AWA_Praesentationen/2005/awa05_Freizeittrends.pdf, (Stand: 06.07.2015).

IG Zugpferde (2015): Betriebsliste Rückebetriebe. URL: http://www.ig-zugpferde.de/downloads/a25/rueckerliste.pdf (Stand: 23.07.2015).

Ikinger, C., Münch, C., Wiegand, K., Spiller, A. (2013): Reiterleben, Reiterwelten – Zielgruppen zwischen Reitweisen, Motiven und der Liebe zum Pferd. Hrsg.: Georg-August-Universität Göttingen; HorseFuturePanel UG (haftungsbeschränkt; Dietz & Consorten – Argentur für gute Kommunikation GmbH, Göttingen. URL: http://www.uni-goettingen.de/de/document/download/1988e74b5e6a7bf92bf38381a71a47f0.pdf/2013-04%20reitsportstudie_screen.pdf (Stand: 11.05.2015).

IPZV (Islandpferde-Reiter- und Züchterverband e. V.): http://www.ipzv.de/verband.html (Stand: 26.07.2015).

IST (2008): Das Pferd als Wirtschaftsfaktor. in: Grundlagen der Pferdewirtschaft. HRSG: Krampe, Trinkaus, Petersen.

Landesamtes für Umwelt, Landwirtschaft und Geologie (2008): Reittourismus in Sachsen. Informationsmaterial für Pferde haltende Betriebe und reittouristisch Interessierte: http://ltv-sachsen.de/csdata/download/1/de/reittourismus_in_sachsen_118.pdf (Stand: 26.07.2015).

Mörlein, D., (2010): Nutzung von Pferden zur Lebensmittelgewinnung (Fleisch), Vorlesungsunterlagen zum Modul „Nutzungsalternativen des Pferdes“ des Studiengangs Pferdewissenschaften, Georg-August-Universität Göttingen.

Popken, W. (2012): Großer Appell: Das Pferd muß bleiben: http://equivox.de/Magazin/717/Hauptartikel#Hauptartikel (Stand: 26.07.2015).

Preuss, H.; Alfs, C.; Ahlert, G., (2012): Wirtschaftliche Bedeutung des Sportkonsums in Deutschland – Executive Summary. URL: http://www.sport.uni-mainz.de/Preuss/Download%20public/projekte/Sportkonsum%20

Deutschland/120709_Wirtschaftliche_Bedeutung_des_Sportkonsums_Executive_Summary_Preuss_Alfs_Ahlert.pdf (Stand: 30.04.2015).

RGS (Bundesvereinigung Reiten als Gesundheitssport) (2015): www.reiten-als-gesundheitssport.de/index.php/ueber-uns (Stand: 26.07.2015).

Riedel, M. (2015): Pferde bewegen Kinder – Bewegung mit und auf dem Pferd als Bildungsmedium in der Kindheit. in: Tagungsband Göttinger Pferdetage 2015.

Satter, A. (2004): Die deutsche Kavallerie im ersten Weltkrieg: Fachbuch zur Neueren Geschichte. BoD – Books on Demand.

Schubert, R. (2009): Ist Stutenmilch nur ein Lebensmittel? Vorlesungsunterlagen zum Modul „Nutzungsalternativen des Pferdes" des Studiengangs Pferdewissenschaften, Georg-August-Universität Göttingen.

Sieweck, J., Hartwig, T. (2015): Wirtschaftsfaktor Pferd – Marktdaten über Reiter & Pferd. BoD – Books on Demand, Norderstedt.

Statista (2015): http://de.statista.com/statistik/daten/studie/385205/umfrage/produktion-von-pferdefleisch-in-deutschland/ (Stand: 01.02.2015).

Statistisches Bundesamt (2013): https://www.destatis.de/DE/ZahlenFakten/Wirtschaftsbereiche/LandForstwirtschaftFischerei/TiereundtierischeErzeugung/Tabellen/BetriebeEinhuferBestand.html (Stand 26.07.2015).

VFD (Vereinigung der Freizeitreiter und -fahrer in Deutschland e. V.): http://www.vfdnet.de/index.php/die-vfd/ueber-uns (Stand: 26.07.2015).

Wild, D. (1978): Die Nation klettert in den Sattel. DER SPIEGEL 47/1978. http://magazin.spiegel.de/EpubDelivery/spiegel/pdf/40606313.

Zimmer, R. (2004): Handbuch der Sinneswahrnehmung. Grundlagen einer ganzheitlichen Erzeihung. Freiburg. Herder.

Ronald Wadsack

Pferdehaltung, Reiten und Pferdesport als Markt

Abstract Marktorientierte Betrachtungen zum Bereich des Reitens sind noch selten. Demgegenüber steht mit 3,7–6,7 Mrd. EUR ein durchaus beachtenswertes Finanzvolumen, das mit den verschiedenen Kernbereichen Pferdezucht, Reiten in verschiedensten Varianten und Reitsportveranstaltungen verbunden ist. Die Anbieter- und Nachfragerstrukturen sind durch die Vielzahl der Akteure schwer zu fassen. Im Gegensatz zu vielen anderen Sportbereichen können die Zahlen des im Deutschen Olympischen Sportbund organisierten Dachverbandes nur wenige Anhaltspunkte bieten. Viele reitsportliche Aktivitäten finden außerhalb dieser Organisationsform statt.

1. Begründung und Aufbau des Beitrages

Die mit der Pferdehaltung, dem Reiten und Pferdesport verbundenen Aktivitäten lösen eine Vielzahl von wirtschaftlichen Transaktionen aus. Die Einschaltung des Marktes beruht auf gesellschaftlicher Entwicklung: „Sobald die Herstellung von Gütern arbeitsteilig erfolgt, bedarf es Mechanismen der Verteilung der Güter zwischen den Gesellschaftsmitgliedern.“[1]

Damit kann man zunächst einmal davon ausgehen, dass es für verschiedenste gesellschaftliche Bereiche Märkte gibt. Die Anbieter haben sich über die Zeit mit der Entwicklung dieses menschlichen Aktivitätsbereiches entwickelt und verschiedenste Produkte und Dienstleistungen kreiert und variiert. Um diese Betrachtung in einem ersten Anlauf transparent zu machen, soll hier der Markt charakterisiert werden, um dann entsprechende Hinweise für Reiten und Pferdehaltung herauszuarbeiten. Auf Basis der gegenwärtig feststellbaren Materialienlage kann dieser Beitrag nicht mehr als ein erster Aufschlag sein, sich diesem Thema zu nähern.

Um die Struktur der pferdebezogenen Betrachtung zu fundieren, werden zunächst einige Aspekte für die Charakterisierung von Markt als Grundkategorie angesprochen. In einem nächsten Schritt erfolgt eine Differenzierung verschiedener Teilmärkte für dieses Gesamtkomplex und schließlich eine beispielhafte Vertiefung für den Bereich des Reitens und Reitsports.

---

1 Aspers & Beckert 2008, 225.

2. „Markt“ als Betrachtungskategorie

„Die gedankliche Zusammenfassung von Raum, Zeit und Austausch nach bestimmten Regeln beteiligten Personen bzw. Institutionen wird als Markt bezeichnet.“[2] Die heutzutage verbreiteten Handelsmöglichkeiten über Kommunikationsmedien führen teils zu einer eingeschränkten Nachvollziehbarkeit der Zusammenhänge. Aufgrund der realen Vielfalt ist eine Abgrenzung nur zweck- und problemorientiert möglich.[3] Diese Betrachtungsweise des Marktes ist der mikroökonomischen Perspektive zuzuordnen, des Weiteren kann z. B. eine institutionelle Perspektive oder „Markt“ als empirischer Tatbestand unterschieden werden.[4]

Grundlegende Marktformen sind idealtypisch nach der Konstellation der Anbieter und Nachfrager in Bezug auf ihre Anzahl zu unterscheiden (Tabelle 1).

Tab. 1: Marktformenschema[5]

Nachfrage Angebot	**Einer**	**Wenige**	**Viele**
Einer	zweiseitiges Monopol	Angebotsmonopol/ Nachfragoligopol	Angebotsoligopol/ Nachfragepolypol
Wenige	Nachfragemonopol/ Angebotsoligopol	zweiseitiges Oligopol	Angebotsoligopol/ Nachfragepolypol
Viele	Nachfragemonopol/ Angebotspolypol	Nachfragoligopol/ Angebotspolypol	zweiseitiges Polypol

Über diese Feststellungen zur Anbieter-Nachfrager-Konstellation lassen sich erste Aussagen zu der Machtkonstellation, ihre Auswirkungen und das mögliche Verhalten der Akteure treffen.

„Die Marktstruktur umfasst die Gesamtheit der faktischen Einflussgrößen, nach denen Marktprozesse erklärt werden. Dazu zählen Eigenschaften von Nachfragern, Konkurrenten, dem Unternehmungsumfeld, aber auch der eigenen Institution, ebenso Verhaltensweisen und Handlungsspielräume der Beteiligten und

2 Busse von Colbe et al. 1992, 3–4 m. w. N.
3 Vgl. Busse von Colbe et al. 1992, 4.
4 Vgl. z. B. Schneider 1994, 42–43; Busse von Colbe et al. 1992, 5.
5 Busse von Colbe et al. 1992, 10.

vieles andere mehr."[6] Im Extremfall kann von einer unendlich großen Anzahl von Kriterien für die Beschreibung der Marktstruktur ausgegangen werden.[7]

„Marktregeln werden als Einflussfaktoren von Marktprozessen von den Marktstrukturmerkmalen begrifflich unterschieden, sind für diese aber vielfach prägend …"[8] Regelsysteme bestehen etwa für das Ausüben von Unternehmerfunktionen und Elemente der Marktverfassung (rechtliche Vorgaben, Sitten, Gebräuche).

Neben der Charakterisierung des Marktes als Tauschstruktur, kann ein Markt als soziales Gebilde beschrieben werden auf dem sich menschliche Akteure und Akteursgruppen „treffen". *Aspers & Beckert* bezeichnen Märkte denn auch als Arenen sozialen Handelns, u. a. mit dem Verweis auf die Verteilung der Rollen als Anbieter bzw. Nachfrager. Wesentliches Merkmal ist das eigennützige Handeln der beteiligten Akteure.[9]

Der Marktbegriff kann (wie alles) aus verschiedenen Perspektiven betrachtet werden. In einer betriebswirtschaftlichen Betrachtung ergibt sich z. B. folgendes Bild: „Mit dem Begriff relevanter Markt bezeichnet man das Ergebnis der Marktdefinition bzw. Marktabgrenzung, die eine Unternehmung (oder Behörde oder ein anderer Betrachter) aus ihrer (subjektiven) Sicht und Problemlage heraus vornimmt."[10]

Die Entwicklung des Marktes hängt maßgeblich von den einwirkenden Kräften ab. Für die Charakterisierung greife ich an dieser Stelle auf die Darstellung der Konkurrenzanalyse („Driving Forces", „Five Forces") von *Porter* zurück, welche als Managementwerkzeug ihren Stellenwert erlangt hat (Abbildung 1).[11]

6 Frieling & Reckenfelderbäumer 2004, 77.
7 Vgl. Frieling & Reckenfelderbäumer 2004, 77.
8 Frieling & Reckenfelderbäumer 2004, 77.
9 Vgl. Aspers & Beckert 2008, 229.
10 Frieling & Reckenfelderbäumer 2004, 79; vgl. auch Hermanns 2007, 27.
11 Vgl. Macharzina & Wolf 2012, 317–318.

Abb. 1: Marktkräfte nach Porter (Quelle: Porter 2006, 26)

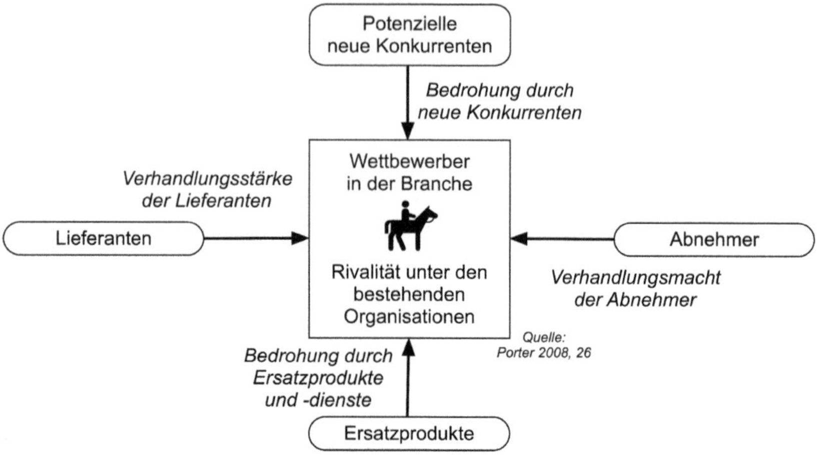

An dieser Darstellung lassen sich einige Aspekte näher erläutern und in einem ersten Zugang auf den Pferdebereich beziehen. Dabei kann die folgende Darstellung nur erste Hinweise geben. Viele Aspekte des Spektrums Pferdehaltung und Reiten bedürfen einer weiteren Ausarbeitung.

Im Kern geht es um die Produkte, wie sie mit dem Thema Pferd zu verbinden sind. Einerseits können dies Gebrauchsgüter sein (z. B. Pferde, Sattel, Zaumzeug, Stallungen), andererseits Verbrauchsgüter, wie z. B. Futter und Einstreumaterialien. Zudem spielen Dienstleistungen eine wichtige Rolle für den Freizeitkonsum[12], wie sie sich z. B. im Bereiten der Pferde, der Ausbildung von Reitern oder als Zuschauerangebote zeigen. Hinzu kommen flankierende Dienstleistungen, wie z. B. Versicherungen.

Im Zentrum der Abbildung wird die Basis-Rivalität bestehender Akteure auf dem Markt angesprochen.[13] Wesentlich ist die Intensität des Wettbewerbes, z. B. inwieweit Aktivitäten gezielt auf das Erringen von Marktanteilen eines der anderen Akteure abzielen, wobei dies bei einem nicht oder gering wachsenden Markt eher in Richtung eines Nullsummenspiels hinausläuft, während bei einem Marktwachstum die Verteilung der Zuwächse ein wesentlicher Aspekt ist. Auch in dem

---

12 Vgl. Eisenberg 2003, 521–526.

13 Für die allgemeinen Hinweise zu dem *Porter*-Modell vgl. Macharzina & Wolf 2012, 319; Scheuch 2007, 16–18; Freyer 2011, 225–227; Daumann & Römmelt 2015, 77–80; Hermanns et al. 2007, 62.

hier betrachteten Markt hat der Handel über das Internet Bedeutung erlangt. Sei es für Pferde aber vor allem für Reitzubehör. *Sieweck & Hartwig* verweisen auf 61 % der Reiter, die im Rahmen einer Erhebung angaben, Produkte im Internet gekauft zu haben, dies folgte an zweiter Stelle nach Reitfachgeschäften. Bei gebrauchten Reitsportprodukten dominierte das Internet bzw. der Online-Handel.[14]

Eine Markenidentität und die kostenmäßige Situation verbunden mit der materiellen Möglichkeit der Überbrückung von Durststrecken einzelner Marktteilnehmer sind weitere betriebswirtschaftliche Faktoren. Besonders für Pferdepensionsbetriebe ist der hohe Anteil an Fixkosten für Unterhalt und Betrieb der entsprechenden Einrichtungen ein wesentliches Merkmal.

Die Bedrohung durch neue Konkurrenten bedeutet das Auftreten neuer Anbieter im gleichen Produktsegment. Es ist die Frage, ob ein relativ speziell ausgerichteter Markt komplett neue Anbieter auf den Markt ruft, da neben den erforderlichen Fachkompetenzen die Einstandskosten bzw. der Investitionsbedarf u. U. relativ hoch sind bzw. ist. Das Aufkommen modischer Varianten etablierter Produkte für den Pferdebereich kann hier durchaus Wirkung zeigen. Dies gilt z. B. für farbliche und andere gestalterische Varianten bei Reitgerten, Zaumzeug oder Reitkleidung.

Gravierend gerade im Freizeitbereich ist die Bedrohung durch Ersatzprodukte, also durch anders geartete Produkte aus dem Bereich der Pferdenutzung oder eine gänzlich andere Form der Freizeitverwendung. Das Eigentum eines Pferdes bedeutet eine relativ starke Bindung, Reitbeteiligungen oder die gelegentliche Leihe eines Pferdes für einen Ausritt bedeuten eine entsprechend schwächere Bindung. Damit liegt auch die Gefahr nahe, dass bei dem Bekanntwerden einer vorhandenen oder Aufkommen einer neuen attraktiven Alternative der Freizeitnutzung der Antrieb für das Verlassen des Themengebietes Pferd kleiner oder größer ist. Auf der jährlichen Fitnessmesse Fibo („Fitness und Bodybuilding“) in Köln sind gelegentlich Ersatzvarianten mit Anlehnung an das Thema Pferd und Reiten zu verzeichnen.[15]

Die entsprechenden Handelswaren und Dienstleistungen für pferdebezogene Aktivitäten werden von Herstellern und/oder Lieferanten für den Markt zur Verfügung gestellt. Die Verhandlungsmacht dieser Lieferanten wird maßgeblich von

14 Vgl. Sieweck & Hartwig 2015, 18–19. Als allgemeine Informationsquelle für reit- bzw. pferdebezogene Informationen hat Allershausen ebenfalls das Internet als erstrangige Quelle identifiziert, gefolgt von Fachbücher und Freunden/Bekannten. Vgl. Allershausen 2013, 53.

15 Z. B. bei der Fibo 2015 siehe http://www.btutraining.com.br/; Zugriff: 21.07.2015; oder der koreanische Anbieter Daewon Fortis: http://fortis.or.kr/; Zugriff: 21.07.2015.

der Bedeutung ihrer Produkte für die Abnehmer und der gegebenen Marktsituation abhängen, wie sie oben als Marktformen grundlegend charakterisiert wurden. Während z. B. abgesehen von einzelnen Luxusanbietern mit Einzelanfertigung der Markt für Sättel eine eng begrenzte Anzahl von Anbietern aufweist, beruht die Zulieferung von z. B. Stroh und Heu eher auf lokalen Strukturen und zeigt mit entsprechend aufgestellten Landwirten eine sehr hohe Zahl von potenziellen Lieferanten. Globalisierungs-, Integrations- und Konzentrationseffekte sind auf dem gegenwärtigen Stand nicht abzuschätzen. Allerdings hat sich bei dem massiven Stroh- und Heuengpass im Jahr 2011[16] gezeigt, dass auch deutliche Transportkosten in Kauf genommen werden mussten, um die benötigten Materialien zur Verfügung zu haben.

Letztlich sind die Abnehmer die fünfte Kategorie, die Einfluss auf das Marktgeschehen und die strategischen Möglichkeiten eines Marktakteurs haben. Für Sachgüter in Verbindung mit Pferden, wie die Reitausstattung oder Gerätschaften für die Pferdehaltung, ist von einer relativ hohen Markttransparenz auszugehen, da viele Information und v. a. Preisinformationen heutzutage über das Internet bereitgestellt werden.[17] Dagegen ist der Bereich der Dienstleistungen ein von vielen Anbietern geprägter Markt, für den zusätzlich mit den Zeit-Wege-Kosten für den Kunden ein wesentliches Entscheidungskriterium existiert, dass sich aus der uno actu-Erzeugungssituation für Dienstleistungen ergibt. Die medialen Recht für Pferdesportveranstaltungen zeigen, bezogen auf eine einzelne Veranstaltung, ein Angebotsmonopol und Nachfrageoligopol, indem wenige Medienanstalten einem Veranstalter gegenüberstehen. Je nach Verzicht einzelner Medienanstalten kann es zu einem beidseitigen Monopol-Situation kommen.

3. Reiterinnen und Reiter als Nachfrager für Produkte und Dienstleistungen

Um die Marktsituation von der Nachfrageseite her ein wenig genauer einschätzen zu können, macht es Sinn, sich die Entwicklung der Reiter anzuschauen. Dies ist nicht einfach, da alleinig die Mitgliederzahlen der Deutschen Reiterlichen Vereinigung (FN) über einen längeren Zeitraum als Daten vorliegen (Abbildung 2). Viele Reiter, die keinem Reitsportverein angehören und nicht wettkampfsportlich aktiv sind, werden in diesen Daten nicht erfasst. Dennoch mag die Mitgliederentwicklung der FN ein gewisses Indiz für die Reitsportentwicklung sein, auch wenn

16 Vgl. z. B. http://www.extratipp.com/rhein-main/bei-wirds-knapp-jetzt-liefert-osteuropa-1492219.html; Zugriff: 21.07.2015.

17 Vgl. Sieweck & Hartwig 2015, 20–21.

die Mitgliedschaft schwerpunktmäßig als Hinweis auf eine sportliche Aktivität mit dem Pferd interpretiert werden kann.

Abb. 2: Mitgliedschaften in der Deutschen Reiterlichen Vereinigung (FN; Quelle der Daten: Bestandserhebungen des DOSB 2005–2014; eigene Grafik)

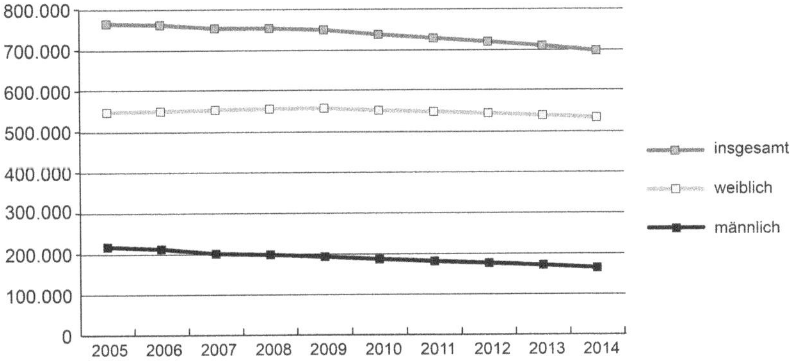

Anhand der Grafik ist erkennbar, dass die Mitgliedschaften in der FN in dem betrachteten Zeitraum abgenommen haben. Die Gesamtabnahme von 2005–2014 beträgt ca. 8,8 Prozent und entspricht gut 67.000 Mitgliedschaften. Die Abnahme bei den Männern machte ca. 24 % aus, bei den Frauen lediglich 2,7 %.

Allerdings ist die Aussagekraft der FN-Zahlen eingeschränkt, da hier die vereinsorganisierten Reiterinnen und Reiter im Vordergrund stehen. Nach *Preuß et al.* deckt dies jedoch nur etwa 40 % der Reiter in Deutschland ab (siehe Abbildung 3). Insgesamt wurden 2,275 Millionen Menschen als Reiter ermittelt.[18] Gemäß einer anderen Studie aus dem gleichen Erscheinungsjahr wurden 3,67 Millionen Menschen in Deutschland als Reiter gezählt.[19] Dies zeigt einerseits die Schwierigkeit der Ermittlung einer genauen Zahl der Reiter und damit der potenziellen Konsumenten. Ebenfalls sagen die Zahlen nichts über die Intensität der Pferdenutzung. *Sieweck & Hartwig* haben einen Anteil der Reiter-Gesamtzahl von etwa 30 Prozent als regelmäßige Reiter identifiziert.[20] Die deutlich höheren Angaben relativieren die Zahlen der FN mit einer 2012 knapp 720.000 zählenden Mitgliederschaft.

---

18 Vgl. Preuß et al. 2012, 98.

19 Vgl. Ikinger et al. o. J., 5. *Sieweck & Hartwig* (2015, 77) kamen auf eine Gesamtzahl von 3,43 Millionen Reitern.

20 Vgl. Sieweck & Hartwig 2015, 77.

Abb. 3: Organisationsform des Reitens in Deutschland (Quelle der Daten: Preuß et al. 2012, 105 [Mehrfachnennungen]; eigene Grafik)

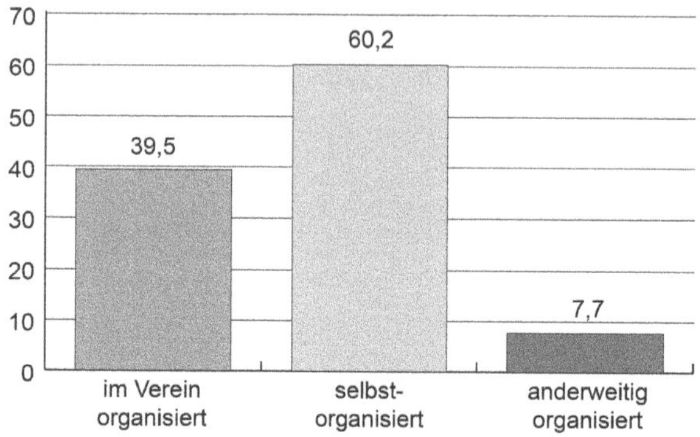

Aufgrund der Alterung der Bevölkerung in Deutschland ist es nicht verwunderlich, dass auch die Mitglieder der FN sich in ihrer Altersstruktur verändern. In Abbildung 4 wird dies mit dem Älteren-Attraktivitäts-Quotient (ÄAQ) skizziert, der zeigt wie viele Mitglieder im Alter über 40 Jahre auf 1 Mitglied im Alter bis einschließlich 40 Jahre kommen. Dies kann ein Hinweis darauf sein, wie attraktiv eine (vereins-)sportliche Betätigung für junge bzw. ältere Altersgruppen ist. Erkennbar ist, dass dieser Wert in der Zeit von 2005–2014 um etwa 0,12 zugenommen hat. Legt man die bei *Sieweck & Hartwig* verzeichneten Daten zu Reiterzahlen und Alterszuordnung zu Grunde[21], erhält man einen entsprechenden Quotienten von 0,75, was auf eine stärkere Beteiligung älterer Reiter als in der FN organisiert hindeutet.

Hinzu kommt, das mit den gesellschaftlichen Veränderungen im beruflichen, schulischen und privaten Bereich die Handlungsoptionen der Menschen steigen und gleichzeitig die Regelhaftigkeit abnimmt. „In allen Seinsbereichen sind Erosions- und Auflösungserscheinungen und auch Deregulationsinitiativen zu beobachten, räumlich, zeitlich, innen, außen."[22] Neben der grundlegenden Attraktivität von Pferden und Reiten als Aktivität ergeben sich damit weitere Einflussgrößen, welche auf die Nutzungschance reitsportlicher Angebote oder

21 Vgl. Sieweck & Hartwig 2015, 80.

22 Gross 1994, 75. Siehe dazu auch die Ausführungen zu Freizeit und Freizeitverhalten in dem Beitrag „Genese …" in diesem Band.

des Engagements im Sportreiten Einfluss haben.[23] Ebenfalls ist die Frage, wie der Markt reagiert und durch Angebotsflexibilisierung und entsprechende Serviceleistungen auf diese Veränderungen reagiert.

Von der Motivationslage von Reitsportlern wurden von *Gille et al.* vier Cluster herausgearbeitet, sie zeigen auch die Unterschiedlichkeit der Interessen von Reitern und signalisieren sehr unterschiedliche Nutzenerwägungen. Die Cluster:

- Leistungsorientierte Pferdesportler (im Rahmen der Erhebung 27 % der Fälle; Leistung und Erfolg im Vordergrund)
- Gesellige Genießer (29 %; soziale Kontakte und Gemeinschaftserlebnis besonders bedeutend)
- Individuelle Genießer (29 %; persönliches Wohlbefinden als Hauptaspekt)
- Zufriedene sportlich Aktive (15 %, Leistungsmotiv vorhanden, Geselligkeitsinteresse ebenfalls erkennbar)[24]

Abb. 4: Älteren-Attraktivitäts-Quotient FN-Mitglieder (Quelle der Daten: Bestandserhebungen des DOSB 2005–2014; eigene Berechnung; eigene Grafik)

23 Vgl. auch Gille et al. 2010, 32–34.

24 Vgl. Gille et al. 2010, 44–45.

Zumindest aus dieser Datenperspektive (FN-Mitgliedschaften, Altersstruktur) ist denkbar, dass die Zahl der Nachfrager für pferdebezogene Produkte nicht unbedingt zunimmt und insofern ein stagnierender, wenn nicht sogar ein schrumpfender Markt anzunehmen ist. Eine Befragung von Reitsportunternehmen im Jahre 2014 erbrachte jedoch für die nächsten fünf Jahre durchweg Wachstumserwartungen.[25]

4. Pferdebezogene Aktivitäten

Pferdeeinsatz erfolgt in verschiedensten Gebieten. Am ehesten denkt man bei dem Thema Pferdenutzung an Reiten als Freizeitaktivität, ggf. verbunden mit einem sportlichen Wettbewerb und hier sind wiederum die olympischen Disziplinen (Springreiten, Dressur und Vielseitigkeit) zunächst im Blick. Für das Reiten können weitere Formen benannt werden:[26]

- Klassisches Reiten
- Gangpferdereiten
- Distanzreiten
- Westernreiten
- Barockreiten
- Voltigieren

Im Freizeit- bzw. Sportbereich kann weiterhin das Reiten einzelner Pferderassen (z. B. Isländer, Ponys) und das Kutschfahren unterschieden werden, die ebenfalls eigene Szenen bilden. Interessant ist, dass sich bei den einzelnen Reitweisen auch Unterschiede in der Motivation erkennen lassen. Gemäß den weiter oben angesprochenen Motiv-Clustern findet sich z. B. der größte Anteil individueller Genießer bei den Distanzreitern, leistungsorientierte Pferdesportler am ehesten im Spring- und Dressurreiten.[27]

Im sportlichen Bereich gibt es weiterhin das Trab- und Galopprennen, die jeweils eine eigene Infrastruktur ausgebildet haben.[28] Außerhalb des Sportsektors ist der Gesundheitssport (Hippotherapie) als weiteres Einsatzgebiet von Pferden zu nennen. Ebenfalls können die Zucht und Dienstpferde, die etwa bei der Polizei,

---

25 Vgl. Sieweck & Harting 2015, 27.

26 Vgl. z. B. Ikinger et al. o. J., 19.

27 Vgl. Gille et al. 2010, 46.

28 Interessanterweise bleibt der Bereich des Polo-Sports meist vollkommen außerhalb der Betrachtung. Allerdings ist die Szene mit 258 Spielern (2011) auch recht klein. Vgl. http://www.poloplus10.com/de/handicapverteilung-in-deutschland-und-argentinien-dvp-jubilaeumsbuch-19325/; Zugriff: 21.07.2015.

im Holzrücken oder für touristische Angebote und Schaustellerbetriebe aktiv sind angeführt werden. Show-Pferde sind eine weitere Kategorie des Pferdeeinsatzes, z. B. für kommerzielle Pferdeschauen wie Apassionata, die Wiener Hofreitschule oder im Zirkus, in Zoos und Tiergärten.

Die Übersicht in Abbildung 5 zeigt eine große Zahl von Anbietern und Nachfragern, die mehr oder minder direkt mit dem Thema Pferd in Verbindung stehen.

Abb. 5: Schematische Darstellung einer Auswahl von Marktakteuren im Bereich Pferdehaltung, Reiten und Pferdesport (Quelle: eigene Grafik)

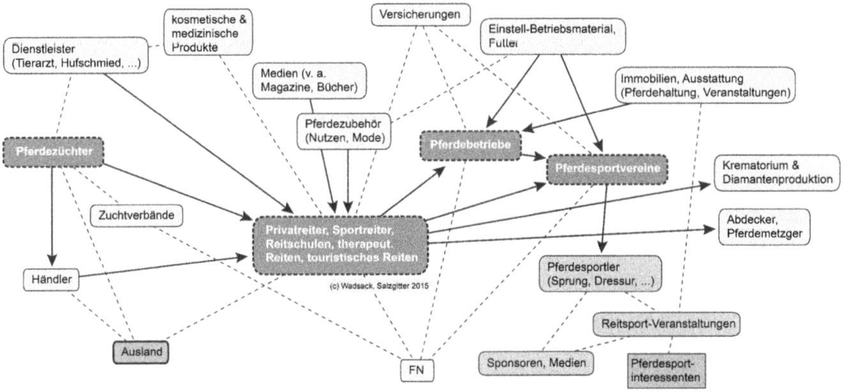

Drei Kernkomplexe können ausgehend von der Existenz des Pferdes als Bezugspunkte des wirtschaftlichen Geschehens betrachtet werden:

- Pferdeerzeugung und –handel
- Pferdebesitz und Pferdenutzung
- finale Pferdeverwertung

Bei der Pferdeerzeugung geht es um die Zucht, die mehr oder minder zielorientiert z. B. auf die Wettkampftauglichkeit hin erfolgen kann. Dieser Komplex überschneidet sich zum Teil mit dem Pferdebesitz, da der Besitz der Zuchttiere mit dem Zuchtprozess eng verbunden ist.[29] Eng mit der Zucht verbunden ist der Vertrieb der so geborenen Tiere. Die Pferdezucht erfolgt in größeren Gestüten[30]

---

29 Ausnahme sind die verschiedenen Varianten der künstlichen Befruchtung, welche die Anwesenheit eines Hengstes erübrigt. Vgl. o. V. 2015.

30 Das Gestüt Lewitz von Paul Schockemöhle beherbergt nach eigenen Angaben ca. 4.000 Pferde. Vgl. http://gestuet-lewitz.de/ger/gestuet-lewitz_ger/gestuet-lewitz/, Zugriff: 15.07.2015.

mit entsprechend großem Pferdebestand oder durch Privatzüchter mit einem kleinen Tierbestand.

Der Pferdebesitz ist die Voraussetzung für die Pferdenutzung, die sehr unterschiedlich ausfallen kann. Nutzungen ergeben sich u. a. durch

- private Pferdehalter (Ausritte, sportliche Aktivitäten)
- Sportreiter bis hin zu Berufsreitern (Wettkampfausbildung und -teilnahme)
- Reitschulen (Ausbildung von Reitern)
- Pferdeställe mit eigenem Pferdebestand zur Leihe (v. a. touristische Angebote)
- Hippotherapie-Anbieter
- Reit- bzw. Reit- und Fahrvereine

Teilweise sind Überschneidungen auch hier üblich oder möglich. Für jede Nutzungsform ist die wirtschaftliche Tragfähigkeit relevant. Als Privatnutzer muss die Finanzierung durch das eigene Einkommen bzw. Vermögen möglich sein, da nicht von einer Wertschöpfung durch die pferdebezogenen Aktivitäten auszugehen ist. Bei allen organisatorischen Formen ist, unabhängig von der Rechtsform, also häufig Einzelunternehmen, Verein oder Kapitalgesellschaft, die betriebswirtschaftliche Tragfähigkeit zu gewährleisten. Erfahrungen zeigen, dass zum Teil gerade bei kleineren Anbietern in Form von Pensionsställen auch Einkommensteile aus anderen Quellen zu der Finanzierung herangezogen werden. Im Vereinsbereich spielt zudem die unentgeltliche Übernahme von Aufgaben („Ehrenamt") eine wesentliche Rolle, um damit die Kosten gering zu halten.

Bei der Pferdehaltung im spitzensportlichen Bereich besteht häufig die Besonderheit des Auseinanderfallens von Pferdeeigentum und -nutzung. Eigentümer von teuren Reitpferden suchen nach einem entsprechend geeigneten Reiter, der dann die sportliche Nutzung übernimmt. Letztlich folgt die finale Pferdeverwertung von der Kadaverbeseitigung bis hin zur partiellen Verwertung von Pferdeteilen.[31]

Ausgehend von dem Komplex „Pferdebesitz und Pferdenutzung" lassen sich verschiedene Marktbereiche identifizieren: Reiterausstattung, Pferdeausstattung und pflege, Infrastruktur der Pferdehaltung, Versicherungen und Finanzierung, Ausbildung, Information & Medien. Immerhin werden nach *Preuß et al.* im Jahresschnitt ca. 1.348 EUR von jeder sportaktiven Person für das Reiten ausgegeben. Insgesamt summiert sich dies pro Jahr auf gut 3,7 Milliarden EUR.[32]

---

31 Siehe dazu den Beitrag von *Gabriele Wach* in diesem Band.

32 Vgl. Preuß et al. 2012, 122. *Sieweck & Hartwig* (2015, 14) schätzen auf Basis einer Verbraucherbefragung sogar ein Volumen von 6,7 Mrd. EUR für das Jahr 2013.

Die genannten Beträge wirken jedoch gering, wenn man bedenkt, dass bei Nutzung einer Pferdepension alleine schnell 200 EUR im Monat, also 2.400 EUR pro Jahr fällig werden können. So wurden in einem Bericht über Berlin-Brandenburg monatliche Kosten von 600–1.000 EUR je Pferdebesitzer ausgemacht, mit der Faustregel, dass der Betrag mit zunehmender Entfernung zu Berlin sinkt.[33] Wobei hier auch der Unterschied liegen kann, da Pferdebesitz und das Ausüben des Reitens nur begrenzt zusammen gehören. Reitbeteiligungen und Reiten auf Vereinspferden bieten Alternativen, die finanziell entsprechend günstiger sind.

Für die Schweiz wurden 2011 einmalige Anschaffungskosten für ein Pferd von 10.000 bis 31.000 Schweizer Franken und monatliche Fixkosten zwischen 1.300 und 1.800 Schweizer Franken angegeben. Alleine die Pensionskosten mit entsprechender Infrastruktur und entsprechendem Service für das Pferd schlagen mit 800–1.000 Schweizer Franken pro Monat zu Buche.[34]

Vielfältige Produkte können für die angesprochenen Marktbereiche aufgeführt werden, Tabelle 2 enthält eine beispielhafte Übersicht, wobei die Unterteilung in materielle Produkte und immaterielle Leistungen (Dienstleistungen) ergänzend eingefügt wird. Eine klare Trennung der Dienstleistung ist selten zu finden, da sich Dienstleistung und materielles Produkt häufig ergänzen.[35] Der Hufbeschlag besteht auf der einen Seite aus der handwerklichen Komponente des Hufschmiedes. Er bringt aber mit dem Hufeisen ein materielles Produkt an dem Pferd an, beide Bestandteile der Leistung ergänzen sich zu einem wertvollen Marktangebot.

33 Vgl. Bemmer 2014.

34 Vgl. Baumgartner 2011.

35 Vgl. z. B. Engelhardt et al. 1995.

Tab. 2: Produktbeispiele in Marktsegmenten mit Bezug zu Pferdebesitz und -nutzung[36]

<table>
<tr><th colspan="2">Pferdeausstattung und -pflege</th></tr>
<tr><td>Materielle Produkte
• Sattel-, Sattelzubehör
• Pferdedecken
• Halfter, Stricke
• Trensen, Gebisse
• Gamaschen, Hufschuhe usw.
• Putzmaterial (Pferd, Lederzeug)</td><td>Immaterielle Leistungen
• Hufbeschlag
• Medizinische Betreuung</td></tr>
<tr><th colspan="2">Reiterausstattung</th></tr>
<tr><td>Materielle Produkte
• Reitkleidung (Jacke, Hose, Stiefel, Unterwäsche, ggf. spezifische Kleidung für einzelne Reitarten usw.)
• Sturzhelm</td><td>Immaterielle Leistungen</td></tr>
<tr><th colspan="2">Infrastruktur der Pferdehaltung</th></tr>
<tr><td>Materielle Produkte
• Stallimmobilie je nach Auslegung der Pferdehaltung (Einzelhaltung, Gruppenhaltung, Offenstall, Paddocks usw.)
• Futter- und Tränkeeinrichtungen
• Sattelkammer
• Reithalle
• Maschinenpark (Ver- und Entsorgung Stallbetrieb, Heuernte, Pflege Reitflächen usw.)</td><td>Immaterielle Leistungen</td></tr>
</table>

36 Quellen neben eigener Beobachtung: Burandt 2002, Wagner 2002 und http://www.kraemer-pferdesport.de/, Zugriff: 22.07.2015.

37 Im ersten Quartal 2015 war das Reitmagazin Cavallo auf Platz 12 der auflagenstärksten Sportzeitschriften (vgl. http://de.statista.com/statistik/daten/studie/375866/umfrage/sportzeitschriften-mit-den-hoechsten-auflagen/ [Zugriff: 21.07.2015]). Bei der IVW (Informationsgemeinschaft zur Feststellung der Verbreitung von Werbeträgern e. V.) wurden für das 2. Quartal 2015 unter den insgesamt als Sportzeitschriften mit nationaler Verbreitung gelisteten Publikationen alleine 16 mit Reit- bzw. Pferdebezug aufgeführt (Vgl. http://www.ivw.eu/aw/print/qa/batch-export?eid=4844&return-url=aw/print/qa [Zugriff: 21.07.2015]).

Ausbildung, Information & Medien	
Materielle Produkte • Zeitschriften, Magazine[37] • Bücher	Immaterielle Leistungen • Fachausbildungen (Reitlehrer, Reittherapie) • Reitausbildung • Informationsforen für Pferdeinteressierte • Medien-Abonnement (Internet)
Versicherung & Finanzierung	
Materielle Produkte	Immaterielle Leistungen • Diverse Spezialversicherungen (u. a. Tierhalterhaftung, Erwerbstierhaltung, Tierhüterhaftung) • Krankenversicherung Pferd • Pferdeleasing
Pferdeveranstaltung	
Materielle Produkte • Wettkampfequipment (Hindernisse, Umrandung) • temporäre Stallanlagen • Werbematerialien (Banden-, Leuchtsysteme)	Immaterielle Leistungen • Veranstaltungs-/ Eventmanagement • Sponsorenakquise

Neben den reinen Gebrauchsnutzen treten auch modische Aspekte mit in den Blick. Beobachtungen bei Messen und im Rahmen von Reitsportveranstaltungen zeigen, dass mit dem Aufkommen von modischen Komponenten bei Reitkleidung und -zubehör typische Elemente der Marktentwicklung Einzug halten. Damit erreichen die Markttriebkräfte von Produktinnovation und -individualisierung auch das Reiten. „Voraussetzung ist der rasche Verfall der Überkommenen – und die Akzeptanz des Neuen."[38]

Markenentwicklung und Markenpflege gelten im Marketing als Chance, sich am Markt zu positionieren und zu behaupten. Die Abhebung von der Konkurrenz können zu einer Kundenbindung und einer erhöhten Zahlungsbereitschaft der Kunden führen können. Ebenfalls lassen sich Vorteile für den Handel und für die Nachfrager anführen. Letztere profitieren über die Orientierungs-, Qualitätssicherungs-, Identifikations-, Vertrauens- und Prestigefunktion.[39]

Dies ist natürlich auch in dem hier betrachteten Markt relevant, um als Anbieter in dem Wettbewerb zu bestehen. *Ikinger et al.* haben in ihrer Erhebung Unterschiede in der Beachtung von Markenware entlang verschiedener Gruppen von

38 Gross 1994, 46.
39 Vgl. z. B. Bühler & Schunk 2013, 123–124.

Reitmotiven festgestellt (Abbildung 6). Die Zustimmungsraten zu der Betonung von Funktionalität vor Marken liegen alle über 50 Prozent.

Abb. 6: Markenorientierung in Bezug zu Reitweisen („Ich kaufe funktionale Sachen und achte nicht so auf Marken."; Datenquelle: Ikinger et al. o. J., 22; eigene Grafik)

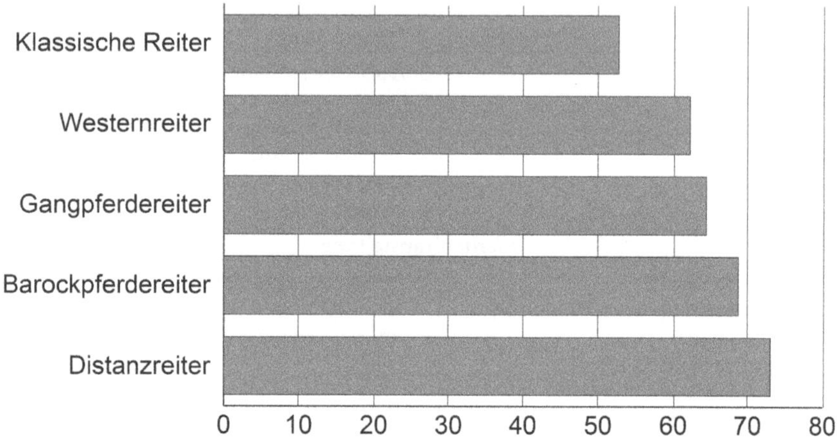

Fazit

Die vorstehenden Ausführungen zu Pferdehaltung, Reiten und Reitsport als Markt zeigen ein breites Spektrum und es kann als sicher gelten, dass damit das Thema nicht erschöpfend behandelt wurde. Sowohl die Seite der involvierten Organisationen (Betriebe, Vereine, Verbände) als auch die Perspektive der Konsumenten bieten vielfältige Ansatzpunkte für weitere Untersuchungen, um letztlich ein gutes Fundament für strategische Überlegungen und Maßnahmen zur Verfügung zu haben.

Literatur

Allershausen, Carolin (2013): Entwicklung des Vereinswesens im Pferdesport, unveröffentlichte Masterarbeit im Studiengang „Führung in Dienstleistungsunternehmen" der Ostfalia Hochschule für angewandte Wissenschaften (Campus Salzgitter), Willensen/Salzgitter.

Aspers, Patrik & Beckert, Jens (2008): Märkte. – In: Andrea Maurer (Hrsg.): Handbuch der Wirtschaftssoziologie, Wiesbaden: VS, 225–246.

Baumgartner, Gabriela (2011): Hürden auf dem Weg zum Pferd. – In: Beobachter 24/2011; http://www.beobachter.ch/konsum/freizeit/artikel/pferdehaltung_huerden-auf-dem-weg-zum-pferd/; Zugriff: 29.05.2013.

Bemmer, Ariane (2014): Was Berlin-Brandenburg mit Ross und Reiter anfängt. – In: Der Tagesspiegel 17.12.2014; http://www.tagesspiegel.de/wirtschaft/vom-pferd-erzaehlt-was-berlin-brandenburg-mit-ross-und-reiter-anfaengt/11119368.html, Zugriff: 05.01.2015.

Bühler, André & Schunk, Holger (2013): Markenmanagement im Sport, – In: Gerd Nufer & André Bühler (Hrsg.): Marketing im Sport, 3. Auflage, Berlin: Erich Schmidt, 117–146.

Burandt, Ernst (2002): Organisation der Pferdehaltung. – In: Deutsche Reiterliche Vereinigung e. V. (Hrsg.): Betriebswirtschaftslehre, Warendorf: FN-Verlag, 67–77.

Busse von Colbe, Walther; Hammann, Peter & Laßmann, Gert (1992): Betriebswirtschaftstheorie, Band 2: Absatztheorie, 4. Auflage, Berlin et al.: Springer.

Daumann, Frank & Römmelt, Benedikt (2015): Marketing und Strategie im Sport, Konstanz & München: UVK.

Eisenberg, Christiane (2003): Möglichkeiten und Grenzen der Konsumgeschichte – das Beispiel des Sportkonsums. – In: Michael Prinz (Hrsg.): Der lange Weg in den Überfluss, Paderborn et al.: Schöningh, 515–531.

Engelhardt, Werner Hans; Kleinaltenkamp, Michael & Reckenfelderbäumer, Martin (1995): Leistungstypologien als Basis des Marketing, – In: DBW 5/1995, 673–682.

Freyer, Walter: Sport-Marketing, 4. Auflage, Berlin: Erich Schmidt.

Frieling, Jörg & Reckenfelderbäumer, Martin (2004): Markt und Unternehmung, Wiesbaden: Gabler.

Gille, Claudia; Hoischen-Taubner, Susanne & Spiller, Achim (2010): Neue Reitsportmotive jenseits des klassischen Turniersports. Eine empirische Untersuchung, – In: Claudia Gille: Marketing im Pferdesport, Göttingen: Cuvillier, 28–52.

Gross, Peter (1994) Die Multioptionsgesellschaft, Frankfurt a. M.

Hermanns, Arnold; Kiendl, Stephanie C. & van Overloop, Pascal C. (2007): Marketing, München: Vahlen.

Ikinger, Christina; Münch, Christina; Wiegand, Katharina & Spilker, Achim (o. J.): Reiterleben Reiterwelten, Göttingen; Quelle: http://www.uni-goettingen.de%2Fde%2Fdocument%2Fdownload%2F1988e74b5e6a7bf92bf38381a71a47f0.pdf%2F2013-04%2520reitsportstudie_screen.pdf; Zugriff: 09.05.2015.

Macharzina, Klaus & Wolf, Joachim (2012): Unternehmensführung, 8. Auflage, Wiesbaden: Gabler Springer.

o. V. (2015): Langestüt konkurriert mit Online-Anbietern, – In: DIE WELT 16.02.2015, http://www.welt.de/regionales/sachsen-anhalt/article137487434/Landgestuet-konkurriert-mit-Online-Anbietern.html [Zugriff: 18.08.2015].

Preuß, Holger; Christian Alfs & Georg Ahlert (2012): Sport als Wirtschaftsbranche, Wiesbaden: Springer Gabler.

Scheuch, Erwin (2007): Marketing, 6. Auflage, München: Vahlen.

Schneider, Dieter (1994): Allgemeine Betriebswirtschaftslehre, 3. Auflage, 2. Nachdruck, München & Wien: Oldenbourg.

Sieweck, Jörg & Hartwig, Thomas: Wirtschaftsfaktor Pferd, Norderstedt: BoD.

Wagner, Hans-Dietrich: Versicherung. – In: Deutsche Reiterliche Vereinigung e. V. (Hrsg.): Betriebswirtschaftslehre, Warendorf: FN-Verlag, 118–135.

Ronald Wadsack

Genese von Reiten als wirtschaftlich verwertbarer Aktivität

Abstract Pferde begleiten die menschlichen Aktivitäten auf der Erde schon über lange Zeit. Mit ihnen wird ein Nutzen verbunden, zunächst mehr als Arbeits- und Reittier, spätestens seit dem 19. Jahrhundert auch vermehrt im Dienste der Freizeitbetätigung. Mit dem Aufkommen einer Freizeit für breitere Massen wurde die Kommerzialisierung des Reitens befördert. Sowohl als eigenes Handeln als auch in Form eines Sportangebotes auf dem Markt für Zuschauersport. Die Einbindung in die stark von Innovationen und Moden geprägte Freizeitindustrie und die Veränderung des Freizeitverhaltens in den letzten Jahrzehnten verstärken das Bemühen um die Schaffung von verwertungsfähigen Leistungen rund um das Thema Pferd. Auf der anderen Seite bedingt diese Anbindung eine Unstetigkeit, indem die Aktivitäten von den Freizeitinteressen der Menschen abhängig sind.

1. Eingrenzung des Themas

„Das Pferd ist ein Thier, das schon von dem ersten Zeitalter der Welt zum Vergnügen und Dienst des Menschen bestimmt gewesen ist, …“[1] Dieser Beschreibung von *Berenger* folgend hat das Pferd schon lange einen Nutzen für den Menschen. Ein Nutzen impliziert aus ökonomischer Sicht einen Wert, welcher einen Tausch zu begründen vermag. Sei es als Arbeitspferd (Grube, Landwirtschaft, Transportwesen[2], Jagd) oder als Reittier für die allgemeine Fortbewegung und im militärischen Einsatz. *Weber* weist noch auf Pferde als Tauschobjekte in herrschaftlichem Schenkhandel hin.[3] Und *Sombart* verortet das Aufkommen zahmer Stutereien als Ort der rationellen Pferdezucht auf das 18. Jahrhundert und verbindet dies mit einem Hinweis auf den damit zunehmenden Einfluss der Pferdezucht auf das Wirtschaftsleben eines Landes.[4]

Für diesen Beitrag soll der Fokus auf der freizeitorientierten Nutzung des Pferdes als Reittier liegen. Dabei werden die Zeiten des adeligen Freizeitvergnügens

---

1 Berenger 1802, 9; vgl. auch Weber 1991 [1923], 50.

2 *Osterhammel* weist neben Pferdebussen, -trams- und -taxen für die Mitte des 19. Jahrhunderts auf das Kaufhaus Bon Marché hin, das zur Warenauslieferung unterirdische Stallungen für 150 Pferde und einen entsprechenden Fuhrpark unterhielt. Vgl. Osterhammel 2010, 441–442.

3 Vgl. Weber 1991 [1923], 177.

4 Vgl. Sombart 1987 [1916], 644–645.

(Figurenreiten) ausgeklammert[5] und der Ansatzpunkt mit Aufkommen der Freizeit als eigenständigem Lebensbereich gewählt. Dabei bleiben jedoch immer noch zwei Perspektiven: Das Reiten als individuelle Aktivität der Freizeitgestaltung und Reiten um damit Geld zu verdienen. Bei der Reit- und Pferdeausbildung bilden diese beiden Aspekte u. U. eine Schnittmenge, der bezahlte Bereiter kümmert sich um ein Pferd, welches im Freizeitbereich zum privaten Reiten genutzt wird. Berufsreiter sind in verschiedenen Disziplinen aktiv, um i. d. R. bei Turnierveranstaltungen mit Zuschauern an den Start zu gehen. Letztere werden mit dem Aspekt der Freizeit verbunden, indem Zuschauer bei Pferdeveranstaltungen und ggf. Wetten bei Pferderennen die Möglichkeit der Einkommenserzielung für die Reiter begründen.

An Reiten als Freizeitaktivität und Reiten als Gegenstand der Berufsausübung hängt eine Vielzahl von Akteuren und wirtschaftlichen Prozessen, welche in einem anderen Beitrag dieses Bandes schon skizziert wurden.[6] Es gibt bislang keine Wirtschaftshistorie des Sportes.[7] Von einer Beschäftigung mit der nicht sportspezifischen Konsumgeschichte kann vor 1990 ebenfalls nicht gesprochen werden.[8] Dem Charakter nach ist die folgende Darstellung in diesen Themenkomplex einzuordnen, gleichwohl sie nur eine kleine Sammlung von ersten Anhaltspunkten für dieses Themengebiet liefern kann.[9]

2. Freizeit als Orientierungspunkt der Untersuchung

Freizeit wird häufig als Gegenstück zu Arbeitszeit bzw. Schulzeit oder häuslicher Arbeit gesehen.[10] Sie bedeutet frei verfügbare Zeit und ermöglicht damit die eigenständige Wahl von Aktivitäten. Eine weitergehende Untergliederung findet sich in Abbildung 1.

---

5 Vgl. dazu z. B. Begov 1980, 149.

6 Siehe Wadsack, „Pferdehaltung, Reiten und Pferdesport als Markt" in diesem Band.

7 Die „... geschichtliche Aufarbeitung der Sportwirtschaft steckt dagegen noch in den Anfängen." Pfeifer 2015, 4. Einen kurzen Überblick zum Stand der sportgeschichtlichen Forschung bieten Krüger & Langenfeld 2010 sowie Langenfeld 2010a und 2010b.

8 Vgl. Kleinschmidt 2008, 7.

9 Für die Zeit nach 1945 erfolgt eine Beschränkung auf die Bundesrepublik Deutschland vor und nach der Wiedervereinigung.

10 Vgl. Huck 1982, 12.

Abbildung 1: Freizeitbegriff (Quelle: leicht modifiziert nach Stehr u. a. 1992, 8)

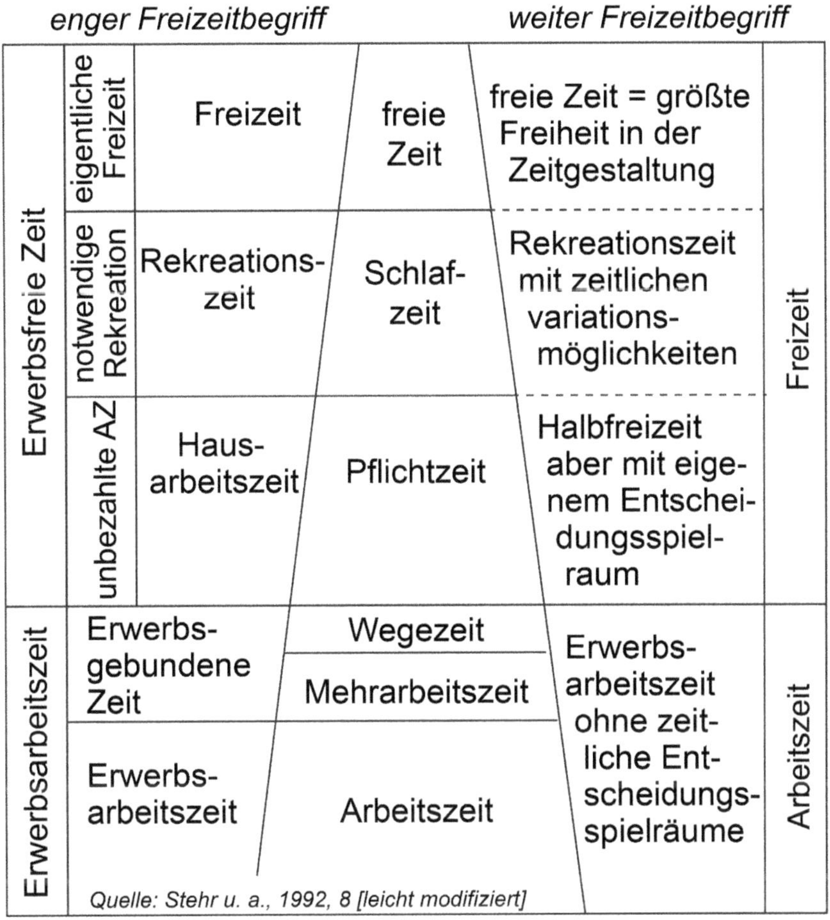

Der eigentliche Verfügungskorridor ist die als „freie Zeit" abgebildete Kategorie. Sie ermöglicht im Rahmen der finanziellen Möglichkeiten und der verfügbaren Angebote die freie Gestaltung. In heutiger Zeit bedeutet dies die Auswahl einer Handlung aus einer Vielzahl von Optionen, welche zur Freizeitgestaltung zur Verfügung stehen. Das Spektrum kann vielleicht mit Muße als gezieltem Entschleunigen und Genießen auf der einen Seite[11] und gezielter Abenteuersuche

11 Vgl. Becher 1990, 155.

und Extrembelastung auf der anderen Seite beschrieben werden. Komponenten wie die Suche nach Gesellschaft oder das Kennenlernen fremder Kulturen können z. B. weitere Facetten bilden.

Logischerweise ist die sportliche Berufsvariante des Reitens mit den verschiedenen zeitlichen Bezügen der Erwerbsarbeitszeit zuzuordnen. Jedoch ragt sie mit der Perspektive des Zuschauersportes (medial oder persönlich präsent) wiederum in den Bereich der Freizeit, allerdings einer anderen Personengruppe.

Auch wenn die Aufarbeitung der Freizeitgeschichte im Grunde erst nach dem Zweiten Weltkrieg aufkam[12], lassen sich einige Anhaltspunkte aufzeigen. Die bewusste Nutzung einer Freizeit wird für diese Ausarbeitung mit dem Beginn der Industrialisierung angesetzt, da für breite Massen der Bevölkerung eine von den industriell Anforderungen dominierte Arbeitszeit als Taktung der Lebensgestaltung Einzug hielt und die Anteile von fremdbestimmter und frei gestaltbarer Zeit immer mehr in das Bewusstsein rückten.[13]

Mit dem Aufkommen der Industrialisierung kann auch der Übergang von der Selbst- zur Fremdversorgung verbunden werden. *Kleinschmidt* verweist zudem auf die Loslösung des Konsums größerer Teile der Bevölkerung von der Existenzsicherung hin zu sozialpsychologischen Aspekten wie Prestige und Individualität. Damit erlangte auch das Thema „Freizeitkonsum" seine Berechtigung, wobei der Sport allerdings noch nicht im Vordergrund stand.[14] „Freizeitkonsum im öffentlichen Raum betraf die adelige und bürgerliche Konsumkultur ebenso wie die Freizeitgestaltung der Arbeiterschaft (Wirtshaus, Jahrmärkte). Neue Formen und Möglichkeiten des Freizeitkonsums wie das Kino oder das Tanzcafé bedeuten zugleich erste Schritte zur Überwindung der klassen- und geschlechtsspezifischen Trennung des Freizeitkonsums."[15] *Walter* verweist für England sogar auf eine „Konsumrevolution" als eigene Folge der Industrialisierung.[16]

Über die sukzessive Verkürzung von Arbeitszeiten, die Fixierung von Tarifverträgen und die Einführung eines Anspruches auf Urlaubstage werden weitere Entwicklungen benannt, welche auf den Rahmen der Freizeit Einfluss haben. Zeitlich können diese auf die 1930er Jahre bzw. die Weimarer Republik bezogen

12 Vgl. Huck 1982, 11. Der Beginn der Freizeitwissenschaft mit dem primären Bezug auf Arbeiter und Jugend kann mit ca. 1860 früher angesetzt werden. Vgl. Agricola 2001, 112.

13 Vgl. dazu auch Huck 1982, 13–14; Kleinschmidt 2008, 11.

14 Vgl. Kleinschmidt 2008, 11 und 38; auch: Flucher 2008, 26.

15 Kleinschmidt 2008, 39.

16 Vgl. Walter 2011, 69.

werden.[17] Allerdings vermag auch die Ausbildung der Privatsphäre als Teil des Verständnisses der Lebensgestaltung bereits erste Freizeitbezüge zu zeigen.[18]

Dennoch gestaltet sich das Thema Freizeit heutzutage durchaus als schwieriges Entscheidungs- und Konsumfeld. Die Freizeitmöglichkeiten haben grundlegende Auswirkungen auf die Möglichkeiten regelmäßige und/oder fest terminierte Angebote zu nutzen. Unter dem Eindruck der Flexibilisierung von Arbeitszeit beschreibt *Gross* die Szenerie: „Aus dem monolithischen Block der Normalarbeitszeit ist ein fluktuierendes Ganzes mit multiplen Möglichkeiten der Arbeitszeitanlage geworden. Damit gerät auch die Normalfreizeit in Bedrängnis, sie löst sich in rund-ums-Jahr, rund-um-die-Uhr und rund-um-den-Tag gelegene Freizeitblöcke auf. Einzig die Altersfreizeit ist vorderhand noch berechenbar.“[19] Daraus ergeben sich wiederum Anforderungen an die Freizeitindustrie, diesem Flexibilitätsbedarf Rechnung zu tragen.

Auch wenn dies nur einen groben Eindruck von der Entwicklung der Freizeit bietet, sind in Abbildung 2 Lebens- und Freizeit zu verschiedenen Zeiten dargestellt.

Abbildung 2: Zeitverfügbarkeit in Stunden 1900–2020 (eigene Grafik; Datenquelle: Freericks et al. 2010, 22).

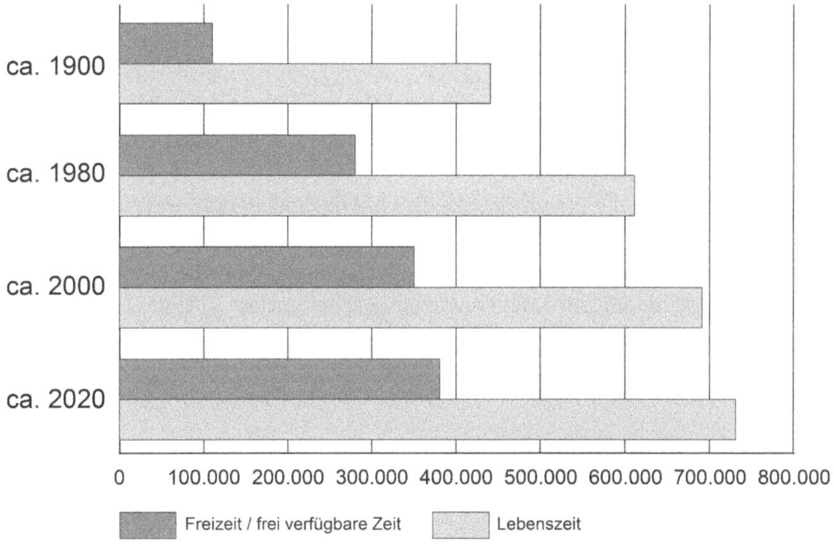

17 Vgl. Becher 1990, 155.
18 Vgl. Becher 1990, 155.
19 Gross 1994, 79.

Dabei sind Freizeit und Freizeitverhalten auch ein Feld der Bewertung im sozialen Kontext.[20] Beispielsweise zum Symbolisieren von Status andererseits im Hinblick auf den vermeintlichen kulturellen Wert einer Freizeittätigkeit.

3. Freizeit als Feld des wirtschaftlichen Handelns

3.1 Kommerzialisierung und Freizeit

Kommerzialisierung bedeutet zunächst einmal ökonomisiertes, auf einen Markt gerichtetes Handeln. Wesentliche Elemente sind der Umgang mit Angebot und Nachfrage sowie Preisbildung. Kommerzialisierung beschreibt Agricola als „... den Prozess zur Einbeziehung von bisher nicht primär ökonomisch ausgerichteten Tätigkeiten bzw. Lebensweisen in den Markt, aber auch das Eindringen von Marktgesichtspunkten in bislang nicht ökonomisch erfasst Bereiche, in bislang gemeinnützige Tätigkeitsfelder."[21] „Unter Vermarktlichung (= Kommerzialisierung /RW) versteht man dabei eine Zunahme der Abhängigkeit gesellschaftlicher Teilbereiche vom ökonomischen System sowie die Ersetzung bereichsspezifischer durch ökonomische Rationalitätskriterien."[22] *Sombart* beschreibt Kommerzialisierung als Veränderung menschlicher Bezüge in Tauschvorgänge, in denen Güter zu Waren werden.[23]

Damit sind z. B. folgende Phänomene verbunden:

- Die wirtschaftliche Möglichkeit der Teilhabe an dieser Art des Freizeitkonsums für verschiedene Bevölkerungsgruppen unter den Aspekten ihrer zeitlichen und monetären Möglichkeiten.[24]
- Aufkommen eines Konsumdrucks durch Angebotsvielfalt und Modewellen.
- Das Einbringen von Geld in den Bereich Freizeit ermöglicht das Erzielen von Einkommen und die Schaffung von Arbeitsplätzen. Für den Bereich der Pferdehaltung wird teils mit einer Faustregel gearbeitet, dass 3 Pferde 1 Arbeitsplatz ausmachen.[25]

20 Vgl. Becher 1990, 155.
21 Agricola 2001, 185.
22 Gerhardt et al. 2014, 232. Die Autoren betrachten Vermarktlichung und Kommerzialisierung als Synonyme.
23 Vgl. Sombart 1987b [1927], 499.
24 Vgl. z. B. Agricola 2001, 188.
25 Vgl. Haring 1999, 96–97.

- Freizeitkonsum erfordert Zeit[26], was bei einer zunehmenden Arbeitsverdichtung bzw. einer Unregelmäßigkeit der Arbeitszeit planbare Freizeit erschwert.[27] Auf der anderen Seite bieten sich hier wiederum neue Optionen für Angebote von Dienstleistungen, insbesondere der Betreuung des Pferdes, um dieses Zeitdefizit auszugleichen. Ein Pferd verlangt als Lebewesen permanente Aufmerksamkeit.

Das Vordringen der Kommerzialisierung in alle Lebensbereiche bedarf einer kritischen Beobachtung. Das entsprechende Denken dringt u. a. in Bereiche des gesellschaftlichen freiwilligen Engagements und erreicht u. a. den Vereins- und Verbandsbereich. Es verändert Vorstellungen und Erwartungen zum menschlichen Zusammenhalt und gesellschaftlichen Leistungsprozessen. *Sendel* verweist in diesem Zusammenhang auf die Notwendigkeit zu klären, welche Rolle Märkte in unserer Gesellschaft spielen sollen. Hier entscheidet sich auch die Zuordnung, ob ein Lebenswelt-Aspekt mehr der Bürgerpflicht oder dem Privateigentum zuzuordnen ist.[28]

3.2 Freizeitmarkt

„Die Freizeitwirtschaft hat sich zu Leitökonomie der Zukunft entwickelt." konstatierten *Opaschowski et al.* im Jahr 2006.[29] Als Auslöser sahen die Autoren die „… fast unendliche Nachfrage nach mehr Lebensqualität und einem besseren Leben."[30] Einfluss auf die Möglichkeit der Entstehung dieses Verlangens und der Realisation waren prägende psychologische Erlebnisse in der damaligen Bundesrepublik Deutschland in den 1950er und 1960er Jahren in Form des deutlichen wirtschaftlichen Wachstums und die Entwicklung zur Wohlfahrtsgesellschaft.[31] *Wehler* weist auf den Einfluss der Freizeitindustrie auf das menschliche Verhalten hin, indem Normen und Zielwerte mit der vordringenden Konsumgesellschaft und deren Mechanismen einen guten Nährboden finden.[32] „Die Konsumindustrie erwies sich im Ausdenken immer neuer Moden als unerschöpflich, beruhten ihr Gewinn und ihr Erfolg doch zu großen Teilen darauf, dass sie, …, neue Trends erfand, von denen die Konsumenten zuvor noch nichts geahnt hatten, denen sie

26 Vgl. z. B. Opaschowski 2006, 5.
27 Vgl. Opaschowski et al. 2006, 8.
28 Vgl. Sendel 2012, 12–13 und 17; vgl. auch Agricola 2001, 185.
29 Opaschowski et al. 2006, 1.
30 Opaschowski et al. 2006, 1.
31 Vgl. Petzina 1981, 745.
32 Vgl. Wehler 2010, 80.

aber im Augenblick des Vorstoßes blind folgten wie die Kinder dem Rattenfänger von Hameln."[33]

Abgesehen von der Entstehung der Arbeit/Freizeit-Differenzierung konstatiert *Fulcher* für England: „Auch in einem weiteren Sinne war die Freizeit eine Erfindung des Kapitalismus: die Freizeit wurde kommerzialisiert. Man trieb nicht länger nur althergebrachten Sport und Zeitvertreib, sondern die Arbeiter begannen, für Freizeitaktivitäten zu bezahlen, die von kapitalistischen Unternehmen organisiert wurden."[34] Mit der Entwicklung der Eisenbahn ergab sich u. a. für eine große Zahl von Menschen die Gelegenheit zu Pferderennbahnen zu reisen, was wiederum die Erhebung von Eintrittsgeldern lukrativ machte.[35] Und insgesamt: „Man kann die Bedeutung dieser Tatsache kaum überschätzen, denn ganz neue Industrien zur Ausbeutung und Erschließung des Freizeitmarktes entstanden, und dieser wurde zu einer gewaltigen Quelle von Konsumentennachfrage, Beschäftigung und Profit."[36]

„Unter Freizeitangeboten werden alle Produkte und Dienstleistungen verstanden, die sich nach Meinung ihrer Käufer und Verwender nutzendstiftend zu Ge- oder Verbrauch in ihrer Freizeit eignen bzw. eignen können."[37] Die Spanne der Angebote ist sehr weit, das BAT-Institut fasst darunter neben Sport Ausgaben für den Urlaub, Freizeitmobilität, Bücher und Zeitungen, Garten und Tiere.[38] *Becher* verweist darauf, dass Sport aktiv und passiv seit den 1920er Jahren eine der beliebtesten Freizeitbeschäftigungen ist. Ein Effekt, der sich nach dem Zweiten Weltkrieg nicht zuletzt durch die mediale Verbreitung noch einmal verstärkt hat.[39] Allerdings hat sich auch die Mediennutzung selbst zu einem bedeutenden Faktor der Freizeitgestaltung entwickelt.

Abbildung 3 zeigt für die Zeitspanne von 1991 bis 2013 die Entwicklung der Konsumausgaben für Freizeit, Unterhaltung und Kultur. *Opaschowski et al.* verweisen auf die scheinbare Krisenresistenz der Freizeitausgaben, wobei preisbereinigt allerdings auch von einer relativen Konstanz auszugehen ist. Ebenfalls kann eine Umverteilung zwischen den Lebensbereichen festgestellt werden, indem etwa

---

33 Vgl. Wehler 2010, 81.
34 Fulcher 2008, 17.
35 Vgl. Fulcher 2008, 17.
36 Fulcher 2008, 17.
37 Opaschowski et al. 2006, 32.
38 Vgl. Opaschowski et al. 2006, 34.
39 Vgl. Becher 1990, 178 und 183.

Freizeitausgaben stabil gehalten werden, während in anderen Lebensbereichen Einsparungen erfolgen.[40]

Abbildung 3: Konsumausgaben in Deutschland für Freizeit, Unterhaltung und Kultur bis 2013 (Quelle: Statistisches Bundesamt / Statista)

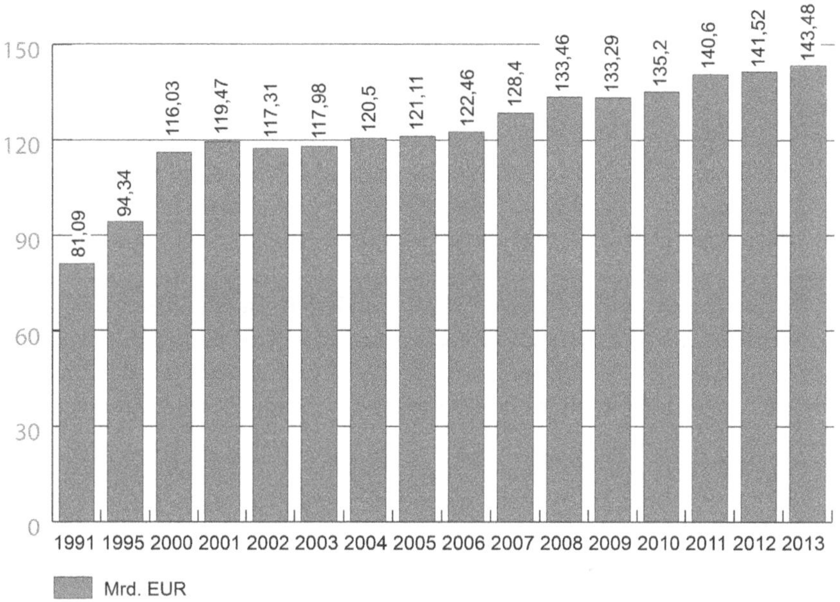

„Wahlfreiheit und Freizeitbewusstsein sorgen allerdings für eine immer größere Vielgestaltigkeit der einzelnen Freizeittätigkeiten. Diese bewirkt [wiederum /RW] eine Zunahme von Wahlfreiheit, die durch den Einzelnen nach Belieben und Möglichkeit genutzt wird."[41] *Kleinschmidt* verweist denn auch darauf, dass die moderne Freizeitkultur im Gegensatz zur traditionellen Festkultur und Geselligkeit eine Individualkultur ist.[42]

Dies ist verbunden mit dem Aufkommen einer Freizeitindustrie, welche, wie schon angesprochen, systematisch Angebote für dieses frei verfügbare Spektrum

40 Vgl. Opaschowski et al. 2006, 33 und 36.
41 Agricola 2001, 174.
42 Vgl. Kleinschmidt 2008, 57 m. w. N.

der menschlichen Zeit entwickelt.[43] Damit dürfte sich auch die Sichtweise verändern, mit der das Geldverdienen mit der Freizeit anderer betrachtet wird. *Agricola* weist auf eine kritische Betrachtung dieser Entwicklung hin.[44] Auf der anderen Seite kann angenommen werden, dass sich dieser Gedanke mit einer intensiven Durchdringung der Gesellschaft mit den Leitgedanken des Geldverdienens, unternehmerischen Handelns und Erschließens von Einkommensquellen verlieren wird bzw. schon verabschiedet hat. Lediglich der im Freizeitbereich vielfältig anzutreffende Aspekt des gemeinnützigen Vereinshandelns mag hier noch als Bastion gelten.

Hinzu kommt die Eventisierung verschiedener Lebensbereiche, insofern bringen *Opaschowski et al.* Freizeitkonsum auch mit der Erlebnisökonomie in Verbindung.[45] *Stihler* betitelt ein Kapitel mit der Ablösung des Gebrauchsnutzens durch die Erlebnisorientierung.[46] „Die entscheidende Motivation ist nicht der Bedarf, sondern der Wunsch nach Erleben und sich verwöhnen – Wollen."[47] Hierin liegt ein Risiko, da eine solche Denkhaltung sich verändern kann und entsprechende kommerzielle Konzepte damit ins Abseits geraten können bzw. eine Neuausrichtung erfolgen muss. Der Hinweis von *Opaschowski et al.*, dass mit der Jahrtausendwende ein „Sparzeitalter" aufgekommen ist, mag in dieser Richtung schon einen Fingerzeig geben.[48]

Speziell für den Sportkonsum kommt *Eisenberg* zu folgender Beschreibung: „Es handelt sich um eine der am schnellsten wachsenden Branchen überhaupt. Sie ist dicht verwoben mit nahezu allen Facetten moderner Ökonomien – von Mode- und Gesundheitsmärkten über die Infrastrukturen modern Metropolen bis hin zu Werbung, Medien und dem Handel mit Verwertungsrechten."[49]

4. Reiten als Produkt

Reiten wird damit zum Gegenstand des Wirtschaftens, dass Knappheit herrscht, Nachfrage besteht und damit eine Preiserzielung bzw. ein Absatz von Leistungen

43 Vgl. auch Stihler 1998, 75–77 welche auf den Bücherabsatz, Theater und andere Unterhaltungsmöglichkeiten m 18. Jahrhundert hinweist. Um 1720 ist die erste Zeitungswerbung für Pferderennen zu finden.

44 Vgl. Agricola 2001, 185.

45 Vgl. Opaschowski et al. 2006, 2. Otte gibt im Hinblick auf den Reitsport auf das aufkommende Showbusiness. Vgl. Otte 1994, 26.

46 Vgl. Stihler 1998, 104–113.

47 Opaschowski et al. 2006, 7.

48 Vgl. Opaschowski et al. 2006, 46.

49 Eisenberg 2003, 517.

zu einem betriebswirtschaftlich begründeten Preis möglich ist. Letztlich geht es bei privatwirtschaftlichen Angeboten um die Erzielung von Gewinn. Die Voraussetzung für die Erzielung einer Nachfrage ist, dass Reiten der Bedürfnisbefriedigung von Menschen dient. Das wiederum beruht auf der Schaffung von Nutzen, wobei dieser eine weite Spanne von Merkmalen des Reitens abdecken kann. Der Nutzenaspekt soll hier mithilfe der Nutzenleiter von *Vershofen* (siehe Abbildung 4) näher charakterisiert werden.

Abbildung 4: Nutzenleiter nach Vershofen *(Quelle: Vershofen 1940, 71)*

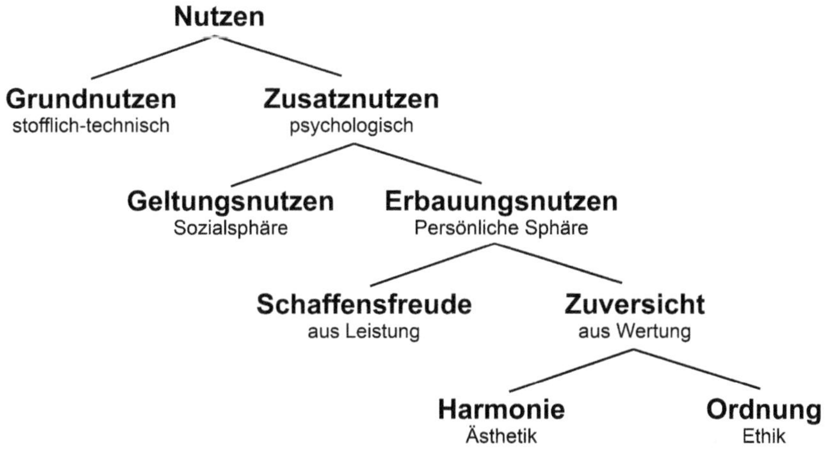

Für das aktive Reiten in der Freizeit ist der stofflich-technische Nutzen auf den Besitz bzw. die Verfügbarkeit eines Pferdes zu beziehen. Dieser kann noch nach der Reitnutzung variieren, indem z. B. Wanderreiter das Pferd mehr unter dem Aspekt der Fortbewegung von A nach B nutzen, während Sportreiter das Pferd eher unter spezifischen Leistungsaspekten ihrer Sportausübung betrachten.

Der Geltungsnutzen in der Sozialsphäre ist naheliegend, wird dem Reiten und Reitsport doch weiterhin ein elitärer Charakter und damit die Zugehörigkeit zu einer höheren sozialen Klasse qua finanzieller Möglichkeiten nachgesagt. Wobei an dieser Stelle nicht die Themen Wettrennen bzw. Pferdewetten im Blickfeld stehen. In Bezug auf die persönliche Sphäre folgt aus dem Umgang mit dem Pferd die Freude an der Entwicklung eines gemeinsamen Leistungsverbundes als Reiter-Pferd-Kopplung. Dies kann sich ganz allgemein als Umgang Mensch-Tier oder in verschiedenen Varianten als Sportakteure ausprägen. Letztlich kann die „Zuversicht aus Wertung" aus der ästhetischen Wahrnehmung des Tieres oder des Tier-Reiter-Gespanns erwachsen. Ebenfalls ist eine Ordnung aus dem Erfüllen spezifischer Aufgaben, besonders ausgeprägt in der formalisierten Dressur, durchaus mit dem Thema Ordnung in Verbindung zu bringen.

Die Bewertungskategorien für den Kauf von Pferden offenbaren auch Tendenzen der Nutzenorientierung. Kaufgründe für Pferde im Rahmen einer Untersuchung der Pferdehaltung in Hessen waren folgendermaßen kategorisiert: ist was besonderes, ist brav, Sporteignung, Schönheit, Rasse, Bewegungsqualität.[50] Die Interpretation für „ist was besonderes" und „Schönheit" kann in zweierlei Hinsicht erfolgen: „das Pferd ist was Besonderes und/oder der Reiter wird durch das Pferd etwas Besonderes."[51]

5. Anhaltspunkte: Kommerzialisierung des Reitens

Auch wenn die Trennung nicht klar zu vollziehen ist, sollen für diese Betrachtung das freizeitorientierte Reiten und das wettkampfsportliche Reiten getrennt betrachtet werden. Letzteres wird dabei mehr auf den Spitzensport bezogen, da es auf den einzelnen Wettkampfebenen durchaus Überschneidungen mit dem freizeitorientierten Reitern geben kann. Eine wesentliche Komponente der Kommerzialisierung und Professionalisierung ist ebenfalls, inwieweit ein Aktivitätsbereich zu der Einkommenserzielung in der Gesellschaft beiträgt. *Haring* verweist auf Untersuchungen, welche darauf hinauslaufen, dass mit 3 Pferden jeweils 1 Arbeitsplatz verbunden werden kann.[52]

5.1 Privates Reiten

Ein wichtiger Wendepunkt in der Nutzenbetrachtung des Pferdes kann in der landwirtschaftlichen Umstellung von Arbeitspferden auf Maschinenkraft gesehen werden. „Die Pferdehaltung als Teil landwirtschaftlicher (und waldwirtschaftlicher) Arbeitsprozesse erlebte in den 1950er und 1960er Jahren einen beispiellosen Niedergang."[53] Mit dieser Entwicklung kann ein wirtschaftlicher und kultureller Umbruch verbunden werden.[54]

Dennoch gab es auch schon früher geldwerte Leistungen in Verbindung mit Pferden. In Frankreich waren zum Ausgang des 19. Jahrhunderts Reitstunden, Hippodrome und Pferdemiete Aktivitätsfelder der bürgerlichen Freizeitgestaltung.[55]

---

50 Vgl. Landessportbund Hessen 2001, 43.
51 Landessportbund Hessen 2001, 43.
52 Vgl. Haring 1999, 96–97.
53 Landessportbund Hessen 2001, 17 bezogen auf die 1950 und 1960er Jahre.
54 Vgl. Landessportbund Hessen 2001, 17.
55 Vgl. Osterhammel 2010, 442.

Nach einer Allensbach-Erhebung waren im Jahr 2014 ca. 910.000 Menschen in Deutschland im Besitz eines Pferdes. Die Pferdenutzung und die Verbindung zum professionellen Bereich der Pferdevermarktung werden dabei nicht unterschieden.[56]

Wenn man von privater Pferdehaltung ausgeht, lässt sich die Kommerzialisierung idealtypisch in verschiedenen Schritten der Hinzunahme von geldwerten Leistungen beschreiben. In der grundlegenden Form wird ein Pferd auf eigenem Gelände und in einem eigenen Stall gehalten, das Futter und Einstreu weitgehend selbst produziert. In engen Grenzen erfolgt der Zukauf eben dieser Materialien. Der private Pferdehalter ist nun jedoch weder Tierarzt noch Hufschmied und es bedarf verschiedener Experten, um die Haltung und Nutzung des Pferdes adäquat zu gewährleisten. Sattel und Zaumzeug müssen ebenfalls zugekauft werden.

Ist nun die Unterbringung auf eigenem Gelände nicht möglich, so gilt es eine Möglichkeit der Stallunterbringung zu finden. Die damit verbundene Pensionsleistung ist zu honorieren und sichert dem entsprechenden Betrieb oder Verein eine Einnahme. Darüber hinaus sind Futter- und sonstige Versorgungskosten zu übernehmen. Weitere Leistungen können hinzugekauft werden: tägliche Bewegung des Pferdes, besonderes Futter oder sonstige Sonderversorgungen.

Unterschiede zeigen sich zwischen Ballungsraum/Stadt und ländlichen Gebieten: Verständnis für Reiten und Reiter (u. a. Wegenutzung), Pferdehaltung und Pferdesport, Möglichkeiten der Selbsthilfe bei der Pferdehaltung (Fläche, Weide, ...).[57]

„Von einem eher wirtschaftlichen Standpunkt aus ist die Pferdehaltung und das Reiten für zwei andere Gruppierungen in der Bevölkerung von Interesse. Zum einen sind es jene, welche die sogenannte Pferdeindustrie repräsentieren. Hier seien stellvertretend die Pferdehändler und Hufschmiede als direkt reitsportbedingte Berufe benannt und diejenigen, welche als Folge der Pferdehaltung und des Reitsports entstanden sind, u. a. Bekleidungs- und Futtermittelindustrie oder das Verlagswesen. Alle Beteiligten sehen das Pferd primär als Wirtschaftsfaktor und sind an den Fragen der Umsatzsteigerung interessiert. Zum anderen sind es die landwirtschaftlichen Produktionsbetriebe, die aus ökonomischen Gründen eine Umstellung der Pensionspferdehaltung vornehmen."[58]

Auch wenn sich die sportlichen und nicht-sportlichen pferdebezogenen Aktivitäten nicht trennen lassen, kann gemäß einer Untersuchung von *Preuß et al.*

---

56 Vgl. IfD Allensbach nach Statista (http://de.statista.com/statistik/daten/studie/265024/umfrage/umfrage-in-deutschland-zum-persoenlichen-besitz-eines-pferdes/; Zugriff: 14.06.2015).

57 Vgl. Landessportbund Hessen, 2001, 16.

58 Landessportbund Hessen 2001, 10.

für Personen über 16 Jahre ein durchschnittlicher Wert von 1.427,59 EUR als jährliche Ausgabe für das Reiten ermittelt werden. Damit liegt Reiten auf Platz 9 der untersuchten Sportcluster. Das Gesamtvolumen einschließlich des passiven Konsums wurde mit 3.737,7 Mill. EUR angegeben. Dabei ordneten sich 39,5 % der Befragten als vereinsorganisiert, 60,2 % als selbstorganisiert und der Rest als anders organisiert ein.[59]

5.2 Reiten als sportlicher Wettkampf

Bei einem Bezug auf die Verknüpfung von Geld mit Reiten und Reitsport abseits des Pferdehandels kann das Aufkommen der Pferderennen und des Wettens in England als ein Ansatz gesehen werden. Diese Entwicklung im 17./18. Jahrhundert ist mit systematischem Training und einer auf Schnelligkeit ausgelegten Zucht verbunden.[60] Sie kann ab dem 19. Jahrhundert auch in Deutschland beobachtet werden. Galopprennen bleiben bis zum Ersten Weltkrieg eher Amateursport, danach kamen Jockeys als Berufssportler auf.[61] Erste Fachzeitschriften kamen ab dem Jahr 1862 auf den Markt, erste Rennbahnen wurden 1822 in Doberan und 1827 in Güstrow erstellt. Für das Jahr 1863 nennt *Eichberg* 36 größere Plätze für Pferderennen, auf denen an 126 Tagen insgesamt 428 Rennen durchgeführt und 256.000 Taler an Preisgeld ausgeschüttet wurden.[62]

Eisenberg beschreibt die finanziellen Anforderungen der Teilnahme an Pferderennen. „Vom Reserveoffizier „aufwärts" war jedermann zugelassen; ein eigenes Pferd scheint jedoch eine informelle Vorbedingung gewesen zu sein. Die dafür erforderlichen Mittel waren beträchtlich. Ein Pferd, das ein Verkaufsrennen gewonnen hatte, kostete zwischen 5.000 und 8.000 Mark, was etwa dem Jahresgehalt eines preußischen Regierungsrats entsprach. Das Pferd (die meisten Herrenreiter besaßen wohl mehrere), musste unterhalten und zu Rennen transportiert werden, wobei sich alleine die vom Trainer bereitgestellten Leistungen (Stallung, Verpflegung, Hufbeschlag und Sattelzeug) auf 1.800 Mark jährlich beliefen. Hinzu kamen Gebühren für die Unterbringung auf den Rennplätzen, die Benutzung von Trainerbahnen usw. Derartige „Jahresspesen", die über ein Konto beim Union Klub mit etwaigen Preisgeldern verrechnet wurden, beliefen sich auf 2.000–4.000

59 Vgl. Preuß et al. 2012, 105, 122 und 124.
60 Vgl. Eichberg 1980, 360.
61 Vgl. Eichberg 1980, 361.
62 Vgl. Eichberg 1980, 361.

Mark jährlich; dabei waren Verluste durch Krankheit und Verletzung der Tiere nicht inbegriffen."[63]

Der Reitsport selbst wird dabei weniger als Möglichkeit gesehen, Geld zu verdienen. Allerdings ermöglicht die erfolgreiche Rennteilnahme eine Verbesserung des eigenen Pferdehandels.[64]

Eine wesentliche Rolle für die Steigerung der Breitenwirkung des Rennsports war die Verbesserung der Lage und Ausstattung der Rennplätze im Vergleich zu den Provisorien der ersten Hälfte des 19. Jahrhunderts. Sowohl die Gestaltung des Rennplatzes als auch die Verkehrsanbindung rückten in den Blick.[65] *Luh* beschreibt u. a. Pferderennbahnen als Orte, die sich in den 1920er Jahren zu Magneten für die Massen entwickelten.[66] Der internationale Reitsportverband FEI wurde 1921 mit der Maßgabe der Betonung des Sports gegenüber der Kommerzialisierung gegründet.[67] Dennoch hat das System Turniersport wie der gesamte Sport an sich eine Eigendynamik gewonnen, die durch die FEI als Verband nur schwer zu kontrollieren ist.[68]

In der heutigen Zeit unterliegt der Spitzensport insbesondere in den olympischen Reitsportdisziplinen einer Verwertungsspirale, welche v. a. durch die Medienpräsenz und die damit verbundene Reichweite gekennzeichnet ist (Abbildung 5). Der zeitliche Beginn dieser Dynamik der Kommerzialisierung kann in den 1970er und 1980er Jahren verortet werden.[69] Mit dem Hinzukommen der privaten Fernsehanbieter seit der Marktliberalisierung 1984 erhielt diese Entwicklung einen weiteren Schub.[70] Ausgehend von der generellen Präsenz des Sportes durch seine Qualität als Sport und die prägenden Spitzenathletinnen und -athleten ergibt sich eine Zuschauer- bzw. Interessentenrelevanz. Ca. 68 % (2014) der deutschen Bevölkerung kennen Reiten als Sportart.[71] Die damit erzielte Breite ist eine wichtige Komponente für die Medienpräsenz, da Einschaltzahlen eine wesentliche Rolle für die Aufnahme in das Fernsehprogramm bieten. Inwieweit die

63 Eisenberg 1999, 175 m. w. N.

64 Vgl. Eisenberg 1999, 175; deutlich stärker rückt Langenfeld das Profitinteresse in den Vordergrund, vgl. Langenfeld 2010, 245.

65 Vgl. Eisenberg 1999, 169.

66 Vgl. Luh 2010, 190.

67 Vgl. Otte 1994, 126.

68 Otte 1994, 126.

69 Vgl. Krüger 2010, 225.

70 Vgl. Trosien & Preuß 1999, 211.

71 Ifd Allensbach nach Statista (http://de.statista.com/statistik/daten/studie/171046/umfrage/bekanntheit-der-sportart-reiten/; Zugriff: 14.06.2015).

zunehmend aufkommenden Internetangebote der Pferdesportübertragung[72] dabei eine Wirkung erzielen, kann mangels Datenmaterial nicht abgeschätzt werden.

Abbildung 5: Idealtypische Wirkungsspirale der Sportvermarktung (Quelle: eigene Grafik)

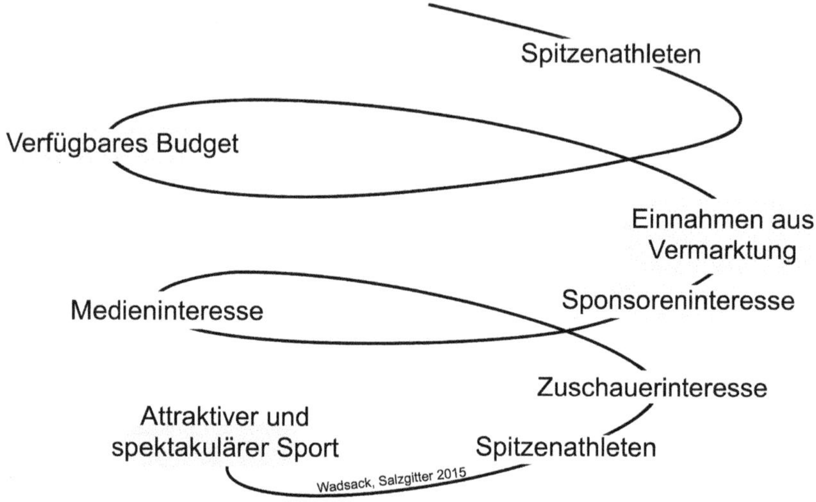

Mit dem Erlangen der Aufmerksamkeit in Massenmedien steigt die Attraktivität für Sponsoren mit ernsthaft kommunikativem Anliegen, woraus sich eine wesentliche wirtschaftliche Verbesserung für die Sportart und ihre Protagonisten ergeben kann. Dies wiederum führt zu einer Möglichkeit der Optimierung der Produktion von Spitzensport. Die Verfügbarkeit geeigneter Pferde, die Ausbildung von Pferdesportlern und die Qualifizierung von Trainern und anderen Leistungserbringern seien für den Pferdesport genannt. Weiterhin ist die Suche nach und die Entwicklung von medientauglichen Formaten eine strategische Option in diesen Verwertungsprozessen.[73]

Diese Abbildung ist idealtypisch, da der Verlauf als permanent steigend angesehen wird und auf einer spezifischen Abfolge von Ereignisstufen beruht. Die Vermischung einzelner Stufen, oder auch der Tausch der Reihung sind durchaus vorstellbar, wenn z. B. ein Investor zunächst mit einem Sponsoring einsteigt, um in der Folge eine Sportart populär zu machen. Letztlich sind Brüche in der

72 Reitsportkanal im Internet clipmyhorse.tv.

73 Vgl. z. B. einen Bericht zum 2. Liebenberger Pferdeforum im Jahr 2015. Vgl. o. V. 2015.

Spiralbewegung denkbar, welche zu einem Rückfall auf frühere Stufen der wirtschaftlichen Situation führen können. Hauptgründe dafür sind:

- Die Veränderung der Interessenlage in der Bevölkerung für eine Sportart.
- Skandale im Zusammenhang mit der Sportart, wie Doping oder beim Pferdesport der Tierschutz.

6. Fazit: Fingerzeige für die künftige Entwicklung

Es ist davon auszugehen, dass auch das Reiten in seinen verschiedenen Varianten nicht von den gesamtgesellschaftlichen Entwicklungen und den damit verbundenen Auswirkungen auf sportliches Tun abgekoppelt ist. Die generell für das Freizeitverhalten angerissenen Einflüsse machen auch vor dem Sport nicht halt. U. a. wirkt sich dies in einer Ausdifferenzierung der Anbieterstrukturen und -themen aus. Dazu zählen:

- sportliche Inhalte,
- sportliche Sinnrichtungen und Wertvorstellungen,
- sportliche Zielgruppen und
- sportliche Organisationsformen und Anbieter.[74]

Die Ausprägung von Reitweisen mit zum Teil eigenen Verbänden und Anbietern ist ein Hinweis in dieser Richtung. Die Suche nach neuen Angebotsformaten auch abseits des individuellen Pferdebesitzes ist eine zweite Zielrichtung.

Die Auswirkungen der Vielfalt von Wahlmöglichkeiten und der zeitlich und finanziell vorhandenen Entscheidungsoptionen für Freizeitverhalten[75] bringen nicht nur Reiten und Pferdesport in die Notwendigkeit, ihre wirtschaftliche Zukunftsfähigkeit zu überprüfen und zu entwickeln.

Nicht abzuschätzen ist, inwieweit sich abzeichnende Veränderung in der medialen Alltagswelt, wie z. B. mit den Begriffen „google glass“ oder „augmented reality“ verbunden, auch im Sport und im Pferdebereich auswirken werden. Einerseits im Hinblick auf das Freizeitverhalten generell aber auch im Hinblick auf den wirtschaftlichen Umgang mit Reiten und Pferdesport. Andererseits auch im Hinblick auf die Erwartungen des Medieneinsatzes, welche künftig mit Angeboten in diesem Bereich verbunden werden.

Mit dem weitgehenden Verschwinden der v. a. militärischen Pferdebestände auch für den reitsportlichen Einsatz, verlagerte sich der Sportbetrieb zunehmend

74 Vgl. Luh 2010, 195–196.
75 Vgl. z. B. Thomas 2001, 492.

in den privatwirtschaftlichen Bereich. Das im Spitzenbereich vorhandene Leistungsniveau bedarf einer Vollzeitbeschäftigung mit dem Sport, was einer Berufsausübung gleich kommt und i. d. R. finanziell entsprechend tragfähig zu sein hat.

Als eine weitere Auswirkung der Kommerzialisierung der Wettkämpfe im Reitsport sieht *Otte* den Bedeutungsverlust ländlicher Turniere, da diese an den Messlatten der Olympischen Spiele und der Premium-Veranstaltungen nicht mehr konkurrenzfähig sind.[76] „Die kleineren Veranstalter verfügen nicht über das Geld, immer größere, bessere und schönere Reitanlagen zu errichten bzw. enorme Preisgelder auszuschütten.“[77]

Literatur

Abelshauser, Werner (2005): Deutsche Wirtschaftsgeschite seit 1945, Bonn: Bundeszentrale für politische Bildung.

Agricola, Sigurd (2001): Freizeit, München & Wien: Oldenbourg.

Begov, Franz (1980): Sportgeschichte der frühen Neuzeit. – In: Horst Ueberhorst (Hrsg.): Geschichte der Leibesübungen, Band 3/1, Berlin et al.: Bartels & Wernitz, 145–164.

Becher, Ursula A. J. (1990): Geschichte des modernen Lebensstils, München: C. H. Beck.

Berenger, Richard (1802): Die Geschichte des Reitens, Hamburg: Richard Perthes.

Eichberg, Henning: Sport im 19. Jahrhundert – Genese einer industriellen Verhaltensform. – In: Horst Ueberhorst (Hrsg.): Geschichte der Leibesübungen, Band 3/1, Berlin et al.: Bartels & Wernitz, 350–412.

Eisenberg, Christiane (1999): „English Sports“ und deutsche Bürger, Paderborn: Schöningh.

Eisenberg, Christiane (2003): Möglichkeiten und Grenzen der Konsumgeschichte – das Beispiel des Sportkonsums. – In: Michael Prinz (Hrsg.): Der lange Weg in den Überfluss, Paderborn et al.: Schöningh, 515–531.

Freericks, Renate; Hartmann, Rainer & Stecker, Bernd (2010): Freizeitwissenschaft, München: Oldenbourg.

Fulcher, James (2008): Kapitalismus, Bonn: Bundeszentrale für politische Bildung.

Gerhards, Jürgen; Mutz, Michael & Wagner, Gert G. (2014): Die Berechnung des Siegers: Marktwert, Ungleichheit, Diversität und Routine als Einflussfaktoren

76 Vgl Otte 1994, 126.

77 Otte 1994, 126.

auf die Leistung professioneller Fußballteams. – In: Zeitschrift für Soziologie 3/2014, 231–250.

Gross, Peter (1994) Die Multioptionsgesellschaft, Frankfurt a. M.

Haring, Hanfried (1999): Organisation und Ökonomie des Pferdesports in Deutschland. – In: Gerhard Trosien (Hrsg.): Die Sportbranche, 2. Auflage, Frankfurt a. M. & New York: Campus, 84–100.

Huck, Gerhard (1982): Freizeit als Forschungsproblem. – In: Gerhard Huck (Hrsg.): Sozialgeschichte der Freizeit, 2. Auflage, Wuppertal: Hammer, 7–17.

Kleinschmidt, Christian (2008): Konsumgesellschaft, Göttingen: Vandenhoek & Ruprecht.

Krüger, Michael (2919): Sportgeschichte der Bundesrepublik Deutschland bis 1990. – In: Michael Krüger & Hans Langenfeld (Hrsg.): Handbuch Sportgeschichte, Schorndorf: Hofmann, 219–226.

Krüger, Michael & Langenfeld, Hans (2010): Sportgeschichte im Rahmen der deutschen Sportwissenschaft. – In: Michael Krüger & Hans Langenfeld (Hrsg.): Handbuch Sportgeschichte, Schorndorf: Hofmann, 12–19.

Landessportbund Hessen (Hrsg.; 2001): Pferdesport und Öffentlichkeit, Aachen: Meyer & Meyer.

Langenfeld, Hans (2010a): Turn- und Sportgeschichtsschreibung bis 1945. – In: Michael Krüger & Hans Langenfeld (Hrsg.): Handbuch Sportgeschichte, Schorndorf: Hofmann, 20–28.

Langenfeld, Hans (2010b): Sportgeschichtsschreibung nach 1945. – In: Michael Krüger & Hans Langenfeld (Hrsg.): Handbuch Sportgeschichte, Schorndorf: Hofmann, 29–37.

Langenfeld, Hans (2010c): Geschichte der Sportarten. – In: Michael Krüger & Hans Langenfeld (Hrsg.): Handbuch Sportgeschichte, Schorndorf: Hofmann, 242–252.

Luh, Andreas (2010): Entstehung und Ausbreitung des modernen Sports in Deutschland im 20. Jahrhundert – ein Überblick. – In: Michael Krüger & Hans Langenfeld (Hrsg.): Handbuch Sportgeschichte, Schorndorf: Hofmann, 187–198.

Opaschowski, Horst W.; Pries, Michael & Reinhardt, Ulrich (Hrsg.; 2006): Freizeitwirtschaft. Die Leitökonomie der Zukunft, Hamburg: LIT.

Osterhammel, Jürgen (2010): Die Verwandlung der Welt, Bonn: Bundeszentrale für politische Bildung.

Otte, Michaela (1994): Geschichte des Reitens von der Antike bis zur Neuzeit, Warendorf: FN.

o. V. (2015): Die Pferdebranche muss sich besser verkaufen. – www.kn-online.de/News/Reitsport-News/Zucht/Liebenberger-Pferdeforum-Die-Pferdebranche-muss-sich-besser-verkaufen; Zugriff: 03.07.2015.

Petzina, Dietmar (1981): Gesellschaft in der Bundesrepublik Deutschland – Aspekte sozialen Wandels seit dem Zweiten Weltkrieg. – In: Horst Ueberhorst (Hrsg.): Geschichte der Leibesübungen, Band 3/2, Berlin et al.: Bartels & Wernitz, 743–758.

Pfeifer, Lorenz (2015): Editorial. – In: SportZeiten 1/2015, 4–6.

Preuß, Holger; Christian Alfs & Georg Ahlert (2012): Sport als Wirtschaftsbranche, Wiesbaden: Springer Gabler.

Sendel, Michael J. (2012): Was man für Geld nicht kaufen kann, Berlin: Ullstein.

Sombart, Werner (1987 [1916]): Der moderne Kapitalismus, Band II/2, München: dtv.

Sombart, Werner (1987b [1927]): Der moderne Kapitalismus, Band III/1, München: dtv.

Stehr, Ilona; Nahrstedt, Wolfgang & Beckmann, Kathrin (1992): Freizeit-Barometer, Bielefeld, IFKA.

Stihler, Ariane (1998): Die Entstehung des modernen Konsums, Berlin: Duncker & Humblot.

Thomas, Rüdiger (2001): Kultur und Gesellschaft, – In: Karl-Rudolf Korte & Werner Weidenfeld (Hrsg.): Deutschland TrendBuch, Bonn: Bundeszentrale für politische Bildung, 461–511.

Trosien, Gerhard & Preuß, Holger (1999): Sport – Fernsehen – Ökonomie. – In: Gerhard Trosien (Hrsg.): Die Sportbranche, 2. Auflage, Frankfurt a. M. & New York: Campus, 209–235.

Vershofen, Wilhelm (1940): Handbuch der Verbrauchsforschung, 1. Band: Grundlegung, Berlin: Carl Heymanns.

Walter, Ralf (2011): Wirtschaftsgeschichte, 5. Auflage, Köln et al.: Böhlau.

Weber, Max (1991 [1923]): Wirtschaftsgeschichte, 5. Auflage, Berlin: Duncker & Humblot.

Wehler, Hans-Ulrich (2010: Deutsche Gesellschaftsgeschichte 1949–1990, Bonn: Bundeszentrale für politische Bildung.

Rainer Cherkeh

Reiten und Reitsport als juristisches Themenfeld

Abstract Das Pferd als Freizeit- und Unternehmensgegenstand stellt einen überaus wichtigen Wirtschaftsfaktor in Deutschland dar. Laut der Allensbacher Markt- und Werbeträgeranalyse (AWA) des Instituts für Demoskopie Allensbach aus dem Jahr 2014 reiten 3,69 Millionen der über 14-jährigen Deutschen „häufig" oder „ab und zu".[1] Nach Angaben der Deutschen Reiterlichen Vereinigung (FN) in einer Pressemitteilung zum FN-Jahresbericht 2014[2] bestreiten mehr als 300.000 Menschen ihren Lebensunterhalt direkt oder indirekt durch Pferde und den Pferdesport. Der Gesamtumsatz im Pferdebereich liegt bei geschätzten 5 bis 6,5 Milliarden Euro.[3] Ein eigenständiges Pferdegesetz existiert in Deutschland nicht. Geht es um Rechtsfragen im Kontext Pferd und Reitsport sind vielmehr die allgemeinen gesetzlichen Bestimmungen, insbesondere die des Bürgerlichen Gesetzbuches (BGB), heranzuziehen. Hinzu kommt das verbandsseitig gesetzte Regelwerk.[4] Der folgende Beitrag verschafft dem Leser eine praxisnahe Orientierungshilfe über ausgewählte Rechtsverhältnisse im Kontext Reiten und Reitsport. Da sich der Pferdehalter zur Ausbildung, Pflege und Unterbringung seines Pferdes regelmäßig einer Vielzahl von Personen und Organisationen bedient, resultieren daraus verschiedene Vertragsverhältnisse. Ausgewählte[5] und für die Praxis des Reitsports besonders relevante vertragliche Schuldverhältnisse werden nachfolgend rechtlich und problembezogen eingeordnet. Im Mittelpunkt stehen dabei die wechselseitigen Rechte und Pflichten, wobei auch vertragliche Gestaltungsmöglichkeiten aufgezeigt werden sollen.

1. Der Pferdekauf

In 2014 wurden allein auf den Reitpferdeauktionen der Zuchtverbände in Deutschland 2.343 Pferde und Ponys versteigert; die Reitpferde erzielten dabei

1 Institut für Demoskopie Allensbach 2014, 49.
2 Deutsche Reiterliche Vereinigung e. V. 2015, 3.
3 Deutsche Reiterliche Vereinigung e. V. 2015, 4.
4 Fragen des Sportverbandsrechts einschließlich der Sportgerichtsbarkeit im Reitsport können aus Platzgründen in diesem Beitrag nicht vertieft werden. Ein komprimierter Überblick findet sich hierzu bei Rosbach 2011, 98 ff.
5 Nicht alle denkbaren Vertragskonstellationen können in diesem Beitrag besprochen werden; zumindest zu benennen sind an dieser Stelle noch Verträge über das Bereiten eines Pferdes, Verträge mit Reitlehrern, Pferdeverleih- und Pferdetransportverträge.

einen Durchschnittsverkaufspreis von 21.394 €.[6] Von dieser Statistik sind die zahlenmäßig überlegenen Pferdekäufe ohne Auktionscharakter nicht erfasst. Sie sollen aber im Folgenden aufgrund ihrer weitaus größeren wirtschaftlichen Bedeutung im Mittelpunkt der rechtlichen Begutachtung stehen.

Das Pferd im rechtlichen Sinne ist wegen § 90a BGB keine Sache, steht aber im Ergebnis einer solchen weitestgehend gleich.[7] Der Erwerb eines Pferdes stellt einen Kaufvertrag gem. § 433 BGB dar. Der Verkäufer ist gem. § 433 Abs. 1 Satz 2 BGB verpflichtet, dem Käufer eine mangelfreie Sache, demnach ein mangelfreies Pferd, zu verschaffen. Ein Mangel liegt gem. § 434 Abs. 1 Satz 1 BGB vor, wenn das Pferd von der zwischen den Parteien vereinbarten Beschaffenheit abweicht (z. B. Alter des Pferdes[8], Zuchtstute[9], störrisches Pferd[10], Lahmheit[11]). Ein Mangel ist gem. § 434 Abs. 1 Satz 2 Nr. 1 BGB auch dann gegeben, wenn sich das Pferd nicht für die nach dem Vertrag vorausgesetzte Verwendung eignet (z. B. Verkauf als Reitpferd[12]) oder wenn es sich gem. § 434 Abs. 1 Satz 2 Nr. 2 BGB nicht für die gewöhnliche Verwendung eignet und eine Beschaffenheit aufweist, die bei Sachen der gleichen Art nicht üblich ist und die der Käufer nach der Art der Sache nicht erwarten kann (z. B. Kissing Spines[13]). Vorsichtig sein sollte der Verkäufer, mit Angaben zum Pferd, die in die Zukunft reichen, wie z. B. „Das Pferd ist in M-Springen einsetzbar“.[14] Denn, so Adolphsen (a.a.O.), niemand könne wissen, ob das Pferd mit dem neuen Käufer auch zukünftig über M springt, so dass seitens des Käufers dann ggf. Mängelrechte ausgeübt werden könnten. Stattdessen ist bei der Vertragsgestaltung aus Sicht des Verkäufers darauf zu achten, dass er die Gewährleistung und Haftung möglichst weitgehend ausschießt, indem er für bestimmte Beschaffenheiten, Verwendungsmöglichkeiten oder Eigenschaften des Pferdes (explizit) keine Garantie oder sonstige Gewähr übernimmt. Der Gewährleistungs- und Haftungssauschluss muss, wenn er wirksam sein soll, rechtlich einwandfrei im Kaufvertrag formuliert sein.[15]

6 Deutsche Reiterliche Vereinigung e. V. 2015, 4.
7 Palandt 2015, Überbl. v. § 90 Rn 1.
8 OLG Saarbrücken, Urt. v. 24.05.2007 - 8 U 328/06, BeckRS 2007, 10190.
9 OLG Düsseldorf, NJOZ 2004, 1935.
10 OLG Koblenz, NJW-RR 2009, 1067.
11 LG Dortmund, Urt. v. 27.02.2008 - 8 O 417/06, BeckRS 2010, 13168.
12 OLG Hamm, Urt. v. 24.02.2006 - 19 U 116/05, BeckRS 2007, 00675; LG Münster, NJOZ 2008, 434.
13 OLG Frankfurt, Urt. v. 06.07.2010 - 17 U 28/09, BeckRS 2010, 21927.
14 Adolphsen 2002, 295.
15 Vor der unkritischen Verwendung sog. „Musterkaufverträge“ ist zu warnen, weil diese die Besonderheiten des konkreten Falls / Verkaufs regelmäßig nicht ausreichend abbilden können.

Liegt ein Mangel vor, ist der Verkäufer gem. §§ 437 Nr. 1, 439 BGB primär zur Nacherfüllung in Form der Beseitigung des Mangels oder einer Ersatzlieferung eines mangelfreien, gleichwertigen Pferdes verpflichtet. Hierzu bedarf es einer Fristsetzung durch den Käufer. Die Nennung eines bestimmten Zeitraums oder eines bestimmten Endtermins zur Nacherfüllung ist nicht nötig; vielmehr genügt die ernsthafte Erklärung des Käufers, der Verkäufer solle das Pferd beispielsweise „sofort, unverzüglich oder umgehend"[16] austauschen. Der Käufer muss den Verkäufer somit unmissverständlich auffordern, umgehend Abhilfe durch Übergabe eines gesunden Pferdes zu schaffen. Ist dies der Fall, so ist den formellen Anforderungen an eine Fristsetzung gemäß § 281 Abs. 1 Satz 1, § 323 Abs. 1 BGB hinreichend Rechnung getragen.[17] Eine Ersatzlieferung ist freilich zumeist aufgrund der Individualität eines Pferdes nicht möglich, eine Mängelbeseitigung zumindest bei chronischen Krankheiten und grundlegenden Eigenschaften des Pferdes ausgeschlossen.[18] So hat etwa das Schleswig-Holsteinische OLG in einem Urteil vom 05.12.2013[19] herausgestellt, dass bei einem individuell ausgesuchten Reitpferd, das einen Sachmangel aufweist, eine Nacherfüllung des Verkäufers in Form der Ersatzlieferung in der Regel von vornherein ausscheidet. Zwar ist – so das OLG – eine Nachlieferung in Form der so genannten Ersatzlieferung auch bei Tieren nicht grundsätzlich ausgeschlossen. Voraussetzung sei aber, dass die Kaufsache „durch eine gleichartige und gleichwertige ersetzt werden kann". Bei Pferden, welche nach mehreren Besichtigungen und einem Proberitt ausgesucht worden sind, sei dies nicht möglich, da es sich hierbei um eine „individuelle Entscheidung" des Käufers „aufgrund des persönlichen Eindrucks von dem Tier" handele. Ein solches Tier, das – so das OLG (a.a.O.) weiter – nicht gleichsam „von der Stange" oder ohne nähere Besichtigung und Prüfung gekauft worden ist, sei nicht beliebig ersetzbar, selbst wenn man unterstellt, dass der Verkäufer ein gleichwertiges Pferd als Ersatz hätte liefern können. Folglich braucht sich der Käufer eines Pferdes, das einen nicht behebbaren Mangel hat, von dem Verkäufer nicht auf eine Nachlieferung eines Ersatzpferdes verweisen zu lassen. In diesen Fällen kann der Käufer stattdessen vom Vertrag zurücktreten (§ 437 Nr. 2 BGB) und die Rückabwicklung verlangen oder den Kaufpreis durch Anpassung an den realen Wert des mangelbehafteten Pferdes mindern (§§ 437 Nr. 2, 441 BGB). Daneben kann der Käufer Schadensersatz für solche Aufwendungen verlangen, die ihm infolge der Mangelhaftigkeit des Pferdes entstanden sind (§ 437 Nr. 3 BGB), so

16 BGH, Urt. v. 18.03.2015 – VIII ZR 176/14, BeckRS 2015, 07407, Rz 13.
17 BGH, Urt. v. 18.03.2015 – VIII ZR 176/14, BeckRS 2015, 07407, Rz 13.
18 Adolphsen 2002, 295.
19 OLG Schleswig, Urteil vom 05.12.2013 – 7 U24/13, BeckRS 2014, 08213.

z. B. die Behandlungskosten beim Tierarzt. Die Geltendmachung von Schadensersatz erfordert ein schuldhaftes Handeln des Verkäufers, er hat gem. § 276 BGB Vorsatz und Fahrlässigkeit zu vertreten. Vorsatz umfasst dabei das Wissen und Wollen des pflichtwidrigen Erfolgs[20], die Fahrlässigkeit die Außerachtlassung der im Verkehr erforderlichen Sorgfalt, § 276 Abs. 2 BGB. Somit haftet der Verkäufer des Pferdes nur dann, wenn er den Mangel selbst verursacht hat oder den Mangel kannte oder hätte kennen müssen.

Da die auftretenden Mängel beim Pferd ebenso vielfältig wie kostenintensiv sein können, ist es im Interesse sowohl des Verkäufers als auch des Käufers, vor Abschluss des Kaufvertrages eine Ankaufsuntersuchung vornehmen zu lassen. Einerseits werden die Parteien über den gesundheitlichen Zustand des Tieres informiert und können auf dieser Basis einen realistischen Kaufpreis vereinbaren. Andererseits schützt die Kaufuntersuchung auch den Verkäufer, denn der Käufer kann die oben aufgeführten Mängelrechte nur dann geltend machen, wenn er den Mangel bei Vertragsschluss nicht kannte, § 442 Abs. 1 BGB. Soweit im Rahmen einer tierärztlichen Kaufuntersuchung Mängel aufgedeckt werden, kann sich der Käufer später nicht auf diese Mängel berufen. Für den Verkäufer bietet eine Ankaufsuntersuchung somit die Nachweismöglichkeit, dass er das Pferd gesund übergeben hat, ein später auftretender Mangel bei Vertragsabschluss also noch nicht vorlag.[21] Grundsätzlich muss der Käufer beweisen, dass ein Mangel besteht und dass dieser bei Gefahrübergang schon vorlag. Dies gilt aber nur dann, wenn auf Käufer- und Verkäuferseite Verbraucher handeln. Anders ist die Rechtslage bei einem Verbrauchsgüterkauf. Ein solcher liegt vor, wenn ein Verbraucher von einem Unternehmer eine bewegliche Sache kauft, § 474 Abs. 1 Satz 1 BGB. Bei diesem trägt der Verkäufer die Beweislast dafür, dass ein innerhalb von sechs Monaten nach dem Gefahrübergang auftretender Mangel nicht schon zu diesem Zeitpunkt vorlag, § 476 BGB. Für die Unterscheidung von Verbraucher und Unternehmer sind die Legaldefinitionen in den §§ 13, 14 Abs. 1 BGB heranzuziehen. Der Begriff des Unternehmers wird von der Rechtsprechung[22] beim Verkauf von Pferden sehr weit ausgelegt. Danach ist selbst bei einer nebenberuflichen Tätigkeit und einer gewissen Dauer der Tätigkeit von einer Unternehmereigenschaft auszugehen. Nicht erforderlich ist dagegen eine bestimmte Mindestanzahl an Verkäufen pro Jahr oder die Absicht, Gewinn zu erzielen. Andererseits bieten die Anzahl der verkauften Pferde sowie die Höhe des Verkaufserlöses die am Ende

20 Palandt 2015, § 276 Rn. 10.
21 Vgl. Adolphsen 2003, 1091.
22 BGH, NJW 2006, 2250, 2251.

entscheidenden Kriterien für die Einordnung des Verkäufers als Unternehmer. Maßgeblich ist hierbei stets eine Gesamtschau.[23]

Im Zuge der Vertragsgestaltung des Pferdekaufvertrages sollte stets auch eine Rückkaufsoption geprüft und ggf. vertraglich geregelt werden. Durch diese kann der Verkäufer sicherstellen, dass er für den Fall einer Veräußerungs- oder Verschenkungsabsicht des Käufers das Pferd zurückkauft.

2. Der Hufschmied als Vertragspartner

Das Rechtsverhältnis zwischen dem Pferdehalter und dem Hufschmied ist als Werkvertrag i.S.d. § 631 BGB zu qualifizieren.[24] Der Hufschmied schuldet als werkvertraglichen Erfolg die ordnungsgemäße Barhufpflege bzw. einen fehlerfreien Beschlag im Sinne der anerkannten Regeln der Hufschmiedekunst[25] Darüber hinaus hat er den Pferdehalter zu beraten und ihn auf Besonderheiten des Hufes hinzuweisen.[26] Erfolgt dies nicht, kann die unterbliebene oder unzutreffende Beratung eine Haftung des Hufschmieds begründen.[27] Der Pferdehalter zahlt dem Hufschmied im Gegenzug den vereinbarten Werklohn, § 631 Abs. 1 BGB.

Nach § 633 Abs. 1 BGB hat der Hufschmied dem Pferdehalter das Werk frei von Sach- und Rechtsmängeln zu verschaffen. Der werkvertragliche Mangelbegriff entspricht dem des Kaufrechts. Ein Mangel liegt demnach vor, wenn das Werk von der zwischen den Parteien vereinbarten Beschaffenheit abweicht (§ 633 Abs. 2 Satz 1 BGB), wenn es sich nicht für die nach dem Vertrag vorausgesetzte Verwendung eignet (§ 633 Abs. 2 Satz 2 Nr. 1 BGB) oder wenn es sich für die gewöhnliche Verwendung nicht eignet und eine Beschaffenheit aufweist, die bei Werken der gleichen Art nicht üblich ist und die der Pferdehalter nach der Art der Sache nicht erwarten kann (§ 633 Abs. 2 Satz 2 Nr. 2 BGB, also z. B. das fehlerhafte Ausschneiden des Hufes, das Vernageln[28]). Hierzu gehört es auch, dass der Hufschmied die anatomischen Besonderheiten des Pferdes beachtet und auch einen Beschlag bzw. Spezialbeschlag auswählt, der für den konkreten Gebrauch des Pferdes als z. B. Zugpferd oder Sportpferd geeignet ist. Mit Blick auf haupt- oder jedenfalls nebenvertragliche Hinweispflichten des Hufschmieds hatte das OLG

23 Siehe dazu vertiefend Rosbach 2011, 55 ff. m. w. N.
24 Palandt 2015, Einf. v. § 631 Rn. 25.
25 Rosbach 2011, 180; LG Mannheim, Urt. v. 04.12.1998 - 1 S 237/98.
26 OLG Frankfurt, NJOZ 2007, 4997, 4998.
27 Rosbach 2011, 180.
28 OLG Köln, Urt. v. 09.08.2013 - 19 U 137/12, BeckRS 2013, 16282.

Frankfurt[29] hatte einen Schadensersatzanspruch gemäß §§ 631, 633, 634 Nr. 3, 636 BGB in Höhe des Wertes des Pferdes gegen den Hufschmied bejaht und dazu ausgeführt: „Unabhängig davon, ob der Beklagte die Hufbeschlagung selbst sachgerecht ausgeführt hat, liegt seine Pflichtverletzung darin begründet, dass er den Kläger vor der Beschlagung Ende 2001/Anfang 2002 nicht darauf hingewiesen hat, dass bei dem Pferd eine hohle/lose Wand bestand, die eine tierärztliche Behandlung erforderte. Bei rechtzeitiger medizinischer Behandlung hätte jedenfalls der Tod des Pferdes verhindert werden können.“ Die Beweislast dafür, dass ein solcher Hinweis gegeben worden ist, sah das OLG – was konsequent ist – beim Hufschmied, der im zu entscheidenden Fall beweisfällig geblieben ist.

Liegt ein Mangel vor, ist der Hufschmied gem. §§ 634 Nr. 1, 635 BGB zur Nacherfüllung in Form der Beseitigung des Mangels oder der Herstellung eines neuen, mangelfreien Werkes verpflichtet. Nach Ablauf einer vom Pferdehalter gegenüber dem Hufschmied gesetzten angemessenen Frist kann er nach § 634 Nr. 2, 637 BGB im Wege der Selbstvornahme einen anderen Hufschmied mit der Beseitigung des Mangels beauftragen und Ersatz der hierfür entstandenen Kosten vom anfangs tätigen Hufschmied verlangen. Verweigert der Hufschmied die Nacherfüllung, ist diese fehlgeschlagen oder aufgrund eines „erschütterten Vertrauens“ für den Pferdehalter unzumutbar, hat er die Möglichkeit, vom Vertrag zurückzutreten (§§ 634 Nr. 3, 1. Alt, 636 BGB) oder die vereinbarte Vergütung zu mindern (§§ 634 Nr. 3, 2. Alt., 638 BGB).

Eine Schadensersatzpflicht des Hufschmiedes nach § 634 Nr. 4 BGB besteht dann, wenn der Pferdehalter beweisen kann, dass die geltend gemachten Schadenspositionen auf der Mangelhaftigkeit des Werkes beruhen und der Hufschmied diese gem. § 276 BGB verschuldet hat. So sind beispielweise die aus der notwendigen Beauftragung eines Tierarztes entstandenen Behandlungskosten ersatzfähig.[30] Verstirbt das Pferd wegen fehlerhafter Arbeiten des Hufschmieds oder wegen eines pflichtwidrig unterlassenen Hinweises (siehe oben), so kommt als Schadensposition auch Wertersatz (Marktwert des Tieres am Tag der Arbeiten des Hufschmieds) in Betracht, ebenso wie z. B. ein entgangener Gewinn (Siegprämien) bei Sportpferden. Ein Ausgleich für die entgangenen Nutzungen bei einem privat gehaltenen Pferd wird von der Rechtsprechung verneint, ebenso die Haltungskosten, da diese auch ohne das mangelhafte Werk entstanden wären.[31]

29 OLG Frankfurt, Urt. v. 27.04.2007 – 19 U 47/06.
30 OLG Frankfurt, NJOZ 2007, 4997.
31 OLG Stuttgart, NZV 2012, 328, 329.

3. Der Tierarzt als Vertragspartner

Die Klassifizierung des Vertragsverhältnisses des Pferdehalters zum Tierarzt ist abhängig von der zugrunde liegenden Beauftragung. Die Behandlung eines erkrankten Tieres durch den Tierarzt stellt einen Dienstvertrag i.S.d. § 611 BGB dar, der den Tierarzt zu einer sachgerechten tierärztlichen Leistung verpflichtet. Dagegen handelt es sich bei einer tierärztlichen Ankaufsuntersuchung[32], die dem Verkäufer und Käufer ein aussagekräftiges Bild über den allgemeinen Gesundheitszustand des Pferdes liefern soll, um einen Werkvertrag i.S.d. § 631 BGB. Der Erfolg wird in Form eines Gutachtens geschuldet. Sowohl im Rahmen der Behandlung als auch bei der Kaufuntersuchung schuldet der Auftraggeber im Gegenzug eine Vergütung, § 611 Abs.1 BGB bzw. § 631 Abs.1 BGB.

Mit der Behandlung eines kranken Tieres geht die Pflicht des Tierarztes einher, jene Sorgfalt walten zu lassen, die sich aus den anerkannten Regeln der tierärztlichen Heilkunde, der Berufsordnung und des Tierschutzgesetzes ergibt.[33] Als Kardinalpflicht anzusehen ist es, dass der Tierarzt grundsätzlich die risikoärmste Behandlungsalternative zu wählen hat.[34] Dieser Grundsatz gilt auch für die vom Tierarzt gewählte Darreichungsform einer Medikamentengabe; so birgt etwa eine intravenöse Injektion ein besonderes Risiko gegenüber anderen Darreichungsformen.[35]

In einem ersten Schritt hat der Tierarzt indes stets zu überprüfen, ob seine Fachkenntnisse, Erfahrungen sowie die technische und personelle Ausstattung seiner Praxis ausreichen, um den Fall übernehmen zu können. Freilich kann sich auch erst im Laufe der Behandlung des Pferdes herausstellen, dass Hilfe von anderen Tierärzten mit z. B. abweichender Expertise oder Ausstattung notwendig ist. Wenn der Tierarzt an dieser Stelle seine eigenen Grenzen nicht beachtet oder ausblendet, so verstößt er gegen die tierärztliche Sorgfaltspflicht, was aus dem Gesichtspunkt eines sog. Übernahmeverschuldens, im Schadenfall zu einer Haftung des Tierarztes führen kann.

Daneben treffen den Tierarzt noch weitere Pflichten.[36] Diese umfassen im Einzelnen die Sorgfaltspflicht, die Dokumentationspflicht, die Fortbildungspflicht, die Schweigepflicht und die Aufklärungspflicht. Zu Letzterer gehört auch, dass der Vertragspartner durch den Tierarzt über Risiken und Nebenwirkungen sowie

32 Siehe dazu oben Abschnitt 1.
33 Rosbach 2011, 139.
34 OLG Hamm, Urt. v. 27.05.2008 - 10 U 63/05, BeckRS 2009, 16395.
35 Vgl. OLG Düsseldorf VersR 1989, 859.
36 Siehe auch BGH NJW 1980, 1904, 1905.

eventuelle Spätfolgen aufzuklären ist. Ohne hinreichende Aufklärung ist die erforderliche Einwilligung in den tierärztlichen Eingriff nach ständiger Rechtsprechung unwirksam. In den Leitlinien der Bundestierärztekammer zur Aufklärungspflicht in der Pferdepraxis vom Februar 2002[37] heißt es hierzu im Leitsatz: *„Je größer der wirtschaftliche Wert des Tieres oder das Affektionsinteresse des Patienteneigentümers (der „Liebhaberwert" des Tieres), desto umfassender die Pflicht des Tierarztes zur Aufklärung über Art, Umfang und Risiken des Eingriffs, über die Kosten und eventl. zur Verfügung stehende Behandlungsalternativen. Je weniger der Eingriff vital indiziert ist, desto größer die Verpflichtung zur Aufklärung im o.g. Sinne. Je unsicherer der Eingriffserfolg, je unerprobter die Methode der Heilbehandlung und je größer die bei dem konkreten Eingriff zu erwartende Komplikationsdichte, desto strenger und umfassender ist die geschuldete Aufklärung (insbesondere im Hinblick auf mögliche Behandlungsalternativen.)."*

Die umfassende Beratung ist somit Voraussetzung dafür, dass der Pferdehalter entscheiden kann, welche Behandlung er für sein Tier anstreben soll. Versäumt es der Tierarzt, hinreichend aufzuklären, liegt eine Verletzung der Aufklärungspflicht vor. Die erteilte Einwilligung in die konkrete Behandlung ist dann unwirksam. Im (gerichtlichen) Streitfall wegen fehlender Aufklärung hat dann der Pferdehalter die Pflichtverletzung und deren Kausalität für den eingetretenen Schaden darzulegen und zu beweisen.[38] Zu beachten ist, dass der Tierhalter bei Vorliegen eines Behandlungsfehlers das Pferd nicht entsorgen, sondern – ggf. im Rahmen eines Beweissicherungsverfahrens nach der ZPO – zunächst obduzieren lassen sollte. Denn andernfalls würde eine Haftung des Tierarztes ausscheiden, da das Verhalten des Tierhalters, der das Pferd ohne Obduktion entsorgt, als Beweisvereitelung zu bewerten ist.[39]

Beauftragt ein Pferdekäufer oder -verkäufer den Tierarzt zur Durchführung einer Ankaufsuntersuchung[40], so ergeben sich der Inhalt und Umfang des seitens des Tierarztes anzufertigenden Gutachtens aus den konkreten Absprachen zwischen den Parteien.[41] In der Praxis anzuraten ist es jedenfalls, neben der klinischen Untersuchung auch Röntgenbilder des Pferdes anfertigen zu lassen. Dazu gibt

---

37 Abrufbar unter www.bundestieraerztekammer.de/index_btk_leitlinien.php.

38 Siehe Rosbach 2011, 168.

39 So Rosbach 2011, 169 unter Verweis auf OLG Koblenz, Urt. v. 18.12.2008, 18 U 73/08.

40 Der sog. „Pferde-TÜV".

41 Vgl. Adolphsen 2003, 1091. Siehe auch Rosbach 2011, 140 f., der die Mindestanforderungen an den Umfang der Untersuchungen, die von dem Tierarzt nicht unterschritten werden sollten, zusammenfasst.

der „Röntgenleitfaden der Bundestierärztekammer“[42] wichtige Empfehlungen. Mangelhaft i.S.d. § 633 Abs. 2 BGB ist ein solches Gutachten dann, wenn der Tierarzt einen Mangel des Pferdes nicht entdeckt, obwohl dieser im Rahmen der zwischen den Parteien vereinbarten Untersuchung liegt.[43] Umgekehrt ist der Fall denkbar, dass ein Tierarzt einen Mangel bejaht, obwohl dieser objektiv nicht vorlag.[44] Die Mängelrechte wie Nacherfüllung, Selbstvornahme, Rücktritt oder Minderung (§ 634 Nr. 1 bis 3 BGB) kommen meist nicht in Betracht, da beim Auftreten des Mangels am Pferd das Gutachten in der Regel schon zur Grundlage für den Pferdekauf gemacht wurde. Die Geltendmachung dieser Rechte wäre damit zwecklos. Allerdings besteht die Möglichkeit, Schadensersatz gem. § 634 Nr. 4, 636, 280, 281 BGB geltend zu machen. Eine Fristsetzung ist wegen § 281 Abs. 2 BGB entbehrlich. Auch hier muss der Tierarzt dann schuldhaft, also jedenfalls fahrlässig i.S.d. § 276 Abs. 1 BGB gehandelt haben.

4. Der Stallbetreiber als Vertragspartner

Die überwiegende Zahl der Pferdebesitzer ist darauf angewiesen, ihre Pferde in einem Reitstall unterzubringen. Die dort üblichen Leistungen sind vielfältig, ebenso wie die denkbaren rechtlichen Konflikte. Die Klassifizierung eines sog. Einsteller- oder Pferdepensionsvertrages wird nicht einheitlich vorgenommen. Während das reine Unterstellen des Pferdes in einer Pferdebox als Mietvertrag qualifiziert werden kann, ist in den Regelfällen, bei denen die Vertragsleistung des Stallbetreibers auch die Pflege, Obhut und Versorgung des Pferdes beinhaltet, von einem entgeltlichen Verwahrungsvertrag nach § 688 BGB auszugehen.[45] Diese Einordnung ist durchaus von praktischer Relevanz. Denn der dem Verwahrer (Stallbetreiber) gemäß §§ 689, 693 BGB zustehende Anspruch auf Vergütung und Ersatz der Aufwendungen gibt ihm, anders, als bei einem Mietvertrag, kein gesetzliches Pfandrecht an dem eingestellten Pferd. Eine Verwertung des Pferdes im Pfandwege scheidet also aus. Darüber hinaus kann ein Verwahrungsvertrag, wenn nichts anderes geregelt ist, jederzeit – also ohne Frist – beendet werden; auch dies stellt eine Abweichung von den gesetzlichen mietvertraglichen Bestimmungen dar. Bereits diese Vorüberlegungen zeigen, dass im Einstellervertrag

---

42 Abrufbar unter www.bundestieraerztekammer.de/downloads/btk/leitlinien/Roentgen-Leitfaden_2007.pdf.

43 Rosbach 2011, 142.

44 Siehe dazu und zu den möglichen Konsequenzen Adolphsen, 2003, 1091.

45 Siehe z. B. OLG Brandenburg, NJW-RR 2006, 1558; LG Bielefeld, MDR 1968, 688; LG Ulm, NJW-RR 2004, 854.

durchaus erheblicher Gestaltungs- und Regelungsbedarf besteht, und zwar auch deshalb, weil ansonsten gesetzliche Bestimmungen Platz greifen würden, die für die in Rede stehenden Konstellationen oftmals nicht interessengerecht sind.

Der Stallbetreiber übernimmt gemäß § 688 BGB die Obhut über das Pferd und damit auch die Pflicht, das Pferd vor z. B. Verletzungen zu schützen. Er hat sicherzustellen, dass von seinem Reitstall und seiner Reitanlage keine Gefahren für das eingestellte Pferd ausgehen. Diese Pflicht reicht von einer angemessenen Größe der Box, über die Rutschfestigkeit der Stallgasse und einer dauerhaft funktionsfähigen Trinkwasseranlage, bis hin zur ordnungsgemäß erbauten und regelmäßig kontrollierten Zaunanlage auf der Weide.[46] Bei der Errichtung der Zaunanlage sollte der Stallbetreiber stets die Empfehlungen der Landwirtschaftskammer in Bezug auf Höhe und Gestaltung einhalten. Denn Abweichungen stellen regelmäßig einen – ggf. zur Haftung führenden – Pflichtverstoß dar.[47]

Zudem hat der Stallbetreiber die vertragliche Nebenpflicht, den Einsteller bei einer Erkrankung des Pferdes zu informieren, damit dieser die Entscheidung über eine tierärztliche Versorgung treffen und einleiten kann. Ist der Einsteller bzw. Eigentümer des Pferdes nicht erreichbar, dann sollte der Stallbetreiber eigenständig und unverzüglich einen Tierarzt einbestellen oder das Pferd in eine Tierklinik verbringen. Denn bei einem verzögerten Beginn einer tierärztlichen Behandlung, die z. B. zu höheren Behandlungskosten oder zum Tod des Pferdes führt, kann der Stallbetreiber von dem Eigentümer des Pferdes ggf. auf Schadensersatz in Anspruch genommen werden.[48] Im Einsteller- bzw. Pensionsvertrag sollten die wechselseitigen Rechte und Pflichten bei Erkrankung des Pferdes daher sorgfältig geregelt sein. Hierzu gehören vor allem auch klare Vertretungsregelungen bei Einbindung des Tierarztes.

Ferner muss der Stallbetreiber gemäß § 695 BGB das Pferd jederzeit auf Verlangen des Einstellers herausgeben, womit nach § 699 II BGB auch sein Vergütungsanspruch gegen den Einsteller erlischt. Dies, sofern z. B. keine Kündigungsfrist oder feste Vertragslaufzeit vereinbart worden ist. Auch trifft den Stallbetreiber die Nebenpflicht, den Pferdehalter auf eine von ihm bemerkte Erkrankung des eingestellten Pferdes hinzuweisen.[49]

Dem Einsteller obliegt die Hauptflicht, das vertraglich vereinbarte Entgelt für die Einstallung seines Pferdes zu zahlen. In den Fällen, in denen eine vertragliche Vergütung nicht explizit vereinbart worden ist, greift § 689 BGB. Hiernach gilt

---

46 OLG Hamm, NZV 1999, 234; Rosbach 2011, 115.

47 Vgl. Rosbach 2011, 116; siehe auch OLG Celle, NJW-RR 2000, 1194.

48 vgl. BGH, Az. IX ZR 151/ 89; OLG Karlsruhe, Az. 4 U 132/98.

49 vgl. Rosbach 2011, 115.

eine Vergütung für die Aufbewahrung als stillschweigend vereinbart, wenn die Aufbewahrung den Umständen nach nur gegen eine Vergütung zu erwarten ist. Hat der Stallbetreiber im Übrigen Aufwendungen, die er den Umständen nach – bezogen auf den Zweck der Verwahrung des Pferdes – für erforderlich halten darf, so ist der Einsteller dem Stallbetreiber aus § 693 BGB zum Ersatz verpflichtet. Auch die gesetzliche Regelung aus § 693 BGB zeigt, dass es in der Praxis – um Konflikte zu vermeiden – wichtig ist, die Leistungen des Stallbetreibers, zu denen er sich gegenüber dem Pferdebesitzer verpflichtet, im Einstellervertrag möglichst exakt zu definieren. Aufwendungen, die der Stallbetreiber schon nach dem Einstellervertrag zu übernehmen hat, sind von § 693 BGB nicht erfasst. Mögliche Streitpunkte können also effektiv durch klare Regelungen im Vertrag vermieden werden.

Den Einsteller treffen freilich auch Nebenpflichten aus dem Verwahrungsvertrag. So hat er den Stallbetreiber auf etwaige Besonderheiten des Pferdes hinzuweisen. Diese Hinweispflicht umfasst nicht nur den Charakter des Pferdes, sondern auch dessen physiologischen Eigenarten, wie beispielweise Unverträglichkeit einer bestimmten Futterart oder anderweitige Unverträglichkeiten, die bei Unkenntnis des Stallbetreibers zu einem Schaden beim eingestellten Pferd oder zu einem Fremdschaden führen können.[50] Der Stallbetreiber sollte im Einstellervertrag daher ausdrücklich auf eine solche Hinweispflicht des Einstellers aufmerksam machen und etwaige Verhaltensauffälligkeiten (Schlagen, Steigen, Weben, Koppen, etc.) im Vertrag explizit festhalten. Er sollte sich zudem vom Einsteller versichern lassen, dass beim Pferd keine Vorerkrankungen bekannt sind bzw. vorliegende Erkrankungen im Vertrag dokumentieren.

Darüber hinaus ist der Einsteller als Pferdehalter gemäß § 833 BGB für Schäden beim Stallbetreiber (und auch bei Dritten) haftbar, die auf die allgemeine Tiergefahr zurückzuführen sind. Der Stallbereiter sollte sich im Einstellervertrag deshalb versichern lassen, dass der Einsteller für sein Pferd eine ordnungsgemäße Tierhalterhaftpflichtversicherung abgeschlossen hat und diese auch für die Dauer der Einstellung aufrechterhält.

Eine von den gesetzlichen Vorschriften abweichende, vertragliche Regelung, ist in den Grenzen des AGB-Rechts gemäß §§ 305–310 BGB zulässig. Diese Möglichkeit sollten die Parteien vor allem in Bezug auf die Gestaltung eines Haftungsausschlusses und eines ordentlichen Kündigungsrechts nutzen. Auf Seiten des Stallbetreibers ist zu beachten, dass er sich bereits bei leicht fahrlässigen Obhutspflichtverletzungen hohen Schadensersatzforderungen – einschließlich

50 vgl. Rosbach 2011, 117.

Folgeschäden – ausgesetzt sehen kann. Diese Gefahr sollte er durch eine Haftungsausschluss- und/ oder Haftungsbegrenzungsklausel minimieren. Hierzu ermöglicht das deutsche Recht z. B. eine Haftungsbeschränkung auf Vorsatz und grobe Fahrlässigkeit. Allerdings ist nach der Rechtsprechung ein Ausschluss bei der Verletzung einer wesentlichen Vertragspflicht, wie hier die Obhut über das Pferd, nicht ohne weiteres möglich.[51] Diese kann aber z. B. dann zulässig sein, wenn ein Versicherungsvorbehalt vorgesehen ist. Dazu hat der Stallbetreiber eine Haftpflichtversicherung abzuschließen, die geeignet ist, dem im Schadensfall dem Einsteller eine vollständige Kompensation zu gewähren.[52]

Auch die Frage der Beendigung des Einstellervertrags bedarf in der Praxis einer Regelung, da es im Verwahrungsrecht keine Kündigungsfristen gibt. Der Einsteller kann (auch wenn dies nicht unumstritten ist) jederzeit gemäß § 695 BGB – also ohne Frist und per sofort – kündigen. Umgekehrt kann auch der Stallbetreiber jederzeit vom Einsteller die sofortige Rücknahme des Pferdes verlangen (§ 696 BGB). Für beide Vertragsparteien ist es daher interessensgerecht, eine feste (befristete) Laufzeit des Vertrages abzuschließen oder aber eine Kündigungsklausel mit z. B. einer zweimonatigen Kündigungsfrist (analog zu mietrechtlichen Bestimmungen) aufzunehmen. Auch hierbei muss aber darauf geachtet werden, dass die Kündigungsfrist einer AGB-Kontrolle standhält; denn zu lang bemessene Fristen können zur Unwirksamkeit der Klausel führen.[53] Da das Verwahrungsrecht kein gesetzliches Pfandrecht kennt, ist es aus Sicht des Stallbetreibers ratsam, vom Einsteller eine Sicherheitsleistung zur Absicherung seiner Entgeltforderung nach dem Vorbild der Mietkaution zu fordern. Auch hierbei ist die Festlegung einer angemessenen Kautionshöhe für die rechtliche Wirksamkeit einer Kautionsklausel entscheidend.

5. Die Reitbeteiligung

Eine Reitbeteiligung beinhaltet die Mitnutzung eines fremden Pferdes gegen eine Vergütung oder einer vereinbarten Arbeitsleistung in Form der Pflege und Versorgung des Pferdes. Der Reitbeteiligungsberechtigte kommt in den Genuss, ein Pferd zu reiten und zu pflegen, während der Pferdehalter auch bei geringem Zeitpensum sein Pferd in Obhut und Bewegung weiß. Der Reitbeteiligungsvertrag kann aufgrund seiner individuellen Prägung nicht einem gesetzlich normierten

---

51 BGH, NJW 2002, 673.

52 BGH, NJW 2001, 292.

53 Siehe Rosbach 2011, 122 mit Verweis auf z. B. AG Osnabrück vom 17.06.2009, 83 C 254/08.

Vertragstyp zugeordnet werden. Er stellt einen atypischen Vertrag dar, der der allgemeinen Regelung zur Begründung eines Schuldverhältnisses nach § 311 Abs. 1 BGB unterfällt.[54] Die Rechte und Pflichten der Parteien ergeben sich aus einer individualvertraglichen Vereinbarung, unabhängig ob der Vertrag mündlich oder schriftlich geschlossen wurde. Zur besseren Beweisbarkeit im Streitfalle sollten auch diese Absprachen freilich schriftlich fixiert werden.

Erforderlich ist zunächst die Vereinbarung des Nutzungsumfangs (Reiten im Gelände, Reitunterricht, Teilnahme an reitsportlichen Veranstaltungen, Jagd, ggf. nur mit Einverständnis des Pferdehalters) und der Nutzungszeiten. Verlangt der Pferdebesitzer ein Nutzungsentgelt, also eine Miete i.S.d. § 525 Abs. 2 BGB, so sind die Höhe, der Zeitpunkt der Zahlung, das Entfallen der Vergütung im Krankheitsfalle des Pferdes sowie eine eventuelle Beteiligung an anfallenden Zusatzkosten (Hufschmied, Tierarzt) im Vertrag zu definieren. Erfolgt die Nutzungsüberlassung unentgeltlich, so ist diese als Leihe i.S.d. § 598 BGB zu klassifizieren mit der Folge, dass der Reitbeteiligungsberechtigte Entleiher gemäß § 601 Abs. 1 BGB die gewöhnlichen Kosten der Erhaltung der geliehenen Sache, hier also insbesondere die Fütterungskosten, zu tragen hat. Vereinbaren die Parteien als Gegenleistung für die Nutzung des Pferdes die Pflege des Pferdes und des Reitzubehörs bzw. soll diese zusätzlich zu der Vergütung anfallen, bedarf es der Festschreibung des Umfangs der Pflege.

Des Weiteren sollten der Vertragsbeginn, die Laufzeit oder die Möglichkeit der ordentlichen Kündigung mit angemessener Kündigungsfrist geregelt werden. Darüber hinaus sollten diejenigen Gründe definiert werden, die die Vertragsparteien zu einer außerordentlichen Kündigung berechtigen (z. B. Nichtzahlung der Vergütung, Fehlverhalten, Verstoß gegen sonstige vertragliche Verpflichtungen). Eine vorzeitige Beendigung aus sonstigem „wichtigen Grund" bleibt bei einem – wie hier – Dauerschuldverhältnis natürlich ebenfalls und immer möglich, worauf im Vertragswerk klarstellend hingewiesen werden sollte.

Zuletzt sollten auch Haftungsfragen für den Schadensfall geregelt werden. Denn je nach Ausgestaltung des Vertragsverhältnisses bestimmt sich, wer im Rahmen von Reitbeteiligungen für was zu haften hat. Der Pferdehalter kann sich grundsätzlich auch gegenüber seinem Vertragspartner, dem Reitbeteiligten, nach § 833 BGB haftbar machen. Erforderlich ist dazu die Verwirklichung einer spezifischen Tiergefahr, die auf einem der tierischen Natur entsprechenden unberechenbaren und selbstständigen Verhalten des Tieres beruht[55], also z. B. das

54 Palandt 2015, Überbl. v. § 311 Rn. 14.
55 BGH, NJW 1976, 2130.

Ausschlagen des Pferdes. Die Verwirklichung einer Tiergefahr ist indes dann ausgeschlossen, wenn das Verhalten durch den Menschen gesteuert wird (z. B. Deckakt unter menschlicher Leitung[56]), wenn dem Tier infolge der Einwirkung äußerer Kräfte ein anderes Verhalten nicht möglich ist (z. B. Treiben auf Autobahn[57]) oder wenn der Geschädigte auf eigene Gefahr handelt[58]; so ist sich ein Reiter zwar stets der grundsätzlichen Gefahr bewusst, abgeworfen und dabei verletzt werden zu können. Eine Gefährdungshaftung nach § 833 Satz 1 BGB scheidet in diesen Fällen aber nur dann aus, wenn der Reiter Risiken eingegangen ist, die im Einzelfall über die gewöhnliche Gefahr des Reitsports hinausgehen. Als Beispiel seien gefährliche Ritte, etwa bei der Fuchsjagd, genannt.[59] § 833 BGB unterscheidet hinsichtlich des Verschuldens zwischen der Haltung von Nutztieren und Luxustieren. Bei Nutztieren, also Haustieren, die dem Beruf, der Erwerbstätigkeit oder aber dem Unterhalt des Tierhalters zu dienen bestimmt sind, wird das Verschulden gesetzlich vermutet (§ 833 Satz 2 BGB). Berufstiere – bezogen auf Pferde – sind daher z. B. das zur Zucht gehaltene Pferd, das Pferd eines Trabertrainers zum Trainieren und zum Einsatz bei Trabrennen oder das zu Erwerbszwecken (Reitschule) gehaltene Reitpferd.[60] Diese Verschuldensvermutung kann der Halter aber dann widerlegen, wenn er nachweist, dass er bei der Beaufsichtigung des Tieres die im Verkehr erforderliche Sorgfalt beachtet hat oder aber der Schaden auch bei entsprechender Sorgfalt entstanden wäre, § 833 Satz 2 BGB. Luxustiere sind jene Tiere, die nicht unter den Begriff des Nutztieres fallen[61], wozu z. B. auch das lediglich zu Liebhaberzwecken gehaltene Rennpferd zählt.[62] Die Haltung eines solchen Luxustieres begründet eine verschuldensunabhängige Haftung nach § 833 Satz 1 BGB. Für den Halter gibt es diesen Fällen grundsätzlich keine Entlastungsmöglichkeit. Eingeschränkt wird die Haftung des Pferdehalters bei der hier zu betrachtenden Konstellation indes dadurch, dass der Reitbeteiligte die Verantwortung über das Pferd übernommen hat. Einer Aufklärung des Reitbeteiligten über (und schriftlichen Fixierung) von Besonderheiten des Pferdes (Erkrankungen, Verkehrssicherheit, besondere Eigenschaften) kommt somit auch in dieser Konstellation Bedeutung zu. Entlasten kann sich der Reitbeteiligte, wenn er gegenüber dem Pferdehalter den Nachweis erbringt, dass das Unfallereignis

56 OLG Düsseldorf, MDR 1975, 229.
57 BGH, NJW-RR 1990, 789, 791.
58 BGH, NJW 2013, 2661.
59 Rosbach 2011, 189.
60 Palandt 2015, § 833 Rn. 17 m. w. N. zur Rechtsprechung.
61 Palandt 2015, § 833 Rn. 17.
62 BGH, VersR 55, 116.

in keinem Zusammenhang mit einem Reiterfehler bzw. Fehler des Reiters beim Umgang mit dem Pferd steht.[63]

Wird der Partner im Rahmen des Reitbeteiligungsvertrages ermächtigt, das Pferd ohne Begleitung im Gelände zu reiten und nimmt er dieses Bestimmungsrecht in Anspruch, so kann er hierdurch zum Tierhüter i.S.d. § 834 BGB werden.[64] Zwar endet hierdurch die Haltereigenschaft des Pferdehalters nicht, denn dieser behält trotz des Vertrages das Bestimmungsrecht über das Pferd, trägt das Verlustrisiko und übernimmt die überwiegenden Kosten der Haltung.[65] Eine Haftung des Reitbeteiligten bleibt aber dennoch nach § 834 BGB möglich, weil er gegenüber dem Pferdehalter die Führung der Aufsicht über das Tier durch Vertrag übernommen hat und somit für den Schaden verantwortlich ist, den das Pferd einem Dritten in der im § 833 BGB bezeichneten Weise zufügt. Die Verantwortlichkeit des Reitbeteiligten tritt nicht ein, wenn er bei der Führung der Aufsicht die im Verkehr erforderliche Sorgfalt beobachtet oder wenn der Schaden auch bei Anwendung dieser Sorgfalt entstanden sein würde (§ 834 S. 2 BGB). Umso wichtiger ist es, Fragen der Haftung im Innen- und Außenverhältnis der Reitbeteiligung – auch unter Einbeziehung von Obliegenheiten gegenüber der Tierhalter-Haftpflichtversicherung des Pferdehalters – vertraglich zu regeln und vertragliche Gestaltungsmöglichkeiten zu nutzen.

6. Die Deckstation als Vertragspartner

Entscheidet sich ein Stutenhalter für die Bedeckung seiner Stute, so geschieht dies in vielen Fällen durch eine mehrtägige Unterbringung der Stute auf einer Deckstation zum Zwecke der Durchführung des Deckaktes zum maßgeblichen Zeitpunkt. Die nachfolgenden Ausführungen sollen anhand des Beispiels von Verunreinigungen und Verletzungen der Stuten auf den Deckstationen einen Überblick über die in diesem Schuldverhältnis regelmäßig anzutreffenden Haftungsfragen verschaffen. Darüber hinaus werden sowohl rechtliche als auch praktische Instrumente zur Haftungsbegrenzung der Betreiber von Deckstationen betrachtet.

Die Klassifizierung des Vertragsverhältnisses zwischen dem Betreiber der Deckstation und dem Stutenhalter ist abhängig von der Art der vereinbarten Bedeckung. Der sog. Natursprung ist von der künstlichen Besamung abzugrenzen. Beim Natursprung überlässt man Stute und Hengst auf der Weide sich selbst („freier Sprung") oder die Zusammenführung von Hengst und Stute findet unter

63 Rosbach 2011, 218 mit Verweis auf LG Gießen, Urt. v. 16.12.1998, 2 O 384/98.
64 OLG Frankfurt, NJW-RR 2009, 894.
65 OLG Schleswig, Urt. v. 21.06.2007 – 7 U 50/06, BeckRS 2008, 02817.

menschlicher Kontrolle statt („Sprung an der Hand"). Bei letzterem werden die Hinterläufe der Stute am Deckstand fixiert, um Verletzungen des Hengstes durch ein Austreten zu vermeiden. Der Natursprung findet in der Pferdezucht nur noch vereinzelt Anwendung. Eine entsprechende Vereinbarung zwischen Stutenhalter und dem Betreiber der Deckstation ist als Dienstvertrag im Sinne des § 611 BGB zu qualifizieren, da lediglich die Durchführung eines ordnungsgemäßen Deckaktes, nicht aber die Trächtigkeit der Stute als darüber hinausgehender Erfolg geschuldet wird.[66] Etwa 80 % aller Bedeckungen finden durch künstliche Besamung statt (FN-Jahresbericht 2013). Ein Vertrag über die künstliche Besamung enthält kauf- und dienstvertragliche Elemente, namentlich die Lieferung des Samens und die ordnungsgemäße Durchführung der Insemination.[67] Wird zusätzlich die Unterbringung der Stute in den Ställen der Deckstation vereinbart, so enthält der Vertrag auch verwahrungsrechtliche Elemente gem. § 688 BGB.[68]

Kommt es zu Streitigkeiten im Rahmen eines solchen gemischten Vertrages ist für jede Leistung das Recht des betreffenden Vertragstyps heranzuziehen. Kollidieren die Vorschriften, ist das Recht des Vertrages heranzuziehen, der den rechtlichen und wirtschaftlichen Schwerpunkt bildet.[69] Wichtig ist es, im Vertragsverhältnis zwischen Deckstation und Stutenhalter bzw. in den von der Deckstation genutzten Allgemeinen Vertragsbedingungen (AGB) klar zu definieren, welche Art der Bedeckung geschuldet ist.

Verunreinigungen der Stuten durch sog. Deckseuchen können sowohl im Rahmen des Natursprungs als auch bei der künstlichen Besamung durch die Verwendung verunreinigter Instrumente auftreten. Die ansteckende Gebärmutterentzündung (Contagious Equine Metritis, kurz CEM) ist neben der Beschälseuche eine der am häufigsten auftretenden Infektionskrankheiten, die während des Deckaktes übertragen werden. Diese Form der Gebärmutterentzündung führt bei der Stute in der Regel zur vorübergehenden Unfruchtbarkeit.[70] Weil die dann folgende Behandlung mehrere Monate andauert, Stuten aber nur saisonal deckbereit sind, hat die Krankheit meist über mehrere Jahre nicht unerhebliche Folgen für eine erfolgreiche Fortpflanzung der Stute.

Eine vertragliche Haftung des Betreibers der Deckstation für solche Verunreinigungen kommt dann in Betracht, wenn ihm ein schuldhaftes, d. h. vorsätzliches oder fahrlässiges, Handeln nachgewiesen werden kann, §§ 280 I Satz 2, 276 BGB.

---

66 Schliecker 2013, 139.
67 Pelhak 2010, Nr. 4.4.3.1.
68 Cherkeh, 09/2014, 50.
69 Palandt 2015, Überbl. 25 vor § 311.
70 Aurich 2008, 293.

Gemäß § 278 BGB haftet der Betreiber auch für das Verschulden seiner Angestellten. Der Stutenhalter kann im Falle einer Infektion die Kosten für die Heilbehandlung geltend machen. Daneben sind gerade bei wertvollen Zuchtstuten weitere Schadenspositionen denkbar, weil ein erfolgreicher Deckakt ggf. erst in der kommenden Decksaison oder – je nach Schwere des Verlaufs – überhaupt nicht mehr durchgeführt werden kann. Bereits in Vorbereitung der Bedeckung sollten daher geeignete Maßnahmen ergriffen werden, um den Ausbruch von Deckseuchen zu vermeiden. Der Betreiber der Deckstation sollte sich hierzu vor Übergabe der Stute das Ergebnis einer aktuellen Tupferprobe (bakteriologische Untersuchung) vorlegen lassen, mit der dokumentiert wird, dass die Stute frei von krankmachenden Keimen ist. Auch dies sollte in dem Bedeckungsvertrag bzw. in den AGB der Deckstation vorgesehen sein. Ferner sollte der Stutenhalter dem Betreiber der Deckstation – vertraglich abgesichert – garantieren, dass die Stute bei Übergabe frei von ansteckenden Krankheiten ist.

Als Präventionsmaßnahme und um sich auch gegenüber dem Vorwurf eines etwaigen Organisationsverschuldens exkulpieren zu können, sollte das Personal des Betreibers der Deckstation mit den hygienischen Anforderungen auf der Deckstation bestens – und für den Betreiber dokumentierbar – vertraut sein. Ferner empfiehlt es sich, entsprechende Hygienepläne im Sprung- und Desinfektionsraum sowie im Samenlabor anzubringen.[71]

Im Rahmen der Bedeckung durch den Natursprung kann es bei der Stute zu Verletzungen des Geschlechtstraktes oder des Mastdarms (Fehlbedeckung) kommen. Solche Verletzungen entstehen insbesondere dann, wenn aggressive Hengste empfindliche Stuten decken oder die Stuten durch Zwangsmaßnahmen dem Deckakt zugeführt werden, obwohl sie keine Rossesymptome zeigen. Es bilden sich Ödeme und Hämatome im Bereich des Geschlechtstraktes bis hin zu Verletzungen des Bauchbereichs. Häufig kommt es zu bakteriellen Sekundärinfektionen. Bei einem Durchbrechen eines Abszesses in die Bauchhöhle ist aufgrund der schlechten Prognose im schlimmsten Fall die Einschläferung der Stute in Erwägung zu ziehen.[72] Des Weiteren können Verletzungen durch einen Nackenbiss oder durch die Hufe des Hengstes auftreten.

Will der Stutenhalter Schadensersatzansprüche geltend machen, so muss er darlegen und beweisen, dass der Betreiber der Deckstation schuldhaft gehandelt hat. Dies erweist sich in der Praxis als durchaus schwierig, da der Stutenhalter

71 Beispiele für Hygienepläne finden sich im Handbuch Pferdebesamungsstationen, Stand Nov. 2011, Anlage 3.1., veröffentlicht unter www.lwk-niedersachsen.de.

72 Aurich 2008, 83 f.

dem Deckakt in der Regel nicht beiwohnt. Kann der Stutenhalter aber nachweisen, dass der Hengst bereits mehrfach durch aggressives Deckverhalten aufgefallen ist und eine Sicherung gleichwohl unterlassen wurde, so kann der Betreiber der Deckstation schon bei leicht fahrlässigem Handeln erheblichen Schadensersatzforderungen ausgesetzt sein.

Darüber hinaus kann der Betreiber einer Deckstation, der gleichzeitig Hengsthalter ist, aufgrund der Tierhalterhaftung aus § 833 BGB haftbar sein, sofern der Schaden auf eine allgemeine Tiergefahr zurückzuführen ist. Zwar hat das OLG Düsseldorf in einem Fall entschieden, dass eine solche allgemeine Tiergefahr nicht vorliegt, wenn das Tier „seiner Zweckbestimmung entsprechend mit Wissen und Wollen des Tierhalters dem Deckakt zugeführt wird und der Deckakt zu der Zeit, zu dem Ort mit dem Tier und der Weise ausgeübt wird, wie es von den beteiligten Tierhaltern vorgesehen gewesen ist“.[73] Eine solche Wertung ist indes stark vom Einzelfall abhängig und darf daher nicht verallgemeinert werden.[74]

Aufgrund der Vielgestaltigkeit der möglichen Schadensfälle und der damit einhergehenden Rechtsunsicherheit sollte der Betreiber der Deckstation im Rahmen der Vertragsgestaltung eine Haftungsbegrenzung auf Vorsatz und grobe Fahrlässigkeit vorsehen. Eine weitergehende Haftung, insb. für leicht fahrlässiges Verhalten, sollte dieser dagegen vertraglich ausschließen. Hilfreich ist ferner eine Klausel, die für eine Haftung des Betreibers der Deckstation auf das Eingreifen einer Haftpflichtversicherung abstellt (sog. Versicherungsvorbehalt). Diese sollte nach den Vorgaben der Rechtsprechung geeignet sein, dem Stutenhalter eine vollständige Kompensation zu gewähren.[75] Auch im Rahmen der Ausgestaltung einer solchen Klausel sollte fachkundiger Rechtsrat in Anspruch genommen werden, da bereits die Teilunwirksamkeit einer Klausel zum Wegfall der Haftungsbegrenzung führen kann.

Literatur

Adolphsen, Jens (2002): Das neue Pferdekaufrecht, – in: Pferdeheilkunde, 2002, 294 ff.

Adolphsen, Jens (2003): Haftungsrechtliche Aspekte der veterinärmedizinischen Kaufuntersuchung von Pferden, – in: VersR, 2003, 1088 ff.

Aurich, Jörg-Eberhard (2008): Reproduktionsmedizin beim Pferd, 2. Auflage, Stuttgart: Parey.

73 OLG Düsseldorf, MDR 1975, 229.

74 OLG Saarbrücken, NJWE-VHR 1998, 22, 23.

75 vgl. Rosbach 2011, 119; BGH NJW 2001, 292.

Cherkeh, Rainer (2014): Rechte und Pflichten von Stallbetreibern, – in: Reitsport-MAGAZIN, 09/2014, S. 50 f.

Deutsche Reiterliche Vereinigung e. V. (2015): Pressemitteilung FN vom 29.04.2015 „Zahlen, Daten, Fakten 2015".

Institut für Demoskopie Allensbach 2014: Allensbacher Markt- und Werbeträgeranalyse AWA, Codebuch 2014.

Palandt, Otto (2015): Bürgerliches Gesetzbuch, 74. Auflage, München: C.H. Beck.

Pelhak, Jürgen (2010): Öffentliches Veterinärwesen & Tierzuchtrecht in Bayern, 2010, Nr. 4.4.3.1.

Rosbach, Peter (2011): Pferderecht, München: C.H. Beck.

Schliecker, Christian Gerhard (2013): Rechtsverhältnisse im Rahmen der Pferdehaltung unter besonderer Berücksichtigung des Pferdepensions-, des Pferdeberitt- und des Deckvertrages, Osnabrück: Dissertation.

Insa Bandemer, Franziska Baum, Elena Möller und Jasmin Singh

Zukunftsperspektive Freizeitreiten[1]

Abstract Auf Basis eines Wirkungsmodells für den Zusammenhang von Freizeit und Reiten wurden drei Szenarien für dieses Themenspektrum erarbeitet. Das Wirkungsmodell umfasst grundlegende Zugänge zum freizeitsportlichen Reiten und Bestandteile der relevanten Infrastruktur. Über die Sichtung verschiedener Studien und einzelne Expertengespräche wurden mögliche Entwicklungslinien u. a. im Hinblick auf Freizeitverhalten, Motivationen zum Reitsport und politischen Rahmenbedingungen ausgelotet.

Im günstigsten Fall gelingt es, über eine Schärfung des Profils von Freizeitreiten u. a. durch Kooperationen und einfache Zugänge zum Reiten, Menschen für diese Form der Freizeitaktivität zu gewinnen. Die Entwicklung der Vereinslandschaft und die aktive politische Arbeit gehören ebenfalls dazu. Im Negativfall gelingt es nicht, Freizeitreiten positiv zu positionieren, was letztlich zu einer Schrumpfung der Vereins- bzw. Anbieterlandschaft führt. Im Trend-Scenario werden letztlich Hinweise gegeben, die u. a. auf eine Modernisierung der Vereinsarbeit oder die Annäherung an moderne Kommunikationsmedien als Mittel hinweisen, um auf die entsprechenden Angebote des Freizeitreitens hinzuweisen.

1. Ausgangspunkte der Themenbearbeitung

Der Pferdesport ist ein vielseitiger und breitgefächerter Sport. Er umfasst viele verschiedene Disziplinen wie beispielsweise das Dressur-, Spring-, Vielseitigkeits-, Gangpferde- und Westernreiten sowie den Fahrsport und das Voltigieren.[2] In Deutschland erfreut sich der Pferdesport heutzutage großer Beliebtheit und ist in allen Schichten der Bevölkerung vorzufinden.[3] Dabei liegt der Anteil der Freizeitreiter deutlich über dem der turniersportlichen Reiter.[4] Dies lässt sich auch bei Betrachtung der deutschen Pferdebranche erkennen, die sich in den letzten Jahren in vielerlei Hinsicht verändert hat. Nach *Tietze* sind 85 % der aktiven Pferdesportler freizeitorientierte Reiter ohne Turnierambitionen.[5] Dadurch ergeben sich neue

1 Dieser Beitrag basiert auf dem gekürzten Projektbericht einer Praxis-Case Study im Rahmen des Studiengangs „Führung in Dienstleistungsunternehmen" an der Ostfalia Hochschule für angewandte Wissenschaften, Campus Salzgitter. Der Bearbeitungszeitraum war das Sommersemester 2014.

2 Vgl. Deutsche Reiterliche Vereinigung e. V. (o.J. b); Ikinger et al. 2013, 18ff.

3 Vgl. Gille et al. 2010, 7.

4 Vgl. Gille et al. 2010, 8 in Anlehnung an: Miesner, K., 2003.

5 Vgl. Tietze 2004, 68.

Ansprüche und Anforderungen an die Pferdebranche, die es zukünftig zu bewältigen gibt.[6] Mit der zunehmenden Bedeutung der Freizeitreiter entwickeln sich Breitensportler zu einer wichtigen Zielgruppe für den deutschen Pferdemarkt und stellen u. a. Vereine, Verbände, Unternehmen und Dienstleister vor neue Aufgaben.[7]

In Zusammenarbeit mit dem HorseFuturePanel UG der Uni Göttingen sollte vor allem die Zukunftsperspektive des Freizeitsports beleuchtet werden. Um sich der Thematik ‚Freizeitreiten' annähern zu können, soll zu Beginn der Arbeit zuerst die Bedeutung des Freizeitreitens mithilfe eines selbsterstellten Wirkungsmodells beleuchtet werden. Dabei werden verschiedene Faktoren und Aspekte angesprochen, die mit dem Breitensport in einer Wechselbeziehung stehen. Darauf aufbauende Recherchen und Expertengespräche dienten der Erarbeitung von drei verschiedenen Zukunftsszenarien.

2. Wirkungsmodell als Verbindung von Freizeit und Reiten

Die später zu erarbeitenden Zukunftsszenarien basieren auf den dargestellten Zusammenhängen des Wirkungsmodells (siehe Abbildung 1), welches speziell auf das Freizeitreiten ausgerichtet ist. Dabei wirken u. a. die unterschiedlichen Motive der Reiter, der Zugang zum Pferdesport, öffentliche Einrichtungen oder die Work-Life-Balance auf das Freizeitreiten ein. Weiterhin nehmen Zeitbudget, Kosten, politische Restriktionen, Reitvereine und -betriebe, die Medien sowie der Tourismus Einfluss auf die Thematik des Freizeitreitens.

Abbildung 1: Wirkungsmodell Freizeitreiten (eigene Darstellung)

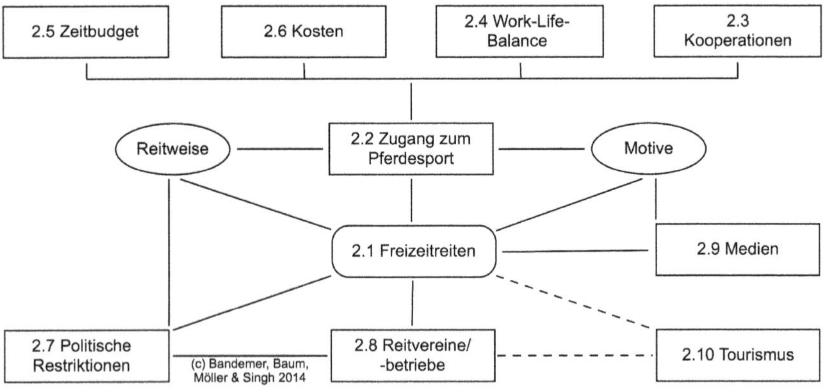

6 Vgl. Ikinger, et al. 2013, 3.
7 Vgl. Gille et al. 2010, 15.

2.1 Freizeitreiten: Reitweisen und Motive

Laut der Deutschen Reiterlichen Vereinigung e. V. (kurz: FN) existiert aufgrund der Vielfältigkeit des Freizeitreitens keine einheitliche Definition dieses Begriffes.[8] Der Dachverband versucht dennoch das Freizeitreiten wie folgt zu definieren: „Breitensport oder auch Freizeitsport umfasst im Gegensatz zum Leistungssport sämtliche sportliche Aktivitäten, die neben dem Ausgleich von Bewegungsmangel und somit der Gesundheit, auch der Abwechslung dienen und zumeist in der Freizeit betrieben werden. Hierbei spielt nicht zuletzt auch der Spaß am Sport, in diesem Fall am Reitsport, eine wichtige Rolle."[9] Wird diese allgemeine Definition auf das Freizeitreiten bezogen, kann darunter grundsätzlich jede Reitweise verstanden werden, die nicht turnierorientiert ausgeübt wird. Aufgrund dessen zählen zum Freizeitreiten auch die klassischen Disziplinen wie das Spring-, Dressur- und Vielseitigkeitsreiten.[10] Der Fokus beim Freizeitreiten liegt dabei im Gegensatz zum Turniersport u. a. stärker auf dem Naturerlebnis, der Gemeinschaft und dem Spaß.[11]

Das Freizeitreiten umfasst jedoch zahlreiche weitere Bereiche wie beispielsweise das Western-, Distanz-, Barock- und Gangpferdereiten.[12] Dadurch wird deutlich, dass Freizeitreiten zum einen sehr breit gefächert ist und zum anderen viele Parallelen zu den Disziplinen im Turniersport aufweist, zumal für die nicht klassischen Reitformen wiederum eigene Wettkampfformen existieren. All diese Disziplinen können sowohl im Leistungssport als auch im Freizeitsport geritten werden.[13] Dies verdeutlicht die Schwierigkeit das Freizeitreiten vom Turnierreiten abzugrenzen, da die Reitweisen nicht eindeutig einer Reitsportart zuzuordnen sind. Des Weiteren gibt es Wettkämpfe und Veranstaltungen im Freizeitsport, die Turnieren und Wettbewerben im Leistungssport ähneln, sodass eine klare Unterscheidung erschwert wird.[14]

Die FN versucht aus diesem Grund Breitensportler und Turnierreiter durch verschiedene Ordnungen zu trennen: Alle breitensportlichen Wettbewerbe werden der Wettbewerbsordnung (WBO) zugeordnet.[15] Alle Turniere und Wettkämpfe des Leistungssports fallen dagegen in die Leistungs-Prüfungs-Ordnung

---

8 Vgl. Deutsche Reiterliche Vereinigung e. V. (o.J. a).
9 Vgl. Deutsche Reiterliche Vereinigung e. V. (o.J. a).
10 Vgl. Ikinger et al. 2013, 15 und 20.
11 Vgl. Ikinger et al. 2013, 17 und 23.
12 Vgl. Ikinger et al. 2013, 6–7 und 15.
13 Vgl. Ikinger et al. 2013, 14–15.
14 Vgl. Ikinger et al. 2013, 14; Deutsche Reiterliche Vereinigung e. V. (o.J. b).
15 Vgl. Deutsche Reiterliche Vereinigung e. V. (o.J. c).

(LPO).[16] Jedoch führen auch diese Ordnungen zu keiner deutlichen Abgrenzung zwischen Freizeit- und Turnierreitern. Das verdeutlicht auch die Studie ‚Reiterleben Reiterwelten'[17] der Georg-August-Universität Göttingen, bei der sich eine Großzahl der Befragten weder als Turnierreiter noch als Freizeitsportler bezeichnen würde.[18] Zudem verwiesen die Autoren der Studie darauf, dass „der größte Teil der Turnierreiter den Reitsport ebenfalls in der Freizeit nachgeht und nicht zu den Berufsreitern zählt".[19] Somit kann abschließend festgehalten werden, dass kein typisches oder allgemeingültiges Bild eines Freizeit- oder Turnierreiters vorhanden ist, sodass eine Abgrenzung über die Reitweisen dieser beiden Typen nur erschwert möglich ist. Betrachtet man dagegen die Motive von Freizeitreitern und Turnierreitern werden deutliche Unterschiede sichtbar.

Motive

„Motive sind überdauernde Vorlieben und damit zeitstabile Merkmale von Menschen, die nicht direkt beobachtbar sind, sondern Konstrukte darstellen, die das Handeln von Personen verständlich machen sollen".[20] Das bedeutet, dass Motive die Ursache für das menschliche Handeln und Verhalten darstellen und somit als Beweggründe, die zu einer Handlungsbereitschaft führen, bezeichnet werden können. Der Prozess, welcher die Bereitschaft zum Handeln anregt, ist die Motivation. Darunter wird der „Zustand einer Person [verstanden], der sie dazu veranlasst, eine bestimmte Handlungsalternative auszuwählen, um ein bestimmtes Ergebnis zu erreichen."[21] Überträgt man diese Erkenntnisse auf den Reitsport, können darunter die Beweggründe verstanden werden, die einen Menschen dazu veranlassen, mit dem Reiten zu beginnen bzw. die einen Menschen dazu antreiben, diesen Sport auszuführen. Ausschlaggebend für die Ausübung des Sports sind dabei unterschiedlichste Gründe und Absichten.

Der Verwendungszweck des Pferdes und somit auch die dahinterliegenden Motive haben sich im Laufe der Zeit deutlich verändert.[22] Seit den 1960er Jahren

16 Vgl. Deutsche Reiterliche Vereinigung e. V. (o.J. d).

17 Die Studie „Reiterleben Reiterwelten" der Georg-August-Universität Göttingen wurde in Zusammenarbeit mit dem HorseFuturePanel UG und den Studierenden des Masterstudiengangs „Pferdewissenschaften" durchgeführt. Dabei wurden 2.500 Pferdesportler befragt. (Quelle: Ikinger et al. 2013)

18 Vgl. Ikinger et al. 2013, 14.

19 Vgl. Ikinger et al. 2013, 14.

20 Vgl. Stangl 2009.

21 Kirchgeorg o. J.

22 Vgl. Gille et al. 2010, 32ff.

kann das Aufleben des Turnier- und Freizeitsports beobachtet werden. Pferdesport hat sich bis heute zu einem sehr vielseitigen und abwechslungsreichen Sport entwickelt.[23] Damit einhergehend haben sich die Motive bezüglich der Einsatzweise des Pferdes in den letzten Jahrzehnten verändert: Aus dem einstigen Nutz- und Arbeitstier ist ein Freizeitgefährte und Partner geworden, der vornehmlich der Sport- und Freizeitgestaltung der Menschen dient.[24]

Auch der gesellschaftliche Wertewandel trägt zu einer Veränderung der Motive im Pferdesport bei.[25] „Neben dem Spaß sind Gesundheit, Fitness sowie der Ausgleich zur Arbeit wesentliche Motivationen, um sportlich aktiv zu sein.“[26] Darüber hinaus gewinnt die Erholung, vor allem in der Natur an Bedeutung.[27] Des Weiteren zählen u. a. Geselligkeit, Freunde gewinnen, Entspannung und Freude zu weiteren Gründen Sport zu treiben.[28] Werden diese Erkenntnisse auf den Reitsport übertragen, lassen sich folgende Motive für den Pferdesport ableiten (Abbildung 2).

Abb. 2: Motive für Pferdesport (Quelle: Gille et al. 2010, 37 m. w. N.)

Motive aus Expertengesprächen und Auskünften von Pferdesportlern	Motive aus FN-Marktanalyse (Auswahl IPSOS-Studie)
• Etwas mit dem Pferd machen • Spaß • Natur erleben • Erfolg haben • Entspannung • Anerkennung • Gesundheit/Fitness • Kraft und Geschwindigkeit erleben	• Umgang mit dem Pferd • Natur erleben • Entspannung / Abschalten • Sportliche Fitness • Gemeinschaft, Geselligkeit • Spaß haben • Leistung bringen

Im Pferdesport spielen, genauso wie bei anderen Sportarten, die Motive Natur erleben, Entspannung, Fitness, Gesundheit und der Spaß eine wichtige Rolle (vgl. Abbildung 2 „Motive für Pferdesport“). Zudem wurde durch eine Onlineumfrage[29]

23 Vgl. Ikinger et al. 2013, 6–7.
24 Vgl. Brade 2013, 1–2; Ikinger et al. 2013, 9.
25 Vgl. Gille et al. 2010, 33ff.
26 Vgl. Gille et al. 2010, 34.
27 Vgl. Gille et al. 2010 34 m. w. N.
28 Vgl. Gille et al. 2010, 35 m. w. N.
29 Die Studie basiert auf einer im Januar und Februar 2009 durchgeführten Onlinebefragung. Dabei wurden 1.814 abgeschlossene Umfragen in die Auswertung einbezogen. Quelle: Gille et al. 2010, 31–52.

ermittelt, dass über 90 % der befragten Reiter die Freude und den Umgang mit dem Pferd als wichtiges Motiv nennen.[30] Daneben stehen für die Umfrageteilnehmer der Wohlfühlaspekt und das Naturerlebnis im Vordergrund und nicht die Bewegung oder die Fitness.[31] Auch aus der Studie ‚Reiterleben Reiterwelten' konnten zum Teil ähnliche Ergebnisse erarbeitet werden. So geben 91 % der Befragten an, „dass für sie nicht der sportliche Gedanke, sondern die Liebe zum Pferd im Vordergrund steht."[32] Zudem sind auch hier den befragten Pferdesportlern die Partnerschaft mit dem Pferd und der Ausgleich des Alltags wichtig. Da ein Großteil der Befragten dem Naturerlebnis, der Entspannung und dem Spaß eine große Bedeutung zugestehen, kann angenommen werden, dass es sich dabei um die Hauptmotive von pferdeaffinen Menschen handelt – unabhängig von der Reitweise und der Reitsportart.[33]

Mit dem Alter der Reitsportler gewinnt der Aspekt des Erlebens von Natur immer mehr an Bedeutung. Dem gegenüber nimmt der sportliche Aspekt mit Zunahme des Alters ab. Zudem findet dieser Sinneswandel durchschnittlich bereits vor dem 20. Lebensjahr statt. Für das Freizeitreiten lässt sich somit schlussfolgern, dass nicht nur die Zielgruppe der älteren Reiter von Bedeutung ist, sondern auch die der jungen Erwachsenen.[34]

Wie bereits eingangs erwähnt, lässt sich keine deutliche Abgrenzung zwischen Turnier- und Freizeitreitern anhand der Reitweisen feststellen. Betrachtet man dagegen die Beweggründe für den Pferdesport, so lassen sich einige Unterschiede erkennen.[35] Für die Turnierreiter sind vor allem der Sport, der Erfolg und der Wettbewerb ein Anreiz im Pferdesport (durchschnittlich rund 52 %).[36] Dagegen stellt das Naturerlebnis das Hauptmotiv der Breitensportler dar. Entscheidend hierbei ist, dass sich beide Reitgruppen trotz einiger grundsätzlicher Differenzen bei zwei Motiven einig sind: Sowohl die Tierliebe als auch der Spaß am Pferdesport sind für beide Gruppen entscheidend.[37] Dies lässt erkennen, dass die Motive in den Grundzügen im Pferdesport dieselben und Vorurteile gegenüber Vertretern anderen Reitweisen in der Regel unbegründet sind.

---

30 Vgl. Gille et al. 2010, 38–39.
31 Vgl. Gille et al. 2010, 38–39.
32 Vgl. Ikinger et al. 2013, 11.
33 Vgl. Ikinger et al. 2013, 9.
34 Vgl. Ikinger et al. 2013, 13.
35 Vgl. Ikinger et al. 2013, 17.
36 Vgl. Ikinger et al. 2013, 17.
37 Vgl. Ikinger et al. 2013, 17.

Betrachtet man die einzelnen Reitweisen sehen sich nur 7 % der Distanzreiter im Turniersport, knapp 50 % beschreiben sich als freizeitorientierte Reiter mit gelegentlicher Turnierteilnahme (im Vergleich zu den anderen Reitweisen ist dies der höchste Prozentsatz).[38] Des Weiteren zeichnen sich im Bereich des Distanz- und Gangpferdereitens das Naturerlebnis und die Entspannung als die wichtigsten Motive ab.[39] Auch im Westernreitern ist der Anteil der Leistungssportler im Gegensatz zu anderen Reitweisen mit ca. 24 % gering. Hingegen sieht sich fast die Hälfte der Befragten als rein freizeitorientierte Reiter. Der Anteil der Westernreiter in Vereinen liegt mit 42 % – im Vergleich zu den anderen Reitweisen – deutlich niedriger. Ein möglicher Grund wird darin gesehen, dass für eine Turnierteilnahme in den unteren Klassen keine Mitgliedschaft in Vereinen erforderlich ist. Sportliche Aspekte und ein entspanntes Naturerlebnis zählen zu den Motiven von Westernreitern. Dabei ist das Zusammensein mit dem Pferd in Verbindung mit der Freiheit ebenfalls wichtig.[40]

Der Großteil der Barockreiter sieht sich als Freizeitreiter (ca. 68 %). Auch diese Gruppe zeichnet sich durch eine geringe Vereinsmitgliedschaft aus. 34 % der Befragten empfinden eine Vereinszugehörigkeit als eine zu große Bindung. Dies spiegelt sich auch in deren Motivwahl wider: Geselligkeit und Gemeinschaft sind für Barockreiter weniger entscheidend. Dagegen bilden die Selbstverwirklichung und Individualisierung die Hauptanreize für die Ausübung des Reitsports.[41]

Im Vergleich dazu ist eine stärkere Wettbewerbsorientierung bei den klassischen Disziplinen erkennbar. Damit einhergehend stimmen fast 70 % der Aussage zu, dass nicht nur die Pferde, sondern auch die Reiter ein hartes Training benötigen. Zudem ist den Reitsportlern dieser Disziplin mit über 50 % auch der Besuch von Reitveranstaltungen deutlich wichtiger als den übrigen Reitern anderer Reitweisen. Neben dem hohen Anteil von turnierorientierten Reitern ist ebenfalls der Organisationsgrad in Vereinen, mit knapp 70 %, der höchste. Die Motive beim klassischen Reiten liegen vornehmlich im Wettbewerb und Erfolg. Dennoch haben auch das Naturerlebnis und die Geselligkeit einen hohen Stellenwert für die klassischen Pferdesportler.[42]

Zusammenfassend bedeutet dies, dass trotz einiger Unterschiede die Motive für den Pferdesport grundsätzlich die gleichen sind, unabhängig von den Reitweisen, dem Alter oder der Reitsportart.

---

38 Vgl. Ikinger et al. 2013, 26ff.

39 Vgl. Ikinger et al. 2013, 27 und 31.

40 Vgl. Ikinger et al. 2013, 32ff.

41 Vgl. Ikinger et al. 2013, 36ff.

42 Vgl. Ikinger et al. 2013, 20ff.

Reitweisen als Nutzungsformen des Pferdes

Wie bereits im einleitenden Teil genannt, zählen zum Freizeitreiten neben den klassischen Disziplinen auch viele weitere Reitweisen. Werden die Ansprüche der Pferdesportler an das Pferd nach verschiedenen Reitweisen betrachtet, lassen sich einige Unterschiede feststellen. Dies liegt zum einen an der ursprünglichen Einsatzweise sowie dem Herkunftsland des Pferdes und zum anderen an ihrem heutigen Verwendungszweck.[43] Zum Beispiel werden in den klassischen Disziplinen „zuverlässige, schnelle und wendige auf feine Hilfen"[44] reagierende Pferde bevorzugt. Im Westernreiten dagegen werden Pferde benötigt, die selbständig mitarbeiten können. Diese Ansprüche sind auch heute noch von großer Bedeutung für Wettkämpfe im Westernreiten, sodass ca. 60 % der befragten Pferdesportler klare Rassepräferenzen im Westernreiten aufweisen.[45] Distanzreiter wiederum setzen, vor allem im Spitzensport, vermehrt arabische Pferderassen ein.[46] Dagegen ist bei dieser Reitweise im Breitensport eine große Rassenvielfalt zu beobachten.

Die daraus resultierende Vielfalt stellt die Züchter vor große Herausforderungen. Oft orientieren sich Züchter am Spitzensport und den dortigen Anforderungen an die Pferde. Dadurch können die Präferenzen der Freizeitreiter nicht vollständig berücksichtigt werden.[47] Dennoch lässt sich auch hierbei zwischen freizeitorientierten und turnierambitionierten Reitern unterscheiden. Während die Ansprüche im Leistungssport deutlich höher sind und es wie etwa beim Distanzreiten oder Rennsport mitunter auch auf die Rasse ankommt, kann im Freizeitsport generell vermerkt werden, dass für Breitensportler in der Regel Zucht- und Leistungsdaten eines Pferdes nebensächlich sind.[48]

2.2 Zugang zum Pferdesport

Beim Trendbarometer Januar 2014 wurde u. a. gefragt wie die Befragten auf das Reitangebot aufmerksam wurden. Dabei zeigte sich, dass Eltern und Familie den häufigsten Zugangsweg darstellen (36,3 %). Knapp 27 % wurden durch Bekannte und Freunde auf das Angebot aufmerksam, welche schon zuvor im Verein bzw.

43 Vgl. Ikinger et al. 2013, 6 und 15.
44 Vgl. Ikinger et al. 2013, 20–21.
45 Vgl. Ikinger et al. 2013, 32–33.
46 Vgl. Ikinger et al. 2013, 28–29.
47 Vgl. Gille & Spiller 2010, 67.
48 Vgl. Gille & Spiller 2010, 77.

Betrieb geritten sind. 21 % bekamen eine Empfehlung von Bekannten und Freunden, woraufhin sie sich für ein Angebot entschieden haben.[49]

Die meisten Anfänger beginnen in einem Verein mit dem Reitsport (38 %), andere in einem Privatstall (24 %). Dicht folgend mit 23 %, sind die Betriebe der Anfangsort für das Reiten.[50] Ein Großteil der Anfänger haben ihre ersten Reiterfahrungen auf einem Schulpferd gesammelt (68 %). Mit großem Abstand folgen Privatpferde, eigene Pferde und das Pferd von Freunden oder Familie (jeweils knapp über 10 %).[51]

Weiterhin können unterschiedliche Zugangswege zu den jeweiligen Reitweisen erkannt werden. Die Angabe „durch Zufall. Ich wollte gerne reiten lernen und wusste noch nicht, dass es unterschiedliche Reitweisen gibt“[52] haben viele Reiter, welche die klassische Reitweise gewählt haben, bestätigt. Hingegen trifft die Aussage, dass die Reitweise schon immer der Traum gewesen sei, vor allem auf die Reitweisen außerhalb der klassischen Disziplinen (Western, Gangpferdereiten, Klassisch-Barocke und Distanzreiter) zu. Die höchsten Prozentzahlen erreichen das Western-, Gangpferde-, Barock- und das Distanzreiten bei der Antwort, dass den Aktiven die „reitweisentypischen Pferderassen“[53] besonders gut gefallen haben. Das klassische Reiten haben viele Befragte gewählt, da es ihnen als Basis für das Reiten aufgezeigt wurde oder es in der Umgebung nur klassische Reitschulen gab (68 %).[54]

Eine weitere Befragung hat gezeigt, dass vor allem Erwachsene das Interesse am Reitsport durch Zufall entdecken. Dabei ist die Hemmschwelle von Erwachsenen deutlich höher mit dem Reiten zu beginnen. Dies liegt zum einen daran, dass in den Reitställen oftmals viele Kinder sind. Zum anderen ist die Angst vor Verletzungen bei Erwachsenen höher.[55]

Im Sportentwicklungsbericht der Deutschen Sporthochschule Köln und der FN wird außerdem den Ausbildern eine wichtige Rolle zugeschrieben. Diese haben – neben der Durchführung von Trainingsstunden – auch die Aufgabe Mitglieder und Kunden für die jeweilige Organisation zu gewinnen. beschrieben, dass die Ausbilder – neben der Durchführung von Trainingsstunden – auch die Aufgabe der Gewinnung von Mitgliedern und Kunden haben. Weiterhin wird erwähnt, dass

49 Vgl. Münch & Steffen 2014, 58.
50 Vgl. Münch & Steffen 2014, 54.
51 Vgl. Münch & Steffen 2014, 56.
52 Vgl. Münch & Steffen 2014, 31.
53 Vgl. Münch & Steffen 2014, 31.
54 Vgl. Münch & Steffen 2014, 32.
55 Vgl. Kühl 2014.

das Bereitstellen von Schulpferden eine wichtige Voraussetzung darstellt, um mit dem Reiten beginnen zu können. Damit wird die Möglichkeit eingeräumt mit dem Reiten anzufangen, auch wenn kein eigenes Pferd vorhanden ist.[56]

Auch die FN widmet sich dem Thema der Mitgliedergewinnung und versucht Menschen für das Reiten zu begeistern. Eine Aktion dafür ist z. B. der ‚Tag der offenen Stalltür: Im Galopp zum Pferdefreund'. Dies ist eine bundesweite Initiative der FN und der Landespferdesportverbände. Insgesamt haben sich 500 Reit-, Fahr- und Voltigiervereine und -betriebe an dieser Initiative beteiligt und den Besuchern die Möglichkeit gegeben, in den Pferdesport „reinzuschnuppern" sowie die Angebote kennenzulernen.[57]

2.3 Kooperationen

Ungefähr 40 % der Vereine und Betriebe kooperieren in Deutschland mit anderen Organisationen (darunter sind 18 % Organisationen des Gemeinwohls).[58] Schulen und insbesondere die Ganztagsschulen stellen hierbei wichtige Kooperationspartner dar. Weitere Kooperationen könnten zum Beispiel mit Altenheimen eingegangen werden, um damit der Bedeutung des demographischen Wandels Rechnung zu tragen.

Aufgrund der Bedeutung des Themas „Ganztagsschule" soll darauf im Folgenden näher eingegangen werden: Die Ganztagsschulen ergeben in Deutschland kein einheitliches Bild. Grund dafür ist, dass die Organisation von Schulen in Landeshoheit liegt und somit jedes Bundesland eigene Regelungen festlegen kann. Allgemein können die Ganztagsschulen in offene und gebundene Formen unterschieden werden. Die gebundene Form zeichnet sich dadurch aus, dass die Schülerinnen und Schüler die Pflicht haben an mindestens drei Tagen das Ganztagsangebot wahrzunehmen. Bei der offenen Form hingegen herrscht eine Freiwilligkeit der Teilnahme.[59] Im Schuljahr 2011/2012 lag die Zahl der Ganztagsschulen bei 54,3 % in Deutschland, bezogen auf die Primar- und Sekundarstufe I. Jedoch lag die Teilnahmequote der Schülerinnen und Schüler, welche das Angebot der Ganztagsschule wahrnahmen, nur bei 30,6 % (13,7 % besuchten die gebundene Form, 16,9 % die offene Form der Ganztagsschule).[60]

---

56 Vgl. Deutsche Reiterliche Vereinigung e. V. & Breuer 2014, 8ff.

57 Vgl. o. V. 2014a.

58 Vgl. Deutsche Reiterliche Vereinigung e. V. & Breuer 2014, 6.

59 Vgl. Klemm 2013, 7.

60 Vgl. Klemm 2013, 8ff.

Die Änderung der Schulform hat auch Auswirkungen auf das Freizeitverhalten der Kinder und Jugendlichen. Die Freizeitgestaltung der Kinder und Jugendlichen wird durch die Schule stark beeinflusst. Die Zeiten außerhalb der Schule bedeuten jedoch nicht automatisch Freizeit, da nach Schulende noch Hausaufgaben und Lernen anfallen. Neben den schulischen Verpflichtungen haben die Kinder und Jugendlichen noch „Freizeitstress". Damit sind u. a. die Vielfalt an Hobbys und Nachhilfeunterricht gemeint. Bei Kindern (6–14 Jahren) wird das Freizeitbudget stark fremdbestimmt (von Schule und Eltern). Die häufigste Freizeitbeschäftigung stellt in diesem Alter Fernsehen und das Treffen mit Freunden (geschlechtsunabhängig) dar. Jugendliche haben hingegen mehr Gestaltungsspielraum bei ihrer Freizeit. In diesem Alter ist eine geschlechtsspezifische Unterteilung möglich: Mädchen verfügen über weniger Freizeit, da die Einbindung in Haushaltstätigkeiten stärker ist und zudem mehr Zeit für sich und den eigenen Körper benötigt wird. Die Hauptaktivitäten stellen jedoch bei beiden Geschlechtern weiterhin das Fernsehen und der Medienkonsum dar. Auch Sport, Bewegung und Natur sind eine wichtige Freizeitbeschäftigung in diesem Alter.[61]

Durch die Reduzierung der Freizeit aufgrund der Ganztagsschulen stellt die Gestaltung der Spiel- und Sportangebote in der Schule einen wichtigen Bestandteil dar. Dafür sind auch Kooperationen mit Vereinen als außerschulischem Partner möglich.[62]

Bezogen auf das Bundesland Niedersachsen hat eine Studie (über alle Schulformen hinweg mit einer Stichprobe von 1.229 Schulen) eine Verteilung der Sportarten im Ganztagesangebot aufgezeigt. Dabei rangiert der Ballsport mit knapp 30 % auf dem ersten Platz. Der Reitsport liegt mit insgesamt 2,1 % auf Platz 9. Dabei sieht die Verteilung von Reitsport auf die verschiedenen Schulformen wie folgt aus[63]:

- Grundschule: 1,7 %
- Sek I: 2,3 %
- Gymnasium: 2,4 %
- Förderschulen: 4,6 %

Die Pferdesportvereine sehen die Ganztagsschulen sowie die Verkürzung der Gymnasialzeit auf 8 Jahre als ein zentrales Problem an (ca. 8 % nannten im Sportentwicklungsbericht von 2013, dass das Problem existenzbedrohend sei).[64] Grund

61 Vgl. Für das Freizeitverhalten von Kindern und Jugendlichen vgl. Budrich 2011, 35–36.
62 Vgl. Süßenbach & Geis 2013, 10–11.
63 Vgl. Süßenbach & Geis 2013, S. 11–12.
64 Vgl. Deutsche Reiterliche Vereinigung e. V. & Breuer 2014, 15.

dafür ist die längere Bindung der Schüler in der Schule und damit einhergehend eine zeitliche Einschränkung des Trainingsbetriebs. Jedoch bietet die Ganztagsschule durch Kooperationen mit den Schulen auch Chancen. Reitvereine und -betriebe haben die Möglichkeit sich in der Schule als Sportart zu positionieren und dadurch neue Mitglieder bzw. Kunden zu gewinnen. Außerdem kann das Angebot in den Schulen als Instrument zur Talentsichtung und -förderung dienen. Daraus ergeben sich sowohl für die Schule (Angebot für den außerschulischen Sportunterricht) als auch für den Verein Vorteile. Die Herausforderung für einen Verein ist u. a. die Finanzierung der Kooperation sowie das Akquirieren von Übungsleitern, welche die Stunden anbieten.[65] Mit der Notwendigkeit des i. d. R. notwendigen Schüler-Transfers zu der Reitsportanlage gibt es einen weiteren Organisationsbedarf.

Im Sportentwicklungsbericht wird aufgezeigt, dass 18 % der Reitsportvereine und 17 % der Betriebe mit Grundschulen kooperieren und knapp 16 % der Vereine bzw. 21 % der Betriebe mit Kindergärten ein Angebot gestalten.[66] Mögliche Kooperationsangebote mit Schulen können dabei Reit–AGs (außerunterrichtlich), im Rahmen von Schulprojekten/Projektwochen, im Rahmen von Förderunterricht oder zum Beispiel bei Klassenfahrten sein.[67]

2.4 Work-Life-Balance

Das Reiten zählt zu den Sportaktivitäten, die überwiegend nur noch von wenigen Menschen ausgeübt werden.[68] Der Pferdesport deshalb aktuellen Herausforderungen ausgesetzt, welche auch mit dem veränderten Freizeitverhalten zusammenhängen.[69] Hierbei steht der Anspruch auf eine ausgeglichene Work-Life-Balance in enger Verbindung mit dem Betreiben des Pferdesportes.[70]

In der Literatur liegen verschiedene Ansätze zur Definition des Freizeitbegriffes vor. Da es keine einheitliche Begriffserklärung gibt, wird ‚Freizeit' nach *Opaschowski* erläutert. In den fünfziger Jahren galt Freizeit ausschließlich als arbeitsfreie Regenerationszeit. Gegenwärtig ist der Freizeitbegriff für Menschen jedoch nicht nur grundlegend mit freier Arbeitszeit gekoppelt, sondern vielmehr

65 Vgl. o. V. 2012.
66 Vgl. Deutsche Reiterliche Vereinigung e. V. & Breuer 2014, 6.
67 Vgl. o. V. 2013a.
68 Vgl. Deutsche Reiterliche Vereinigung e. V. o. J.e.
69 Vgl. Deutsche Reiterliche Vereinigung e. V. & Breuer 2014, 15.
70 Vgl. o. V. o. J.a.

mit einem positiven Lebensgefühl verbunden.[71] „Freizeit ist eine Zeit, in der man frei ist."[72] In diesem Zusammenhang trägt Freizeit zur Lebensqualität und zum Wohlbefinden bei.[73] Diese beiden Begriffe stehen im engen Zusammenhang mit der Work-Life-Balance. Denn grundsätzlich heißt das Ziel einer gelungenen Work-Life-Balance Lebensqualität, die subjektives Wohlbefinden mitumfasst.[74] Kennzeichnend für die arbeitsteilige Industriegesellschaft war bislang die starre Trennung von Berufs- und Privatleben. Der Anspruch auf eine gute Work-Life-Balance wird stetig größer und Privatleben und Berufsalltag sollen zunehmend stärker fließend ineinander übergehen.[75] Im 21. Jahrhundert herrschen jedoch belastende Arbeitsbedingungen vor. Die Produktivität und Dynaxität (Dynamik und Komplexität) der Arbeitsprozesse erschweren es, eine gelungene Work-Life-Balance zu erreichen.[76] Demnach wird es zukünftig „wichtiger und schwieriger zugleich, ein ‚Lebensmanagement' zu praktizieren, mittels dessen die Übergänge und Brücken zwischen Privat- und Arbeitsleben (...) gebaut werden."[77] Im 21. Jahrhundert dominieren gesundheits- und sozialorientierte Lebenskonzepte, welche sich grundlegend an der Familie, an der eigenen Freizeit oder an einer Ausbalancierung zwischen Arbeit und Freizeit orientieren. Ein arbeitsorientiertes Lebenskonzept verliert zunehmend an Bedeutung.[78]

2.5 Zeitbudget

Die Stiftung für Zukunftsfragen führt regelmäßig Studien zum Freizeitverhalten, zu Freizeitaktivitäten und zum Anteil der tatsächlich disponiblen Zeit pro Tag durch. Aus der Studie von 2013 geht hervor, dass Medien und Erholung den Freizeitalltag der Bundesbürger prägen. Die häufigste Freizeitbeschäftigung ist über alle Altersgrenzen hinweg das Fernsehen.[79] Die Beschäftigung mit Tieren nimmt im Vergleich zum Jahr 2007 um 4 % ab und zählt im Jahr 2013 mit insgesamt 31 % zu den Verlierern der Freizeitbeschäftigungen.[80]

---

71 Vgl. Opaschowski 2008, 35.
72 Vgl. Opaschowski 2008, 35.
73 Vgl. Opaschowski 2008, 35.
74 Vgl. Kastner 2011, 22.
75 Vgl. Opaschowski 2011, 443.
76 Vgl. Kastner 2011, 100–101.
77 Vgl. Kastner 2011, 101.
78 Vgl. Kastner 2011, 101.
79 Vgl. o. V. 2014e.
80 Vgl. o. V. 2013b.

Die Studie belegt, dass es kein übergreifendes Grundmuster des Freizeitverhaltens bei den Bundesbürgern gibt. Es sind einerseits einige Gemeinsamkeiten zu beobachten, anderseits ist auch eine Vielzahl an Unterschieden verifizierbar. Grundsätzlich lässt sich festhalten, dass der durchschnittliche Freizeitumfang eines Bürgers werktags etwas weniger als vier Stunden beträgt. Bedingt u. a. durch die Ganztagsschulen, durch die steigende Anzahl von (Pflicht-)Terminen bzw. der Wunsch der Eltern nach sinnvollen Tätigkeiten des Nachwuchses haben die Jugendlichen im Vergleich zum Jahr 2011 (4 Stunden und 49 Minuten) im Jahr 2013 49 min weniger Freizeit. Zusammenfassend lässt sich daraus erkennen, dass die disponible Zeit abnimmt.[81]

Reiten ist ein zeitintensives Hobby und mit viel Aufwand verbunden, wobei ein wesentlicher Unterschied im Besitz eines eigenen Pferdes liegt. Die einmal wöchentliche Reitstunde inklusive Pferdepflege dauert durchschnittlich drei Stunden. Der zeitliche Aufwand vervielfacht sich mit einem eigenen Pferd.[82] Aus diesem Grund nutzen einige Pferdebesitzer die Reitbeteiligung. Das bedeutet, dass neben dem Pferdebesitzer eine dritte Person ein regelmäßiges Nutzungsrecht an dem Pferd hat. Die Reitbeteiligung kann generell zwei bis drei Mal wöchentlich reiten und ist neben dem Ausreiten zusätzlich für das Putzen und die Pflege des Pferdes zuständig.[83]

2.6 Kosten

Der Pferdesport gilt als ein Luxusvergnügen und ist z. B. im Vergleich zum Fußballsport ein eher kostspieligeres Hobby.[84] Die einzelnen Kosten, die sich für einen Freizeitreiter ergeben, werden nachfolgend aufgelistet.

Um das Reiten in einem Pferdesportverein auszuüben, wird im Durchschnitt ein jährlicher Mitgliedsbeitrag in Höhe von 30 € für Kinder und 50€ für Erwachsene erhoben. Zusätzlich gewähren viele Vereine eine Ermäßigung für Familien und Senioren. Die Zahlung einer Aufnahmegebühr wird in den Vereinen größtenteils nicht verlangt.[85]

Aus der Reitstudie „Reiterleben Reiterwelten" geht hervor, dass ein Freizeitreiter für die Unterbringung eines Pferdes durchschnittlich 190 € im Monat aufwenden

81 Vgl. o. V. 2014e.
82 Vgl. Baumgartner 2011.
83 Vgl. Sastedt 2010, 106.
84 Vgl. o. V. o. J.b.
85 Vgl. Deutsche Reiterliche Vereinigung e. V. & Breuer 2014, 7–8.

muss. Zusätzlich dazu fallen monatlich weitere allgemeine Kosten (z. B. für Ausrüstung und Unterricht) in Höhe von 183€ an.[86]

In Hinblick auf den Preis für eine Reitstunde lässt sich feststellen, dass diese zwischen den Pferdesportvereinen und Pferdesportbetrieben variieren. In den Pferdevereinen kostet eine Reitstunde durchschnittlich 11€ für Kinder, 12€ für Jugendliche und 14€ für Erwachsene. Unabhängig vom Alter belaufen sich die Preise für eine Voltigierstunde durchschnittlich auf 5€.[87]

Die organisierten Pferdebetriebe hingegen bieten eine Reitstunde für Kinder und Jugendliche zu einem Preis von 15€ und für Erwachsene zu einem Preis von 18€ an. Abhängig vom Alter kostet eine Voltigierstunde zwischen 10€ und 15€.[88]

Zudem ist der Besitz eines Pferdes auch mit zusätzlichen Tierarztkosten verbunden. Die Höhe dieser ist jedoch stark abhängig von dem Gesundheitszustand des Pferdes. Dennoch müssen jährlich durchschnittlich 350€ für Impfungen, Wurmkuren und Zahnbehandlungen ausgegeben werden. Des Weiteren gehört auch die Hufpflege eines Pferdes zur gesundheitlichen Vorsorge. Für den Hufschmied sind ebenso ca. 30€ bis 60€ alle sechs bis acht Wochen für ein Pferd ohne Hufeisen einzukalkulieren. Die Kosten für ein Hufbeschlag beim Pferd belaufen sich auf ca. 100€ bis 150€ alle sechs bis acht Wochen.[89]

2.7 Politische Restriktionen

Pferdesteuer

Die Pferdesteuer ist eine kommunale Aufwandsteuer, die vermehrt seit 2011 heftig und kontrovers diskutiert wird. Dennoch erwägen viele Gemeinden eine Pferdesteuer einzuführen. Grundlage für eine mögliche Einführung einer Pferdesteuer ist das kommunale Steuerfindungsrecht.[90] Dies besagt, dass Gemeinden neben den klassischen Steuern wie der Grund- und Gewerbesteuer auch sogenannte Aufwand- und Verbrauchssteuern erheben dürfen.[91] Voraussetzungen für die Erhebung örtlicher Verbrauchs- und Aufwandsteuern sind folgende:[92]

86 Vgl. Ikinger et al. 2013, 45.
87 Vgl. Deutsche Reiterliche Vereinigung e. V. & Breuer 2014, 8.
88 Vgl. Deutsche Reiterliche Vereinigung e. V. & Breuer 2014, 8.
89 Vgl. o. V., o.J.b.
90 Vgl. Friedrich Ebert Stiftung – Arbeitsgruppe Kommunalpolitik 2007, 1.
91 Vgl. Friedrich Ebert Stiftung – Arbeitsgruppe Kommunalpolitik 2007, 1.
92 Rose 2009, 562.

- Der örtliche Bezug der Steuer muss gegeben sein.
- Örtliche Aufwand- und Verbrauchssteuern dürfen nicht einer bundesgesetzlichen Steuer gleichartig sein.
- Örtliche Aufwand- und Verbrauchssteuern dürfen nicht einer landesgesetzlichen Steuer gleichartig sein (nach Artikel 105 Absatz 2 und 2a des Grundgesetzes).

Da die Pferdesteuer die obigen Voraussetzungen erfüllt, möchten viele Gemeinden diese Aufwandsteuer einführen, um ihrer Verschuldung entgegenzuwirken.[93] Hierbei lassen sich generell zwei verschiedene Besteuerungsansätze erkennen, einerseits die Besteuerung der Haltung von Pferden und andererseits die entgeltliche Pferdebenutzung.[94] Die hessische Gemeinde Bad Sooden-Allendorf ist hierbei der Vorreiter der Gemeinden, welche die Einführung einer Pferdesteuer anstreben. Die nordhessische Stadt hat zum 01.01.2013 die Pferdesteuer in Höhe von 200€ pro Pferd im Jahr eingeführt.[95] Ausgenommen von dieser Steuer sind Pferde, die beruflich genutzt werden.

Doch „Erfinder“ der Idee war die hessische Stadt Rödermark. Bereits im Jahr 2011 überlegte die Kommune eine Besteuerung von Pferden vorzunehmen und erzeugte dabei eine Welle der Empörung – sowohl unter den Reitern als auch unter einzelnen Politikern.[96] Gründe für die Einführung einer Pferdesteuer sind nach Aussagen der hessischen Gemeinden neben der Entlastung der Schuldenpläne einiger Kommunen auch die Kosten, die für das Anlegen und die Instandhaltung von Reitwegen, entstehen.[97] Aus diesen Gründen befassten sich seit 2011 nach der Gemeinde Rödermark viele weitere hessische Kommunen mit einer möglichen Erhebung der Pferdesteuer – so auch die bereits genannte Gemeinde Bad Sooden-Allendorf. Diese ist bislang neben der hessischen Gemeinde Kirchheim jedoch die einzige Kommune bundesweit, welche die Pferdesteuer tatsächlich eingeführt hat.[98] Steuergelder mussten bislang noch nicht gezahlt werden, da momentan über die Rechtmäßigkeit der Einführung der Aufwandsteuer am Hessischen Verwaltungsgerichthof verhandelt wird.[99] Geht das Gerichtsurteil positiv für die

93 Vgl. Perske 2014.
94 Vgl. Dietlein & Peters 2013, 1.
95 Vgl. Perske 2014.
96 Vgl. Manus 2011.
97 Vgl. o. V. 2011.
98 Vgl. Perske 2014. [Aktualisierung Sommer 2015: Mittlerweile ist das Urteil ergangen und die Erhebung einer Pferdesteuer in Bad Sooden-Allendorf für rechtmäßig erklärt. Vgl. Hennig 2014].
99 Perske 2014.

Kommune aus, werden in kürzester Zeit weitere Gemeinden mit der Erhebung der Aufwandsteuer beginnen – zum Nachteil der Reiter und Landwirte. Die Kommune Kirchheim dagegen fordert die Pferdesteuer seit Anfang 2014 in Höhe von 80€ pro Pferd und Jahr bereits ein, ohne auf das Gerichtsurteil zu warten.[100]

Die Pferdesteuer hat große Auswirkungen auf das Freizeitreiten und alle damit verbundenen Betriebe.[101] Bereits die Androhung der Einführung einer Pferdesteuer hat manche Reiter dazu verleitet, ihre Pferde in anderen naheliegenden Gemeinden Hessens unterzubringen. Zum Leid des Teils der Landwirte, die mit der Pferdeunterbringung und Futterversorgung eine Einnahmequelle haben. Zudem führt eine solche sogenannte Bagatellsteuer eher zu Verwirrung sowie unnötigen Verwaltungsaufwand und -kosten.[102] Hierbei ist wichtig zu erwähnen, dass nach Meinung mehrerer Kritiker solche kleinen Gemeindesteuern die finanziellen Probleme einer Kommune nicht lösen können.[103]

Des Weiteren würde durch die Besteuerung von Pferden die erste Sportart in Deutschland steuerpflichtig werden.[104] Dies würde dazu führen, dass „vor allem Kinder und Jugendliche oder deren Eltern“[105] unter der Steuer zu leiden hätten. Dies könnte langfristig zur Folge haben, dass Reitschulen schließen müssten.[106] Außerdem wirke sich laut der Betreiberin eines Reitsportzentrums die Pferdesteuer nachhaltig auf den Pferdesport aus, sodass die damit verbundene Kinder- und Jugendarbeit gefährdet werde.[107]

Neben den bereits genannten Nachteilen, die eine Einführung der Pferdesteuer mit sich bringen würde, können noch zahlreiche weitere Gegenargumente ergänzt werden. So stellt – laut der FN – die Pferdesteuer das ehrenamtliche Engagement vor ein großes Problem.[108] Auch sei Reitsport ein Gesundheitssport, der sich durch eine Besteuerung nicht nur gegen die Gesundheitsförderung, sondern auch gegen die Behandlung von kranken und behinderten Menschen stellen würde.[109] Ein weiterer Nachteil der Aufwandsteuer auf den Reitsport stellt die Sorge um Arbeitsplätze dar, da sich die Pferdesteuer negativ auf Unternehmen, Handel und

100 Vgl. o. V. 2014f.
101 Vgl. Spiller 2013, 1–2.
102 Vgl. Deutscher Städte- und Gemeindebund 2011, 1.
103 Deutscher Städte- und Gemeindebund 2011, 1.
104 Vgl. Spiller 2013, 1.
105 Spiller 2013, 1.
106 Vgl. Dietz 2014.
107 Vgl. Dietz 2014.
108 Vgl. Deutsche Reiterliche Vereinigung e. V. 2013 a.
109 Vgl. Deutsche Reiterliche Vereinigung e. V. 2013 a.

Gewerbe auswirken könnte. So ist abschließend als zusammenfassendes Gegenargument vorzubringen, dass die Einführung der Pferdesteuer mehr „Wertschöpfung und Investitionen zerstört als eine Pferdesteuer je einbringen kann.“[110]

Dennoch lassen sich auch Argumente finden, die für eine Einführung sprechen, z. B. im Fall der Pferdesteuer in Bad Sooden-Allendorf: Hier könnten im Jahr ca. 22.500€ durch die Aufwandsteuer eingenommen werden.[111] In Rödermark bis zu 20.000€.[112] Bei einem Schuldenberg von 82 Millionen Euro, indem die Gemeinde Bad Sooden-Allendorf steckt, erscheinen rund 20.000€ als nicht viel. Doch um Hilfe von der Landesregierung zu bekommen, müssen viele Gemeinden erheblich einsparen.[113] Da wäre aus Sicht der Befürworter die Pferdesteuer ein Anfang für die Erzielung von Einnahmen gemacht. Zudem nennen viele Zustimmende einen weiteren Vorteil einer Pferdesteuer: Das Anlegen und Sanieren von Reitwegen sowie die Säuberung der Waldwege von Pferdeäpfeln kostet viel Geld, das die Gemeinden zusätzlich aufbringen muss.[114]

Abschließend kann festgehalten werden, dass die Debatte über die Pferdesteuer über die Jahre nicht abgenommen, sondern zu weiteren Diskussionen geführt hat. Zu erkennen ist zudem, dass die Einführung einer Pferdesteuer sowohl ihre Vor- als auch Nachteile hat. Doch hierbei sollte nicht vergessen werden, was für Folgen eine mögliche Pferdesteuer auf den Reitsport haben kann.

Mindestlohn

Ab dem 1. Januar 2015 soll der allgemeine gesetzliche Mindestlohn in Höhe von 8,50€ in Deutschland eingeführt werden. Das Gesetz zur Stärkung der Tarifautonomie soll dafür im Juli durch den Bundestag beschlossen werden.[115]

Die Auswirkungen eines Mindestlohns können sehr vielfältig sein und sind stark abhängig von der Höhe des Mindestlohns. Zum einen werden einige Arbeitnehmer mehr verdienen und damit höhere finanzielle Mittel zur Verfügung haben. Die Arbeitgeber haben auf der anderen Seite höhere Personalkosten, was eine Erhöhung des Preises von Produkten oder eine Änderung der Produktionsabläufe zur Folge haben könnte. Diese Preiserhöhung könnte wiederum die

---

110 Vgl. Deutscher Bauernverband e. V. 2013.
111 Vgl. Spiller 2013, 2.
112 Vgl. o. V. 2011.
113 Vgl. Spiller 2013, 1.
114 Vgl. Manus 2011.
115 Zum Zeitpunkt der Berichterstellung (Sommer 2014) wurden mögliche Ausnahmen im Bundestag noch diskutiert.

zusätzlichen finanziellen Mittel aufbrauchen.[116] Vor allem kleine Betriebe wären von dem Mindestlohn betroffen, da diese durchschnittlich ihre Arbeitnehmer geringer entlohnen als dies große Betriebe tun. Dies legt die Vermutung nahe, dass vor allem kleine Unternehmen von einem Mindestlohn negativ beeinflusst werden könnten und den Arbeitnehmern ein höheres Entgelt bezahlen müssten.[117]

Dies könnte auch Auswirkungen auf Pferdevereine und –betriebe haben, da knapp 30 % der Pferdevereine Angestellte (Voll- und Teilzeit) und freie Mitarbeiter (auf Honorarbasis) beschäftigen (Stand 2009). Im Durchschnitt sind dies fünf Angestellte. Im Bereich der Betriebe lag der Anteil der Beschäftigten aufgrund der unterschiedlichen Ausrichtung und Strukturen deutlich höher. 65 % der Betriebe hatten Mitarbeiter (Voll- und Teilzeit sowie Honorarkräfte) angestellt. Diese Betriebe haben im Durchschnitt auch fünf bezahlte Mitarbeiter beschäftigt.[118]

Nachfolgend soll beispielhaft das Lohnniveau eines Pferdepflegers und mögliche Auswirkungen aufgrund des Mindestlohns aufgezeigt werden. Um das durchschnittliche Gehalt eines Pferdepflegers auf Bundesebene ermitteln zu können, wurden die durchschnittlichen Bruttogehälter der verschiedenen Bundesländer[119] ermittelt und anschließend erneut der Durchschnitt gebildet. Anschließend wird eine Umrechnung des Brutto- auf das Nettogehalt vorgenommen. Das durchschnittliche Bruttogehalt eines Pferdepflegers beträgt in Deutschland 1.166,08€.[120] Der durchschnittliche Nettolohn (Annahmen: Steuerklasse 1, Bundesland Niedersachsen, 25 Jahre) liegt bei 895,96€.[121] Der Stundenlohn beträgt somit, ausgehend von einer 40 Stunden Woche und 4 Wochen/Monat[122], 7,29€ brutto bzw. 5,60€ netto (in dem oben aufgezeigtem Beispiel). Somit würde der Mindestlohn eine durchschnittliche Anhebung des Bruttostundenlohns um 1,21€ zur Folge haben. Dies beinhaltet jedoch noch nicht die zusätzlichen Mehrbelastungen des Arbeitgebers aufgrund der höheren Arbeitgeberabgaben. Es kann somit festgehalten werden, dass die Personalkosten für Vereine und Betriebe wahrscheinlich steigen werden und es zu möglichen Anpassungen der Preisstruktur kommen kann.

---

116 Vgl. Siedenbiedel 2013.

117 Vgl. Brenke & Müller 2013, 3ff.

118 Vgl. Deutsche Reiterliche Vereinigung e. V. & Breuer 2014, 6–7.

119 Basis: www.gehaltsvergleich.com. Keine Angaben lagen für die Bundesländer Berlin, Mecklenburg-Vorpommern und Saarland vor.

120 Vgl. o. V. 2014 b.

121 Vgl. o. V. 2014 c.

122 In Erfahrungsberichten im Internet wird deutlich, dass die tatsächliche Arbeitszeit oftmals die 40 Stunden/Woche stark übersteigt (vgl. zum Beispiel o. V. 2014 d).

Umwelt/Naturschutz

Der Reitsport in den einzelnen Bundesländern ist durch verschiedene Rechtsgrundlagen für Fahren und Reiten, Reitwegenetze und Fernreitwege, reittouristische Regionen und Projekte sowie Schwerpunkte und Vermarktungswege festgelegt. Dabei werden unterschiedliche Strategien und Ausgangsbedingungen zur Behauptung auf dem reittouristischen Markt deutlich. Qualität sowie Bandbreite der Angebote können dabei von Bundesland zu Bundesland sehr verschieden sein. Aufgrund des zunehmenden Wettbewerbes um den Reitgast, fordert besonders der Reittourismus klare Marktstrategien.[123]

In einer Auswertung der rechtlichen Rahmenbedingungen für das Reiten im öffentlichen Bereich ergab sich folgendes Gesamtbild:[124]

- Reitfreundliche Regelungen fanden sich in Bayern, Hessen und Sachsen-Anhalt.
- Relativ liberale Regelungen in Baden-Württemberg, Brandenburg, Niedersachen sowie mit Abstrichen in Rheinland-Pfalz.
- Restriktionen wurden in Mecklenburg-Vorpommern, Sachsen, Schleswig-Holstein, Thüringen.
- Restriktives Reitrecht: Nordrhein-Westfalen.

2.8 Reitvereine und -betriebe

Deutschland verzeichnete im Jahr 2013 rund 7.500 Pferdesportvereine und knapp 4.000 Pferdebetriebe. Diese sehen sich zunehmend den enormen Herausforderungen aufgrund des gesellschaftlichen Wandels ausgesetzt.[125] Auf Bundesebene kämpfen über 60 Prozent der Pferdesportvereine und Pferdebetriebe mit einem existenzbedrohenden Problem. An erster Stelle stehen dabei die Auswirkungen der Pferdesteuer. Im Bereich der Pferdesportvereine folgt die Gewinnung und Bindung ehrenamtlicher Funktionsträger. Im Bereich Pferdebetriebe sind es die mangelnden Perspektiven zur Erweiterung des Geländes (u. a. Weideflächen). Infolgedessen kämpfen Pferdesportvereine sowie Pferdebetriebe zunehmend mit den zeitlichen Auswirkungen der Ganztagsschulen bzw. der verkürzten Gymnasialzeit. Weiterhin zählt im Bereich Pferdesportvereine die Gewinnung von

---

123 Vgl. Vogel et al. 2008, 13–14.

124 Vgl. Vogel et al. 2008, 14–17. Bei der Gesamtbewertung wurden die Stadtstaaten mangels Vergleichbarkeit der räumlichen Bedingungen mit Flächenstaaten nicht berücksichtigt.

125 Vgl. Deutsche Reiterliche Vereinigung e. V. & Breuer 2014, 15.

Sponsoren für turniersportliche Veranstaltungen sowie die Rentabilität des Schulpferdebetriebes zu den existentiellen Problemen.[126]

Aufgrund dieser Herausforderungen sowie der veränderten Ansprüche an die Freizeitgestaltung und dem demographischen Wandel, sehen sich besonders traditionelle Pferdesportvereine einem stetigen Mitgliederrückgang ausgesetzt.[127] Unter Berücksichtigung dieses Aspektes ist es daher von Bedeutung, eine sorgfältige Zielgruppenanalyse zu betreiben, um Aufschluss über die Wünsche aktueller und potentieller Mitglieder zu erhalten. So hat nach der Studie „Reiterleben Reiterwelten" jeder Reitsport-Typ individuelle Vorstellungen und Präferenzen vom Vereinsleben, wodurch. Die strategische Orientierung der Vereins- bzw. Betriebsführung betont wird. Dabei geht es besonders darum, wer mit welchen Leistungen angesprochen werden soll und wie die Ansprache erfolgen kann.

Im Vergleich der Philosophie organisierter Pferdesportvereine und -betriebe lässt sich weiterhin feststellen, dass die Zielsetzungen maßgebliche Unterschiede zu anderen Sportanbietern aufweisen. So stehen besonders die Gemeinwohlorientierung, die Gewinnung neuer Mitglieder sowie Werte und Qualität im Vordergrund. Auch die Qualifikation von Trainern und Ausbildern sowie Gemeinschaft und Geselligkeit sind von entscheidender Bedeutung.[128]

Wie bereits aufgeführt, zählt insbesondere der Rückgang ehrenamtlicher Funktionsträger in Pferdesportvereinen als existentielles Problem. Dabei leistet der Pferdesport einen nicht unwesentlichen Beitrag zu dem nach wie vor quantitativ bedeutsamen bürgerschaftlichen Engagement des Vereinssportes in Deutschland. Insgesamt verzeichnen deutsche Pferdesportvereine rund 430.000 Ehrenamtler.[129] Im Durchschnitt widmet sich dabei ein Ehrenamtler monatlich 16 Stunden der Vereinsarbeit. Das Durchschnittsalter beträgt hierbei auf Vorstandsposten 51 Jahre und auf Jugendwart-Ebene 31 Jahre. Damit ist die Altersstruktur deutlich niedriger als in anderen deutschen Sportarten. Aufgrund der derzeitigen arbeitsmarktpolitischen Lage, steht die Frage im Raum, inwieweit auch der organisierte Pferdesport in diesem Bereich eine Gemeinwohlfunktion übernehmen kann. So war hinsichtlich der unterschiedlichen Strukturen in Pferdesportvereinen und -betrieben,[130] „der Anteil der organisierten Pferdesportbetriebe mit bezahlten

126 Vgl. Deutsche Reiterliche Vereinigung e. V. & Breuer 2014, 15.

127 Vgl. Ikinger et al. 2013, 49.

128 Vgl. Deutsche Reiterliche Vereinigung e. V. & Breuer 2014, 16.

129 Vgl. Deutsche Reiterliche Vereinigung e. V. & Breuer 2014, 5 und 15; Deutsche Reiterliche Vereinigung 2014 b.

130 Vgl. Deutsche Reiterliche Vereinigung e. V. & Breuer 2014, 5 und 15; Deutsche Reiterliche Vereinigung 2014 b.

Mitarbeitern (Voll- und Teilzeit sowie auf Honorarbasis) mit 65 Prozent doppelt so hoch wie der Vereine".[131]

Um dem stetigen Mitgliederrückgang aufgrund der wachsenden Freizeitangebote entgegenzuwirken, ist die Mitgliederwerbung und Kommunikation des Vereins nach außen von enormer Bedeutung, um neue Personen für ehrenamtliches Engagement zu gewinnen sowie ein positives Image zu schaffen und potentielle Mitglieder beziehungsweise Einsteller zu werben. So wird zur Gewinnung ehrenamtlicher Mitarbeiter etwa überwiegend auf persönliche Ansprache gesetzt sowie auf die Ansprache von Eltern der Reitenden oder ein gezieltes Heranführen der Jugendlichen. Außerdem bietet die Initiative „Vorreiter Deutschland" zur Förderung des Reitens in Verein und Betrieb Hilfestellungen und Informationen zu den Themen Werbung, PR und Öffentlichkeitsarbeit, interner Kommunikation und Marketing. Maßnahmen gehen dabei von einem Tag der offenen Tür bis hin zur eigenen Internetpräsenz.[132] Laut des Sportentwicklungsberichtes 2011/2012 besteht aus Sicht der Pferdesportvereine im Bereich Marketing, Sponsoring und Öffentlichkeitsarbeit weiterhin Handlungsbedarf.[133]

2.9 Medien

Neben den oben bereits genannten traditionellen Werbemitteln der Öffentlichkeitsarbeit, erweist sich eine Zielgruppenakquise durch den Einsatz klassischer Medien als vergleichsweise anspruchsvoller. Grund dafür ist eine zunehmende Verschlechterung der Einschaltquoten bei Reitturnieren im Fernsehen. Die fehlenden Emotionen, im Vergleich etwa zu Fußball, machen dic Ästhetik und Eleganz des Reitsportes für die Berichterstattung im Fernsehen untauglich.[134] Es werden zu viel Kenntnisse, eigenes Erleben und Einfühlvermögen gefordert, um die Zuschauer zu fesseln. Somit muss damit gerechnet werden, dass ARD und ZDF aufgrund der zu niedrigen Einschaltquoten den Reitsport möglicherweise in Kürze ganz aus dem Hauptprogramm streichen werden. In Frankreich etwa ist die Lage ähnlich brisant. Zudem fehlen die Sponsoren aufgrund des mangelnden Interesses der Zuschauer und ohne Sponsor der Produktionskosten wird auch, mit Ausnahme der Olympischen Spiele, nicht gesendet. Möglicherweise kann der Reitsport als zu elitär für die Masse bezeichnet werden und zudem in der

131 Vgl. Deutsche Reiterliche Vereinigung e. V. & Breuer 2014, 7.

132 Vgl. Deutsche Reiterliche Vereinigung e. V. & Breuer 2014, 5; Deutsche Reiterliche Vereinigung e. V. 2014 b.

133 Vgl. Breuer 2013, 138.

134 Vgl. Ludwig 2013, 1–6.

heutigen Zeit mit konkurrierenden „Extremsportarten“ nicht mehr mithalten. Folglich besteht in diesem Bereich enormer Handlungsbedarf für die Pferdesportvereine, -betriebe und -verbände, um in Zukunft nicht komplett die Sendezeit zu verlieren.[135]

2.10 Tourismus

Unter den Reittouristen befinden sich neben professionellen Reitern auch eine Vielzahl an Freizeitreitern. Der Begriff „Reittourismus“ umfasst das gesamte Spektrum der nicht-alltäglichen Aktivitäten rund um das Pferd. Dies inkludiert

- Urlaubsreisen mit Pferdebezug (Reiturlaub)
- Tagestourismus rund ums Pferd (z. B. Besuch von Pferdeveranstaltungen)
- Reiten im „normalen“ Urlaub.[136]

„Gerade im deutschen Reittourismus haben sich vielfältige Marktsegmente entwickelt, wie z. B. Reiturlaub mit dem eigenen Pferd, Kinderreitferien, Wanderreiten und -fahren oder Veranstaltungen rund ums Pferd. Entsprechend unterschiedlich sind auch die Nachfragegruppen.“[137]

Die Zielgruppen des Reittourismus setzen sich aus den Reitern und den Pferdebegeisterten zusammen. Bei dem Reiter handelt es sich um einen freizeitorientierten Reiter, der bereits im Kindesalter begonnen hat zu reiten und den Reitsport mindestens einmal die Woche zwei bis drei Stunden betreibt. Die Pferdeinteressierten hingegen sind Personen, die nicht selbst Reiter sind. Diese gehen lediglich in ihrer Freizeit bzw. in ihrem Urlaub Aktivitäten nach, die mit Pferden verbunden sind. Hierbei ist zu erwähnen, dass ein großes Potenzial im Reittourismus bei den Pferdeinteressierten liegt, welches noch nicht ausreichend ausgeschöpft wurde. Eine FN-Marktanalyse zeigt auf, dass es in Deutschland ca. elf Millionen Pferdeinteressierte gibt, wovon die Hälfte an einem Reiturlaub Interesse hat.[138] Der Reittourismus wird als perspektivisch interessanter Freizeitmarkt betrachtet.[139]

---

135 Vgl. Ludwig 2013, 1–6.

136 Vgl. Franke 2012, 191.

137 Franke 2012, 192; vgl. auch Dreyer 2004, 372.

138 Vgl. Roberts o. J.

139 Vgl. Vogel et al. 2008, 9; Haring 1999, 96.

3. Zukunftsszenarien

3.1 Grundlagen der Szenarienerarbeitung

Die folgende Ausarbeitung beruht auf der Quellenanalyse und den Informationen aus insgesamt acht Expertenbefragungen. Die Experten rekrutierten sich primär aus der Verbandsszene mit Bezug zu dem Themenbereich „Freizeitreiten". Die Leitfadeninterviews waren in fünf Themenkomplexe untergliedert:

- Charakterisierung Freizeitreiten
- Freizeitverhalten und verfügbare Freizeit
- Politik und rechtliche Regelungen
- Veränderungen der Gesellschaft, v. a. Demographie
- Ehrenamt
- Zukunftsperspektive Freizeitreiten

Die drei nachfolgenden Szenarien wurden von der Projektgruppe auf Basis der gesammelten Informationen erarbeitet. In klassischer Aufteilung handelt es sich dabei um ein Best-Case-, ein Worst-Case- sowie ein ausgeglichenes Trend-Szenario. Thematische Schwerpunkte liegen auf der allgemeinen Einschätzung des Freizeitreitens, des Freizeitverhaltens sowie der verfügbaren Freizeit. Darüber hinaus werden neben den Gesichtspunkten der rechtlichen und politischen Regelungen auch Sichtweisen der gesellschaftlichen Veränderung und des ehrenamtlichen Engagements miteinbezogen.

Die Problematik der auf die Zukunft bezogenen Szenarienentwicklung ist dabei durchaus bewusst, handelt es sich doch um ein Themenfeld mit einer großen Zahl von Einflussgrößen und Akteuren.

3.2 Best-Case-Scenario

Im Jahr 2024 liegt eine ganzheitliche Begriffserklärung für das Freizeitreiten vor und zeigt ein geschärftes Profil dieser Aktivität. Die sinkende Zahl der Kinder im Reitsport wird einen besonders kritischen Faktor darstellen und durch verschiedene Maßnahmen aufgehalten. So tragen intensivierte Kooperationen mit Ganztagsschulen beispielsweise in Form von Reit-AG's dazu bei, die wichtigste Zielgruppe im Reitsport zu erhalten. Die Kinder und Jugendlichen widmen sich in der mobilen digitalisierenden Welt dem Pferdesport als konzentrierte Form des Erlebens von Natur und Tierkontakt. Entsprechend angepasste Formate der Verfügbarkeit von Pferden bzw. Reitmöglichkeiten erlauben trotz ihrer wenigen freien verfügbaren Zeit die Möglichkeit das Reiten auszuüben.

Des Weiteren wirken eine gezielte Ausrichtung des Angebots auf spezielle Zielgruppen wie Erwachsene und Senioren ebenso den negativen Folgen des demografischen Wandels entgegen. Insbesondere ehemalige Reiter aus Jugendtagen finden wieder zum Reitsport zurück. Durch die Gewinnung dieser neuen Zielgruppe können wieder Mitglieder für den Reitsport gewonnen werden. Als Resultat entsteht eine heterogene, generationsübergreifende Mitgliederstruktur, die den Fortbestand des Reitsports und der entsprechenden Organisationen absichert. Hinzu kommt, dass die Freizeitreiter durch ein umfangreiches und speziell auf ihre Bedürfnisse abgestimmtes Angebot hinreichend ausgebildet werden und neben einem Naturreiter auch zu einem gut ausgebildeten und anspruchsvollen Reiter geworden sind.

Der Wandel der Mitgliederstruktur in den Reitvereinen und in den Reitbetrieben bewirkt einen Dialog sowie einen Wissens- und Wertetransfer zwischen den Generationen, der sich insbesondere auf den existenzkritischen Faktor des ehrenamtlichen Engagements positiv auswirkt. Durch gezielte Unterstützung ehrenamtlicher Mitarbeiter (Stichwort: Freiwilligenmanagement[140]) und geeignete Kooperationen erfolgt eine Entlastung der Mitarbeiter und eine Attraktivierung des Ehrenamtes im Sinne einer gesellschaftlich wertvollen Aufgabe.

Dabei wird die Bedeutung und Notwendigkeit des ehrenamtlichen Engagements den Kindern und Jugendlichen innerhalb der Vereinsarbeit vermittelt. Dadurch engagieren sich folglich mehr Kinder und Jugendliche in ehrenamtlichen Tätigkeiten und sichern damit die Existenz der Reitvereine.

Über einen zukunftsorientierten Dialog zwischen Politik und den Interessenvertretern der reitenden Bevölkerung, werden die gesetzlichen Rahmenbedingungen wie die Legitimationen für das Ausreiten in der Natur und in der Umgebung gesichert und darüber hinaus möglicherweise erweitert. Folglich kann der Freizeitreiter in seiner disponiblen Zeit ohne weitere große Einschränkungen das Naturerlebnis beim Ausritt genießen. Um zukünftig rechtliche und politische Restriktionen zu vermeiden, erfolgt die regelkonforme Umsetzung aller Vorschriften von Vereinen, Verbänden sowie von den Freizeitreitern. Durch das Ausbleiben der (weiteren) Einführung der Pferdesteuer kommt es zu keinen weiteren Auswirkungen und Veränderungen.

Zudem ist es gelungen, ein bündiges Konzept zu entwickeln und umzusetzen, wie Pferdeinteressierte, die sich im Urlaub mit Pferden beschäftigt haben in ihrer heimischen Umgebung individuell zugeschnittene Möglichkeit des Reitens aufgezeigt bekommen.

140 Vgl. DOSB 2015.

3.3 Worst-Case-Scenario

Wird der Betrachtung des Zukunftsbilds eine ungünstige Entwicklung der bedeutendsten Faktoren zugrunde gelegt, so könnten sich daraus folgende Entwicklungen herauskristallisieren.

Im Jahr 2024 wurde sich auf keine einheitliche Definition für das Freizeitreiten aufgrund der Vielfältigkeit geeinigt, ein Profil ist nicht erkennbar. Darüber hinaus klagt der Pferdesport über einen fortlaufenden Mitgliederschwund. Die Herausforderungen des demografischen Wandels konnten aufgrund fehlender Bemühungen bzw. fehlender Konzepte und Maßnahmen nicht bewältigt werden. Die Ganztagsschulen und die Freizeitgestaltung der Kinder und Jugendlichen wirken sich negativ auf die Entwicklung der Mitgliederzahlen der Reitvereine aus. Dies führt dazu, dass es kaum noch Kinder und Jugendliche im Reitsport gibt. Ihre limitierte freie Zeit verbringen sie überwiegend am Computer und vor dem Fernsehen, da die Medien für die Freizeitgestaltung eine dominierende Rolle spielen. Hinzu kommt, dass das vorhandene Potenzial der Zielgruppe der Erwachsenen und Senioren nicht ausreichend ausgeschöpft wurde. In der Folge gefährden die fehlenden Mitglieder die Existenz der Reitvereine und Reitverbände sehr stark. Außerdem haben die Freizeitreiter keinerlei Interesse an einer Vereinsmitgliedschaft und üben schlussendlich keine ehrenamtliche Tätigkeit aus, welches fundamental für das Bestehen eines Vereins ist.

Das Naturerlebnis und die Erholung beim Reiten sind für die Freizeitreiter wesentliche Motive für das Ausüben des Pferdesports. Dabei werden die rechtlichen und politischen Vorschriften von den Freizeitreitern beim Ausritt in die Natur nicht kontinuierlich eingehalten. Die Missachtung der Regelungen hat daher weitere Einschnitte im rechtlichen und politischen Rahmen zur Folge. Die Legitimation beim Ausreiten ist weiter eingeschränkt und grenzt das mit dem Ausritt verbundene Naturerlebnis ein. Die Einführung der Pferdesteuer hat massive Auswirkungen sowohl auf das Freizeitreiten als auch auf die regionale wirtschaftliche Situation. Aus dem Effekt heraus sind zahlreiche Abmeldungen bzw. Abschaffungen der Pferde die Konsequenzen.

3.4 Trend-Szenario

Bei der Entwicklung eines Zukunftsbildes des Freizeitreitens wurden nun eine bestmögliche und eine schlechtmöglichste Entwicklung dargestellt. In der Regel verhält es sich jedoch so, dass sich über einen Zeitraum von zehn Jahren eine relativ ausgeglichene Entwicklung einzelner Faktoren zeigt. In der Folge ist es eher unwahrscheinlich, dass die negativen und auch positiven Impulse in dem Ausmaß auf die Entwicklung und die Perspektive einwirken werden, wie sie in den ersten beiden Zukunftsbildern dargestellt wurden.[141] Im Nachfolgenden wird ein Trend-Szenario aufgezeigt, welches zugleich Handlungsempfehlungen für Einrichtungen und Institutionen des Pferdesportes enthält.

Aus den Experteninterviews geht hervor, dass im Zuge des demografischen Wandels und der veränderten Gesellschaft die Reitvereine und Reitverbände die Notwendigkeit einer gesteuerten Entwicklung erkennen, um u. a. die gesamte Welt der Pferde und die Faszination für den Pferdesport wieder in das Bewusstsein der Menschheit zu rücken. Aus dem Engagement und der Bereitschaft heraus, ist es realistisch davon auszugehen, dass es zu einem gemeinsamen Dialog zwischen den Einrichtungen und Institutionen des Pferdesports kommt, mit dem Versuch ein einheitliches Profil für das Freizeitreiten zu entwickeln. Dabei werden die wandelnden Bedürfnisse und neuen Reitmotive der Freizeitreiter miteinbezogen.

In Folge dessen müssen in der nächsten Dekade die Bedürfnisse der Freizeitreiter berücksichtigt und die fehlende Akzeptanz beseitigt werden. Die Gleichstellung von Freizeitreitern und Turnierreitern spielt hierbei eine bedeutende Rolle, da diese Akzeptanz für Freizeitreiter auch den Anreiz schafft, sich den Vereinen anzuschließen. Mit dem Vereinsleben kann der gesellige Freizeitreiter das gemeinschaftliche Miteinander erleben.

Da die Freizeitreiter in den nächsten zehn Jahren noch anspruchsvoller, vielseitiger, spezieller und ausdifferenzierter sein werden, ist eine zielgerichtete Angebotsgestaltung seitens der Reitvereine und -betriebe voraussehbar. Mit einer größeren Angebotsbreite sollte es ihnen gelingen, dem Wunsch der Freizeitreiter nach einer besseren Ausbildung nachzukommen. Die bessere Ausbildung der Freizeitreiter und die damit einhergehenden angestiegenen Ansprüche an das Pferd haben in zehn Jahren eventuell zur Folge, dass in manchen Reitweisen wie beispielsweise im Westernreiten vermehrt Freizeitreiter an Turnieren teilnehmen.

Weiterhin ist nach den Experteninterviews davon auszugehen, dass der Trend zu mehr Erwachsenen und Senioren im Reitsport nicht rückläufig sein wird. Das Naturerlebnis wird für Erwachsene zunehmend wichtiger, womit für sie das Reiten mehr und mehr als Ausgleich zum Berufsalltag dient. Für die Senioren hingegen wird insbesondere das Gesundheitsmotiv im Reiten zunehmen.

Die Alterung der Gesellschaft ist auch ein wichtiger Aspekt bei den Megatrends von *Horx*. Dort wird beschrieben, dass die Alterung der Gesellschaft sicher ist unter der Bedingung, dass keine unerwarteten Ereignisse geschehen. Durch die Veränderung der Gesellschaft gibt es ebenfalls eine Verschiebung der Aktivitäten in den entsprechenden Lebensphasen. Die Zielgruppe, die im Rahmen

141 Vgl. Mietzner 2009, 118 ff.

der Befragung angesprochen wurde (60+) wird bei *Horx* als „Zweiter Aufbruch" beschrieben.[142] Dabei werden Chancen und Erlebnisse, die in den Jahren zuvor nicht umgesetzt wurden, nachgeholt.[143] Damit einhergehend ist der Megatrend „Gesundheit" von Bedeutung.[144] Die Gesundheit wird für die Personen immer wichtiger und es werden immer mehr Bemühungen angestellt, die Gesundheit – so lange wie möglich – aktiv zu erhalten und zu fördern.

Die Experteninterviews lassen erkennen, dass die Vereine und Verbände die Potenziale neuer Zielgruppen, insbesondere der Erwachsenen und Senioren, ausschöpfen wollen, um den Rückgang der Mitglieder im Pferdesport zu kompensieren. Dabei ist es wahrscheinlich, dass in den nächsten Jahren neue Konzepte, Ideen, Marketingaktivitäten und verschiedene Angebote für Erwachsene und Senioren entwickelt werden, um neue Mitglieder zu gewinnen. Gleichzeitig wird durch den Aufbau von Kooperationen, insbesondere mit den Ganztagsschulen, der Rückgang der Mitglieder der bisherigen Hauptzielgruppe „Kinder und Jugendliche" versucht zu regulieren. Einen Stopp des Rückgangs innerhalb dieser Mitgliedergruppe wird durch den demographischen Wandel und die geringere Zahl der nachrückenden Kinder und Jugendlichen vermutlich nicht gelingen. In diesem Zusammenhang spielt die Web 2.0 Gesellschaft und auch die immer kürzere verfügbare Freizeit der Kinder eine entscheidende Rolle. Wie bereits im Kapitel *2.5 Zeitbudget* beschrieben, beschäftigen sich Kinder und Jugendliche zunehmend weniger mit Tieren in ihrer Freizeit, vielmehr befassen sie sich hauptsächlich mit dem mobilen Web. Der Trendforscher *Horx* vermutet, dass die modernen Kommunikations-Technologien eine Welt der Verbindungen und Vernetzungen schaffen und dass, daraus vermehrt neue Kulturtechniken entstehen.[145] Vor diesem Hintergrund wird für die Kinder und Jugendlichen das Naturerlebnis kaum eine Rolle bei der Freizeitgestaltung spielen. So wird sich in den nächsten zehn Jahren die Mitgliederstruktur stärker mit verschiedenen Altersstufen durchmischen, wodurch auch das Programm und die Angebote des Freizeitreitens vielfältiger werden. Bedingt durch die unflexible Tagesgestaltung der Kinder und Eltern, werden die Vereine und Verbände die zunehmende Angebotsnachfrage am späten Nachmittag/Abend nicht grundsätzlich decken können. Hierbei muss langfristig das Augenmerk auf die Kooperation mit Ganztagsschulen gelegt werden, um in der Folge das Kinder- und Jugendangebot auf den Vormittag zu verlegen.

---

142 Vgl. Horx 2011, 141.
143 Vgl. Horx 2011, 141.
144 Vgl. Horx 2011, 135.
145 Vgl. Horx o. J.

Über die modernen Kommunikationsmedien kann sogar die Reitaktivität unterstützt werden. Übertragene oder aktuell abrufbare Informationen über verfügbare Reitkapazitäten in der Umgebung, wo sich der Pferdeinteressierte gerade befindet, sowie Hinweise auf Reitvereine und -betriebe überhaupt, können einen Nutzungsimpuls auslösen.

Über die breitere Ausrichtung der Mitglieder- und Zielgruppen finden die Vereine und Verbände einen Ansatzpunkt, das Problem der fehlenden unentgeltlichen Mitarbeit in der Zukunft zumindest abzuschwächen. Die Aussagen der Experten lassen erahnen, dass das wirtschaftliche Bestehen der Reitvereine aufgrund des mangelnden Ehrenamt-Nachwuchses gefährdet ist. Aus diesem Grund wird der Fokus darauf liegen, die Senioren verstärkt in sämtliche verbands- und vereinsseitigen Aufgaben einzubinden. Dieser Ausbau wird langfristig und kontinuierlich betrieben werden müssen. Daher wird ein Großteil der ehrenamtlichen Tätigkeiten von Älteren bzw. Pensionierten nachgegangen, der Anteil an Jugendlichen macht nur einen minimalen Teil aus. Die Experteninterviews machten deutlich, dass Jugendliche und junge Erwachsene freiheitsliebender werden und in ihrer Freizeit nicht darauf bedacht sind, Verantwortung zu übernehmen, da der Berufsalltag sie schon hinreichend fordert. Jede weitere Verantwortungsübernahme bringt die angestrebte Work-Life-Balance aus dem Gleichgewicht. Bezogen auf die Aussagen von *Horx* kann diese Entwicklung untermauert werden. Bei einem Alter von etwa 30 Jahren wird die Lebensphase „Rushhour" erreicht, in der die Entscheidungsphase für Arbeit und Privatleben mit entsprechender Druck-/Stresszunahme verbunden ist.[146] Es kann demnach davon ausgegangen werden, dass die Gewinnung von Ehrenamtlern in den kommenden zehn Jahren eine dauerhafte Herausforderung für Vereine und Betriebe darstellt.

Die Aussagen der Experten deuten zudem darauf hin, dass es im rechtlichen Bereich des Umwelt- und Naturschutzes ein stärkeres Engagement der Vereine und Verbände geben wird. Durch das vorhandene Bewusstsein, dass ein Dialog mit der Politik und der Region für die Zukunft und das Bestehen des Freizeitreitens wichtig ist, wird hier insbesondere auch an den Freizeitreiter appelliert, sich vernünftig in der Natur zu verhalten. Abschließend kann festgestellt werden, dass eine Veränderung der Beschränkungen des Umwelt- und Naturschutzes nicht aufzuhalten ist. Dieser Wandel kann zum Teil mit dem Megatrend von *Horx* „(Neue) Urbanisierung" erklärt werden, der eine Veränderung des urbanen Raums aufnimmt.[147]

---

146 Vgl. Horx 2011, 138.
147 Vgl. Horx 2011, 152.

Laut Experteninterviews kann davon ausgegangen werden, dass die Pferdesteuer in der nächsten Dekade vermutlich nicht eingeführt wird. Durch den aktuellen zielgerichteten und zukunftsorientierten Dialog mit der Politik und dem Land Hessen durch vereinsübergreifende Gremien und Interessenvertreter wird die bundesweite Einführung der Steuer höchstwahrscheinlich ausbleiben.[148]

Sollte es den Einrichtungen und Institutionen des Freizeitreitens in den nächsten zehn Jahren nicht gelingen die erfolgskritischen Herausforderungen durch langfristig tragbare Lösungen gemeinsam zu bewältigen, ist die zukünftige Existenz der Reitvereine und Reitverbände sowie die damit verbundene Angebotsvielfalt an Freizeit- und Sportaktivitäten gefährdet. Eine solche Gefährdung würde sich dabei nicht nur nachteilig auf die unmittelbar betroffenen Vereine und Verbände auswirken, sondern auch auf die Attraktivität und das kulturelle Profil der Region.

4. Fazit und Ausblick

Das Freizeitreiten stellt ein vielseitiges und komplexes Thema dar, welches zahlreichen Faktoren ausgesetzt ist, die sich sowohl positiv als auch negativ auf den gesamten Pferdesport auswirken können. Bereits die fehlende einheitliche Definition des Begriffs ‚Freizeitreiten' führt zu Abgrenzungs- und Erfassungsproblemen, sodass weder allgemeingültige Aussagen zu den Unterschieden zwischen Turnier- und Freizeitreiter getroffen werden können noch festgestellt werden kann, wie viele Freizeitreiter es in Deutschland tatsächlich gibt. Dadurch ist es für die Anbieter in der Pferdebranche deutlich schwerer, eine zielgruppengerechte Kundenansprache zu verfolgen. Anzunehmen ist, dass sich dies in Zukunft nicht gravierend ändern wird, da sich die Bedürfnisse und Motive der Breitensportler stark voneinander unterscheiden und sich zukünftig noch stärker ausdifferenzieren könnten.

Das Erfassungsproblem von Freizeitreitern wird zusätzlich durch deren Einstellung zu einer Vereins-/Verbandsmitgliedschaft verstärkt: Je nach Reitweise sind unterschiedliche Organisationsgrade in Vereinen zu erkennen. Durch die theoretische Auseinandersetzung mit dieser Thematik sowie durch die geführten Interviews konnte festgestellt werden, dass die Vereinsmitgliedschaft grundsätzlich mit den klassischen Disziplinen in Verbindung gebracht wird. Dagegen ist der Großteil aller Freizeitreiter, die das Naturerlebnis als Hauptmotiv vorziehen, nicht in Vereinen vertreten. Das erschwert eine bundesweite Ermittlung der konkreten Anzahl an Freizeitreitern. Hierbei lässt sich für die Zukunft womöglich

148 Weiter vorne wird bereits darauf hingewiesen, das mit Stand Sommer 2015 die Möglichkeit der Pferdesteuererhebung auf kommunaler Ebene juristisch nicht ausgeschlossen ist.

ein Gegentrend erkennen: Viele Freizeitreiter möchten sich und ihr Pferd weiter- bzw. besser ausbilden und wünschen sich Geselligkeit im Vereinsleben. Zudem ist in einigen Reitweisen, wie beispielsweise im Gangpferdereiten, festzustellen, dass dort die Bindung an einen Verein offener gegenüber gestanden wird. Daraus lässt sich schließen, dass es für Reitvereine und -betriebe zukünftig von entscheidender Bedeutung ist, ein besseres Angebot für Freizeitreiter zur Verfügung zu stellen, um deren wachsenden Bedürfnissen nach Ausbildungsmöglichkeiten gerecht zu werden. Dies könnte sich zudem positiv auf die Mitgliederentwicklung in vielen Reitvereinen und -verbänden auswirken.

Zusammenfassend kann das Freizeitreiten als ein vielseitiger Sport, der zukünftig viele Potenziale bereithält, betrachtet werden. Zeitgleich wird das Freizeitreiten vielen negativen Faktoren ausgesetzt sein. Wichtig dabei ist der frühzeitige Versuch diese Potenziale zu nutzen und den negativen Einflüssen entgegenzutreten. Dazu bedarf es allen voran der Akzeptanz und der Wahrnehmung der Freizeitreiter und deren Bedürfnissen. Da das Freizeitreiten immer mehr an Bedeutung gewonnen hat, ist anzunehmen, dass sich dieser Bereich des Pferdesportes zukünftig weiter ausdifferenzieren und spezialisieren wird. Aus diesem Grund ist es von besonderer Relevanz die Freizeitreiter wertzuschätzen und zielgruppengerecht anzusprechen, da sie zukünftig eine immer wichtiger werdende Rolle im Pferdesport einnehmen werden.

Literatur

Baumgartner, G. (2011): Pferdehaltung: Hürden auf dem Weg zum Pferd. In: Beobachter, 2011 (Ausgabe 24): o.A.

Brade, W. (2013): Die deutsche Reitpferdezucht – aktueller Stand und wirtschaftliche Bedeutung. In: Berichte über Landwirtschaft – Zeitschrift für Agrarpolitik und Landwirtschaft (2013), Band 91, Ausgabe 1.

Brenke, K., Müller, K.-U. (2013): Mindestlohn. in: DIW Wochenbericht. Wirtschaft. Politik. Wissenschaft. Nr. 39.2013. S. 3–17.

Breuer, Christoph (2013): Sportverbände, Sportvereine und ausgewählte Sportarten – Weiterführende Analysen der Sportentwicklungsberichte in Sportentwicklungsbericht 2011/2012 – Band II. Online unter: https://www.dosb.de/fileadmin/fm-dosb/arbeitsfelder/wiss-ges/Dateien/SEB_Welle_4/Pferdesport_SEB11_BandII_final.pdf [Zugriff: 22.06.2014].

Budrich, B. (2011): Freizeit. Opladen: Verlag Barbara Budrich.

Deutsche Reiterliche Vereinigung e. V. (o. J.a): Breitensport – Freizeit als Freizeitsport. Online unter: www.pferd-aktuell.de/breitensport/breitensport [Zugriff: 10.06.2014].

Deutsche Reiterliche Vereinigung e. V. (o. J.b): Sport – Breitensport, Turniersport, Spitzensport. Online unter: www.pferd-aktuell.de/pferdesport/pferdesport [Zugriff: 10.05.2014].

Deutsche Reiterliche Vereinigung e. V. (o. J.c): Wettbewerbsordnung (WBO). Online unter: www.pferd-aktuell.de/wbo/wettbewerbsordnung-wbo [Zugriff: 10.06.2014].

Deutsche Reiterliche Vereinigung e. V. (o. J.d): Leistungs-Prüfungs-Ordnung (LPO). Online unter: www.pferd-aktuell.de/lpo2013/leistungs-pruefungs-ordnung-lpo [Zugriff: 10.06.2014].

Deutsche Reiterliche Vereinigung e. V. (o. J.e): Mitgliederstatistik. Online unter: www.vorreiter-deutschland.de/presse/pressearchiv/2011-03-mitgliederentwicklung?print=1 [Zugriff: 20.06.2014].

Deutsche Reiterliche Vereinigung e. V. (2013): Argumente gegen die Einführung der Pferdesteuer. Online unter: www.vorreiter-deutschland.de/verein/pferdesteuer/argumente-gegen-die-einfuehrung-der-pferdesteuer/argumente-gegen-die-pferdesteuer [Zugriff: 10.06.2014].

Deutsche Reiterliche Verneigung e. V. / Breuer, C. (2014): Sportentwicklungsbericht Pferdesport 2013 – Zusammenfassung der ausgewählten Fakten zur Situation der organisierten Pferdesportvereine und -betriebe in Deutschland. Warendorf/Köln: Bundesverband für Pferdesport und Pferdezucht.

Deutsche Reiterliche Vereinigung e. V. (2014 b): Vorreiter Deutschland. Online unter: www.vorreiter-deutschland.de [Zugriff: 22.06.2014].

Deutscher Bauernverband e. V. (2013): Keine Einführung einer Pferdesteuer. Online unter: www.bauernverband.de/keine-einfuehrung-einer-pferdesteuer [Zugriff: 10.06.2014].

Deutscher Städte- und Gemeindebund (2011): Fakten zum kommunalen Steuerfindungsrecht, o.V. Online unter: www.dstgb.de/dstgb/Home/Pressemeldungen/Archiv%202011/Krise%20der%20Kommunen%20macht%20Entlastung%20im%20Sozialbereich%20unverzichtbar/Kommunales%20Steuerfindungsrecht.pdf [Zugriff: 10.06.2014].

Dietlein, J./Peters, S. (2013): Rechtsfragen einer kommunalen „Pferdesteuer“. In: LKV – Landes- und Kommunalverwaltung – Verwaltungsrechts-Zeitschrift für die Länder Berlin / Brandenburg / Sachsen / Sachsen-Anhalt / Thüringen (2013), 23.Jahrgang 1/13.

Dietz, J. (2014): Pferdesteuer – Kommunen wollen Pferdesteuer. – In: Frankfurter Rundschau 06.02.2014; www.fr-online.de/rhein-main/pferdesteuer-kommunen-wollen-pferdesteuer,1472796,26095438.html [Zugriff: 10.06.2014].

DOSB (2015): Ehrenamt & freiwilliges Engagement im Sport, www.dosb.de/fileadmin/fm-dosb/aktuell/Pro_Ehrenamt/DOSB-Broschuere-Ehrenamt_Engagement_2015.pdf [Zugriff: 25.072015].

Dreyer, A. (2004): Sport und Tourismus. – In: Krüger, A./ Dreyer, A.: Sportmanagement, München: Oldenbourg, 327–376.

Franke, U. (2012): Tourismus rund ums Pferd. – In: Rein, H./ Schuler, A.: Tourismus im ländlichen Raum, Wiesbaden: Springer Gabler, 190–205.

Friedrich Ebert Stiftung – Arbeitsgruppe Kommunalpolitik (2007): Wegbeschreibung für die kommunale Praxis – Sonstige Kommunalsteuern. Bonn. Online unter: www.fes-kommunalakademie.de/_data/FI_32.pdf [Zugriff: 10.06.2014].

Gille, C. & Spiller, A. (2010): Kundenorientierte Züchtung in der deutschen Reitpferdezucht. Zielgruppensegmentierung im Reitsport: eine empirische Analyse. – In: Claudia Gille (Hrsg.): Marketing im Pferdesport, Göttingen: Cuvillier, 64–82.

Gille, C./Hoischen-Taubner, S./Spiller, A. (2010): Neue Reitsportmotive jenseits des klassischen Turniersports. Eine empirische Untersuchung. In: Claudia Gille (Hrsg.): Marketing im Pferdesport, Göttingen: Cuvillier, 28–52.

Haring, H. (1999): Organisation und Ökonomie des Pferdesports in Deutschland. – In: Trosien, G. (Hrsg.): Die Sportbranche, 2. Auflage, Frankfurt a. M. & New York: Campus, 84–100.

Hennig, S. (2014): Pferdesteuer-Urteil: FN kämpft weiter. www.pferd-aktuell.de/fn/newsticker/fei---fn---dokr/pferdesteuer-urteil-fn-kaempft-weiter; Zugriff: 22.07.2015.

Holzmüller, H. H. /Buber, R. (Hrsg.; 2009): Qualitative Marktforschung – Konzepte – Methoden – Analysen, 2. Aufl., Wiesbaden: Gabler.

Horx, M. (2011): Das Megatrend Prinzip, München: DVA.

Horx, M. (o. J.): Die Macht der Megatrends, http://www.horx.com/Reden/Macht-der-Megatrends.aspx, [Zugriff: 20.06.2014].

Ikinger, C./Münch, C./Wiegand, K./Spiller, A. (2013): Reiterleben Reiterwelten – Zielgruppen zwischen Reitweisen, Motiven und der Liebe zum Pferd. Göttingen: Georg-August-Universität Göttingen.

Kastner, M (Hrsg.; 2011): Die Zukunft der Work Life Balance. 4. Auflage. Kröning: Asanger Verlag.

Kirchgeorg, M. (o. J.): Motivation. Online unter: Gabler Wirtschaftslexikon: http://wirtschaftslexikon.gabler.de/Definition/motivation.html [Zugriff: 11.05.2014].

Klemm, Klaus (2013): Ganztagsschulen in Deutschland – eine bildungsstatistische Analyse. Gütersloh: Bertelsmann Stiftung.

Kühl, S. (2014): Untersuchung der Motive und Barrieren erwachsener Neueinsteiger in den Reitsport. Online unter: www.pferd-forschung.de/mediapool/106/1068195/data/Zusammenfassung_Masterarbeit_Sarah_Kuehl_deutsch.pdf [Zugriff: 05.06.2014].

Ludwig, Dieter (2013): Reiten und TV – eine unendliche und unzufriedene Story… o.A.

Manus, C. (2011): Finanznot der Kommunen – Rödermark denkt über Pferdesteuer nach. Online unter: Frankfurter Rundschau: www.fr-online.de/rhein-main/finanznot-der-kommunen-roedermark-denkt-ueber-pferdesteuer-nach,1472796,11166848.html [Zugriff: 10.06.2014].

Mietzner, D. (2009): Strategische Vorausschau und Szenarioanalysen: Methodenevaluation und neue Ansätze. 1. Auflage. Wiesbaden: Gabler.

Münch, C. / Steffen (2014): Ergebnisbericht zum Trendbarometer Januar 2014: „Reitweisen und Reitsportdisziplinen: Wohin geht der Trend? Online unter: http://marktforschung-pferd.de/wp-content/uploads/2014/05/Ergebnisbericht-Trendbarometer-Januar-2014-05-07-V%C3%96.pdf [Zugriff: 17.07.2015].

Opaschowski, H. W. (2008): Einführung in die Freizeitwissenschaft. 5. Auflage. Wiesbaden: VS Verlag.

Opaschowski, H. W. (2011): Work Life Balance: Mehr Wunsch als Wirklichkeit?- In: Kastner, M. (Hrsg.) (2011): Die Zukunft der Work Life Balance. 4. Auflage. Kröning: Asanger Verlag. S.437–448.

o. V. (o. J.a): RelActive- Work-Life-Balance: Pferdegestützte Seminare und Coachings. Online unter: www.work-life-balance-wochenende.de/ [Zugriff: 20.06.14].

o. V. (o. J.b): Pferdesport als Hobby. Online unter: www.geld-magazin.de/hobby/hobby-des-monats/hobby-des-monats-einzelansicht/article/pferdesport-als-hobby.html [Zugriff: 20.06.14].

o. V. (2011): Werden Reitpferde zu Goldeseln? – In: op-online 22.11.2011; www.op-online.de/lokales/nachrichten/roedermark/pferdesteuer-ftp-roedermark-werden-reitpferde-goldesel-1499486.html [Zugriff: 10.06.2014].

o. V. (2012): Reiten als Schulsport. Ganztagsschule und Pferdesport – Möglichkeiten kennen, Chancen nutzen. Online unter: www.vorreiter-deutschland.de/verein/kooperationen/reiten-als-schulsport/reiten-als-schulsport [Zugriff: 07.06.14].

o. V. (2013a): Reiten in der Schule. Online unter: www.vorreiter-deutschland.de/verein/kooperationen/reiten-in-der-schule/reiten-in-der-schule [Zugriff: 07.06.14].

o. V. (2014a): Tag der offenen Stalltür: Im Galopp zum Pferdefreud. Online unter: www.vorreiter-deutschland.de/pferdefreunde/komm-zum-pferd-2014/komm-zum-pferd-2014 [Zugriff: 06.06.14].

o. V. (2014b): Gehalt Pferdepfleger. Online unter: www.gehaltsvergleich.com/gehalt/Pferdepfleger-Pferdepflegerin.html [Zugriff: 08.06.14].

o. V. (2014c): Brutto Netto Rechner. Online unter: www.brutto-netto-rechner.info/ [Zugriff: 08.06.14].

o. V. (2014d): Pferdewirtprüfung. Online unter: http://pferdewirtpruefung.de/wordpress/?page_id=19&paged=2 [Zugriff: 08.06.14].

o. V. (2014e): Freizeit-Monitor 2013: Die beliebtesten Freizeitbeschäftigungen der Deutschen, Online unter: www.stiftungfuerzukunftsfragen.de/de/newsletter-forschung-aktuell/249.html#c2899 [Zugriff: 20.06.14].

o. V. (2014f): Es wird ernst! Die Kirchheimer Pferdehalter müssen zahlen. www.st-georg.de/news/pferde-und-leute/es-wird-ernst-die-kirchheimer-pferdehalter-muessen-zahlen-2/; [Zugriff: 10.06.2014].

Perske, J. (2014): Kommunen warten auf Gerichtsurteil – Kommt die Pferdesteuer? – In: op-online 14.01.2014; www.op-online.de/lokales/hessen/kommt-pferdesteuer-3312044.html [Zugriff: 10.06.2014].

Roberts, D. (o. J.): Was Reiter wirklich wollen. Online unter: www.asg-goe.de/pdf/Mehrin-2011/Vortrag-01-Dana-Roberts---Was-Reiter-wirklich-wollen.pdf [Zugriff: 20.06.14].

Rose, J. (2009): Kommunale Finanzwirtschaft Niedersachsen – Grundriss für die Aus- und Fortbildung. 4. Auflage. Kiel: Deutscher Gemeindeverlag GmbH.

Sastedt, S. (2010): Pferd und Reiter. Eigenverlag.

Siedenbidel, C. (2013): Mindestlohn im Faktencheck. Online unter: www.faz.net/aktuell/wirtschaft/wirtschaftspolitik/die-wichtigsten-argumente-mindestlohn-im-faktencheck-12645638.html [Zugriff: 07.06.14].

Spiller, C. (2013): Pferdesteuer – Der Aufstand der Reiter. Online unter: Zeit Online. www.zeit.de/sport/2013-05/pferdesteuer-pferdesport-bad-sooden und www.zeit.de/sport/2013-05/pferdesteuer-pferdesport-bad-sooden/seite-2 [Zugriff: 10.06.14].

Stangl, W. (2009): Motiv. Online unter: http://lexikon.stangl.eu/335/motiv/ [Zugriff: 11.05.14].

Süßenbach, J., Geis, S. (2013): Evaluation von Bewegungs-, Spiel- und Sportangebot an offenen Ganztagsschulen in Niedersachsen, Hannover: Sportjugend im LandesSportBund Niedersachsen e. V.

Tietze, T. K. (2004): Ökonomische, ökologische und gesellschaftliche Effekte von Pferdesport, -zucht und -haltung – Eine biokybernetische Analyse für Deutschland. Hannover: Fachbereich Wirtschaftswissenschaften der Universität Hannover. Online unter: http://edok01.tib.uni-hannover.de/edoks/e01dh04/380799413.pdf [Zugriff: 21.06.14].

Vogel, G. et al (2008): Bewertung des Reittourismus in Sachsen in Schriftenreihe des Landesamtes für Umwelt, Landwirtschaft und Geologie Heft 24/2008, Dresden: Sächsisches Landesamt für Umwelt, Landwirtschaft und Geologie.

Janina K. Müller[1] und Ludwig Theuvsen[2]

Der deutsche Galopprennsport aus ökonomischer Perspektive

Die vorliegende Forschungstätigkeit wurde gefördert durch die Mehl-Mülhens-Stiftung. Die Stiftung unterhält mit Gestüt Röttgen eines der renommiertesten Vollblutgestüte Deutschlands und fördert persönliches Engagement zur Zukunftssicherung des Sports.

Abstract Der vorliegende Beitrag zeigt einen ökonomischen Einblick in den deutschen Galopprennsport. Dazu werden die wesentlichen Akteure und deren Finanzierungsströme sinnstiftend systematisiert und die Entwicklungen wichtiger Kennzahlen der vergangenen Jahre dargestellt. Der Galopprennsport gilt in Deutschland als ältester Sport in organisierter Form, jedoch befindet sich dieser traditionsreiche Sport heute in einer vollkommen veränderten Umwelt, wodurch er sich großen Herausforderungen stellen muss. Eine der größten Herausforderungen stellt das Internet dar, obwohl es mit dem eigentlichen Kern des Sports, den Pferderennen, zunächst nicht verbunden zu sein scheint. Vielmehr fungiert das Internet als Vertriebsplattform der Pferdewette und bedroht damit das langjährige Finanzierungsfundament des Pferderennsports.

1. Die deutsche Galopprennbranche – Hauptakteure, Organisation und Finanzierung

Der Galopprennsport zählt zu den ältesten deutschen Sportarten in organisierter Form und veranstaltete im Jahr 1822 in Bad Doberan den ersten Galopprenntag. Viele der bis heute aktiven Rennvereine gründeten sich bereits Mitte des 19. Jahrhunderts.[3] In erster Linie beruht der Galopprennsport auf dem deutschen Tierzuchtgesetz, wonach Leistungsprüfungen für das Englische Vollblutpferd ausgerichtet werden müssen. Die Pferderennen dienen der Zuchtselektion dieser Pferderasse und werden u. a. finanziert über die Pferdewette.[4] In zweiter Linie ist der Galopprennsport Veranstalter von Renntagen mit Großeventcharakter, die bis zu 21.000 Zuschauern anlocken und wichtige Institutionen ihrer Region darstellen.[5] Zudem gehört zu diesem Sport eine ganze Industrie mit Gestüten,

1 Dipl.-Hdl. Janina Katharina Müller, Kontakt: jkmueller@outlook.de, +49 171 7033434.
2 Prof. Dr. Ludwig Theuvsen, Kontakt: theuvsen@uni-goettingen.de, +49 551 394851.
3 Ebers et al. 2012, 69 ff.; Fanelsa 2002, 81; Beaulieu 1960, 23.
4 Himmelmann 1998, 206–207.
5 Vgl. Fanelsa 2002; DDRRV 2012.

Züchtern, Trainern, Fachpersonal, Jockeys und nicht zuletzt einem recht undurchschaubaren Wettanbietermarkt.

Die deutsche Galopprennbranche wird zentral durch den Dachverband, das Direktorium für Vollblutzucht und Rennen e. V. (DVR), organisiert. Das **Direktorium** stellt die höchste Verwaltungsstelle dar und hat seinen Sitz in Köln-Weidenpesch. Als eingetragener Verein fördert es die Vollblutzucht und beaufsichtigt die Leistungsprüfungen (Pferderennen) im Sinne des Tierzuchtgesetzes. Zur Wahrung der hoheitlichen Aufsicht des Wettgeschehens dient die Rennordnung des Direktoriums, ein 400 Seiten starkes Regelbuch. Nicht alle aktiven Akteure des Galopprennsports sind bindend Mitglieder des Direktoriums. Die Akteure wie Besitzer oder Züchter bilden Interessengruppen und nominieren Delegierte, die ihre Belange innerhalb des Direktoriums vertreten. Zu den Interessensgruppen zählen die Rennvereine, die Besitzer- und Züchtervereinigung, der Deutsche Trainer- und Jockeyverband, der Verein deutscher Besitzertrainer und der Verband Deutscher Amateurreiter. Das Direktorium umfasst folgende fünf Abteilungen: Renntechnik, Gestütsbuch, Buchhaltung, Sicherheit und Ordnung sowie Öffentlichkeitsarbeit. Das Direktorium überwacht wiederum die **Rennvereine**. Sie sind in Deutschland die einzig rechtmäßig befugten Veranstalter von Pferderennen. Der Jahresumsatz am Wettmarkt (Totalisator) beträgt zwischen 197.000 Euro beim umsatzschwächsten (Magdeburg) und ca. 8 Mio. Euro beim umsatzstärksten (Baden-Baden) der 21 führenden Rennvereine.

Die Rennpferde befinden sich in der Obhut von **Besitzern, Züchtern, Trainern und Jockeys**. Diese Akteure sind organisatorisch dafür verantwortlich, dass die Pferde gute Leistungsveranlagungen haben, sich in einem guten Gesundheits- und Trainingszustand befinden und sich logistisch rechtzeitig mit einem gebuchten Jockey am Start des Rennens befinden. Besitzer von Rennpferden können Einzelpersonen oder Besitzergemeinschaften mit unbegrenzter Personenzahl sein. In Deutschland sind derzeit ca. 1.200 Besitzer registriert, die ca. 2.800 Pferde aktiv trainieren lassen.[6] Zum Training werden Strecken zum Galopptraining benötigt, somit existieren an den meisten Rennbahngeländen auch sogenannte Trainingszentralen. Die Trainer zahlen dort meist eine Pacht an den ansässigen Rennverein. Derzeit sind ca. 100 Trainer aktiv, die über eine mehrjährige Ausbildung vom Direktorium ihre Berufserlaubnis erhalten. Für das tägliche Training sind Arbeitsreiter beschäftigt, für die Ritte auf den Renntagen wird einer der ca. 70 bis 130 Jockeys in Deutschland engagiert, die ebenfalls eine mehrjährige Berufserfahrung benötigen um starten zu dürfen. „Züchter eines Vollblutpferdes ist diejenige Person, die zur

6 DVR 2013.

Zeit der Geburt (...) der Besitzer der Mutter ist".[7] In der Vollblutzucht existieren große Gestüte, die sowohl ihre eigenen Zuchten betreiben, aber auch gegen monatliche Entgelte die einzelnen Stuten von Züchtern in Vollzeit betreuen.

Des Weiteren sind als wichtige Akteure der Galopprennbranche die Zuschauer der Rennveranstaltungen und die Wettanbieter zu nennen. **Zuschauer** sind zum einen die Besucher der Rennveranstaltungen, zum anderen die Wettkunden der Pferdewette, die daheim oder in Wettbüros die Rennen auf Bildschirmen verfolgen. Über diese beiden Personengruppen gibt es bisher kaum publizierte Beschreibungen.[8] Das Direktorium spricht von ca. einer Million Besuchern auf Rennveranstaltungen pro Jahr.[9] Eine der besucherstärksten ist die Rennbahn Baden-Baden, diese verzeichnet an ihrem Hauptrenntag ca. 20.000 und auf eine Rennwoche mit ca. vier Renntagen 68.000 Besucher.[10] Dagegen gibt es auch viele kleine Rennveranstaltungen, insbesondere Winterrenntage, mit nur wenigen Hundert Besuchern. Eine exakte Anzahl der Wettkunden die Pferderennen an Bildschirmen verfolgen ist nicht publiziert.

Die Pferdewetten werden von mehreren **Wettanbietern** angeboten. Im Galopprennsport existieren zwei Arten von Pferdewetten, die Bahn- und die Außenwette, sowie zwei Wettsysteme, der Totalisator und der Buchmacher. Im Totalisatorsystem wetten die Wetten gegeneinander und die Quoten sind variabel, außerdem werden 75 % der Einnahmen an die Wettkunden wieder ausgeschüttet. Das Totalisatorsystem wird vom Dachverband beaufsichtigt und die entstehenden Gewinne fließen in den Sport zurück. Bei den Buchmacherwetten handelt es sich um Wetten zu einem Festkurs gegen den Buchmacher. Buchmacher sind behördlich konzessionierte Wettunternehmer, die gewerblich auf eigene Rechnung und eigenes Risiko Wetten abschließen und vermitteln. Auf jeder Rennbahn befindet sich ein Wettbüro mit Buchmacher, der ein Standgeld an die Rennvereine zahlt.[11] Daneben existieren eine Vielzahl an Internet-Wettanbietern, die meist ihren Sitz im steuerfreundlichen Ausland halten. Die Wettanbieter üben einen äußerst großen Wettbewerbsdruck auf den Galopprennsport aus. Die Galopprennvereine sind zwar alleiniger Produzent, dennoch gibt es weitere Vermittler der Pferdewette. Diese Wettvermittler bieten meist auch andere Sportwetten an, die ebenfalls in Form eines Substituts einen Wettbewerbsdruck auf den Galopprennsport ausüben.

---

7 § 6 TierZG 2006; § 18 Rennordnung 2009.

8 Kleeberg 2004, 9.

9 DVR 2011.

10 Krass 2010.

11 § 2 Abs. 6 RennwLottGABest 2002.

Finanzierungsmodell

Abbildung 1 zeigt das der Galopprennbranche zugrundeliegende Finanzierungssystem. In diesem wirtschaftlichen Handlungsprozess dienen die Pferderennen der Einnahmengenerierung für alle am Erstellungsprozess beteiligten Akteure. Die Rennvereine sind dazu aufgefordert Deckungsbeiträge für die vorgelagerten Akteure, wie Besitzer und Züchter, zu erwirtschaften und an diese in Form von Rennpreisen und Züchterprämien auszuschütten. Des Weiteren müssen die Rennvereine aus ihren Einnahmen die Aufwände sowie laufenden Kosten ihrer Rennbahnen decken (Instandhaltung, Investitionen, Personal, etc.).[12]

Abbildung 1: Finanzierungssystem im Galopprennsport

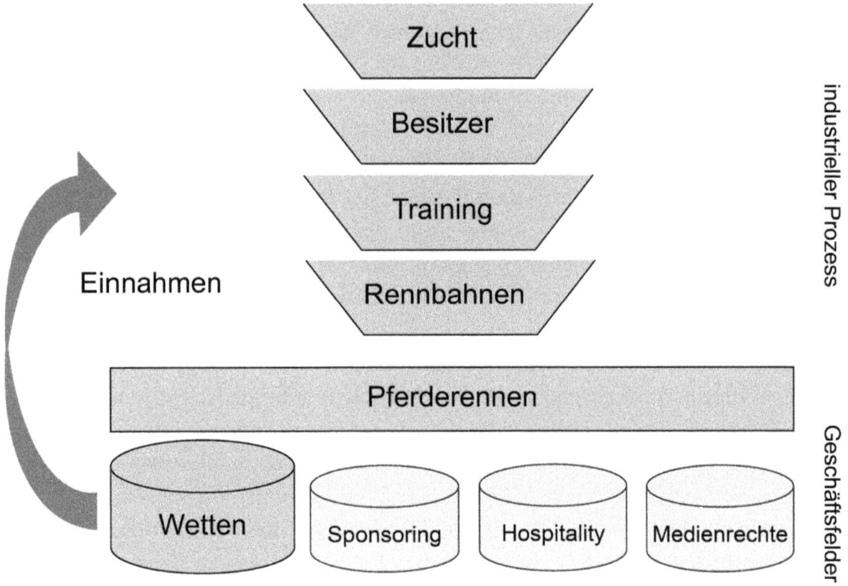

Quelle: Eigene Darstellung nach EPMA (2008, 13)

Die Bereitstellung der Rennpferde seitens der Züchter, Besitzer und Trainer kann als industrieller Vorprozess zusammengefasst werden. Gleiches gilt für die Planung und Organisation eines Renntages durch die Rennvereine.[13] Die Geschäftstätigkeit der Rennvereine schlägt sich in den Einnahmen aus dem Wettgeschäft

12 EPMA 2008, 13 f.

13 Breuer et al. 2010, 29.

und den sonstigen Einnahmen der Rennveranstaltungen nieder. Hierzu zählen Einnahmen aus dem Sponsoring und dem Hospitality (Ticketing, Gastronomie, etc.) sowie der Vermarktung von Medienrechten. Letztere spielt in Deutschland allerdings keine so bedeutende Rolle wie beispielsweise in den großen europäischen Rennsportnationen Frankreich oder Großbritannien.[14] Vorrangig basiert das Finanzierungsmodell auf den Einnahmen des Wettgeschäfts, dies ist eine Entwicklung der frühen Legalisierung der Pferdewette und der Verankerung des Rechts, den Sport aus Wetteinnahmen finanzieren zu dürfen.[15]

2. Entwicklung des deutschen Galopprennsports

Der deutsche Galopprennsport hatte in den letzten zwei Jahrzehnten eine drastische negative Entwicklung in allen wichtigen Kennzahlen seiner Branche zu verzeichnen. Das heißt, neben der Hauptfinanzierungsquelle Wetteinnahmen sinken als Folge auch die Anzahlen von Züchtern, Stuten, Fohlengeburten, Besitzern und auch der Rennveranstaltungen an sich.

Im Jahr 1994 fand der Jahresgesamtumsatz am Totalisator seinen Höhepunkt mit 143,8 Mio. Euro. Knapp 20 Jahre später in 2013 sind es nur noch 32,6 Mio. Euro, dies entspricht einem Rückgang um 77 %. Der Bahnumsatz ist in diesem Zeitraum kontinuierlich gesunken, doch der Außenwettumsatz zeigt eine volatilere Entwicklung auf. So betrug Anfang der 90er Jahre der Anteil der Außenwette mit 20 Mio. Euro am Gesamtumsatz nur ca. 20 %. Bis zum Jahr 1999 steigt die Außenwette auf 68,4 Mio. Euro an und übersteigt mit diesem Wert erstmalig die Einsätze der Bahnwette. Ab dem Jahr 1999 sind auch die Umsätze der Außenwette rückläufig, liegen seit dem Jahr 2004 wieder unter denen der Bahnwette und betragen ca. 40 bis 45 % des gesamten Wettumsatzes.

Da die Wetteinnahmen das Hauptfinanzierungselement der gesamten Branche mit den dazugehörigen Akteuren sind, zieht diese negative Umsatzentwicklung weitreichende Folgen mit sich. Tabelle 1 zeigt die Entwicklung der weiteren wichtigen Kennzahlen der Branche.

Die Anzahl der Fohlengeburten ist unter die 1000er Grenze gesunken. Immer mehr Züchter geben ihre Zucht auf und lassen ihre Zuchtstuten nicht mehr bedecken. Auch viele Besitzer haben sich aus dem Sport zurückgezogen, somit befinden sich weniger Pferde im Training. Doch der drastische Rückgang in allen Kennzahlen scheint sich allmählich zu beruhigen.

---

14 Vgl. Müller 2015, 189 ff.

15 EPMA 2008, 12 ff.; § 16 RennwettLottG 2012.

Tabelle 1: Entwicklung wichtiger Kennzahlen der Galopprennbranche

						Entwicklung im Zeitraum	
	1990	**1995**	**2000**	**2009**	**2013**	**2000–2013**	**2009–2013**
Außenwette (in Mio. €)	20,1	57	64,5	15,5	15,4	–76 %	0 %
Bahnumsatz (in Mio. €)	84,8	86	60,6	21,9	17,1	–72 %	–22 %
Gesamtumsatz (in Mio. €)	104,9	142,9	125,1	37,4	32,6	–74 %	–13 %
Zuchtstuten	2.408	2.930	2.406	2.092	1.486	–38 %	–29 %
Fohlen	1.160	1.490	1.348	1.154	786	–42 %	–32 %
Züchter	1.107	1.353	1.098	832	578	–47 %	–31 %
Züchterprämie (in Mio. €)	3,6	5,1	4,6	2,6	2,6	–43 %	–1 %
Besitzer	1.750	2.382	2.010	1.275	1.164	–42 %	–9 %
Rennen	2.384	3.781	2.916	1.474	1.275	–56 %	–14 %
Rennpreise (in Mio. €)	18,7	26,9	24,8	14,2	13,6	–45 %	–4 %
Pferde im Training	3.834	4.900	4.700	3.035	2.784	–41 %	–8 %
Renntage	246	315	292	145	131	–55 %	–10 %

Quelle: Eigene Berechnung nach DVR (2013)

Die Galopprennsportbranche agiert in einem eigenen wirtschaftlichen Ökosystem, in dem alle Akteure miteinander finanziell verknüpft sind. Durch diesen geschlossen Kreis monetärer Art ist dieses System allerdings in rezessiven Zeiten sehr schadensanfällig.[16] Die Rennvereine müssen aufgrund weniger Wetterträge und Sponsorengelder auch weniger Rennpreise und Züchterprämien ausschütten und weniger Renntage veranstalten. Dies bedeutet für die Züchter und Besitzer geringere Verdienstmöglichkeiten. Die Folge ist, dass sie sich in das benachbarte Ausland wie Frankreich orientieren oder sich gar ganz aus dem Sport zurückziehen. Doch mit weniger Züchtern oder Besitzern, die Pferde in die Rennen schicken, sind wiederum die Rennen schlechter besetzt. Somit sind die Starterfelder weniger stark besetzt. Es kommen wiederum weniger Rennen zustande. Mit sinkender Quantität und Qualität der Rennen sinkt auch das Medien- und Zuschauerinteresse, doch diese

16 EPMA 2008, 18.

sind notwendig für die Rennvereine um wieder Wetterträge oder Sponsorengelder generieren zu können, doch dieses ist ein Teufelskreis, der wieder von vorn beginnt. Die deutsche Galopprennbranche zeigt wie anfällig das Finanzierungssystem sein kann. Es gibt vielerlei Verursacher dieser negativen Entwicklung. Besonders hervorzuheben ist jedoch der Verlust von Marktanteilen im Geschäft der Pferdewette. Die Wetterträge sind ein tragender Parameter um den Teufelskreis in seiner negativen Entwicklung zu durchbrechen.[17]

3. Die Teilmärkte der Galopprennsportbranche

Der Galopprennsport bzw. seine Produkte müssen hinsichtlich der Leistungserbringung Wirtschaftsgüter darstellen, die das Prinzip der Knappheit erfüllen und die der Bedürfnisbefriedigung seiner Abnehmer wie den Haltern von Rennpferden, den Zuschauern, den Sponsoren und den Medien dienen. Sportbranchen weisen hinsichtlich ihres Wirtschaftsgutes einige Besonderheiten auf und sind durch eine extrem heterogene Produktpalette gekennzeichnet. So handelt es sich bei Sportprodukten meistens um ein Kernprodukt und einige Produkterweiterungen.[18] Im Galopprennsport ist wie in Abbildung 2 dargestellt das Kernprodukt die Leistungsprüfung, also die Pferderennen für die Englischen Vollblüter und als Produkterweiterungen gelten die Pferdewette und das Event der Rennveranstaltung (Renntag).

Abbildung 2: Produkte des professionellen Galopprennsports

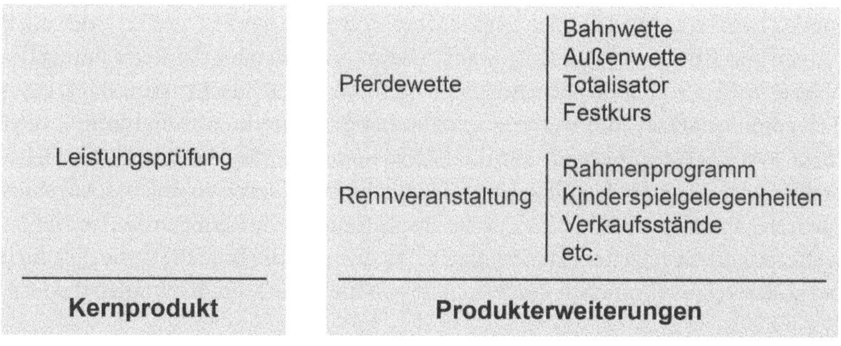

Quelle: Eigene Darstellung nach (Breuer et al. 2010, 28 f.)

17 Galopponline 2014; EPMA 2008, 19.
18 Breuer et al. 2010, 28 f.

Bei Galopprennen handelt es sich um einen professionellen Spitzensport mit seinen Leistungsprüfungen für die Sportler, aber eben auch um einen Unterhaltungssport mit der Pferdewette und den Rennveranstaltungen für die Zuschauermärkte. Ein ökonomisches Modell eines Profisports ist laut Benner (1992: 30) durch drei Besonderheiten gekennzeichnet, die auch auf den Galopprennsport zutreffen. Erstens die Bedürfnisbefriedung und somit die Vermarktung der Produkte erfolgt an mehrere Akteure, z. B. Übertragungsrechte der Pferderennen an die Medien und Wettanbieter; Eintrittsrechte an die Zuschauer; Nutzungsrechte an die Sponsoren oder der Imagegewinn oder -verlust für die jeweilige Bevölkerung und damit der Öffentlichkeit.[19] Zweitens benötigt die Inputseite sowohl interne als auch externe Produktionsfaktoren. Am Leistungserstellungsprozess sportbezogener Dienstleistungen sind auch externe Produktionsfaktoren beteiligt, d. h., dass neben den Rennvereinen oder den Besitzern der Rennpferde beispielsweise auch der Leistungsnehmer wie der Zuschauer die Galopprennveranstaltungen mitgestaltet. Drittens teilt sich der eigentliche Produktionsprozess in eine Vorkombination und eine Endkombination auf. Der Dachverband, das Direktorium, und die Rennvereine stehen als interne Produktionsfaktoren klar im Vordergrund doch während der Sportveranstaltung findet die End-/ Koproduktion statt, wo die externen Produktionsfaktoren in den Prozess einfließen.

Im Vergleich zu anderen Märkten kennzeichnet den Sportmarkt außerdem die Besonderheit, dass sich der Sportkonsum in eine aktive und passive Nachfrage aufteilt. Es existieren in der Literatur verschiedenste Modelle zur Branchenabgrenzung von Sportbranchen.[20] Für die Galopprennsportbranche wird das marktorientierte Modell nach Hermanns und Riedmüller (2002) oder auch Nufer und Bühler (2010, 12) gewählt. Diese verwenden bei der Betrachtung des Managements von Sportbranchen die Systematik eines Zuschauermarktes, eines Teilnehmermarktes und weiterer spezifischer Folgemärkten. Abbildung 3 zeigt diese Systematik angewandt auf die Galoppsportbranche. Aufgrund der vielen Stakeholder der Branche mit ganz unterschiedlichen Interessen und des Angebots mehrerer Produkte, wie z. B. der Leistungsprüfung für die Rennpferde, der Pferdewette, oder des Freizeitevents Renntag, ist es sinnvoll, die Branche – wie dies auch bei anderen Sportbranchen geschehen ist – in mehrere Teilmärkte aufzugliedern.

19 Breuer et al. 2010, 29 f.

20 Thieme 2011, 57 ff.

Abbildung 3: Drei Teilmärkte im Galopprennsport

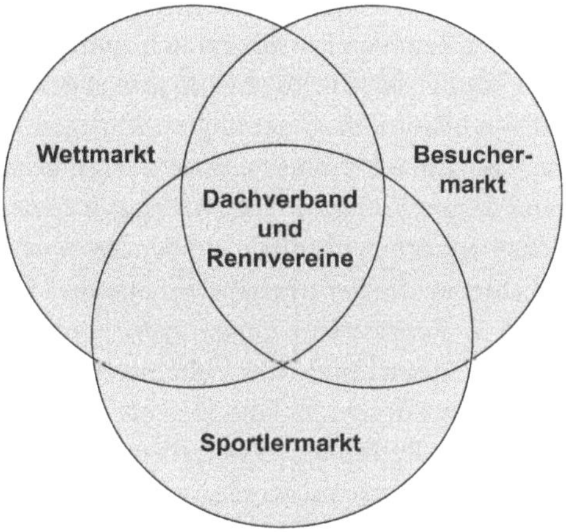

Quelle: Eigene Darstellung nach HERMANNS und RIEDMÜLLER (2008, 42 ff.); NUFER und BÜHLER (2010, 12)

Der Besuchermarkt fokussiert die Zuschauer auf den Galopprennveranstaltungen. Der Wettmarkt stellt das Produkt Pferdewette ins Zentrum. Im Sportlermarkt schließlich sind die Beteiligten der Leistungsprüfung Pferderennen vereint. Der Sportler ist hier das Pferd der Rasse Englisches Vollblut, doch auch die Besitzer, die Trainer, die Züchter und die Jockeys sowie die Auktionsgesellschaften und die Agenten zur Vermarktung der Pferde sind die Zielgruppen des Sportlermarktes. Die Teilmärkte des Galoppsportes sind nicht isoliert zu betrachten sondern stehen in wechselseitigen Beziehungen zueinander. So sind die Besucher der Rennveranstaltungen durch das Platzieren ihrer Wetten auch ein Teil des Wettmarktes.

3.1 Galopprennvereine in Deutschland

Die Rennvereine sind Ausrichter der Leistungsprüfungen für die Rennpferde. Dabei entstehen für sie der hohe Kostenfaktor (Gewinn-)Rennpreise, welche das Anreizsystem für die Akteure (Züchter, Besitzer, Trainer, etc.) des Pferderennsports darstellen. Um diese Kosten finanzieren zu können, existiert die Pferdewette. Die Rennvereine betreiben mit staatlicher Erlaubnis durch das Bundesministerium für Ernährung und Landwirtschaft (BMEL) das Totalisatorunternehmen.[21] Dabei

21 §§ 1–3 RENNWLOTTG 2012.

genießen sie ein Steuerprivileg und erhalten 96 % der Totalisatorsteuer zurück.[22] Von diesen dürfen sie 70 % für Rennpreise und Züchterprämien verwenden.[23] Die jährlichen Einnahmen der Rennvereine setzten sich somit aus den verbleibenden 30 % der Steuerrückerstattung, den sonstigen Einnahmen der Rennbahnen aus den Veranstaltungen und den behördlich genehmigten Abzügen von den Totalisatorumsätzen zusammen.[24] Buchmacherunternehmen oder internationale Wettanbieter sind nicht zwingend dazu veranlasst Rückerstattungen an den Galopprennsport zu leisten. Lediglich Buchermacher, die direkt auf den Rennbahnen Wetten vermitteln, sind dazu verpflichtet an die Rennvereine ein Standgeld zu zahlen.[25]

In Deutschland sind 37 Rennvereine eingetragen, aber nicht alle sind an der Galoppbranche durch die Ausrichtung von Vollblutveranstaltungen aktiv beteiligt.[26] Als aktive Rennvereine können im Jahr 2013 ca. 24 Rennvereine bezeichnet werden, die teilweise eigene Rennbahnen betreiben.[27] Die Leistungsprüfungen finden auf Renntagen statt. Insgesamt werden in Deutschland im Jahr um die 150 Renntage durchgeführt. Die Anzahl der Renntage variiert zwischen den einzelnen Rennvereinen; so führte Baden-Baden mit teilweise 14 Veranstaltungen die meisten Renntage durch, dagegen veranstaltete Halle/Saale nur drei Renntage. Die Renntage finden meistens am Wochenende statt. Es gibt darüber hinaus auch sogenannte Renn-Meetings, an denen bis zu sieben Renntage eines Vereins in einem Meeting vereint werden. Meeting-Veranstalter sind Baden-Baden, Bad Harzburg, Hamburg und Bad Doberan. An einem Renntag selbst finden zwischen sieben und zwölf Pferderennen statt.[28]

Der Rennbetrieb ist Kern und Grund einer Rennveranstaltung, neben diesem gehört zu den meisten Renntagen auch eine Eventplanung, um möglichst viele Zuschauer auf die Rennbahnen zu locken.[29] Weitere wichtige Geschäftsbereiche auf einem Renntag sind das Wetten, das Catering und der Hospitality-Bereich.[30] Auf den großflächigen Rennbahngeländen finden an 361 bis 351 Tagen im Jahr keine Galopprennen statt. Einige Rennvereine versuchen deswegen, ihre Anlagen auch anderweitig auszulasten, wie z. B. durch Messen und Konzerte. Weitere

22 ibid, § 16.
23 Vgl. Himmelmann 1998, 207.
24 § 15 Abs. 1 Rennordnung 2009.
25 § 2 Abs. 6 RennwLottGABest 2002.
26 DVR 2013.
27 Vgl. Müller 2015, 21.
28 DVR 2013.
29 Müller 2015, 19 ff.
30 EPMA 2008.

organisatorische Tätigkeiten sind die Vermögensverwaltung sowie die Koordination von Miet- und Pachtverhältnissen etwaiger Golf- oder Galopptrainingsanlagen.

Die Rennvereine sind haupt- und zum Großteil ehrenamtlich organisiert.[31] Sie wirtschaften gemeinnützig ohne Gewinnerzielungsabsicht (Ausnahmen sind Baden-Baden, Berlin und Leipzig). Der Renn- und Wettbetrieb unterliegt der Aufsicht des DVR und die Vereine müssen sich nach den „Vorschriften für den Wettbetrieb“ und im Rennbetrieb nach der „Rennordnung“ richten.[32] Grundsätzlich stehen die Vereine nicht in Konkurrenz zueinander, so werden die Termine der Renntage zentral vom Direktorium in Absprache mit allen Vereinen koordiniert, um etwaige Überschneidungen in den einzelnen Regionen möglichst zu umgehen (Kooperenz).[33] Eine weitere Kooperation unter den Rennvereinen ist die „Betriebsgesellschaft der Galopprennvereine“ (BGG), die gemeinsam die Attraktivität der Galopprennbranche fördert. Grundsätzlich aber treffen die Vereine ihre Entscheidungen unabhängig voneinander.

Die Leistungsprüfungen auf Renntagen sind in verschiedene Schwierigkeitsgrade aufgeteilt. Die Abbildung 4 zeigt das System der Leistungsprüfungen und das dazugehörige Generalausgleichsgewicht (GAG). Von schwer und hoch dotiert zu leicht und gering dotiert gliedern sich die Flachrennen wie folgt: Gruppe I, II, III; Listenrennen; Ausgleich I bis IV. Ähnlich wie in anderen Sportarten genießen die Rennen der schwersten Klasse eine höhere Aufmerksamkeit, sowohl unter den Aktiven als auch bei Zuschauern. Besonders medienwirksam sind die sogenannten klassischen Rennen. Hierbei handelt es sich um besondere Zuchtrennen für Stuten und/ oder Hengste auf Gruppe-Ebene, die äußerst hoch dotiert sind (55.000 bis 500.000 Euro) und z. B. das beste Pferd eines Jahrgangs küren.[34]

---

31 Müller 2015, 19 ff.

32 Rennordnung 2009.

33 Breuer et al. 2010, 31.

34 DVR 2013.

Abbildung 4: Das System der Leistungsprüfungen und das Generalausgleichsgewicht (GAG)

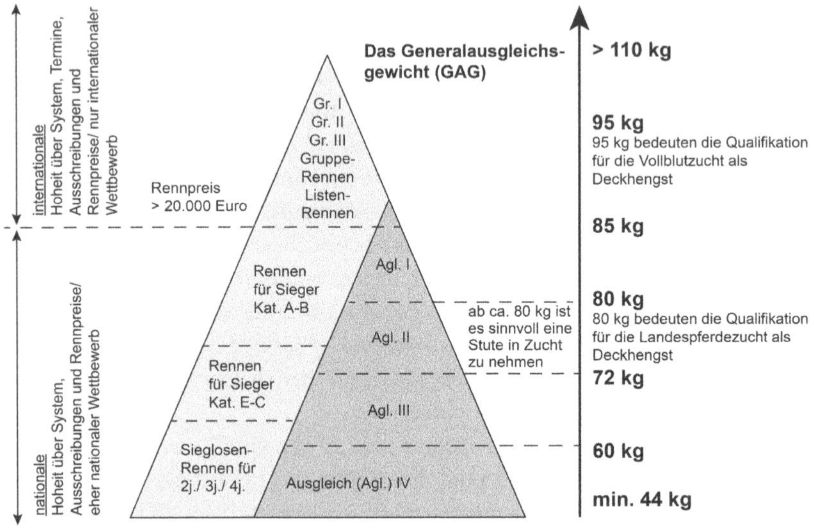

Quelle: Eigene Darstellung nach Tiedtke (2012, 10)

Eine Kategorisierung nach dem angebotenen Schwierigkeitsgrad der Leistungsprüfungen ergibt drei Kategorien von Rennvereinen: In der Kategorie A befinden sich sechs Rennvereine: Baden-Baden, Berlin, Düsseldorf, Hamburg, Köln und München.[35] Diese Bahnen schreiben mindestens eines der sieben jährlich stattfindenden Gruppe-I-Rennen aus.[36] Die ausgeschriebenen Rennpreise der Gruppe-I-Rennen variieren zwischen 155.000 und 500.000 Euro. Die Kategorie B besteht aus den Rennvereinen Dortmund, Frankfurt, Hannover und Krefeld. In Hannover werden ein Gruppe-II (70.000 Euro) und zwei Gruppe-III-Rennen (55.000 Euro) veranstaltet, auf den anderen drei Bahnen jeweils zwei Gruppe-III-Rennen (55.000 Euro). Die restlichen 14 Rennvereine sind der Kategorie C zugeteilt, sie führen keine Gruppe-Rennen durch und schütten Rennpreise zwischen ca. 1.000 und 30.000 Euro pro Rennen aus. Die Rennvereine Hassloch und Verden veranstalten nur noch unregelmäßig vereinzelte Renntage. Der Rennverein Warendorf hat keine Renntage mehr, sondern konzentriert sich auf Aktivitäten für Mitglieder (z. B. Exkursionen, Gestütsbesichtigungen, etc.) und im zweijährigen Turnus auf

35 Müller 2015, 22 ff.

36 DVR 2013.

die Veranstaltung „Schaufenster Vollblut", eine Veranstaltung für die Annäherung an die Vollblut- und Warmblutzucht. Die Rennvereine Baden-Baden, Hamburg, Bad Harzburg und Bad Doberan veranstalten mehrtägige Renn-Meetings.

3.2 Sportlermarkt

Auf dem Sportlermarkt agieren als Zielgruppe die Sportler und die Wertschöpfung geschieht durch die Generierung von Leistung.[37] In der Branche des Galopprennsports stehen im Zentrum des Sportlermarktes die Galopprennpferde, denn diese messen sich in den Pferderennen. Das Tierzuchtgesetz schreibt vor, einen Zuchtfortschritt zu erzielen.[38] Um diesen zu gewährleisten, führt der Galopprennsport die Galopprennen als Leistungsprüfungen durch. Da es sich bei den Sportlern somit um Rennpferde handelt, muss der Sportlermarkt im speziellen Fall um den Bereich des Managements der Pferde erweitert werden. Müller et al. (2014) erstellen dazu eine Wertkette des Sportlermarktes Galopprennsport an den Lebenszyklus eines Rennpferdes angelehnt. Diese Wertkette beginnt mit der Zucht; sie wird auch als „Rückgrat eines gesunden Rennsports" bezeichnet.[39] Die Zuchtstuten bilden das Fundament einer Zucht und können durchaus als Kapitalanlage bezeichnet werden.[40] Es gibt einzelne Züchter oder Gestüte, die mindestens vier, manchmal sogar bis zu 200 Vollblüter in der Zucht einsetzen und über das nötige Fachpersonal verfügen. In der Zucht des Englischen Vollbluts ist es nicht möglich die künstliche Besamung oder Embryonentransfer einzusetzen. Züchter, die über keinen eigenen Stall verfügen, können ihre Stuten in sog. Gemeinschaftsgestüten unterbringen und entrichten die Pensionskosten für ihr Pferd an den Gestütsleiter.[41] Bei der Zucht von Vollblütern ist es oberstes Gebot, dass die Grundsätze des Ursprungszuchtbuches der Rasse, des englischen General Stud Books, eingehalten werden. Diese Vorgaben werden durch tierschutzrechtliche Regelungen der EU und des nationalen Gesetzgebers auch für die Vollblutzucht in Deutschland geltend gemacht. Außerdem wird durch das Direktorium für Vollblutzucht und Rennen bestimmt, welche Hengste und Stuten für die Zucht verwendet werden dürfen.[42] Die Züchter selbst planen eine Zuchtpaarung einer Zuchtstute und eines Deckhengstes, aus der ein Fohlen hervorgeht. Dieses Fohlen

---

37 Nufer und Bühler 2010, 12.

38 § 1 Abs. 2 TierZG 2006.

39 Ostermann 2014, II.

40 Maynard und Stoeppel 2007, 181.

41 Bruns 1966, 10.

42 § 20 Rennordnung 2009, 3.

wird ca. 6 bis 9 Monate nach der Geburt von der Mutterstute getrennt. Es folgt die Aufzucht im eigenen Zuchtbetrieb oder das Fohlen wird entgeltlich in die Pension auf ein Gestüt gegeben. Die zweite Lebensstation ist das Training. Hier findet meist ein Ortswechsel von den Zuchtbetrieben zu spezialisierten Trainingszentren statt. Ein lizensierter Trainer übernimmt in Absprache mit dem Besitzer das Management des Pferdes und Stallpersonal versorgt die Pferde. Ein Berufstrainer muss eine Pferdewirtschaftsmeisterprüfung ablegen oder zuvor Berufsrennreiter gewesen sein. Bei Besitzertrainern sind die Anforderungen nicht ganz so streng; sie müssen bei Berufstrainern hospitieren, eine Trainerprüfung ablegen und dürfen nur Pferde aus dem eigenen oder dem Familienbesitz trainieren.[43]

Das Training von Galopprennpferden zielt auf eine Rennkarriere ab. Die Jockeys werden speziell für ein Rennen auf einer Rennveranstaltung gebucht; sie sind nicht zwangsläufig die Reiter der Pferde im täglichen Training. Sie werden als Akteure nicht in den Mittelpunkt des Sportlermarktes gestellt, da die Leistungsmessung nur den Vollblütern gilt. Natürlich haben die Jockeys einen Einfluss auf die Leistung der Pferde, jedoch wird nicht, wie in klassischen Reitsportarten, ihr Können bewertet, sondern ausschließlich die Schnelligkeit des Pferdes. In der Rennkarriere erhält jedes aktive Rennpferd ein Generalausgleichsgewicht (GAG).[44] Dies ist der Maßstab der Jahresleistung eines Rennpferdes, dabei gilt: Je höher das GAG, desto besser ist die Rennleistung eines Pferdes. Als Gewinn erhalten die Besitzer der Rennpferde die monetären Rennpreise und die Züchter der Pferde erhalten eine monetäre Züchterprämie.

Besitzer eines Vollblüters kann eine Einzelperson oder eine Besitzergemeinschaft sein. Außerdem ist im Galopprennsport die Verpachtung von Vollblütern sehr gängig. In diesem Fall wird eine Zuchtstute oder auch ein aktives Rennpferd von seinem Eigentümer per Vertrag an einen temporären Besitzer verpachtet. Der Handel von Vollblütern kann in allen Phasen des Lebenszyklus eines Galopprennpferdes stattfinden. Es gibt den freien privaten Handel, den Handel über Vermittler, die sogenannten Vollblut-Agenten, und die Auktionen für Vollblüter.

Nach der Rennkarriere können Vollblüter auch weiterhin genutzt werden. Wenn ihre Rennleistungen erfolgreich waren, können sie in die Zucht wechseln. Üblich sind Zuchteintritte bei Hengsten mit einer Rennleistung von 95 kg GAG und bei Stuten ab 80 kg GAG.[45] Reichen die Rennleistungen nicht aus, verbleibt nach einer ein- bis zweijährigen Umschulung die Nutzung als Reitpferd in klassischen

43 § 204 Rennordnung 2009, 69.
44 Vgl. Abbildung 4.
45 § 51 Rennordnung 2009, 9; Tiedtke 2012, 10.

Reitsportarten wie Dressur-, Spring- oder Vielseitigkeitsreiten oder auch der Ruhestand ohne besondere weitere Nutzung des Pferdes.

Das Management der Rennpferde erzeugt Wertschöpfungen in den Bereichen Besitz, Zucht, Training, Leistungsprüfungen und Handel (Müller et al. 2014: 45 ff.). Der Sportlermarkt zeigt rückläufige Entwicklungen in nahezu allen Bereichen, speziell hinsichtlich der Zahl der Akteure und auch der Einnahmemöglichkeiten in Form von Rennpreisen und Züchterprämien. Lediglich die Entwicklungen der Auktionsgesellschaft BBAG zeigen im Handel mit deutschen Vollblütern gemessen am Umsatz einen Aufwärtstrend, was sich mit der guten Qualität der Pferde und den Erfolgen bei der Vermarktung im Ausland begründen lässt (Ortlieb 2014).

Die Schätzungen der Kosten eines aktiven Rennpferdes im Training belaufen sich auf ca. 20.000 Euro pro Jahr und es ist selten möglich, diese durch den Gewinn von Rennpreisen zu decken. Die Wertschöpfungsentstehungsrechnung eines Jährlings ergibt ca. 12.700 Euro an getätigten Vorleistungen, denen ein Durchschnittspreis von ca. 7.300 Euro auf den jährlichen Auktionen gegenübersteht. Es zeigt sich somit, dass die Besitzer und Züchter mit ihrer aktiven Teilnahme am Sportlermarkt ein hohes finanzielles Risiko eingehen und kaum Aussicht auf monetären Erfolg haben. Dies, gepaart mit den Rückgängen an Rennpreisen der vergangenen Jahre, ist eine mögliche Begründung für den Rückgang der Anzahl der Aktiven.[46]

Es lassen sich nach Müller et al. (2014) folgende acht Gründe für den Besitz von Vollblutpferden bestimmen: Freizeiterlebnis/ Lebensqualität, Kontakte/ Networking, Gewinnerzielung, Wetten, Nervenkitzel, emotionaler Bezug, Tradition und Statussymbol. Speziell der Gewinn an Lebensqualität und der emotionale Bezug zu den liebgewonnen Pferden spielen eine große Rolle. Der Einstieg in den Sportlermarkt wird dagegen erschwert durch verschiedene Eintrittsbarrieren: Investitionskosten, Zeitaufwand, Vorurteile, Desinteresse und Unwissen. Um den Sportlermarkt zu fördern, gilt es insgesamt, die Hinderungsgründe abzumildern und die Beweggründe für den Besitz oder die Zucht zu stärken. Dies kann mittels einer proaktiven Kommunikation und Werbung für den Besitz eines Pferdes, der Erhöhung des Service-Niveaus und der Stärkung von Besitzergemeinschaften geschehen.[47]

46 Müller 2015, 45 ff.
47 Vgl. ibid, 81 ff.

3.3 Besuchermarkt

In Deutschland besuchen jährlich ca. 1 Mio. Menschen die Sportevents des Galopprennsports, bei denen Leistungsprüfungen für das Englische Vollblutpferd durchgeführt werden. Als Ausrichter fungieren die Rennvereine, die pro Veranstaltung zwischen ca. 500 und 21.000 Zuschauer anlocken.[48] Die Vereine stehen angesichts der rückläufigen Entwicklung vor der Herausforderung, die Abhängigkeit von den Wettumsätzen zu reduzieren und die Ausrichtung des Leistungssports in den Kontext einer hochwertigen Zuschauererlebniswelt zu setzen, ohne den verantwortungsvollen Umgang mit den Pferden zu gefährden. Eine derartige Neuausrichtung muss sowohl die strukturellen und finanziellen Randbedingungen des deutschen Galopprennsports als auch die Charakteristika der Besucher von Renntagen ins Kalkül ziehen. Der Konsum von Sportveranstaltungen durch Zuschauer hat sich verändert hin zum Trend Sport-Event und der Inszenierung des Sports.[49] Galopprennsporttage sind Großveranstaltungen und auch für den Galopprennsport ist im Zuge der gestiegenen Intensität des Wettbewerbs um Besucher von Sportgroßveranstaltungen eine kundenorientierte Marktbearbeitung unabdingbar.

Das weitgehende Fehlen eines ganzheitlichen Marketingkonzepts sowohl im Dachverband als auch bei den veranstaltenden Vereinen gilt als eine weitere Ursache für die seit etwa Anfang der 2000er Jahre zu beobachtende wirtschaftliche Krise des Galopprennsports. Sowohl aus dem externen als auch dem internen Umfeld wurde daher der – in Sportorganisationen häufig gemachte[50] – Vorwurf einer zu geringen Anpassungsfähigkeit an die Marktveränderungen der vergangenen Jahre und eines daraus resultierenden Verlusts an Wettbewerbsfähigkeit laut.[51]

Müller und Theuvsen (2014) führten im Jahr 2012 eine Befragung von Besuchern von Galopprennveranstaltungen auf sieben verschiedenen Pferderenntagen durch. In der Stichprobe befinden sich ausschließlich Besucher, die 18 Jahre oder älter sind, um die Ausgaben für Wetten erfassen zu können. Ein Mittelwertvergleich des Ausgabeverhaltens von vier Kundengruppen nach Besuchshäufigkeit ergibt aufschlussreiche Unterschiede. Fast die Hälfte aller Besucher gibt an, nur einmal im Jahr eine Galopprennveranstaltung zu besuchen. Nach eigenen Angaben kennt sich diese Gruppe gar nicht im Galopprennsport aus. Im Vergleich zu den anderen Gruppen, die häufiger Galopprennen anschauen, ist diese Gruppe im

48 DVR 2013; DVR 2013b.

49 Freyer 2003.

50 Heinemann 1995; Sontag 2011.

51 Ebers et al. 2012, 93.

Durchschnitt jünger und gibt weniger Geld auf der Veranstaltung aus. Die Gruppen, die sechs oder mehr Renntage pro Jahr besuchen, haben vier bis fünfmal höhere Ausgaben für die Pferdewette als Gelegenheitsbesucher. Im Durchschnitt über alle Probanden ergeben sich pro Tag pro Besucher folgende Ausgaben: 17 Euro für Gastronomie, 35 Euro für Wetten und 72 Euro insgesamt (Gastronomie, Wetten, Übernachtung, Fahrtkosten, Einkäufe).

Hermanns und Riedmüller (2008, 114 f.) empfehlen für die Analyse der Zuschauerstruktur eine Einteilung der Besucher nach Bindungsgrad und Bindungsbereitschaft in Sportart-Touristen und Sportart-Fans. Anlehnend an diese Analyseform erfolgt eine Gruppierung in Gelegenheitsbesucher und Sportfans. Die Gruppe der Gelegenheitsbesucher umfasst ca. 85 %; sie gehen bis zu maximal fünf Galopprennveranstaltungen pro Jahr, kennen sich gar nicht oder wenig im Sport aus und geben im Vergleich zu den Rennsportfans weniger Geld für die Angebote auf Renntagen aus. Die Gruppe der Galopprennsportfans umfasst ca. 15 % der Besucher.

Der durchschnittliche Wettumsatz aller Besucher beträgt in der Stichprobe 35 Euro pro Besucher und Renntag. Die angegebenen Werte reichen von null Euro bis 2000 Euro. 15,5 % der Besucher wetten kein Geld in den Totalisator. Als nächstgrößere Gruppe folgt der Wetteinsatz von einem bis 25 Euro; auf diese Gruppe entfallen 51,9 % der Stichprobe. Weitere 22,8 % der Befragten wetten zwischen 30 und 90 Euro und 9,8 % mehr als 100 Euro.

Ein Blick auf die Besuchserfahrung in der Vergangenheit zeigt, dass ein Fünftel der Probanden noch nie zuvor an einer solchen Veranstaltung teilgenommen hat. Ein Drittel (35 %) waren bereits ein- bis viermal bei Pferderennen, weitere 26 % gaben bis dato 5 bis 29 Besuche an. Ein Mittelwertvergleich auf höchst signifikantem Niveau ergibt, dass Besucher, die noch nie zuvor eine Rennveranstaltung besucht haben, im Gegensatz zu regelmäßigen Zuschauern eher überrascht von der Rennveranstaltung sind und ihre Erwartungen sogar eher übertroffen sehen. Das Image der Galopprennveranstaltungen ist über alle Besucher hinweg positiv; es steigt jedoch mit der Besuchsintensität signifikant an.[52]

3.4 Wettmarkt – Der regulierte Markt für Pferdewetten im deutschen Galopprennsport

Die Rennvereine sind laut Gesetz in Deutschland die alleinigen Veranstalter von Pferderennen.[53] Die Pferderennen stellen somit das Kernprodukt des Galopprennsports

52 Müller und Theuvsen 2014.

53 §§ 1–3 RennwLottG 2012.

dar. Die Pferdewette wiederum ist ein immaterielles Gut, welches als Produkterweiterung aus dem Kernprodukt der Leistungsprüfung für Rennpferde entsteht. Der Spieler hat verschiedene Produkte zur Auswahl. So kann der Spieler zwischen der Totalisatorwette, der Wette zu festen Quoten und weiteren Wettprodukten, wie z. B. der Wettbörse[54], wählen. Der Spieleinsatz oder Wetteinsatz, den der Wettkunde in diesem Zusammenhang tätigt, bezeichnet dabei alle Einsätze, unabhängig von der jeweiligen Art der Gewinnausschüttung.[55] Werden die Einsätze auf der Pferderennbahn getätigt, so sind es Bahnumsätze; ansonsten handelt es sich um Außenwetten.

Der Markt für Pferdewetten bewegt sich keineswegs nur innerhalb der Grenzen des deutschen Galopprennsports. Die Wettkunden können vielmehr frei wählen, bei welchem Wettvermittler sie ihre Wette platzieren wollen. Nicht zuletzt durch die Verbreitung des Internets befinden sich diese Anbieter häufig im steuergünstigeren Ausland.[56] Der deutsche regulierte Markt für Pferdewetten wird vom Direktorium für Vollblutzucht und Rennen gesteuert. Der organisierte Galopprennsport hat erheblich an Marktanteilen verloren. Insgesamt ist der Glücksspielmarkt aber durch ein außerordentliches Wachstum gekennzeichnet, welches sich vor allem aus den Möglichkeiten des Internets begründet.

3.4.1 Allgemeine Wertschöpfungsstruktur des Pferdewettenmarktes

Pferdewetten sind Teil des deutschen Sportwettenmarktes, welcher aufgrund strenger staatlicher Regulierung Merkmale eines Monopols aufweist. Dennoch existieren eine Vielzahl von Wettanbietern und Vertriebswegen.[57] Müller (2015, 165) veranschaulicht die Wertschöpfungsstruktur des Pferdewettenmarktes. Es zeigt sich, dass sich dieser in einen Business-to-Business- (B-to-B) und einen Business-to-Consumer-Bereich (B-to-C) aufteilen lässt.[58] Im B-to-B-Bereich findet dabei die Produkterstellung der Wette statt. Die diversen Wettanbieter, bspw. Totokassen auf den Rennbahnen, stationäre Wettshops, Telefonwetten (per Ansage oder als App), SB-Terminals, Fernsehen und Internet, stellen die Schnittstelle zwischen B-to-B- und B-to-C-Bereich im Markt für Pferdewetten dar. Durch die abgeschlossene Wette drückt der Wettkunde eine Meinung über das vermeintliche, von ihm erwartete Ergebnis des jeweiligen Pferderennens aus.

54 Vgl. Müller 2015: 176 ff.

55 Schmid und Börnsen 2010: 2.

56 Tiedtke 2012, 5; Külmer 2009, 3; Peren et al. 2010, 44 ff.; Schmid und Börnsen 2010, 12 f.

57 Bwin.party 2014.

58 Peren et al. 2010, 40.

Mit diesen Meinungen handeln quasi die Wettvermittler. Da jeder Spieler frei in seiner Entscheidung ist, bei welchem Vermittler er seine Wette platzieren will, sind für ihn in den Zeiten der digitalen Globalisierung kaum geographische Grenzen bei der Wahl des Anbieters vorhanden. Der Pferdewettmarkt umfasst daher einen in- und einen ausländischen Markt. Pferdewetten werden zudem in legaler, grauer und illegaler Form auf regulierten oder unregulierten Wettmärkten angeboten. Der regulierte Markt ist nach deutschem Recht abschließend geregelt; auf ihm sind legale Wettangebote möglich, die meist von (halb-)staatlichen Anbietern stammen. Dagegen agieren im unregulierten Markt meist private Anbieter, deren rechtlicher Status ungeklärt (grau) oder deren Tätigkeit in Deutschland untersagt (illegal) ist. Hierunter fallen derzeit fast alle Onlineangebote.[59] Bei der Wahl des Wettprodukts und des -anbieters entscheiden die Spieler nach ihren größtmöglichen Nutzen und weniger danach, ob der Wettanbieter eine Rennsportorganisation ist oder mit einer solchen kooperiert oder ob aus den Erträgen Rückflüsse in den eigentlichen Pferdesport fließen.

Der Galopprennsport agiert in Deutschland im legalen Sportwettenmarkt. Zentrales ausführendes Organ ist der Dachverband Direktorium für Vollblutzucht und Rennen (Direktorium). Das Direktorium vermittelt seine Pferdewette über verschiedene Kanäle:

a) über die Rennvereine,
b) über die eigene hundertprozentige Tochtergesellschaft German Tote,
c) über eine Beteiligung an dem ausländischen Buchmacherunternehmen Race-Bets,
d) über die Weitervermittlung von Pferdewetten an inländische und ausländische Buchmacher auf der Grundlage entsprechender Verträge.[60]

3.4.2 Entwicklung des Pferdewettenmarktes

Laut Becker (2006, 21) gibt es schätzungsweise 3 bis 7 Mio. Bürger, die gelegentlich an Sportwetten teilnehmen. Daraus resultiert ein Bruttospielertrag (Spieleinsatz abzgl. Gewinnauszahlungen) von ca. 1,83 Mrd. Euro. In den Sportwetten ist ein Rückgang der Umsatzzahlen der staatlichen Anbieter zu erkennen. Schmid und Börnsen (2010, 8) vermuten, dass inzwischen ca. 94 % der Umsätze des deutschen Marktes für Sportwetten von privaten Anbietern erwirtschaftet werden. Die verbleibenden 6 % der Spieleinsätze im deutschen Wettmarkt fallen auf die

59 Schmid und Börnsen 2010, 3.
60 Vgl. Müller 2015, 169 ff.

Pferdewette und auf Oddset/ Fußballtoto. Der Großteil von 94 % der Wetteinsätze im Glückspiel gilt als unregulierter grauer oder sogar illegaler Markt. Hierunter fallen private Anbieter, deren rechtlicher Status nicht geklärt oder deren Tätigkeit in Deutschland untersagt ist, da sie ihren Sitz vor allem im steuergünstigen und glücksspielfreundlicheren Ausland haben. Von den 94 %, die die privaten Anbieter auf sich vereinen, entfallen 50 % auf Online-Sportwetten, 31 % auf stationäre Sportwetten und 13 % auf den Schwarzmarkt. Gemessen an den Bruttospielerträgen im gesamten Glückspielmarkt entfällt auf den Bereich Wetten ein Marktanteil von 11 %. Dieser Markanteil beträgt im Onlinemarkt sogar 29 %, da die Sportwette im Onlinebereich sehr gut umsetzbar ist. Der Bruttospielertrag für Wetten im Onlinemarkt zeigte in den Jahren 2005 bis 2009 ein Wachstum von 168 %.[61] H2 Gambling Capital (2011, 10) schätzt die weltweiten Online-Sportwetteneinsätze im Jahr 2012 auf 59,6 Milliarden Euro.

Der Wetteinsatz im regulierten deutschen Pferdewettenmarkt über das Direktorium für Vollblutzucht und Rennen betrug im Jahr 2009 laut IFHA (2014) 114 Mio. Euro. Dieser setzt sich aus 70 Mio. Euro Toteeinnahmen und 44 Mio. Euro Buchmacherumsätze zusammen. Die gemeldeten Umsätze bei der IFHA beinhalten die Einsätze sowohl aus dem Galopp- als auch aus dem Trabrennsport. Schmid und Börnsen (2010, 8) schätzten den Spieleinsatz deutscher Wettkunden im Jahr 2009 in die Pferdewette auf 251 Mio. Euro; diese Schätzung wird von Pawlowski und Breuer (2012, 83) als realistisch erachtet. Nach der Goldmedia-Studie macht die Pferdewette damit nur ca. 3 % des gesamten deutschen Marktes für Wetten aus, den die Studie auf ein Gesamtvolumen von 7,8 Mrd. Euro Wetteinsätze im Jahr 2010 schätzt.[62]

Es verbleibt zwischen 114 Mio. Euro laut IFHA und 251 Mio. Euro der Goldmediastudie somit eine Differenz von 137 Mio. Euro zwischen den Einnahmen im Totalisator und dem Gesamtumsatz der Pferdewetten in Deutschland. Diese Lücke zeigt, dass der Markt für Pferdewetten in Deutschland etwas umsatzstärker als erwartet ist, dieser jedoch nicht unbedingt Rückleistungen in das Renngeschäft und dessen Beteiligte leistet. Der nun folgend beschriebene Überhang der Außenwette im Jahr 2000 lässt vermuten, dass vor allem zu Beginn des 21. Jahrhunderts die Marktanteile des Direktoriums an der Pferdewette langsam abnahmen.

Die Abbildung 5 zeigt die Entwicklung des Wettumsatzes im Totalisator des Direktoriums für Vollblutzucht und Rennen aufgeteilt in den Bahnumsatz und die Außenwette.

61 Schmid und Börnsen 2010, 7 ff.; Külmer 2009, 3.
62 Schmid und Börnsen 2010, 8.

Abbildung 5: Bahnumsatz und Außenwette im Totalisator in Millionen Euro

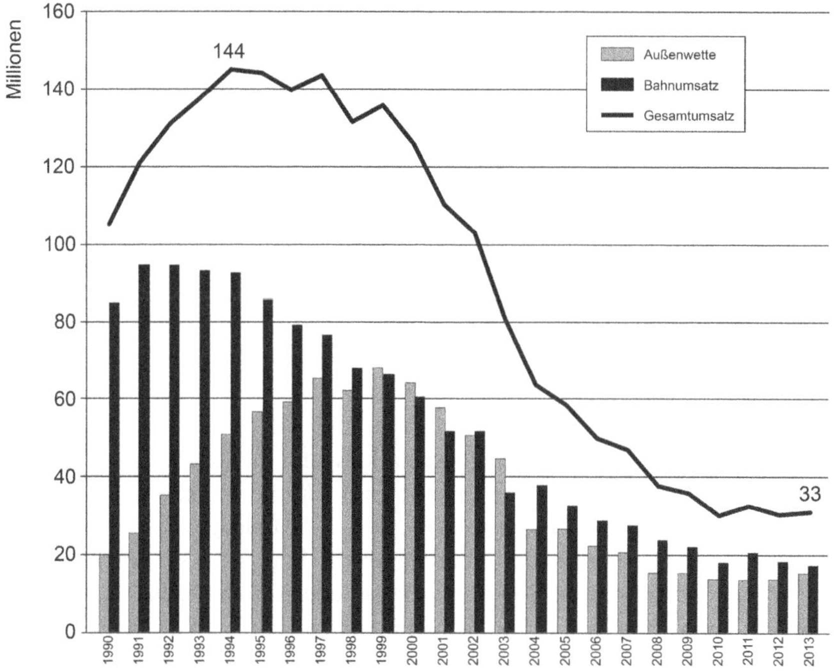

Quelle: Eigene Berechnungen nach DVR (2013)

Schon bei flüchtiger Betrachtung zeigt sich, dass der Bahnumsatz seit Anfang der 1990er Jahre fast kontinuierlich abnimmt. Die Außenwette dagegen erlebte um die Jahrtausendwende einen Aufschwung. Im Jahr 2000 lagen die Einnahmen der Außenwette sogar erstmals oberhalb der Einnahmen, die direkt an der Rennbahn über die Bahnwette erzielt wurden. Insgesamt befindet sich seither aber auch die Außenwette im Abwärtstrend. Dieser Verlauf der Kurve lässt erahnen, dass sich um den Beginn des 21. Jahrhunderts die Struktur des Wettmarktes stark verändert hat.

Das Problem sinkender Umsätze im Pferdewettenbereich betrifft keineswegs nur die deutsche Branche. Müller (2015, 189 ff.) stellt exemplarisch die ebenfalls negativen Entwicklungen in anderen Ländern des Pferderennsports dar. Darüber hinaus ist ein Negativtrend im gesamten regulierten Sportwettenmarkt zu beobachten, der einem überaus positiven Wachstum des Online-Glückspielmarktes gegenübersteht. Dementsprechend sind die Umsätze im regulierten Lotterie- und Sportwettenmarkt stark rückläufig, während die nicht-regulierten Märkte ein starkes Wachstum erfahren.[63] PEREN et al. (2010, 11) nennen die Werbe- und Vertriebsbeschränkungen sowie das Internetverbot des Glückspielstaatsvertrages als Ursachen für diese Entwicklungen.

Dem rasanten Aufwärtstrend im Onlinemarkt für Sportwetten konnte der deutsche Galopprennsport mit seinem Vertrieb der Wetten in den Totalisator bislang nicht folgen. Erste Bestrebungen, Marktanteile zurückzugewinnen, zeigen sich im Zuge der durch das Direktorium initiierten Strukturreform und der damit einhergehenden Beteiligung am Buchmacherunternehmen RaceBets. Diese Bestrebungen sind nach derzeitigen Erkenntnissen als äußerst positiv zu bewerten. Zwar liegen keine genauen Daten zu den Erträgen vor, doch deuten Pressemitteilungen über eine deutliche Steigerung der Rennpreise im Galopprennsport im Jahr 2014 auf entsprechende Erfolge hin.[64]

4. Resümee

Die wesentlichen Akteure des Sportlermarktes sind die Rennpferde, Besitzer, Züchter und Trainer. Sie sind die Lieferanten des Kernproduktes Leistungsprüfung/ Pferderennen und damit ein unabdingbares Fundament für die Produkterweiterungen Pferdewette und Renntagveranstaltung des Galopprennsports. Die Anzahl der Akteure im Sportlermarkt ist jedoch stark rückläufig. Wesentliche Gründe hierfür sind vermutlich fehlende Einnahmemöglichkeiten durch Rennpreise, eine mangelnde Attraktivität des Galopprennsports, die Menschen veranlassen könnte, dort selbst aktiv zu werden, und hohe Eintrittsbarrieren in den Sport. Insgesamt bleibt auch festzuhalten, dass nur wenig Datenmaterial und Erkenntnisse über die Züchter und Besitzer vorliegen. Um genaue Zielgruppen für Akquise- und Bindungsmaßnahmen definieren zu können, sind weitere, quantitative Kundenanalysen unter Besitzern und Züchtern erforderlich.

Zur Besucherstruktur existieren beispielsweise kaum Dokumentationen darüber, wie sich die Strukturen in den letzten Jahren verändert oder die Besucherzahlen entwickelt haben. Es kann gleichwohl vermutet werden, dass auch diese wichtige Kennzahl des Sports rückläufig ist, da die Bahnkapazitäten nicht ausgeschöpft sind. Dies wirft die Frage auf, ob der Sport den angestrebten Imagewechsel, weg vom elitären und zum Teil sogar verruchten Ruf, hin zu einem Erlebnis für die ganze Familie, überhaupt erreicht hat. Da die Besucher überwiegend aus der Region, in der die jeweilige Rennbahn sich befindet, stammen, sind bei einer

63 PEREN et al. 2010, 35.
64 GALOPPONLINE 2014.

zunehmenden Kommerzialisierung des Sports bestehende regionale Strukturen und Fankulturen zu berücksichtigen.

Die Pferdewette ist eine der wesentlichen, jedoch zuletzt stark an Bedeutung verlierenden Finanzierungsquellen des deutschen Galopprennsports. Die Globalisierung gepaart mit dem technischen Fortschritt – namentlich dem Vordringen der Onlinewette – hat nicht nur den Markt der Pferdewette, sondern den gesamten Markt für Glücksspiele vollkommen verändert. Der Markt hat binnen kurzer Zeit an Produktvielfalt und neuen Wettanbietern weltweit gewonnen. Dies ermöglicht auf der einen Seite ein enormes Umsatzwachstum, stellt jedoch die etablierten Wettanbieter, wie das Direktorium für Vollblutzucht und Rennen, vor erhebliche Herausforderungen. Sie sind gezwungen, sich den veränderten Rahmenbedingungen anzupassen bzw. zu versuchen, diese aktiv mitzugestalten.

Der deutsche Galopprennsport muss seine verschiedenen Vertriebswege der Pferdewette an die veränderten Marktbedingungen anpassen, um an den Gewinnen aus dem eigens erstellten Produkt Pferdewette beteiligt zu bleiben. Dies geschieht mit Hilfe verschiedener Beteiligungen an und Kooperationen mit in- und ausländischen Wettvermittlern. Jedoch sollte daran gearbeitet werden, den Trends nicht länger hinterherzulaufen, sondern sie im Voraus aktiv mitzugestalten. So besteht in Zukunft die Möglichkeit, den eigenen Wettbewerbsvorteil, der alleinige Produzent der Pferderennen und damit der Pferdewette zu sein, besser auszuspielen. Eine erfolgversprechende Strategie scheint die Produktdifferenzierung bzw. Produkterweiterung der Pferdewette zu sein. Hier sind Bildrechte, Mitgestaltung, Kundendaten und vertrauensvolle Marken zu nennen.

Literatur

Beaulieu, C. (1960): Vollblut. Verden/ Aller: Kornett Verlag.

Becker, T. (2006): Der Markt für Glücksspiele und Wetten. – In: Glücksspiel im Umbruch: Beiträge zum Symposium.

Benner, G. (1992): Risk-Management im professionellen Sport: auf der Grundlage von Ansätzen einer Sportbetriebslehre. Reihe: Versicherungswirtschaft, Band 9.

Breuer C., Wicker P., Pawlowski, T. (2010): Der Wirtschafts- und Wachstumsmarkt Sport. – In: Nufer, G., Bühler, A. (Hrsg.): Management im Sport, Betriebswirtschaftliche Grundlagen und Anwendungen der modernen Sportökonomie. 2. Auflage. Berlin: Erich Schmidt Verlag.

Bruns, U. (1966): König Vollblut. Zürich: Albert Müller Verlag, 27–52.

Bwin.party (2014): Online Sports Betting, About us. URL: http://www.bwinparty.com/AboutUs/OurMarkets/OnlineSportsBetting.aspx. Zugriff: 17.12.2014.

DDRRV (2012): News 5.8.2012, Salomina von Gestüt Bona macht das Rennen. URL: http://www.duesseldorf-galopp.de/index.php?salomina-von-gestuet-bona-macht-das-rennen. Zugriff: 04.06.2014.

DVR (2011): Galopprennsport vor dem möglichen Aus – Mehr als 3.000 Arbeitsplätze gefährdet. Presseinformation vom 06.04.2011 URL: http://www.galopp-sport.de/dvrWebApp/aktive/news/archivDetailView.do?contentPK=628. Zugriff: 20.12.2014.

DVR (2013): Jahresbericht. Jahresberichte von 2000 bis 2013. Köln: Direktorium für Vollblutzucht und Rennen e. V.

DVR (2013b): Statistisches Material. Auskunft per Email 12.04.2013. Köln: Direktorium für Vollblutzucht und Rennen e. V.

Ebers, S., Esch, C., Soika, A., Stoffregen-Büller, M. (2012): Rennpferde – Pferderennen. Geschichte, Sport, Zucht. 1. Auflage. Köln: Deutscher Sportverlag.

EPMA (2008): White Paper, sustainable funding of the European Horseracing sector through Pari Mutuel betting. Brüssel: European Pari Mutuel Association.

Fanelsa, D. (2002): Regionalwirtschaftliche Effekte sportlicher Großveranstaltungen: die internationalen Galopprennen Baden-Baden. Baden-Baden: Nomos Verlagsgesellschaft.

Freyer, W. (2003): Sport-Marketing: Handbuch für marktorientiertes Management im Sport. 3. Auflage. Dresden: FIT.

Galopponline (2014): Höhere Preisgelder und Züchterprämien im deutschen Turf. Online-Artikel am 30.01.2014. URL: http://www.galopponline.de/service/news/news.php?PHPSESSID=6ded159d0c62e49c3a2df8141a8ce094&id=28354. Zugriff: 20.05.2014.

H2 Gambling Capital (2011): Globale Entwicklung der Wetteinsätze und Bruttospielerträge von Online Sportwetten von 2004 bis 2012 (in Milliarden US-Dollar): In Statista – Das Statistik-Portal. URL: http://de.statista.com/statistik/daten/studie/166785/umfrage/wetteinsaetze-und-bruttospielertraege-bei-online-sportwetten-seit-2004/. Zugriff: 26.11.2014.

Heinemann, K. (1995): Einführung in die Ökonomie des Sports – ein Handbuch. Schorndorf: Verlag Karl Hoffmann.

Hermanns, A., Riedmüller, F. (2002): Marketing im Sport: Status Quo und Handlungsrahmen. – In: Galli, A., Gömmel, R., Holzhäuser, W., Straub, W. (Hrsg.): Sportmanagement. München: Vahlen, 229–252.

Hermanns, A., Riedmüller, F. (2008): Die duale Struktur des Sportmarktes. – In: Hermanns, A., Riedmüller, F. (Hrsg.): Management-Handbuch Sport-Marketing. 2. Auflage. München: Vahlen: 41–65.

Himmelmann, W. (1998): Das Kartellrecht und die Pferdewette. Rechtliche Probleme bei der Finanzierung des Galopp- und Trabrennsports. – In: Agrarrecht, 28 (6), 206–208.

IFHA (2014): International Federation of Horseracing Authorities. URL: http://www.ifhaonline.org/. Zugriff: 16.10.2014.

Kleeberg, J. H. (2004): Galopprennbahnen als Freizeitstandorte in Großstädten. Münster: Kleeberg Verlag.

Krass, S. (2010): Zeiten der Zuversicht. Süddeutsche Zeitung, Printartikel am 07.09.2010.

Külmer, C. (2009): Die Liberalisierung des Online-Sportwettenmarktes in Deutschland: Chancen und Risiken für den Sport, die Medien und die Wirtschaft. Hamburg: Diplomica.

Maynard, L. J., Stoeppel, K. M. (2007): Hedonic Price Analysis of Thoroughbred Broodmares in Foal. In: Journal of Agribusiness, 25 (2): 181–195.

Müller, J. K. (2015): Strategisches Management im deutschen Galopprennsport. Berichte aus Forschungsprojekten der Mehl-Mülhens-Stiftung. Göttingen: Cuvillier Verlag.

Müller, J. K., Theuvsen, L. (2014): Der deutsche Galopprennsport: Strukturelle und finanzielle Rahmenbedingungen und Besuchermerkmale. - In: Wäsche, H., Schmidt-Weichmann, T. (Hrsg.): Stadt, Land, Sport: Urbane und touristische Sporträume, Schriften der Deutschen Vereinigung für Sportwissenschaft, Band 239, Feldhaus Edition Czwalina, 105–116.

Nufer, G., Bühler, A. (2010): Sportmanagement: Einführung und Perspektive. - In: Nufer, G., Bühler, A. (Hrsg.): Management im Sport, Betriebswirtschaftliche Grundlagen und Anwendungen der modernen Sportökonomie, 2. Auflage. Berlin: Erich Schmidt Verlag, 3–26.

Ortlieb, C. (2014): Interview mit Carola Ortlieb. Galopponline, Online-Artikel am 29.08.2014. URL: http://www.galopponline.de/interview/mit-carola-ortlieb. Zugriff: 20.09.2014.

Ostermann, M. (2014): Jahresgeschäftsbericht 2013/2014 der Besitzervereinigung. Köln: Besitzervereinigung für Vollblutzucht und Rennen e. V.

Pawlowski, T., Breuer, C. (2012): Die finanzpolitische Bedeutung des Sports in Deutschland. Wiesbaden: Springer Gabler.

Peren, F. W., Clement R., Terlau, W. (2010): Die volkswirtschaftlichen Kosten einer Monopolisierung von Sportwetten in der Bundesrepublik Deutschland. Die volkswirtschaftlichen Auswirkungen des Glücksspielstaatsvertrages für den deutschen Sportwettenmarkt. Wirtschaftswissenschaftliches Gutachten Bonn.

Rennordnung (2009): Rennordnung des Direktoriums für Vollblutzucht und Rennen e. V., vom 1. März 1960, Neufassung vom 1. Januar 1991 mit Änderungen bis Dezember 2009. Vorschriften für die Leistungsprüfungen der Vollblutzucht. Köln: Direktorium für Vollblutzucht und Rennen e. V.

RennwLottG (2012): Rennwett- und Lotteriegesetz in der im Bundesgesetzblatt Teil III, Gliederungsnummer 611–14, veröffentlichten bereinigten Fassung, das zuletzt durch Artikel 1 und 4 des Gesetzes vom 29. Juni 2012 (BGBl. I, S. 1424; 2013 I 2236) geändert worden ist.

RennwLottGABest (2002): Ausführungsbestimmungen zum Rennwett- und Lotteriegesetz in der im Bundesgesetzblatt Teil III, Gliederungsnummer 611-14-1, veröffentlichten bereinigten Fassung, das zuletzt durch Artikel 35 des Gesetzes vom 21. August 2002 (BGB. I, S. 3322) geändert worden ist.

Schmid, M., Börnsen, S. (2010): Glücksspielmarkt Deutschland. Key Facts zur Studie: Glücksspielmarkt 2015. Goldhammer, K. (Hrsg.), Goldmedia, Berlin.

Sontag, B. (2011): Strategische Erfolgsfaktoren professioneller Sportorganisationen. Wiesbaden: Springer Gabler Verlag.

Thieme, L. (2011): Zur Konstitution des Sportmanagements als Betriebswirtschaftslehre des Sports: Entwicklung eines Forschungsprogramms. 1. Auflage. Berlin: Epubli.

Tiedtke, A. (2012): Stellungnahme 16/40. Öffentliche Anhörung des Hauptausschusses und des Ausschusses für Arbeit, Gesundheit und Soziales am 6. September 2012 bezüglich des Gesetzes zum Ersten Staatsvertrag zur Änderung des Staatsvertrages zum Glücksspielwesen in Deutschland (Erster Glücksspieländerungsvertrag – Erster GlüÄndStV). Brief vom 23. August 2012, Köln. URL: http://www.landtag.nrw.de/portal/WWW/dokumentenarchiv/Dokument/MMST16-40.pdf. Zugriff: 17.12.2014.

TierZG (2006): Tierzuchtgesetz, vom 21. Dezember 2006 (BGBl. I S. 3294), das durch Artikel 2 Absatz 85 des Gesetzes vom 22. Dezember 2011 (BGBl. I S. 3044) geändert worden ist.

Katharina Wiegand

Reitschulen als Zugangswege für neue Pferdesportler

Die Bedeutung von Markt- und Kundenorientierung vor dem Hintergrund gesellschaftlicher Trends

Abstract Sinkende Mitgliederzahlen im organisierten Pferdesport, massive, teils existentielle Probleme in Reitschulen sowie gesundheitliche und soziale Probleme in der Bevölkerung liefern mehr als genug Gründe, den Fokus darauf zu richten, wie man neue Menschen für den Pferdesport gewinnen kann. Insbesondere für diejenigen, die nicht in ein pferdesportliches Umfeld hineingeboren wurden, gilt dabei: Schulbetriebe mit Lehrpferden bilden den wichtigsten Zugangsweg. Reitschulen stehen vor der Herausforderung, neuen Kundenmotiven und aktuellen gesellschaftlichen Entwicklungen mit einem adäquaten, markt- und kundenorientierten Angebot zu begegnen. Wissenschaftliche Untersuchungen belegen die Bedeutung zielgruppenspezifischen Vorgehens. Wichtige, zu beachtende Trends liegen im Alters- und Wertewandel, der Schulpolitik und der Migration.

Reitschulen als Zugangswege

Die Mitgliederzahlen der Vereine sinken, die Konkurrenz auf den Sport- und Freizeitmärkten wird größer, die Probleme hinsichtlich gesundheitlicher und sozialer Probleme innerhalb der Bevölkerung – besonders bei Kindern und Jugendlichen – werden es auch. Es gibt sowohl aus Sicht des Pferdesports wie auch aus gesellschaftlicher Perspektive mehr als genug Gründe, den Fokus darauf zu richten, wie man neue Menschen als Pferdesportler gewinnen kann. Insbesondere für diejenigen, die nicht in ein pferdesportliches Umfeld hineingeboren wurden, gilt dabei: Reitschulbetriebe mit Lehrpferden, die stundenweise für den Unterricht genutzt werden können, bilden den wichtigsten Zugangsweg zum Pferdesport. Hier können erste Erfahrungen gesammelt und Wissen erlangt werden, bevor es vielleicht sogar eines Tages so weit kommt, dass der auf diesem Wege neu (oder wieder-) gewonnene Pferdesportler sich ein eigenes Pferd anschafft. In diesem Sinne sollte sich die gesamte Branche – vom Pferdezüchter über den Verbandsfunktionär bis hin zum Stallbauunternehmer – dafür einsetzen, dass ein möglichst flächendeckendes und zeitgemäßes Angebot an Reitmöglichkeiten für Einsteiger besteht.

Ein solches Angebot jedoch muss in Konkurrenz zu vielen anderen Sport- und Freizeitmöglichkeiten bestehen können und daher ist es wichtig, kunden- und marktorientiert aufzutreten. Es muss sorgfältig betrachtet werden, welche Zielgruppen für Reitschulen existieren und wie diese erreicht und bedient werden können. Gesellschaftliche Trends in der Demographie spielen dabei ebenso eine Rolle wie der Wandel von Werten, Interessen und Motiven.

1. Status Quo und Herausforderungen

Reitschulen, die als Betriebe oder Vereine organisiert sein können, verfügen über eigene Lehrpferde, die sie ihren Schülern im Rahmen des Reitunterrichtes stundenweise zur Verfügung stellen. Sie bilden dadurch die Basis für ein breites Angebot an Reitmöglichkeiten für alle diejenigen, die den Pferdesport ausüben möchten, sich jedoch kein eigenes Pferd leisten können.[1] Der zeitliche und vor allem der finanzielle Aufwand für ein eigenes Pferd sind für viele Familien – besonders aus sozial schwächeren Strukturen – nicht zu leisten. Auch für Einsteiger, egal welchen Alters, ist die Anschaffung eines eigenen Pferden in der Regel keine Option und auch nicht empfehlenswert, ebenso wie beispielsweise beruflich oder familiär stark beanspruchte Personen auch auf fortgeschrittenem reiterlichen Niveau die tägliche Versorgung eines Pferdes zeitlich nicht leisten können oder wollen. Möchten diese Menschen dennoch regelmäßig dem Pferdesport nachgehen, so sind sie auf Vereine und Betriebe mit Schulpferden angewiesen. Reitschulen mit Lehrpferdebeständen bilden also für verschiedenste, wachsende Bevölkerungsgruppen oftmals die einzige Möglichkeit, den Pferdesport kennenzulernen, regelmäßig auszuüben und letztendlich auch von den positiven Effekten dieses Sports zu profitieren. Auch für die Integration des Pferdesports in die schulische Ausbildung – ein Thema, das in Zeiten der Ganztagsschulpolitik immer aktueller wird und vor dem Hintergrund positiver Berichte aus bestehenden Projekten für beide Seiten interessant erscheint – ist es essentiell, dass Reitvereine und -betriebe einen adäquaten Lehrpferdebestand zu Verfügung stellen können. Gleichzeitig belegen die sinkenden Mitgliederzahlen zumindest im organisierten Sport klar, dass der Reitsport im Allgemeinen – und dadurch Reitschulen im Besonderen – vor der Herausforderung steht, demographischen Entwicklungen und neuen Kundenmotiven gerecht zu werden.

Laut dem Sportentwicklungsbericht der Deutschen Reiterlichen Vereinigung e. V. (FN) gibt es in den ihr angeschlossenen Vereinen und Betrieben circa 62.500 Schulpferde und -ponys.[2] Wie viele Schulbetriebe und Lehrpferde bzw. -ponys außerhalb der FN-Strukturen existieren, lässt sich derzeit nur schätzen.

---

1 Kayser et al. 2012, 10.
2 FN 2013, 11.

Der Sportentwicklungsbericht 2013 der FN hat darüber hinaus ergeben, dass derzeit 60 Prozent der Vereine und der pferdehaltenden Betriebe jeweils mindestens ein existenzbedrohendes Problem haben. Insbesondere für die Vereine haben sich die Probleme im Zeitraum seit 2011 signifikant verschärft; nicht zuletzt die Rentabilität von Reitschulen wird als existenzielles Problem angesehen, wie Betriebs- und Vereinsbefragungen im Rahmen des Sportentwicklungsberichts zeigen. Der Anteil an Vereinen und Betrieben mit Wartelisten für den Schulbetrieb war außerdem 2013 im Vergleich zu 2011 signifikant rückläufig.[3]

Diese kritische Situation verwundert vor dem Hintergrund der Ergebnisse einer im Jahr 2001 durch die FN beauftragte Studie. Diese ergab, dass neben circa 1.600.000 aktiven Pferdesportlern die Zahl derjenigen, die den Reitsport gerne ausüben würden, mit fast 1.100.000 Pferdebegeisterten ebenfalls sehr groß ist.[4] Die Allensbacher Markt- und Werbeträgeranalyse ergab in 2014 außerdem, dass 4,08 Millionen Deutsche nach eigener Angabe „ganz besonders interessiert" am Pferdesport sind.[5]

Diese Zahlen führen zu dem Gedanken, dass es nicht hauptsächlich an einem Mangel an potentiellen Kunden liegen kann, dass die genannten existentiellen Sorgen in Schulbetrieben vielfach bestehen. Hingegen liegt die Vermutung nahe, dass es bisher verpasst wurde, auf die sich ändernden Wünsche der Einsteiger einzugehen und das Angebot den sich wandelnden gesellschaftlichen Anforderungen anzupassen.

Viele Reitschulen sind dabei hinsichtlich ihres Marketings und ihrer Markt- und Kundenorientierung nicht professionell aufgestellt, was sich u. a. in ihrer Organisation als gemeinnützige Vereine oder als private Betriebe, die häufig im Zeitverlauf aus landwirtschaftlichen Betrieben hervorgegangen sind, begründet. Darüber hinaus sind sie bisher kaum Gegenstand wissenschaftlicher Forschung gewesen.[6] Lediglich *Seyfarth* zeigt in seiner Studie zu Erfolgsfaktoren von Schulbetrieben auf, dass Faktoren wie die Lage – städtisch oder ländlich – im Gegensatz zu den Hypothesen vieler Praktiker kaum Einfluss auf die Wirtschaftlichkeit einer Reitschule haben. Für spezielle Angebote und die Ausrichtung auf definierte Zielgruppen konnten hingegen Zusammenhänge zum Erfolg beschrieben werden.[7]

Veränderte Strukturen und Motive in der Bevölkerung müssen bei dieser Ausrichtung beachtet werden. Bedingt durch sinkende Geburtenraten und höhere

3 FN 2013, 12; 18.
4 IPSOS 2001, 10.
5 AWA 2014.
6 Collin & Smith 2002, 2.
7 Seyfarth 2011, 90.

Lebenserwartung gibt es in Deutschland immer mehr ältere Menschen. War für viele Hobbysportler vor einigen Jahren noch der Wunsch Leistung zu bringen und sich sportlich zu messen ein wichtiger Aspekt, so geht der Trend inzwischen zu Motiven wie Entspannung, Erholung und Selbstverwirklichung. Während mittlerweile davon ausgegangen werden kann, dass der bei weitem größere Anteil neuer Pferdesportler nicht nach dem klassischen Turniersport strebt, liegen die Anfänge dieser Entwicklung schon einige Jahrzehnte zurück. So schrieb *Ursula Bruns*, oftmals als Begründerin der Freizeitreiterbewegung betitelt, schon 1965 in ihrem Buch „Reiter-Träume": „Die hippologische Fachwelt ist sich rührend darin einig, daß der Mensch reiten lernt mit dem Blick auf „Endziel Klasse S". Alles, was gescheite Menschen dazu in diesem Buche sagten, übersieht sie. Viele, viele Reiter wollen keine Weltmeisterschaft erringen. Es entzückt sie der kleine Galopp am Waldrand – eine halbe Stunde im Sommergras, mit dem weidenden Pferd im Blick – ein Ritt durch die einfallende Dämmerung – und, dies vor allem, das Gefühl echter Verbundenheit mit ihrem Pferd."[8] Diese Erkenntnis gilt heute wie damals und sollte, wie später in diesem Kapitel dargelegte aktuelle Marktdaten zeigen, von Reitschulverantwortlichen unbedingt verinnerlicht werden. Auch die IPSOS-Studie der FN, mittlerweile gut eineinhalb Jahrzehnte alt, brachte es bereits 2001 auf den Punkt: „Für die überwiegende Mehrheit der Menschen, die mit dem Reiten beginnen wollen, dies aber aus verschiedenen Gründen noch nicht getan haben, stehen der Umgang mit dem Pferd und die Nähe zur Natur im Vordergrund. Das Bewusstsein dafür, dass man in dieser Sportart – mit dem Partner Pferd – von einer Fachkraft angeleitet werden sollte, ist groß. (…) Bei allen regionalen Unterschieden, die es gibt, zeigt die FN-Untersuchung deutlich, dass das quantitative und qualitative Ausbildungsangebot sowie die Art und Weise der Pferdehaltung und Unterbringung, aber auch das Naturerlebnis und die Geselligkeit, zentrale Aspekte für den künftigen Erfolg der Vereine und Betriebe sind."[9]

Der Pferdesport steht nach wie vor der Herausforderung, neue Wege zu finden, um seine Kunden langfristig zu erreichen und zu halten; es ist für ihn „von herausragender Bedeutung, kundenorientiert und marktnah zu agieren", wenn dem verschärften Wettbewerb zukünftig standgehalten werden soll.[10]

8 Bruns, 1965, 94.
9 IPSOS 2001, 103.
10 Gille et al. 2011, 34.

2. Bedeutung und Definition von Markt- und Kundenorientierung

Über die genaue Definition von *Marktorientierung* besteht keine endgültige Einigkeit, unterschiedliche Autoren und Forscher verfolgen hier unterschiedliche Herangehensweisen. Häufig wird sie entweder als kulturelle oder als verhaltensbezogene Eigenschaft beschrieben bzw. behandelt. Verhaltensbezogene Ansätze der Marktorientierung gehen davon aus, dass der Grad der Marktorientierung eines Unternehmens durch die Messung von Verhaltensweisen und Aktivitäten erfasst werden kann; die kulturelle Perspektive nutzt die Betrachtung von Werten und Einstellungen innerhalb eines Unternehmens zur Beschreibung der jeweiligen Marktorientierung.[11] Diese Ansätze gehen zurück auf Studien der Autoren *Narver* und *Slater* sowie *Kohli* und *Jaworski*. *Narver* und *Slater* haben diejenige Definition vorgenommen, die gemeinhin der kulturellen Perspektive von Marktorientierung zu Grunde liegt. Marktorientierung ist demnach diejenige Organisationskultur, die am effektivsten und effizientesten die erforderlichen Verhaltensweisen hervorbringt, welche für die Schaffung eines hervorragenden Nutzens für die Käufer notwendig sind und dadurch kontinuierlich für hervorragenden Geschäftserfolg sorgt.[12] Die beiden Autoren *Kohli* und *Jaworski* werden in Bezug auf die verhaltensbezogene Perspektive der Marktorientierung zitiert, sie definieren sie als die unternehmensweite Entwicklung von Marktintelligenz bezüglich aktueller und zukünftiger Kundenbedürfnisse, Weitergabe des Wissen zwischen Abteilungen eines Unternehmens und Verbindlichkeit des Handelns danach im ganzen Unternehmen.[13] Darüber hinaus finden sich Ansätze, die diese beiden Definitionen kombinieren und weiterentwickeln.[14] *Bolz* definiert Marktorientierung als „eine im Unternehmen grundsätzlich verankerte Bereitschaft zur Schaffung eines herausragenden Nutzens für die Kunden. Eine erfolgreiche Unternehmensführung zielt darauf ab, attraktive Märkte zu finden, vorteilhafte Wettbewerbspositionen aufzubauen und das dafür erforderliche Wissen im Unternehmen funktionsübergreifend zu gewinnen und zu verbreiten. Voraussetzung dafür ist das unternehmensweite Engagement für eine kontinuierliche Informationssammlung über Kundenbedürfnisse, Wettbewerbsunternehmen und andere wichtige Marktteilnehmer. Diese gemeinsamen Anstrengungen von Mitarbeitern, Abteilungen und

---

11 Bolz 2013, 11.
12 Narver & Slater 1990, 21.
13 Kohli et al. 1993, 468.
14 Reichmann 2010, 14.

abteilungsübergreifenden Teams werden als Voraussetzung gesehen, dass das Unternehmen erfolgreich ist."[15]

Ein Merkmal der marktorientierten Unternehmenskultur ist die Kundenorientierung, welche „die Intensität wider[spiegelt], mit der die aktuellen und zukünftigen Bedürfnisse und Wünsche der angesprochenen Käufergruppe im Mittelpunkt des Unternehmensgeschehens stehen und systematisch erforscht werden. Maßstab für die Produkt- und Leistungsqualität ist die Kundensicht."[16] Weitere Aspekte sind die Wettbewerberorientierung, die strategische Planung sowie weitere Aspekte der internen Organisation und der Mitarbeiterorientierung.[17]

Die grundsätzlich positiven Auswirkungen der Marktorientierung auf den Erfolg eines Unternehmens sind von der Herangehensweise unabhängig nahezu unbestritten.[18] Für professionell geführte Unternehmen ist Marktorientierung die zentrale Herausforderung: „Marktorientierung entscheidet über den Unternehmenserfolg: Unternehmerische Entscheidungen sollten immer den Absatz besonders berücksichtigen. Können die erzeugten Waren bzw. die angebotenen Dienstleistungen nicht abgesetzt werden, kann ein privatwirtschaftlich geführter Betrieb nicht überleben. Aber auch gemeinnützige Betriebe (z. B. Sportvereine, Schulen oder Beratungsstellen, [...]) betreiben Marketing. Auch diese Betriebe verlieren ihre Existenzberechtigung, wenn ihre Produkte und Dienstleistungen nicht angenommen werden. Ohne Marktorientierung ist daher weder die Führung eines privatwirtschaftlichen Unternehmens noch die eines gemeinnützigen Betriebes möglich."[19]

Die Marktorientierung einer Unternehmung hängt maßgeblich vom Wissen, den Einstellungen und der Motivation der Entscheider ab.[20] Ein wichtiger Aspekt dabei ist die Fähigkeit, diejenigen Kompetenzen und Ressourcen zu erwerben, die für den Fortbestand notwendig sind und Strategien zu entwickeln und zu verfolgen, welche die Zukunftsfähigkeit des Unternehmens sichern. Konkreter gesagt geht es um die Frage, *was, für wen, wie, auf welchem Weg* und *zu welchem Preis* angeboten werden soll.

Entsprechende Maßnahmen lassen sich nur dann planen, wenn ausreichend Informationen über den Markt vorliegen. Die Bedürfnisse und das Kaufverhalten unterschiedlicher Gruppen sind mitunter sehr verschieden, so dass es in der Regel nicht sinnvoll ist, den Gesamtmarkt mit ein und demselben Angebot ansprechen

---

15 Vgl. Bolz 2013, 13–14 und dort angegebene Literatur; 105.
16 Bolz 2013, 14; 106–107.
17 Bolz 2013, 14–15; 106.
18 Reichmann 2010, 3.
19 MANZ o. J., 49.
20 Bolz 2013, 15–16.

zu wollen. Hingegen sollte der Markt in Zielgruppen aufgeteilt werden, man kann dann Produkte, Absatzwege, Preise und Werbung gezielt auf diese in sich einheitlichen Gruppen ausrichten. Marktanalysen helfen dabei, Märkte zu beschreiben und zu verstehen. Mögliche Marktentwicklungen können vorausgesehen werden und aktuelle sowie zukünftige Potentiale werden identifiziert. Es können darüber Marktlücken erkannt und Kunden zielgenau angesprochen werden. Ein wichtiger Aspekt ist auch das genaue Verständnis von Kunden. Abgesehen von allgemeinen Marktdaten über bestimmte Kunden- und Käufergruppen kann jedes Unternehmen dafür auch Informationen seiner eigenen Kundschaft einholen: Befragungen, Beobachtungen und Diskussionen sind wertvolle Methoden, um Informationen über eigene Stärken und Verbesserungspotentiale zu erhalten. Außerdem sollte man versuchen, auch seine Konkurrenten zu verstehen und sich dafür ein Bild vom Angebot, den Zielgruppen, Stärken und Schwächen der Wettbewerber machen.

3. Umsetzung von Markt- und Kundenorientierung

Für Reitschulbetreiber bedeuten diese zunächst abstrakt daherkommenden Definitionen, Begriffe und Folgerungen, dass einerseits die eigenen Einstellungen und Herangehensweisen kritisch geprüft werden müssen. Außerdem ist es wichtig, sich mit den Wünschen, Motiven und soziodemographischen Merkmalen der eigenen Reitschüler und auch der potentiellen Kunden zu beschäftigen und ein möglichst passgenaues Angebot mit entsprechender Ansprache der zukünftigen Reiter zu bieten. Die etwas sperrigen Begriffe aus der Theorie müssen übertragen werden: Das „Produkt" ist in diesem Fall der Reitunterricht bzw. die ganze Angebotspalette einer Reitschule, die von Theoriekursen über Ferienlehrgänge bis hin zu gemeinsamen Aktivitäten ohne Pferde reichen kann. Einzelne Zielgruppen sind beispielsweise erwachsene Späteinsteiger, Kindergartenkinder, turnierorientierte Reiter ohne eigenes Pferd, etc.. Sie unterscheiden sich in ihren Wünschen, ihrem Können oder auch ihrer zeitlichen Verfügbarkeit voneinander.

Eine Untersuchung zu Erfolgsfaktoren von Schulbetrieben hat gezeigt, dass eben diese strategische Ausrichtung auf Zielgruppen über das wirtschaftliche Gelingen einer Reitschule entscheiden kann: „Um eine größtmögliche Kundenzufriedenheit zu erreichen, sollte monotoner Einheitsunterricht vermieden werden durch die Unterrichtsplanung mit verschiedenen Unterrichtsinhalten. Um auf Dauer für den Schüler eine gute, interessante und effektive Ausbildung anbieten zu können ist es notwendig, den Unterricht je nach Alter-, Leistungs- und Interessengruppen zu gliedern."[21] Die Studie empfiehlt Reitschulen, dass

21 Seyfarth 2011, 24.

sie Marktanalysen, Kundenbefragungen und Mitbewerberanalysen durchführen. So können wichtige Informationen über das Verhalten und die Wünsche der eigenen Kunden gesammelt und die Ausrichtung des Unterrichtsangebots kann angepasst werden, beispielsweise wenn sich herausstellt, dass die Schulreiter sich mehr Theoriestunden, Ausritte o.ä. wünschen, als eine Reitschule aktuell anbietet. Auch Zahlungsbereitschaften z. B. für Einzelstunden können so ermittelt werden um zu kalkulieren, ob sich die Erweiterung des eigenen Angebots wirtschaftlich tragen würde und somit sinnvoll ist. Darüber hinaus dient die Analyse von Wettbewerbern im näheren Umfeld von ca. 30 bis 40 Autominuten dazu, deren Größe, Auslastung, Anlagenausstattung, Verkehrsanbindung, Kunden- und Preisstruktur, Qualifikation von Pferden und Reitlehrern usw. kennen zu lernen. Anschließend sollte dann eine Analyse des eigenen Schulbetriebs vorgenommen werden, um eigene Stärken und Schwächen zu erkennen und in den Vergleich mit den lokalen Anbietern auf dem Markt setzen zu können. Personal und Schulpferde sollten grundsätzlich immer die Stärke einer Reitschule sein, weil der persönliche Kontakt zum Kunden sehr wichtig ist. Außerdem offenbarte diese Untersuchung, dass teilweise noch gravierende Managementprobleme in Reitschulbetrieben bestehen: Ein Teil der befragten Reitschulen führte zwar eine Warteliste, arbeitete aber nicht kostendeckend bzw. gewinnbringend. Wenn jedoch nicht ein Mangeln an Nachfrage für negative Geschäftsergebnisse verantwortlich ist, bleibt als Erklärung schlechtes Management.[22]

Reitschulen sind Dienstleister im Pferdesport und insbesondere Kundenzufriedenheit ist sowohl das Ziel wie auch Herausforderung vieler Dienstleister. Kundenzufriedenheit ist eng mit der Treue von Kunden gebunden, welche wiederum einen wichtigen Einfluss auf den Erfolg und die Profitabilität einer Unternehmung ausübt. Auch das Weiterempfehlungsverhalten der Kunden hängt von ihrer Zufriedenheit ab und hat eine hohe Bedeutung für Reitschulbetriebe – nicht nur dann, wenn kein anderweitiges Marketingbudget zur Verfügung steht. Weiterempfehlungen sind nicht nur günstiger sondern auch effektiver als die meisten anderen Methoden zur Gewinnung neuer Kunden. Außerdem dienen sie dazu, zuvor „nur" am Pferd interessierte Menschen zu aktiven Pferdesportlern zu machen.[23]

Vereinsgeführte Reitschulbetriebe bilden in der Diskussion um Markt- und Kundenorientierung in mancher Hinsicht einen Sonderfall, weil sie im Gegensatz zu privatwirtschaftlich organisierten Reitschulen weniger auf Gewinnerzielung ausgerichtet sind, sondern sich in der Regel lediglich selber tragen müssen.

22 Seyfarth 2011, 78.
23 Kayser et al. 2012, 21–22.

Auch basiert das System eines Vereins nicht auf „Kunden“ und „Dienstleistungen“ im eigentlichen Sinne, sondern die Schulreiter sind üblicher Weise gleichzeitig auch Vereinsmitglieder und somit in letzter Konsequenz auch für das Angebot ein Stückchen mitverantwortlich. Darüber hinaus ist es so, dass ehrenamtliche Entscheidungsträger, wie sie in Vereinsvorständen zu finden sind, oftmals eher nach ideellen als betriebswirtschaftlichen Motiven handeln. Dennoch lohnt es auch für Vereine bzw. Vereinsvorstände, sich insbesondere im Hinblick auf die Gewinnung neuer Mitglieder über ihre Marktorientierung und Zielgruppen klar zu werden und die eigene Ausrichtung einer kritischen Prüfung zu unterziehen bzw. zu optimieren.

4. Zielgruppen erkennen und Zugangswege schaffen

Schulpferde sind der wichtigste Zugangsweg in den Pferdesport – je nach Untersuchung sind zwischen 75 Prozent[24] und 90 Prozent[25] der Pferdesportler in der Vergangenheit schon mal auf einem Schulpferd geritten. Auf einem Schulpferd mit dem Reiten begonnen haben nach aktuellen Umfragen 61 Prozent[26] bis 69 Prozent[27] der befragten Reiter. „Für Vereine und Pferdebetriebe heißt das: Ohne ein ausreichendes Angebot an guten Schulpferden, ist die Zukunft des gesamten Pferdesports, also auch ihre eigene, gefährdet. Umgekehrt heißt das aber auch: Schulbetriebe – durchdacht und gut gemanagt – ist für Vereine wie Pferdebetriebe (trotz aller Umsetzungsprobleme) eine Investition in die Zukunft.“[28]

Nichts desto trotz wird die in der Praxis vorgefundene Qualität vieler Schulpferde von den meisten Pferdesportlern bemängelt[29] während gleichzeitig dennoch fast alle Reiter Lehrpferden eine grundsätzlich hohe Wertschätzung entgegenbringen: So geben 92 Prozent der Probanden in einer Umfrage mit dem Titel „Schulpferde – besser als ihr Ruf?“ an, dass sie Schulpferde für wichtig für den Pferdesport halten.[30] Gleichzeitig stimmen allerdings auch 80 Prozent dieser Probanden der Aussage *„Gute Schulbetriebe sind schwer zu finden“* zu.[31] Die Qualität einer Reitschule hängt dabei aus Sicht der Pferdesportler insbesondere

24 HorseFuturePanel 2014b, 25.
25 IPSOS 2001, 49.
26 Sieweck & Hartwig 2015, 92.
27 HorseFuturePanel 2014a, 62.
28 IPSOS 2001, 54.
29 IPSOS 2001, 54.
30 HorseFuturePanel 2014b, 5.
31 HorseFuturePanel 2014b, 59.

von der Qualifikation des Reitlehrers (93 % „sehr wichtig“ oder „wichtig“), dem Gesundheitszustand der Pferde (89 %), der Haltung der Pferde (88 %) sowie dem Ausbildungsstand der Pferde (86 %) ab. Dass es mehr spezielle Auszeichnungen oder Kennzeichnungen für gute Schulbetriebe geben sollte, finden 82 Prozent der Probanden.[32] Auch eine Studie aus dem Jahr 2012 weist darauf hin, dass es derzeit noch an verlässlichen und flächendeckend auffindbaren Kennzeichnungen für Schulbetriebe mangelt, die Einsteigern eine Orientierung bei der Suche nach einem Schulpferdebetrieb bieten. Die Gesamtqualität von FN-gekennzeichneten Reitschulen unterscheidet sich demnach nicht grundsätzlich von der Qualität jener Schulbetriebe, die nicht gekennzeichnet sind.[33]

Reitschulen als Dienstleister besitzen immaterielle Eigenschaften, die von den potentiellen Kunden nur schlecht beurteilt werden können – insbesondere dann, wenn die Interessenten noch über keinerlei Erfahrung mit und Wissen über Pferdesport und -haltung verfügen. Es werden daher vom Kunden diejenigen Informationen herangezogen, die ihm zur Verfügung stehen, bevor er sich durch aktive Teilnahme ein einiges Bild machen kann. Dazu gehören beispielsweise die auf der Webseite dargestellten Informationen oder auch erfragbare Informationen wie z. B. der Preis, die Anzahl der Pferde, die Qualifikation des Reitlehrers oder die Ausstattung der Anlage. Insbesondere die Preise für Reitstunden und die Größe eines Schulbetriebs stehen jedoch gar nicht in einem unmittelbaren Zusammenhang zur Angebotsqualität und sind daher ungünstige Anhaltspunkte zur Beurteilung.[34] Für Reitschulen ist es deshalb wichtig, aussagekräftige Informationen für potentielle neue Reitschüler, die auf der Suche nach einem guten Angebot sind, zur Verfügung zu stellen. Dabei gilt es darauf zu achten, dass auch die Zielgruppe derjenigen Menschen, die noch keinerlei Erfahrung mit dem Pferdesport haben, diese Informationen einordnen können und nicht etwa durch Fachbegriffe verwirrt oder gar abgeschreckt – oder sogar den Eindruck gewinnen, dass sich das Angebot eines Schulbetriebs ausschließlich an Personen richtet, die schon Pferdesporterfahrung haben.

Der häufigste Zugangsweg neuer Reitschüler liegt im Kontakt zu bereits reitenden Freunden und Bekannten, gefolgt von Verwandten, die im Pferdesport aktiv sind.[35] Weiterempfehlungen sind damit für den gesamten Pferdesport und für die einzelnen Schulbetriebe von hoher Bedeutung. Im Übrigen gilt für die Auswahlkriterien, die an Reitschulbetriebe gelegt werden, dass sie bestimmte

32 HorseFuturePanel 2014b, 59.
33 Kiefer 2012, 15.
34 Kiefer 2012, 15.
35 IPSOS 2001, 28.

gesellschaftliche Veränderungen widerspiegeln. So gaben ehemalige Schulpferdereiter an, dass für sie vor allem die Nähe zum Wohnort ausschlaggebend für die Wahl des Schulbetriebs war (74 % „sehr wichtig" oder „wichtig"), der Pflege und Gesundheitszustand der Schulpferde hingegen war weniger Probanden wichtig (32 %). Bei den aktuellen Reitschüler zeichnet sich ein anderes Bild ab: 64 Prozent geben an, dass der Zustand der Pferde als Auswahlkriterium wichtig oder sehr wichtig war, die Nähe zum Wohnort spielte für 62 Prozent der Befragten in die Entscheidung hinein.[36] Entwicklungen hin zu mehr Mobilität und einer kritischeren Wahrnehmung von Tierwohlaspekten in der Bevölkerung werden daraus ersichtlich und liefern Reitschulbetreibern Hinweise auf die Kriterien, mit denen potentielle Reitschüler ein Angebot bewerten.

Der Zeitraum, über den hinweg ein einmal gewonnener Schulpferdereiter dabei bleibt, ist sehr variabel und liegt zwischen einigen Monaten und mehreren Jahrzehnten. Der häufigste Grund, mit dem Reiten auf Schulpferden aufzuhören, ist der Kauf eines eigenen Pferdes, die Übernahme einer Reitbeteiligung auf einem Privatpferd oder grundsätzlich die Aufgabe des Pferdesports. Diejenigen Reiter, die mittlerweile nicht mehr auf Schulpferden reiten, geben an, dass die Möglichkeit, an Ausritten teilzunehmen (18 %) und die Möglichkeit, eine Reitbeteiligung auf einem bestimmten Schulpferd zu bekommen (20 %), sie eventuell dazu veranlasst hätte, das Reiten auf Schulpferden nicht aufzugeben. Diese beiden Aspekte sind auch bei den aktiven Schulpferdereitern diejenigen, die sie in ihrem Schulbetrieb am meisten vermissen (20 % bzw. 23 %). Beide Punkte sollten von Schulbetrieben demnach in Bezug auf Kundenzufriedenheit und Kundenbindung in Betracht gezogen werden. Insbesondere das Modell des „Horse-Sharing" bzw. Reitbeteiligungen auf Schulpferden wird lediglich von 9 Prozent der Probanden grundsätzlich als schlecht eingestuft (38 % „gut" oder „sehr gut", 44 % „teils / teils"). Bei einem solchen Modell wünschen sich die Pferdesportler vor allem die Möglichkeit, sich die Zeit mit dem Pferd frei einteilen zu dürfen und die Möglichkeit zur Turnierteilnahme zu bekommen.[37]

Diejenigen Personen, die gerne reiten würden, damit aber noch nicht begonnen haben, nennen dafür vor allem zeitliche und finanzielle Gründe. Die Erhebung aus 2001 ergab aber, dass auch ein Mangel an Angeboten als Ursache fungiert – und die Aussagen von damals haben im Hinblick auf die Gewinnung neuer Reitschüler ihre Aktualität bis heute nicht verloren: „Mehr als 15 Prozent der potentiellen Reiter haben noch keinen geeigneten Verein gefunden. Das sind in absoluten

36 HorseFuturePanel 2014b, 38.
37 HorseFuturePanel 2014b, 35; 69; 75.

Zahlen 140.000 potentielle neue Vereinsmitglieder. Eine Riesenchance für Vereine und Betriebe, durch stärkere Öffentlichkeitsarbeit und Angebote für Einsteiger auf sich aufmerksam zu machen. (…) Nur so lässt sich das große Potential der Interessierten, aber noch nicht aktiven Reitern in Mitglieder und Kunden umwandeln. Werden hierfür nicht die richtigen Rahmenbedingungen geschaffen – in erster Linie mehr und bessere Lehrpferde sowie eine quantitative und qualitative Verbesserung des Unterrichts – verspielen Vereine wie Betriebe ihre Wachstumschancen. Die Mitbewerber in der Sport- und Freizeitbranche schlafen nicht. Da sich die Gesellschaft immer mehr aus älteren und immer weniger aus jüngeren Menschen zusammensetzten wird, wird der Konkurrenzdruck im Freizeitbereich größer werden."[38]

Für die Kundenzufriedenheit ist es wichtig, dass die Gestaltung von Reitstunden an das Alter, Können und Interesse der jeweiligen Reitschüler angepasst wird. Demnach ist es nicht genug, dass eine Reitschule nur passende Pferde bereithält und ihren Kunden den Kontakt mit diesen bzw. das Reiten auf diesen Pferden ermöglicht. Vielmehr geht es um die Differenzierung unterschiedlicher Angebote.[39] Dafür sind einerseits möglichst detaillierte Erkenntnisse über die einzelnen Ziel- und Kundengruppen – wie Neu-, Spät- oder Wiedereinsteiger, Kindergarten- oder Schulkinder usw. – erforderlich. Aber auch Trends innerhalb des Pferdesports, etwa in Bezug auf die Turnierorientierung oder Wechselbewegungen zwischen Reitweisen, sind von Belang und sollten die Anbieter möglichst nicht überraschend treffen, sondern früh genug erkannt und erklärt werden. Eine Studie zum Thema *„Reitweisen und Reitsportdisziplinen: Wohin geht der Trend?"* brachte beispielsweise das Ergebnis, dass Motive wie *Naturerlebnis* und *Freiheit* eher dem Western-, Distanz- und Gangpferdereiten als den klassischen Disziplinen zugeordnet werden.[40] Insbesondere das Naturerlebnis hat unter vielen Pferdesportlern heutzutage eine hohe Bedeutung.[41] Von denjenigen Probanden, welche ihre Reitweise schon mal gewechselt haben, waren 82 Prozent zuvor in den klassischen Disziplinen Dressur, Springen und Vielseitigkeit aktiv und haben sich dann für eine alternative Reitweise entschieden. Der Hauptgrund für den Wechsel war dabei *„Die Reitweise entsprach nicht (mehr) meiner Vorstellung vom richtigen Umgang mit dem Pferd"* (69 %).[42] Insbesondere diese Aussage zu den Wechselgründen spiegeln den weiter oben schon angesprochenen Aspekt wieder, dass Haltungs- und Tierwohlaspekte

38 IPSOS 2001, 103; 115.

39 Kayser et al. 2012, 21.

40 HorseFuturePanel 2014a, 5.

41 Ikinger et al. 2013, 17.

42 HorseFuturePanel 2014a, 74.

zunehmend die Entscheidung von Pferdesportlern für oder gegen ein bestimmtes Angebot, sei es eine Reitschule oder ein Pensionsstall, beeinflusst. Kriterien wie die Reitweise oder die Länge des Anfahrweges spielen dann mitunter eine untergeordnete Rolle.

Abgesehen von solchen pferdesport-internen Betrachtungen ist es außerdem notwendig, grundlegende gesellschaftliche Veränderungen zu beobachten und daraus zukünftig zu erwartende Verschiebungen innerhalb von (potentiellen) Kundengruppen im Hinblick auf die damit verbundene Ausrichtung von Sportanbietern abzuleiten. Die Projektgruppe „Demographischer Wandel" des Deutschen Olympischen Sportbunds hat in diesem Zusammenhang einige Trends als besonders relevant hervorgehoben. Grundsätzliche Aspekte sind die Anzahl und das Alter der Menschen in Deutschland. Diesen allgemeinen Entwicklungen sagen Berechnungen voraus, dass bis 2050 die Bevölkerungszahl auf 74 bis 69 Millionen Einwohner zurückgehen wird, bei der Annahme von konstanten Geburtenzahlen, steigender Lebenserwartung und einem positiven Wanderungssaldo. Unter diesen Voraussetzungen würden sich die Verhältnisse zwischen Jung und Alt deutlich verschieben: „Die Zahl der 60-Jährigen wird mit gut einer Million im Jahr 2050 doppelt so hoch sein wie die Zahl der Neugeborenen. 2005 gab es fast so viele Neugeborene wie 60-Jährige."[43]

Diese Verschiebung hin zu mehr älteren Menschen bedeutet für marktorientierte Reitschulen, dass die die Bedürfnisse und Eigenschaften dieser Zielgruppe vermehrt in Betracht ziehen und auf diese eingehen müssen. Mit steigendem Alter verändern sich die Motive der Sporttreibenden und Aspekte wie Gesundheit, Fitness, Naturerlebnis und Wellness werden wichtiger als Leistungsziele oder Wettbewerbe.[44] Dabei darf aber nicht außer Acht gelassen, werden, dass es auch innerhalb der Gruppe älterer Menschen Unterschiede gibt: Je nachdem, ob eine Person noch berufstätig ist oder das Rentenalter schon erreicht hat, kann die zeitliche Flexibilität variieren. Während vielleicht ein 50-jähriger, beruflich stark beanspruchter Reitschüler gerne einen angemessenen Preis für Einzelstunden entrichtet, sofern er diese von Woche zu Woche entsprechend anderer Termine flexibel planen und erhalten kann, mag ein Rentner Freude daran haben, gemeinsam mit Alternsgenossen wöchentlich als feste Reitgruppe zusammen zu kommen. Wichtig ist es außerdem, bisherige Erfahrungen und das Können der Personen zu beachten – es muss auch innerhalb einer Altersklasse unterschieden werden zwischen geübten und ungeübten Reitern. Dabei ist mitunter ein Angebot für Neu- und Wiedereinsteiger in den Sport genauso wichtig

43 DOSB 2007, 7.
44 DOSB 2007, 19; Ikinger et al. 2013, 13.

wie eines für Ältere, die bereits ihr Leben lang Sport getrieben haben.[45] Grundsätzlich sind spezielle Angebote für Erwachsene „von hoher Wichtigkeit, denn allzu oft geht die Motivation dieser Interessengruppe verloren, weil sie ihren Anfängerunterricht in Kinderabteilungen absolvieren müssen."[46] Auch die Ausstattung einer Anlage sollte möglichst zu den Wünschen der jeweiligen Zielgruppe oder -gruppen passen. Beispielsweise hat die IPSOS-Studie ergeben, dass ältere Reiter im Vergleich zu den jüngeren mehr Wert auf Dusch- und Umkleidemöglichkeiten legen und auch Gastronomieeinrichtungen als wichtiger ansehen.[47] Gesundheitsaspekte werden außerdem in einer älter werdenden Gesellschaft wichtiger. Reiten als anerkannte Gesundheitssportart kann diese Auszeichnung für sich nutzen und in der Benennung von Angeboten und Ansprache von Kunden gezielt einbringen.

Nicht nur in den Altersstrukturen, sondern auch in sozialem und kulturellem Sinne wandelt sich die Gesellschaft. Feste Bindungen, so auch Mitgliedschaften z. B. in Sportvereinen, verlieren an Bedeutung. Der Trend geht hin zu Individualität und Flexibilität. Es ist also auch von Sportanbietern neben festen Sportstunden ein zeitlich und organisatorisch flexibles Sportangebot gefragt.[48] Während der Pferdesport in Bezug auf Flexibilität sicherlich engere Grenzen als viele andere Sportarten hat, können Anbieter dennoch kritisch prüfen, in wie weit es ihnen möglich ist, Reitschülern z. B. über Wertkartensysteme und Einzelstunden die Möglichkeit zu geben, nicht nur einen fest vereinbarten wöchentlichen Reitplatz zu buchen. Es wird dabei „notwendig sein, neben den Angeboten für engagierte Mitglieder auch solche für weniger in diesem Sport engagierte zu schaffen, um dem Bedeutungsverlust der Verbindlichkeit Rechnung zu tragen und Möglichkeiten zu einer variantenreichen sportlichen Betätigung zu eröffnen, von der der Pferdesport vielleicht nur einen kleinen Teil darstellt. An dieser Stelle kommt die Wichtigkeit des Schulpferdebetriebs zum Tragen. Denn hiermit ist es möglich, den Pferdesport weitestgehend unverbindlich auszuüben – ohne die tägliche Verantwortung für das Pferd übernehmen zu müssen und dadurch stark gebunden zu sein."[49] Allerdings können Möglichkeiten zur Marktorientierung auch an Grenzen stoßen bzw. bewusst nicht ausgeschöpft werden: Der Reitsport zeichnet sich durch den Sportpartner Pferd aus und eben auch durch die mit dem Pferd verbundene Verantwortung und Fürsorgepflicht für ein Lebewesen. Der dadurch erwirkte erzieherische Effekt wird besonders für die Schulung von Kindern und Jugendlichen

45 DOSB 2007, 38.
46 Tietze 2004, 428.
47 IPSOS 2001, 76.
48 DOSB 2007, 36.
49 Tietze 2004, 427.

von Praktikern bestätigt und geschätzt. Es ist daher durchaus legitim, wenn sich Anbieter in diesem Punkt bewusst dagegen entscheiden, ihre Reitschüler von regelmäßigen Verpflichtungen zu entbinden, nur um ein möglichst modernes und flexibles Angebot zu führen.

Kinder und Jugendliche waren, sind und bleiben eine wichtige Zielgruppe für den Pferdesport – das durchschnittliche Einstiegsalter etwa lag 2001 zwischen 11 und 13 Jahren.[50] Dadurch, dass diese Gruppe insgesamt kleiner wird und noch dazu durch die Entwicklung hin zur Ganztagsschule weniger freie Zeit zur Verfügung hat, wird sie jedoch auch schwerer erreichbar und die Konkurrenz zwischen Anbietern auf dem Freizeitmarkt um die „Zielgruppe Kind" verstärkt sich. Immer mehr Vereine und Verbände versuchen deshalb, Kinder schon möglichst früh, ungefähr ab dem dritten Lebensjahr, an sich zu binden[51] – ein Konkurrenzkampf, dem sich auch der Pferdesport insgesamt und jeder einzelne Reitschulbetrieb gegenüber sieht. Je nach Ausrichtung einer Reitschule kann es deshalb durchaus sinnvoll sein, bereits Kinder im Kindergarten- und Vorschulalter über spielerische Angebote an das Pferd heranzuführen um die Kinder dann, wenn sie ein entsprechendes Alter erreicht haben, für eigene Voltigier- und Reitangebote zu halten. Die wichtigsten Aspekte für die Zufriedenheit der Kinder und Jugendlichen sind die Gestaltung der Schulstunden, das Schulpferd und der Reitlehrer.[52]

Speziell im Hinblick auf Kinder und Jugendliche hat das Reiten und allgemein der Umgang mit Pferden einen Vorteil gegenüber allen anderen Sportarten, den die Anbieter und Verbände unbedingt in der Ansprache von Eltern nutzen und hervorstellen sollte. Neben den positiven gesundheitlichen Effekten durch sportliche Bewegung werden durch den engen Kontakt zum Sportpartner Pferd Werte wie Verantwortung, Disziplin, Geduld und Teamgeist auf eine Weise vermittelt, die sich in kaum einer anderen Sportart wiederfindet.[53] Diese Argumentation lässt sich auch verstärkt nutzen, wenn es um den Aufbau von Kooperationen zwischen Pferdebetrieben und Schulen geht, denn ein weiterer Effekt der Ganztagsschulentwicklung ist es, dass die Schulen für ein gutes Nachmittagsangebot und die Betreuung der Schüler z. B. in AGs sorgen müssen und ggf. Kooperationsangebote dankbar annehmen. „Neben dem hohen Wert des Pferdesports in Therapie, Behindertensport und Heilpädagogik geht es dort vor allem um sein Potential für die Erziehung und Körperschulung heranwachsender Generationen. Mit Hilfe des Pferdesports als integralem Bestandteil des Schulsports kann es

---

50 IPSOS 2001, 27.

51 DOSB 2007, 21.

52 Kayser et al. 2012, 20.

53 Tietze 2004, 497; Stoffl 2003, 47*ff*.

langfristig gelingen, die immer offensichtlicheren Defizite der jungen Generation in Motorik, Persönlichkeitsentwicklung und Sozialkompetenz abzubauen bzw. solchen Missständen mit Hilfe der Vermittlung positiver Verhaltens- und Persönlichkeitsmuster vorzubeugen. In diesem Sinne besteht Zielidentität zwischen Bildungswesen und Pferdesport. Die Kooperation zwischen Schule und Verein stellt darüber hinaus eine große Chance zur Nachwuchsrekrutierung im Pferdesport dar."[54] Schulpferdebetriebe können über solche Kooperationen die Auslastung ihrer Pferde verbessern und planbarer gestalten. Bei allen Vorteilen und positiven Berichten aus bestehenden Projekten muss jedoch auch angemerkt werden, dass die Umsetzung in der Praxis Schwierigkeiten mitbringt und derzeit nicht selten von einzelnen Lehrkräften abhängt, die sich in besondere Weise für Reit- oder Voltigierangebote in ihrer Schule einsetzen. Transport-, Versicherungs- und Finanzierungsfragen gilt es jeweils individuell zu klären und auch die Vermittlung von Kooperationspartner erfolgt meist nicht strukturiert etwa über Verbände, sondern entsteht eher durch persönliche Kontakte. Die Tatsache, dass Schulgesetzgebung auf Ländereben stattfindet, erschwert zusätzlich die Etablierung einheitlicher Konzepte und Modelle. Dennoch sollten Reitschulen aus den genannten Gründen und Entwicklungen heraus die Kooperationen mit Schulen für sich in Betracht ziehen. Ein weiterer positiver Nebeneffekt kann die langfristige Bindung einzelner Reitschüler an den eigenen Schulbetrieb sein.

Ein weiterer großer und sehr aktueller Trend in der deutschen Gesellschaft ist die Zuwanderung von Menschen aus anderen Ländern und die damit einhergehende Internationalisierung der Bevölkerung. Insgesamt liegt der Anteil der Menschen mit Migrationshintergrund – hier gibt es viele unterschiedliche Varianten und Status – bei über 20 Prozent.[55] Diese Gruppe ist derzeit im Sport allgemein noch unterrepräsentiert – und sie wächst: „Mehr als die Hälfte aller unter 30-Jährigen werden im Jahr 2050 nicht-deutscher Herkunftssprache sein. (…) Studien belegen, dass der Anteil sportaktiver Menschen mit Migrationshintergrund bei rund 20 Prozent und der Sportaktivenanteil der Deutschen bei rund 50 Prozent liegt – diese Zahlen verdeutlichen die gesellschaftspolitische Herausforderung, aber auch Potenzial und Chancen."[56] Dies gilt auch für den Pferdesport. Potentiale und Chancen bestehen darin, dass hier eine wachsende Bevölkerungsgruppe besteht, die noch für das Pferd begeistert und gewonnen werden kann. Die Herausforderung liegt dabei in der Schaffung von passenden Zugangswegen. So

54 Tietze 2004, V.
55 destatis.de.
56 DOSB 2007, 22.

müssen diese unter Umständen auch Personen erreichen, in deren Kulturkreisen das Pferd, anders als in Deutschland, kein Sport- und Freizeitpartner ist. Der Abbau von Berührungsängsten kann hier notwendiger Bestandteil der Lehrstunden werden, bevor das tatsächliche Reiten auf dem Programm steht. Auch ist es für Migrantinnen und Migranten Sport im Verein oft keine Selbstverständlichkeit und das Vereinssystem ist ihnen häufig fremd, so dass auch hier Barrieren abgebaut werden müssen und ein erhöhter Erklärungsbedarf besteht.[57]

Literatur

AWA (2014): Markt- und Werbeträgeranalyse 2014. Institut für Demoskopie Allensbach, Allensbach. Abgefragt unter http://sportfive.comsulting.de/cgi-bin/Navigation.py?navPoint=0, 26.06.2015.

Sieweck, J., Hartwig, T. (2015): Wirtschaftsfaktor Pferd – Marktdaten über Reiter & Pferd. BoD – Books on Demand, Norderstedt.

Bruns, U. (1965): Reiter-Träume… Mit geliebten Pferden leben. Albert Müller Verlag, AG, Rüschlikon-Zürich.

Bolz, H. (2013): Unternehmenserfolg durch marktorientierte Führung. Unternehmenskultur systematisch reflektieren, Veränderungsprozesse gestalten. Springer Gabler Fachmedien Wiesbaden.

Collin, S.-O., Smith, E. (2002): Window of Entrepreneurship – An inductive analysis of two riding schools. Kristianstad University College, Department of Business Studies.

Destatis (Statistisches Bundesamt) (2014): Bevölkerung mit Migrationshintergrund. Abgefragt unter: https://www.destatis.de/DE/ZahlenFakten/GesellschaftStaat/Bevoelkerung/MigrationIntegration/MigrationIntegration.html, 28.06.2015.

DOSB (Deutscher Olympischer Sportbund) (2007): Projektbericht der Projektgruppe „Demographischer Wandel" des Deutschen Olympischen Sportbundes (2005 bis 2007). Abgefragt unter: http://www.dosb.de/fileadmin/fm-dosb/arbeitsfelder/Breitensport/demographischer_wandel/Demographischer_Wandel_Internet.pdf, 10.06.2015.

FN (Deutsche Reiterliche Vereinigung e. V.) (2013): Sportentwicklungsbericht Pferdesport 2013 – Zusammenfassung und ausgewählte Fakten zur Situation der organisierten Pferdesportvereine und -betriebe in Deutschland. Warendorf / Köln.

Gille, C., Hoischen-Taubner, S., Spiller, A. (2011): Neue Reitsportmotive jenseits des klassischen Turniersports. Sportwissenschaften 41 (1), 34–43.

57 DOSB 2007, 22.

Häggblom, M., Rantamäki-Lahtinen, L., Vihinen, H. (2012): Equine sector comparison between the Netherlands, Sweden and Finland. Abgefragt unter: http://ec.europa.eu/environment/life/project/Projects/index.cfm?fuseaction=home.showFile&rep=file&fil=EquineLIFE_Sector_Comparison.pdf, 14.05.2015.

HorseFuturePanel (2014)a: HFP-Ergebnisreport Reitweisen 01|2014. Göttingen.

HorseFuturePanel (2014)b: HFP-Ergebnisreport Schulpferde 06|2014. Göttingen.

Ikinger, C., Münch, C., Wiegand, K., Spiller, A. (2013): Reiterleben, Reiterwelten – Zielgruppen zwischen Reitweisen, Motiven und der Liebe zum Pferd. Hrsg.: Georg-August-Universität Göttingen; HorseFuturePanel UG (haftungsbeschränkt; Dietz & Consorten – Argentur für gute Kommunikation GmbH, Göttingen. URL: http://www.uni-goettingen.de/de/document/download/1988e74b5e6a7bf92bf38381a71a47f0.pdf/2013-04%20reitsportstudie_screen.pdf (Stand: 11.05.2015).

IPSOS (2001): Faszination Zukunft. Neue Perspektiven im Pferdesport. Die FN Marktanalyse „Pferdesportler in Deutschland 2001“ kompakt und kommentiert.

Kayser, M., Gille, C., Suttorp, K., Spiller, A. (2012): Lack of pupils in German riding schools? – A causal-analytical consideration of customer satisfaction in children and adolescents. Diskussionspapier. Georg August Universität Göttingen.

Kiefer, S. (2012): Untersuchung von Indikatoren zur Qualitätsmessung von Reitschulen in Deutschland. Diskussionspapier des Instituts für Informationsökonomik, Universität Münster.

Kohli, A.K., Jaworski, B.J., Kumar, A. (1993): MARKOR – A Measure of Market Orientation. Journal of Marketing Research 30 (4), 467–477.

MANZ (o. J.): Marktorientierung hat Vorrang. Abgefragt unter: http://www.wissenistmanz.at/sbplus/105346_wirtschaft-recht-2/marktorientierung-hat-vorrang.pdf/download, 30.03.2015.

Narver, J.C., Slater, S.F. (1990): The Effect of a Market Orientation on Business Profitability. Journal of Marketing 54 (4), 20–35.

Reichmann. R. (2010): Marktorientierung und Innovationsorientierung. Dissertation. Universität Mannheim.

Seyfarth, S. (2011): Erfolgsfaktoren von Schulbetrieben im Vergleich von Vereinen und Pferdebetrieben in städtisch und ländlich geprägten Regionen. Bachelorarbeit. Wien/Neustadt (Dosse).

Stoffl, R. (2003): Mit Pferden erziehen. Dissertation. Universität Köln.

Tietze, T.-K. (2004): Ökonomische, ökologische und gesellschaftliche Effekte von Pferdesport, -zucht und -haltung. Dissertation. Fachbereich Wirtschaftswissenschaften, Leibniz Universität Hannover.

Christina Münch und Ronald Wadsack

Reiten als Gesundheitssport

Abstract Schon lange ist bekannt, dass die aktive Sportausübung bzw. die körperliche Bewegung positive Effekte auf den Gesundheitszustand des Menschen hat. Allerdings stehen vor allem die industrialisierten Länder vor der Herausforderung, dass eine körperliche Belastung, die im Rahmen gesunderhaltender Effekte erforderlich wäre, durch die zunehmende Technisierung im Arbeitsalltag, im Verkehr, im Haushalt und in der Freizeit nicht mehr notwendig ist.[1] So gilt der Risikofaktor Bewegungsmangel in den Industrienationen mittlerweile als größeres Gefahrenpotenzial für die Gesundheit als z. B. Rauchen, Bluthochdruck oder Übergewicht.[2] Umgekehrt gehört laut Sportbericht der Bundesregierung „aktives Sporttreiben für einen Großteil der Bevölkerung zu einer gesundheitsbewussten Lebensgestaltung dazu."[3]

Mit der Etikettierung spezifischer Angebote als Gesundheitssport erlangen die Angebote einerseits in der öffentlichen Wahrnehmung und andererseits in Bezug auf die ökonomische Be- und Verwertung noch einmal eine zusätzliche Bedeutung: Durch die Verknüpfung der beiden Begriffe Gesundheit und Sport wird auch der Bezug auf einen spezifischen Markt, den Gesundheitsmarkt, suggeriert.

1. Gesundheitssport als grundlegende Kategorie der Betrachtung

Zur Schaffung eines besseren Verständnisses werden zunächst die begrifflichen Voraussetzungen von Gesundheit, Sport, Gesundheitssport und Markt geklärt.

Die WHO definiert Gesundheit als Zustand des vollkommenen körperlichen, seelischen und sozialen Wohlbefindens und nicht die bloße Abwesenheit von Krankheit oder Gebrechen. Die subjektive Beurteilung der Gesundheit ist u. a. auch vom Alter abhängig. So sehen jüngere Menschen ihre Gesundheit eher in Verbindung mit Begriffen wie „Fitness", „Leistungsfähigkeit", „Energie" und „Stärke", ältere Menschen dagegen mit denen der „Ganzheit", „Integrität" oder auch der „Fähigkeit zur Alltagsbewältigung".[4]

Sport wird vom DOSB wie folgt charakterisiert: „Die Ausübung der Sportart muss eine eigene, sportartbestimmende motorische Aktivität eines jeden zum

---

1 Berg, König 2005.
2 Brwon, Pavey, Bauman 2014.
3 Deutscher Bundestag 2014, 13.
4 Naidoo, Wills 2003.

Ziel haben, der sie betreibt."[5] Diese motorische Aktivität muss einen Selbstzweck haben und darf nicht dem Alltag bzw. Berufsleben entstammen und sich an ethischen Werten ausrichten.[6] Gerade im Bereich des nicht wettkampfmäßig ausgeübten Sports und durch die unklaren Grenzen zu einem Teil der Wellness-Angebote hat sich das zu beobachtende Phänomen „Sport" von einem primär wettkampfsportlichen Tun praktisch und sprachlich in vielfältigen Varianten ausgebildet.

Gesundheitssport bedeutet eine funktionale Zuschreibung gezielter gesundheitlicher Wirkungen durch sportliche Aktivitäten. Wenn auch einem großen Teil des Sporttreibens grundsätzlich eine gesundheitsförderliche Wirkung unterstellt wird, so ist mit dem Begriff Gesundheitssport eine spezifischere präventive oder rehabilitative Beziehung umschrieben. Bestimmte Formen der Sportausübung dienen der Förderung von Gesundheit.[7] In Anknüpfung an die WHO-Charta von 1986 findet man folgende Definition: „Unter Gesundheitssport wird die von Bewegung schwierig abgrenzbare sportliche Aktivität zur Vorbeugung und Verminderung von Krankheitsrisiken subsummiert (…). Somit fungiert Sport hier als ein Mittel zum Zweck der Gesunderhaltung."[8] Eine über den präventiven Gedanken hinaus gehende Definition bieten *Hartmann et al.*: „Gesundheitssport ist eine Form der sportlichen Betätigung, die gezielt eine Stabilisierung, Verbesserung und Wiederherstellung von Gesundheit anstrebt. Um eine sportliche Bewegungsform als Gesundheitssport durchzuführen, müssen im Vorfeld die Dosis (Intensität, Dauer und Umfang des gesundheitssportlichen Trainings) und die gesundheitlichen Ziele bestimmt werden."[9]

Brehm & Bös, als zentrale Diskutanten in diesem Themenbereich, verbinden Gesundheitssport mit den folgenden sechs Zielsetzungen:[10]

1. Stärkung physischer Gesundheitsressourcen.
2. Stärkung psychosozialer Gesundheitsressourcen.
3. Verminderung von Risikofaktoren.
4. Bewältigung von Beschwerden und Missbefinden.
5. Aufbau von Bindung an gesundheitssportliche Aktivität.
6. Verbesserung des Bewegungsverhaltens.

---

5 Deutscher Olympischer Sportbund 2014a.
6 Vgl. Deutscher Olympischer Sportbund 2014a.
7 Vgl. Brehm, Bös 2006, 18–19.
8 Pieter et al. 2011, 269.
9 Hartmann et al. 2005, 65.
10 Vgl. Brehm, Bös 2006, 21–28.

Abbildung 1: Qualitätssiegel des DOSB (Quelle: Deutscher Olympischer Sportbund 2014)

Gesundheitssport gibt es in Deutschland seit 1995. Er zielt darauf ab regelmäßig und systematisch durch körperliche Belastung Gesundheit zu fördern, zu erhalten und wiederherzustellen und zwar physisch und psychosozial.[11] Adäquate Bewegung fördert Gesundheit, Leistungsfähigkeit und Wohlbefinden. Sie unterstützt sämtliche Körperfunktionen und beugt Beschwerden vor. Neben der Prävention im eigentlichen Sinn vermittelt Gesundheitssport kompetentes Wissen über den eigenen Körper und strebt eine langfristige Bindung an ganzheitliche Bewegungsprogramme an.

Die Gesundheitssportprogramme des organisierten Sports verfolgen ganzheitliche Ziele und basieren auf einem modernen Verständnis von Gesundheitsförderung. Die Angebote wollen nicht nur Prävention, das heißt Erkrankungen oder Störungen im Vorfeld verhindern helfen, sie konzentrieren sich auch darauf, die Gesundheitskompetenz des einzelnen Teilnehmers auszubilden und zu stärken, sowohl die physische (körperliche), psychische (seelische) als auch die soziale Gesundheit (intakte Beziehungen zur Umwelt).[12]

Für einige gesundheitssportliche Angebote wurde zwischenzeitlich eine Akzeptanz erarbeitet, die sich u. a. in der teilweisen Finanzierung durch Krankenkassen

11 DSB 1993.

12 Vgl. Brehm et al. 2001, 2003.

niederschlägt. Voraussetzung für entsprechende i. d. R. in Kursform erfolgende Angebote ist, dass diese z. B. im Sportvereinsbereich mit dem Qualitätssiegel SPORT PRO GESUNDHEIT des Deutschen Olympischen Sportbundes versehen sind (Abbildung 1) und damit bestimmte Qualitätsmerkmale erfüllen.

Qualitätskriterien zum Erhalt des Qualitätssiegels SPORT PRO GESUNDHEIT sind zielgruppengerechtes Angebot, qualifizierte Leitung, einheitliche Organisationsstrukturen, präventiver Gesundheitscheck, begleitendes Qualitätsmanagement und der Verein als Gesundheitspartner.[13] U. a. die Sportfachverbände der Turner, der Schwimmer, der Tischtennisspieler, der Aikido-Sportler und der Pferdesportler dürfen, nachdem sie intensiv hinsichtlich ihrer gesundheitssportlichen Eigenschaften geprüft wurden, das DOSB-Qualitätssiegel SPORT PRO GESUNDHEIT für entsprechende Angebote vergeben. Über gemeinsame, verbindliche Grundsätze verpflichtet sich der organisierte Sport in Zusammenarbeit mit der Bundesärztekammer, die Qualität dieser Vereinsangebote vor Ort über das Qualitätssiegel SPORT PRO GESUNDHEIT zu sichern. Das Qualitätssiegel SPORT PRO GESUNDHEIT vereint eine Vielzahl von Partnern und Interessenten. Es ist auf der Bundes-, Landes- und Vereinsebene verankert, sowohl im System der Spitzenverbände und Sportverbände mit besonderer Aufgabenstellung als auch flächendeckend in den Landessportbünden. In den Sportverbänden wurden nach Zahlen aus dem Jahr 2012 circa 19.000 Gesundheitssportprogramme in rund 8.000 Vereinen mit dem Qualitätssiegel zertifiziert.[14]

2. Sport im Gesundheitsmarkt

Der Begriff „Gesundheit" ist in unserer Gesellschaft als wertvolles Gut mit einem hohen Prestige versehen. Entsprechend eignet er sich zur Qualifikation von Produkten bzw. Dienstleistungen als besonders lebenswichtig und ermöglicht eine entsprechende Aufmerksamkeitswirkung.[15] Originär umfasst er die verschiedenen Akteure und Anbieter von (klassischen) Gesundheitsdienstleistungen der Diagnose, Behandlung und Heilung von Krankheiten.[16]

Der Begriff „Markt" kann entsprechend unterschiedlicher Bedeutungsformen beschrieben werden. So unterscheidet Merk folgende drei:[17]

13 Vgl. Deutscher Olympischer Sportbund 2014b.
14 Vgl. DOSB 2012.
15 Vgl. Breuer, Wicker 2010, 35.
16 Vgl. Oberender et al. 2006.
17 Vgl. Merk 1960, 14.

1. Markt abstrakt als eine mögliche, denkbare Form des Aufeinandertreffens von Angebot und Nachfrage.
2. Markt als jedes konkrete Zusammentreffen von Angebot und Nachfrage im Sinne der Verkehrswirtschaft.
3. Markt als begrenzter Bereich von Angebot und Nachfrage nach räumlichen (u. a. Wochenmarkt, Messe), zeitlichen (u. a. Herbstmarkt), sachlichen (u. a. Gesundheitsmarkt) oder juristischen (u. a. grauer Markt) Kriterien.

Die hier erfolgende Betrachtung orientiert sich in erster Linie an der zweiten Kategorie des Marktes im Sinne der Verkehrswirtschaft. Eine Besonderheit des (klassischen) Gesundheitsmarktes liegt in dem Regulierungsniveau, welches u. a. auf Leistungen bzw. Produkte und Anbieter, z. T. Preise bzw. Zahlungsverpflichtungen abstellt.

Abbildung 2 zeigt die grundlegenden Zusammenhänge des Gesundheitsmarktes heute, der sich durch verschiedene Reformprozesse in den letzten Jahrzehnten deutlich verändert hat.[18]

Oberender bescheinigte dem Gesundheitsmarkt im Jahr 2010 enorme Wachstumschancen, da durch die demografische Entwicklung die Zunahme von gesundheitlich relevanten Angeboten erwartet wird und auf der Nachfrageseite ein deutliches finanzielles Potenzial bescheinigt werden kann.[19]

Abbildung 2: Struktur des deutschen Gesundheitsmarktes (Quelle: Sachverständigenrat 2005: 36)

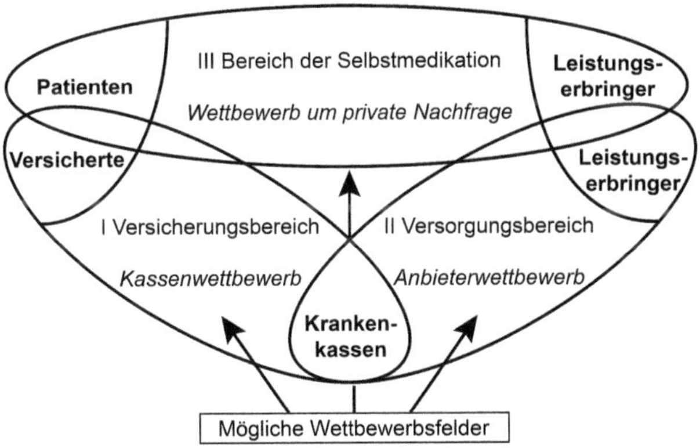

18 Vgl. Noweski 2012, 12–92.
19 Vgl. Oberender 2010, 28–29.

Wichtiges Merkmal ist die idealtypische Differenzierung des Gesundheitsmarktes nach beitrags-, steuer- und privat finanzierten Leistungen bzw. einer Mischung aus diesen Formen.[20]

Die von der Roland Berger Beratung eingeführte Begrifflichkeit eines ersten (bisher in diesem Beitrag als „klassisch" bezeichnet) und eines zweiten Gesundheitsmarktes erscheint v. a. für die Bezugnahme auf den Gesundheitssport als sinnvolle Strukturierung, auch wenn eine trennscharfe Abgrenzung nicht möglich ist.[21] Dem ersten Gesundheitsmarkt können die klassischen Bereiche ärztliche Versorgung, Krankenhäuser, Pflegeheime, Pflegedienste und Apotheken sowie therapeutische Angebote zugeordnet werden.[22] V. a. die Ausgabenbereiche Fitness / Wellness, Gesundheitstourismus,

Functional Food und Bio-Lebensmittel zählen zu dem zweiten Gesundheitsmarkt.[23] Besonders die in den letzten Jahren zu beobachtende Ausweitung der Eigenleistungen stärkt seine Bedeutung.[24] Die von der *Roland Berger Beratung* 2008 veröffentlichte Analyse der wichtigsten Teilmärkte im zweiten Gesundheitsmarkt differenziert diese Aspekte weiter (Tabelle 1).

Zwischen beiden Gesundheitsmärkten existieren Schnittmengen, wenn z. B. durch Nachfrager von der Krankenversicherung (teil-) finanzierte Rückenkurse in Anspruch genommen werden.[25] Gleiches gilt für die IGel-Leistungen[26], welche privat finanziert, jedoch typischerweise von den originären Anbietern im Gesundheitswesen erbracht werden. Andererseits hat die Erweiterung des Verständnisses von Gesundheitsmarkt, gepaart mit der Ausgabebereitschaft von Konsumenten zu einer deutlichen Ausweitung dieses zweiten Segmentes geführt.

Neben der Erweiterung des Angebotes traditioneller Akteure (Sportvereine, Fitnessstudios), treten in dem Bemühen um die Schaffung neuer Einnahmequellen weitere Anbieter hinzu. Der Begriff Gesundheitssport erweist sich dabei (wie andere gesellschaftliche Aspekte auch) in einem ökonomischen motivierten

---

20 Vgl. van den Bussche o. J., 4.

21 Vgl. Walzik 2013. Dem von *Walzik* vorgeschlagenen Ansatz, eine Unterteilung in drei Gesundheitsmärkte vorzunehmen, wird an dieser Stelle nicht gefolgt.

22 Vgl. Vier 2012, 26.

23 Vgl. Kartte, Neumann 2008.

24 Vgl. Damm et al. 2010, 22–23.

25 Vgl. Kartte, Neumann 2008, 36.

26 Vgl. Kartte, Neumann 2008, 36. Die IGel-Leistungen umfassen mit der Kassenärztlichen Bundesvereinigung abgestimmte Leistungen, welche nicht von den Krankenkassen finanziert werden. Diese Liste beinhaltet gegenwärtig keine gesundheitssportlichen Angebote.

Zugriffsprozess. In unserer Gesellschaft werden viele Aktivitäten erst dann wesentlich[27], wenn sie einer materiell verwertbaren Mechanik unterliegen. Dazu bedarf es bekanntermaßen der Abgrenzung bzw. Definition des Angebotes, um es zu einem abgrenzbaren Produkt zu machen und nach Möglichkeit rechtlich zu schützen. Zertifizierungen, Ausbildungssysteme und Kursstrukturen sind typische Instrumente in diesem Abgrenzungsprozess.

Tabelle 1: Wichtigste Teilmärkte des zweiten Gesundheitsmarktes (Quelle: leicht modifiziert nach Kartte & Neumann 2008: 35)

Umsatz pro Kunde	**Hoch**	Gesundheitsreisen Fitnessstudio Personal Training Assistance-Leistungen Hochschulen (Gesundheitsorientierte Studiengänge) Sportreisen Fernsehen (Special Interest Kanäle) Functional Food Zeitschriften (Gesundheit)	Sportartikel Zusatzversicherung (Gesundheit) OTC-Medikamente (freier Verkauf) Nahrungsergänzungsmittel
	Niedrig	Qualitätssicherung/Beratung Internet Banken (Gesundheitsbezogene Kredite) Babypflege Medizintechnik / Homecare Sportvereine und -verbände Wellness (Spas) Naturkosmetik Betriebliches Gesundheitsmanagement	Bio-Lebensmittel Apotheken Drogerien Hautpflege Leistungserbringer Mundhygiene
		Niedrig	**Hoch**
		Anteil Kunden in der Bevölkerung	

Die Spezifik des Gesundheitsmarktes wirkt hier zusätzlich, indem die Anknüpfung an den ersten Gesundheitsmarkt gemäß der oben beschriebenen Charakterisierung attraktiv ist. Die zumindest teilweise Kostenübernahme durch einen Dritten (i. d. R. Krankenkassen) ist hilfreich für die Argumentation gegenüber potenziellen Teilnehmern. Ihnen bleibt einerseits eine Minderung ihres verfügbaren

27 „Wesentlich" bezieht sich dabei auf die ökonomisierte Wahrnehmungsebene einer kapitalistisch geprägten Gesellschaft. Es kann durchaus sein, dass auf der Wahrnehmungsebene der individuellen und sozialen Lebenswirklichkeit eine deutlich andere Wertigkeit gilt, bzw. andere Phänomene in den Vordergrund treten.

Geldes erspart, andererseits vermittelt die (partielle) Kostenübernahme das Gefühl des Nutzens der bezahlten Krankenkassenbeiträge abseits von Akutsituationen. Dies kann möglicherweise einen zusätzlichen Anreiz bieten. Verstärkend mag wirken, dass mit dem zum Jahresende 2014 verabschiedeten Präventionsgesetz[28] eine Propagierung gesundheitlich förderlicher sportlicher Aktivitäten weiterer Vorschub geleistet werden kann.

Die Herausbildung von gesundheitssportlichen Angeboten lässt sich damit als mehrstufiger Prozess beschreiben (Abbildung 3). Ausgangspunkt sind alle in der Lebenswelt vorkommenden Aktivitätsmöglichkeiten für Menschen. In einem ersten Schritt gilt es, die gewünschten Leistungen durch die sprachliche und ggf. inhaltliche Verknüpfung mit dem Begriff „Gesundheit" aus der Gesamtmasse potenzieller Aktivitätsmöglichkeiten herauszulösen („artikulierter Gesundheitsbezug"). Damit ist die Grundlage für die weitere Qualifikation als Gesundheitsprodukt gelegt. Durch die Sicherstellung von qualitativen Standards kann in einer nächsten Stufe die Attraktivität für Leistungsanbieter (z. B. Vereine, Betriebe und Verbände) und -nachfrager (gesundheitsorientierte Wanderer) gesteigert werden, wodurch die Einordnung in den Zweiten Gesundheitsmarkt erfolgt. Auf dieser Basis kann eine fundierte gesundheitsorientierte Argumentation erfolgen, die im Idealfall bis zu einer zumindest teilweisen Kostenübernahme etwa im Rahmen von Präventionsbudgets der Kostenträger für die Teilnahme führt.

Eine nächste Stufe würde mit der Eingruppierung als IGeL-Angebot geschaffen, welches zwar individuell finanziert werden muss, aber durch die Nähe zu den klassischen Anbietern im Gesundheitswesen (Ärzte, Krankenhäuser) einen besonderen Nimbus erhält. Final steht die Einstufung einer Leistung als Bestandteil des Leistungskataloges von Krankenkassen und damit den Ersten Gesundheitsmarkt. Lediglich im Bereich der Rehabilitationsmaßnahmen finden ärztliche Anordnungen auch für körperliche Aktivitäten statt.

28 Vgl. BKK Dachverband e. V. 2014.

Abbildung 3: Schema der Genese von Gesundheitsprodukten bzw. -leistungen (Quelle: eigene Darstellung)

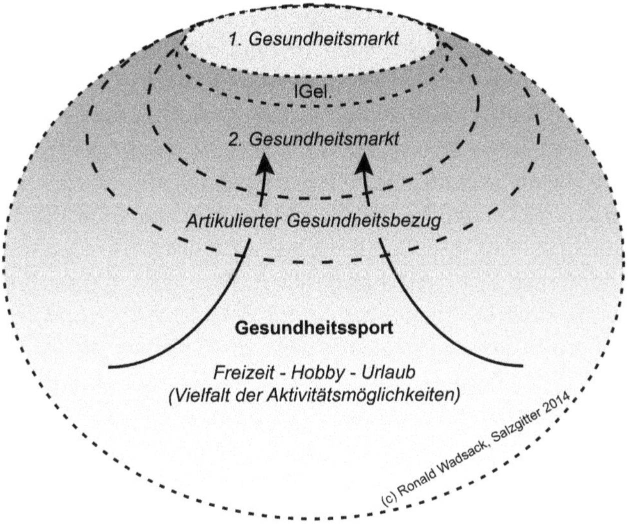

Die perspektivische Relevanz von gesundheitssportlichen Aktivitäten erklärte Wopp schon 1995: „Durch die Privatisierung vieler Kosten, die in der Vergangenheit pauschal durch Krankenkassen übernommen wurden, werden zukünftig viele Menschen ihr sportliches Handeln am Erzielen gesundheitlicher Wirkungen bzw. am Vermeiden gesundheitlicher Risiken ausrichten."[29]

3. Reiten als Gesundheitssport

Das Reiten zählt im Sinne der DOSB-Sport-Definition als sportliche Handlung. So ist das Reiten „ein höchst komplexer Prozess aus sensomotorischen, affektiven, kommunikativen, kognitiven und technisch-motorischen Fähigkeiten und Fertigkeiten, die in untrennbarem Zusammenspiel wirken, wenn Menschen auf einem Pferd sitzen und dieses lenken".[30] Wie bereits im Rahmen der definitorischen Betrachtung (Kapitel 1) beschrieben, können in Abgrenzung dazu dem Reiten als Gesundheitssport gezielte gesundheitliche Effekte sowie eine präventive oder rehabilitative Wirkung zugeschrieben werden. So dient das Reiten in

29 Wopp 1995.
30 Nobbe 2008.

der Ausübung als Gesundheitssport der allgemeinen Gesundheitsförderung und Gesundheitserziehung, motiviert zu einem nachhaltigen, gesunden und bewegten Leben mit dem Pferd (auch in der Natur) und beugt Störungen im Bereich des Bewegungsapparates vor. Sich sicher auf dem Pferderücken zu bewegen, stellt dabei hohe Anforderungen an die körperliche Bewegungsbildung. Die Balance auf dem Pferd zu halten, ist eine ganzheitliche Leistung, welche die gesamte Muskulatur, den Gleichgewichtssinn und das gesamte Wahrnehmungsvermögen fordert und fördert. Schon die dreidimensionalen Bewegungen des Pferderückens im Schritt beeinflussen den Beckenbereich derartig, dass sich der gesamte Stütz- und Halteapparat in ständiger An- und Entspannung harmonisch anpassen muss. Gleichzeitig muss der Reiter die Bereitschaft besitzen, diese Herausforderung emotional anzunehmen. Erst der Dialog mit dem Pferd, die körperliche und geistige Kommunikation mit ihm, können zu einer Verhaltensänderung beim Reiter führen.[31]

Das DOSB-Siegel „Sport pro Gesundheit" (Kapitel 1) wurde durch die FN beantragt. Dabei trägt das Konzept der FN die Bezeichnung „Reiten als Gesundheitssport". Gleichwohl handelt es sich nicht immer um Reiten allein, da auch der Umgang mit dem Pferd sowie Elemente von Bodenarbeit im weitesten Sinne mit einbezogen werden.[32] Reiten als Gesundheitssport bzw. Gesundheitssport mit dem Pferd umfasst also, ausgerichtet an den sechs Kernzielen von Gesundheitssport im Sinne einer ganzheitlichen Förderung von Gesundheit sowohl Sequenzen auf dem Pferd, als auch andere gesundheitssportliche Aktivitäten wie Funktionsgymnastik zum Auf- und Abwärmen vor und nach dem Reiten, Ausdauer- und Entspannungstraining sowie auch Wissensvermittlung.

Kernziel 1: Stärkung von physischen Gesundheitsressourcen

Ziel ist es, insbesondere die körperlichen Eigenschaften zu stärken, die zur Gesunderhaltung beitragen. Das Sitzen auf dem Pferd kräftigt die Rücken-, Bauch- und Beckenbodenmuskulatur, stärkt die Wirbelsäule, fördert die Haltung, verbessert Koordination, Atmung und Kreislauf und führt zu Entspannung und zum Stressabbau.[33]

Inwieweit Ausdauer, Kraft und koordinative Fähigkeiten sowie auch die Entspannungsfähigkeit durch Reiten alleine trainierbar sind, ist bislang noch nicht hinreichend wissenschaftlich belegt. Bezüglich des Ausdauertrainings können allerdings positive Effekte im Rahmen der Arbeit mit dem Pferd vom Boden

31 FN 2015.
32 Heipertz-Hengst 2003.
33 FN 2015.

aus erzielt werden. Im Zusammenhang mit der Gelenksbeweglichkeit kann von einer relativ guten Wirkung des Reitens in Kombination mit einem gesundheitsorientierten Aufwärmen vor dem Aufsteigen und unter der Voraussetzung einer weitgehenden Losgelassenheit des Reiters ausgegangen werden. Hinsichtlich der Dehnfähigkeit der Muskulatur besteht bei stärkeren Verkürzungen zusätzlicher Trainingsbedarf. Eine hervorragende Eignung kann im Reiten bezüglich der koordinativen Fähigkeiten im Zusammenhang mit einer gesunden Körperhaltung gesehen werden. Aber auch hinsichtlich der Fähigkeiten in weiterem Sinne von Koordination, bietet das Reiten, aber auch der Umgang mit dem Pferd bzw. besonders die Bodenarbeit eine ungeheure Vielfalt an Trainingsmöglichkeiten.[34]

Kernziel 2: Stärkung von psychosozialen Gesundheitsressourcen

Sportliche Aktivität kann auf der emotionalen Ebene zu einer direkten Steigerung des Wohlbefindens beitragen. Angestrebt werden der Aufbau eines positiven Körperkonzepts sowie die Vermittlung von Wissen über die vielfältigen Möglichkeiten und Wirkungen körperlicher Aktivitäten.[35] Erfahrungen aus dem heilpädagogischen und psychotherapeutisch orientierten Reiten weisen auf die besonderen Wirkungen des Umgangs mit dem Pferd und Reitens auf dem Pferd auf die menschliche Psyche hin. Besonders für ein effektives Stimmungsmanagement kann die Eigenschaft des Pferdes, tiefer liegende innere Zustände seines jeweiligen menschlichen Gegenübers sichtbar und damit bearbeitbar zu machen, hervorragend genutzt werden. Der starke Aufforderungscharakter, den das Pferd als soziales und emotional sensibles Wesen auf den Menschen ausübt bzw. die Möglichkeit, sich vom Pferd tragen zu lassen, können auch die Motivation zur Wissenserweiterung fördern. Es liegt am Geschick des Ausbilders, Informationen zum Pferd mit gesundheitlich relevanten Themen so zu verknüpfen, dass sie für die Teilnehmer leicht einprägbar und verhaltenssteuernd werden.[36]

Kernziel 3: Verminderung von Risikofaktoren

Gesundheitssportliche Maßnahmen wirken über das körperliche Training direkt auf Fettstoffwechsel, Blutzucker, Übergewicht oder das Immunsystem. Dies gilt auch für muskuläre Störungen. Körperliche Aktivität wirkt sich dadurch vorbeugend auf Herz-Kreislauf-Erkrankungen, Diabetes, Osteoporose, Krebserkrankungen etc.

34 Nobbe 2008.
35 FN 2015.
36 Nobbe 2008.

aus.[37] Die Vorbeugung gegenüber und die Verringerung von Risikofaktoren, hängt eng mit der Stärkung der physischen Gesundheitsressourcen zusammen. D. h., mit einigen bereits angesprochenen Ergänzungen, kann Reiten als Gesundheitssport durchaus zur Bekämpfung mehrerer Risikofaktoren herangezogen werden. Besonders die vielfältigen körperlichen Tätigkeiten, die im Rahmen der Pferdeversorgung zu leisten sind, können einen wesentlichen Beitrag zur Erhöhung des Aktivitätsniveaus im Sinne von Lebensstilaktivitäten beitragen und damit dem derzeit mächtigsten gesundheitlichen Risikofaktor, dem Bewegungsmangel, entgegenwirken.[38]

Kernziel 4: Bewältigung von Beschwerden und Missbefinden

Gesundheitssportliche Aktivitäten können über die Verbesserung der Muskelkraft dabei helfen, bestimmte gesundheitliche Probleme wie Rückenschmerzen zu bewältigen. Die Stimmungsverbesserung bei und nach entsprechend gestalteter sportlicher Aktivität kann zudem zu einer Verbesserung des Wohlbefindens und zu einer positiveren Bewertung des eigenen Gesundheitszustandes führen.[39]

Kernziel 5: Aufbau von Bindung an gesundheitssportliche Aktivität

Bindung bedeutet die regelmäßige Teilnahme am Gesundheitssport. Darüber hinaus führt regelmäßige sportliche Aktivität zu vielfältigen direkten gesundheitswirksamen Anpassungen des gesamten Lebensstils (Ernährung, Entspannung, Freizeitaktivitäten, etc.). Langfristiges Dabeibleiben ist deshalb eine zentrale Zielsetzung gesundheitssportlicher Aktivitäten im Sinne der Herausbildung eines gesunden Lebensstils.[40] Ebenso kann das Pferd als Herdentier mit „seinem Bedürfnis nach engen Bindungen in einer fest definierten Gemeinschaft“[41] dazu beitragen, die Bindung an den Umgang mit Pferd, Betrieb und Natur zu festigen. Zusätzlich können sich der gemeinsame Austausch mit anderen Kursteilnehmern und Pferdesportlern positiv auf das gesundheitssportliche Verhalten auswirken.

Kernziel 6: Verbesserung der Bewegungsverhältnisse

Eine bewegungsbezogene Gesundheitsförderung muss auch die Lebensverhältnisse, insbesondere die Bewegungsmöglichkeiten der Bevölkerung berücksichtigen.

---

37 FN 2015.

38 Nobbe 2008.

39 FN 2015.

40 FN 2015.

41 Rüst McCormick, McCormick 1997.

Profilierte Gesundheitssportangebote, qualifizierte Übungsleiter, geeignete Räumlichkeiten und Geräte, kommunale Vernetzungen und Kooperationen sowie eine Qualitätssicherung in Bezug auf die Maßnahmen sind wesentlich.[42] Durch die unmittelbare Wechselwirkung zwischen den Aktionen von Pferd und Mensch, bietet das Pferd große Potenziale hinsichtlich der Reflektion der eigenen Persönlichkeit und der eigenen Physis. Bei einer entsprechenden Gestaltung des Erfahrungsrahmens kann die unvoreingenommene und von gesellschaftlichen Normen und Wertvorstellungen völlig unabhängige Haltung des Pferdes dem Menschen gegenüber wirksam zum Aufbau und der Verbesserung eines positiven Körperkonzepts genutzt werden.[43]

4. Abgrenzungen des Reitens als Gesundheitssport gegenüber den Therapeutischen Formen des Reitens

Der wissenschaftliche Nachweis der tatsächlichen Effektivität gesundheitssportlicher Reitprogramme bzw. von Programmen mit Pferden steht noch aus. Reiten als Gesundheitssport ist insofern vom Therapeutischen Reiten abzugrenzen, als es sich dabei um eine Maßnahme der Gesundheitsförderung und Prävention handelt und nicht um eine therapeutische Intervention. Der bundesweit agierende Fachverband „Deutsches Kuratorium für Therapeutisches Reiten“ (DKThR) fasst unter dem Begriff „Therapeutisches Reiten“ im Wesentlichen folgende vier Fachbereiche zusammen: die „Hippotherapie“, die „Heilpädagogische Förderung“, die „Ergotherapeutische Behandlung“ und das „Reiten für Menschen mit Behinderung“.

Hippotherapie

Heute wird die Hippotherapie als rein medizinischer Einsatz des Pferdes im Sinne einer Ergänzung der Physiotherapie auf neurophysiologischer Grundlage verstanden. Es handelt sich dabei um eine physiotherapeutische Einzelbehandlungsmaßnahme, die in ein therapeutisches Gesamtbehandlungskonzept eingebunden sein sollte.[44]

Unter der Bezeichnung „Hippotherapie“ wird die physiotherapeutisch-medizinische Behandlung von Kindern und Erwachsenen mit Bewegungsstörungen auf neurophysiologischer Ebene durch die artspezifische Bewegung des Pferdes

42 FN 2015.
43 Nobbe 2008.
44 DKThR 2015.

vor allem in der Gangart Schritt verstanden.[45] Dabei reicht die Verarbeitung der Schwingungsimpulse des Pferdes von 90 bis 110 Schritten pro Minute[46] meist aus, um adäquate Gleichgewichts- und andere Anpassungsreize zu setzen. Dabei wird deutlich, dass es bei der Hippotherapie nicht um Reiten im Sinne der Sport-Definition geht.

In der Hippotherapie wird das Pferd stets von einer dritten Person, geführt, während der Therapeut sich dem Patienten widmet. Die behandelten Personen treten zwar in einen intensiven Bewegungskontakt mit dem Pferd, wobei sie sich den Rückenbewegungen des Tieres anzupassen versuchen, jedoch nehmen sie keinen aktiven Einfluss darauf. Lenkung und Kontrolle des Therapiepferdes obliegt ausschließlich dem Pferdeführer. Unter Anleitung des Therapeuten wird an der Aufrichtung und Lockerung des Patienten gearbeitet.[47] Auch in der Hippotherapie werden über die eher funktionellen Wirkungen der Pferdebewegung hinaus die Effekte auf das emotionale und soziale Erleben der Patienten und die hohe Motivation durch das Tier immer deutlicher erkannt, geschätzt und gezielt genutzt. Hippotherapie wird ausschließlich in Form von Einzelbehandlungen durchgeführt.

Die physiotherapeutische Behandlung mit und auf dem Pferd wird, wie die klassische Physiotherapie in einer Praxis, per Rezept vom Arzt verordnet. Sie ist unter den Therapieformen mit Pferd die mit Abstand am besten auch wissenschaftlich evaluierte Behandlungsweise. Hippotherapie ist, wenn ärztlich verordnet und durch einen vollapprobierten Physiotherapeuten mit Zusatzausbildung zum Hippotherapeuten (DKThR) durchgeführt, seit 2008 eine anerkannte medizinische Heilbehandlung im Sinne von §4 Nr. 14a UStG und somit von der Umsatzsteuer befreit. Dennoch ist die Hippotherapie nicht als anerkanntes Heilmittel nach den Heilmittelrichtlinien des Gemeinsamen Bundesausschusses aufgeführt. Die Folge: Gesetzliche Krankenkassen übernehmen Kosten für die Hippotherapie nicht. Einzelne private Krankenkassen übernehmen im Rahmen von Einzelfallentscheidungen die Kosten.[48]

Heilpädagogische Förderung

Die Heilpädagogische Förderung (HFP) umfasst heilpädagogische Maßnahmen zur ganzheitlichen und individuellen Förderung von Kindern, Jugendlichen und

---

45 Strauss 2008.

46 Riesser 1996.

47 Ölsböck 1996.

48 DKThR 2015.

Erwachsenen über das Medium Pferd. Die HFP ist heute in der Pädagogik, der Psychologie und in bestimmten Bereichen der Psychiatrie verbreitet. Der Schwerpunkt liegt auf der Ebene der geistigen und sozialen Entwicklung. Dabei wird das Pferd auch präventiv zur motorischen und pädagogischen Förderung von Kindern an Kindergärten und Schulen eingesetzt.[49] Das Heilpädagogische Voltigieren und Reiten ist die Sparte der Behandlungsmaßnahmen mit dem Pferd als Co-Therapeut, mit der größten Vielfalt an Ausprägungen. Die Teilnehmenden sollen in ihrer persönlichen Entwicklung ganzheitlich gefördert werden, es geht nicht um den Erwerb rein turnerischer oder reiterlicher Fähigkeiten und Fertigkeiten. Ein Dialog auf mehreren Ebenen ist wichtiger Bestandteil des Behandlungskonzepts. So wird das Pferd als Lebewesen und eigene Persönlichkeit gezielt berücksichtigt und pädagogisch genutzt.[50]

Die sehr unterschiedlichen Angebote innerhalb der Heilpädagogischen Förderung ergeben sich aus den ebenfalls sehr verschiedenen Zielgruppen dieser Sparte. Der Einsatz reicht von eher sozialpädagogischen Interventionen[51], über „klassisch“ heilpädagogische Bereiche mit geistig behinderten Menschen[52], verhaltensauffälligen Kindern und Jugendlichen einer schulpsychologischen Beratungsstelle[53], Kindern in der vorschulischen Förderung[54], über die Förderung von Kindern mit Bewegungsauffälligkeiten[55], Interventionen für Familien in Krisensituationen[56], für Suchtabhängige[57] und Menschen mit Essstörungen[58], für schwerkranke Menschen z. B. nach Unfällen mit Schädel-Hirn-Trauma[59] bis zu psychotherapeutischen und psychiatrischen Maßnahmen.[60]

Die Heilpädagogische Förderung wird in der Regel als Gruppenintervention durchgeführt. Für das Reiten als Gesundheitssport können besonders für die Kernziele Stärkung psychosozialer Ressourcen, Bewältigung von Beschwerden

49 DKThR 2015.
50 Ringbeck 1994.
51 Voßberg 1994.
52 Eberle-Gäng 1998.
53 Ringbeck 1998.
54 Schulz 1998.
55 Bär 2003.
56 Dreisbach 2003.
57 Salizzoni 1998.
58 Strausfeld 1998.
59 Schur-Althaus 2003.
60 Brandenberger 2003.

und Missbefinden, Bindung an gesundheitssportliches Verhalten und gesundheitsförderliche Verhältnisse wichtige Anregungen gewonnen werden.

Die gesetzlichen Krankenkassen übernehmen die Heilpädagogische Förderung mit dem Pferd in der Regel nicht. Im Rahmen von Einzelfallentscheidungen übernehmen einzelne private Krankenkassen die Kosten. Alternative Finanzierungsmöglichkeiten ergeben sich eventuell durch Antragstellung beim zuständigen Sozial- oder Jugendamt oder über Stiftungen oder Sponsoren.[61]

Ergotherapeutische Behandlung

Das wichtigste Ziel in der Ergotherapie ist es, Menschen jeden Alters, die in ihrer Handlungsfähigkeit eingeschränkt oder davon in den Bereichen Selbstversorgung, Produktivität und Freizeit bedroht sind in ihrer persönlichen Umwelt zu unterstützen. Der Mensch soll in seinem Alltag handlungsfähig werden, am gesellschaftlichen Leben teilhaben können und seine Lebensqualität soll verbessert werden. Unter dem Begriff „Ergotherapeutische Behandlung mit dem Pferd" werden Behandlungen auf der Grundlage des sensomotorisch-perzeptiven, motorisch-funktionellen und psychisch-funktionellen Ansatzes unter Einbezug des Mediums Pferd verstanden. Dabei soll der Einsatz des Pferdes die Zielsetzung der ergotherapeutischen Behandlung durch den Bewegungsdialog, das Beziehungsangebot und den unmittelbaren Erfahrungsraum unterstützen und andere Behandlungsmethoden ergänzen.[62]

Die Ergotherapie wird vom Arzt verschrieben, wenn z. B. Störungen oder Beeinträchtigungen in orthopädischem, neurologischem, psychiatrischem, rheumatologischem Sinne oder altersbedingte Einschränkungen (Gerontologie) bzw. Entwicklungsdefizite (Pädiatrie) auftreten. Auch bei funktionellen Beeinträchtigungen und Ausfällen im Zusammenhang mit schweren Erkrankungen oder nach Unfällen kann Ergotherapie verordnet werden, um die Funktionsfähigkeit des Menschen in seinem Alltag und damit seine größtmögliche Selbständigkeit wieder herzustellen oder zu verbessern.[63] Der Umgang mit dem Pferd ist dabei meist wichtiger als das Reiten selbst. Beim Beobachten, Ertasten, Putzen, Streicheln des Pferdes, aber auch bei der Stallarbeit bieten sich zahlreiche Ansatzmöglichkeiten für den Ergotherapeuten. Laut Herda (2003) spielt auch die Integration der einzelnen Sinne zu „sinnvollen" ganzheitlichen Wahrnehmungen des Lebensumfeldes eine bedeutende Rolle. Das Pferd bietet eine große Auswahl

61 DKThR 2015.
62 DKThR 2015.
63 Herda 2003.

an Stimulationsmöglichkeiten gerade der basalen Sinne, wie Tiefensensibilität, Tastsinn, Gleichgewichtssinn, Bewegungssinn.[64] Die Ergotherapeutische Behandlung mit dem Pferd findet zwar auch auf dem Pferderücken statt, kann jedoch nicht als Reiten im eigentliche Sinne betrachtet werden. Für das Reiten als Gesundheitssport spielt diese Sparte vor allem im Zusammenhang mit der Wahrnehmungsschulung und dem Aufbau eines positiven Körperkonzepts eine gewisse Rolle.

Nach der Anlage zu den Heilmittel-Richtlinien sind bestimmte Maßnahmen oder Indikationen nicht verordnungsfähig. Es kommt immer wieder zu Schwierigkeiten mit den Krankenkassen, weil nicht transparent genug dargestellt wird, dass es sich nicht um die Hippotherapie, sondern um tiergestützte Ergotherapie handelt. Daher ist auf die exakte Verwendung der Begriffe zu achten. Eine Abrechnung kann wie folgt durch die Krankenkasse erfolgen: Jeder Ergotherapeut mit eigener Kassenzulassung gemäß § 124 SGB V erbringt seine Leistung auf Grund einer vertragsärztlichen Verordnung in seiner Praxis, es sei denn, es wurde ein Hausbesuch verordnet. Das bedeutet für die Therapie mit Tieren, die außerhalb der Praxisräume stattfinden soll (z. B. Therapie mit Pferden), dass es in jedem Fall einer vorherigen Sondergenehmigung oder Sonderzulassung der Kassen bedarf.[65]

Reiten für Menschen mit Behinderung

Für viele Menschen mit einer körperlichen oder geistigen Behinderung oder einer Sinnesschädigung stellt das Reiten, Fahren oder Voltigieren ein sportliches Lern- und Übungsfeld dar, das sie gemeinsam mit nicht behinderten Menschen nutzen können. Im Rahmen des Breitensports wird die Sportausübung gemeinsam mit dem Pferd zum Hobby und stellt eine Möglichkeit dar, soziale Kontakte zu knüpfen und der häufig behinderungsbedingten Bewegungseinschränkung entgegen zu wirken. Im Leistungsbereich messen behinderte Menschen ihr Können in speziell an Ihren Wettkampfklassen (Grade) ausgerichteten Prüfungen, z. B. bei den Paralympics, oder in Prüfungen gemeinsam mit nicht behinderten Reitern und Fahrern. Der Pferdesport ist durch die Entwicklung spezieller Hilfsmittel und besonders ausgebildeter Pferde auch für schwerstbehinderte Menschen möglich. Behinderte Sportler benötigen für die Teilnahme am Reit- oder Fahrsport einen Sportgesundheitspass. Trainiert werden Menschen mit Behinderungen im Pferdesport von Trainern mit einer Zusatzqualifikation im Bereich Reiten als Sport für Menschen mit Behinderungen. Die ärztliche Betreuung erfolgt in der

---

64 Ayres 1998.
65 MB 19 BM des DVE.

im Behindertensport üblichen Weise in Zusammenarbeit mit dem Hausarzt. Ausbilder im Reiten als Sport für Menschen mit Behinderungen müssen Kenntnisse über die verschiedenen Beeinträchtigungen behinderter Reiter haben. Neben der Ausbildung geeigneter Pferde stehen die Auswahl kompensatorischer Hilfsmittel und Aufstiegshilfen und die Unterrichtserteilung im Vordergrund der Aufgaben des Trainers. Das Reiten als Sport für Menschen mit Behinderung stellt die dritte der älteren und wohl etablierten Formen des Therapeutischen Reitens dar. Zudem handelt es sich beim Reiten als Sport für Menschen mit Behinderung nicht um eine Therapie mit einem bestimmten Behandlungsziel, sondern um die sportliche Ausübung des Reitens lediglich unter Berücksichtigung der spezifischen Behinderungsform. Auch erfordert die Zusatzqualifikation „Ausbilder im Reiten als Sport für Behinderte" keinerlei therapeutische oder (heil-) pädagogische Berufsausbildung, wie dies bei den anderen Sparten des Therapeutischen Reitens der Fall ist. Zielgruppe des Reitens als Sport für Menschen mit Behinderung sind all jene, für die die Ausrüstung, aber auch die Inhalte der konventionellen Reitlehren aufgrund körperlicher, geistiger oder die Sinne betreffender Beeinträchtigungen angepasst und verändert werden müssen, um ihnen eine gleichberechtigte Ausübung des sportlichen Reitens zu ermöglichen.[66]

5. Der Markt für den Gesundheitssport Reiten

Das Reiten als Gesundheitssport lässt sich neben dem direkten Sportbezug u. a. bei Gesundheits- bzw. Sportreisen und Ausbildungsangeboten einordnen. Eine Einbindung in das betriebliche Gesundheitsmanagement ist ebenfalls denkbar (Tabelle 1).

Anbieterseite

Die Anbieter und Akteure für das Reiten als Gesundheitssport haben sich in der Bundesvereinigung Reiten als Gesundheitssport e. V. (RSG) zusammengeschlossen. Die RSG führt zum 1. Januar 2014 119 Mitgliedsbetriebe.[67]

Ausbilder im Reiten als Gesundheitssport müssen keine einschlägigen Grundberufe erlernt haben, es genügen reiterliche Qualifikationen auf mindestens der ersten Lizenzstufe, die durch den Übungsleiter Prävention nach DOSB-Richtlinien auf der zweiten Lizenzstufe ergänzt werden.[68]

66 DKThR 2008.
67 RSG 2015.
68 Heipertz-Hengst 2006.

Reiten als Gesundheitssport-Kurse bestehen aus Bewegungsübungen sowohl am Boden als auch auf bzw. neben dem Pferd. Bewegungsübungen im Umgang mit dem Pferd können beispielsweise das Putzen, Führen oder Satteln sein. Bewährte Inhalte und Verfahren der allgemeinen Rückenschule werden in den Gesundheitssport-Reitkurs integriert. Mit gezieltem methodischen Einsatz der haltungsfördernden und die Rumpfmuskulatur trainierenden Wirkmechanismen des Reitens werden Rückenschmerzen vorgebeugt und Kraft, Ausdauer, Beweglichkeit und Koordination verbessert. Durch den Aufenthalt auf dem Pferdebetrieb kann Stress abgebaut werden und es erfolgt eine gezielte Anleitung zum Stressabbau im Alltag. Hervorzuheben ist, dass es sich beim Reiten als Gesundheitssport nicht um die Ausübung von Leistungssport handelt, sondern um die Steigerung des Wohlbefindens und der körperlichen Leistungsfähigkeit durch Bewegung mit dem Partner Pferd.[69]

Erwerb des DOSB-Siegels

Alle an der Umsetzung beteiligten Organisationen haben sich zur besseren Koordination und Kooperation zu Landesarbeitsgemeinschaften (LAG) SPORT PRO GESUNDHEIT zusammengeschlossen. Diese LAG regeln unter anderem das für ihr Bundesland gültige Vergabeverfahren. Die Beauftragten der Landesverbände Pferdesport werden Mitglieder dieser LAG und können so Pferdesportvereine kompetent und aktuell bei der Beantragung des Qualitätssiegels unterstützen. Darüber hinaus kann die Deutsche Reiterliche Vereinigung (FN) als Fachverband das Qualitätssiegel SPORT PRO GESUNDHEIT verleihen. Voraussetzung für die Beantragung der Zertifizierung durch einen Pferdesportverein ist das Vorhandensein eines Übungsleiters Prävention. Sofern noch kein Übungsleiter Prävention vorhanden ist, aber ein Trainer mit mindestens C-Lizenz, kann dieser mit Hilfe eines Lehrgangs die Ergänzungsqualifikation „Ausbilder im Reiten als Gesundheitssport" erwerben. Der erfolgreiche Abschluss berechtigt zur Beantragung der DOSB-Lizenz Übungsleiter Prävention. Ist noch kein Trainer-C im Verein vorhanden, wäre die Ausbildung eines solchen der erste Schritt.

Anforderung an die einzusetzenden Pferde

Pferde, die in Gesundheitssport-Kursen eingesetzt werden, sind grundsätzlich der Gruppe der Schulpferde zuzuordnen. Sie müssen gut ausgebildet, trainiert und geritten sein. Grundsätzlich ist es erforderlich, dass diese Schulpferde kontinuierlich

69 RSG 2015.

durch geübte Reiter gymnastiziert werden.[70] Wichtig ist, dass die eingesetzten Pferde gehorsam[71], zuverlässig[72] und sicher im Umgang sind.[73] Sie müssen führig sein[74], absolut zuverlässig stillstehen[75], mit den verwendeten Materialien und Hilfsmitteln vertraut sein[76], sowie taktreine Grundgangarten mit weichen Übergängen zeigen.[77]

Die Schulpferde sollten ein Mindestalter von sieben bis acht Jahren haben[78] und ein ausgezeichnetes Interieur aufweisen. Wesentliche Eigenschaften sind hier die Menschenfreundlichkeit[79], das Vertrauen zum Menschen[80], die Toleranz gegenüber Unannehmlichkeiten[81], die Intelligenz[82], Aufmerksamkeit[83] und Konzentrationsfähigkeit[84] sowie die Ausgeglichenheit[85] und Furchtlosigkeit.[86]

Ferner sollte das Pferd im Rechtecktyp stehen, von mittlerer Größe sein und ein korrektes Fundament mit guter Bemuskelung mitbringen.[87] Kaliber und Schrittmaß müssen zu den Schülern passen, die die Gesundheitssportkurse belegen.[88]

Einsatzbedingte Belastungsmomente für das Pferd können die mangelnde Balance und Beweglichkeit des Schülers sein, seine unkoordinierte und fehlerhafte Hilfengebung und mitunter auch die Unausgeglichenheit des Schülers.[89]

Nachfrageseite

Um das Gütesiegel „Sport pro Gesundheit" des DOSB zu erhalten, müssen Anbieter unter anderem ein zielgruppengerechtes Angebot vorweisen. Wie bereits

---

70 Breiter, Hein 2005.
71 von Neumann-Cosel-Nebe 1982.
72 Kaune 1995.
73 Strauss 1995.
74 Zeeb 1982.
75 Lange 1996.
76 Körfer 2008.
77 Kaune 1995.
78 Opgen-Rhein, Kläschen, Detting 2011.
79 Fieger 2004.
80 Henneman 2008.
81 Strauss 1995.
82 Holzrichter 1981.
83 Kaune 1995.
84 Breiter, Hein 2005.
85 Fieger 2004.
86 Mehlem 2005.
87 Hennemann 2008.
88 Strauss (1995).
89 FN 2015.

in Kapitel 1 beschrieben, gibt es verschiedene Möglichkeiten Zielgruppen entsprechend bestimmter Eigenschaften zu charakterisieren.

Definierte Zielgruppen im Reiten als Gesundheitssport könnten nach Heipertz-Hengst, 2006 wie folgt eingeteilt werden:

- Altersgruppenspezifisch (z. B. Kinder, Jugendliche, Junge Erwachsene, Erwachsene, Senioren)
- Geschlechtsspezifisch
- Beschwerdespezifisch (z. B. Rückenschmerzen, Herz-Kreislauf-Erkrankungen usw.)
- Ausbildungsspezifisch (Neueinsteiger, Fortgeschrittene).

Übergreifend über diese zielgruppensegmentierenden Kriterien hinweg, kann das Reiten und der Umgang mit dem Pferd sehr differenziert abgestuft werden. Bezüglich der körperlichen Beanspruchungen ist er in vielen Varianten praktizierbar und eignet sich so besonders auch für Menschen, die bereits unter gewissen gesundheitlichen Beeinträchtigungen leiden. Zudem bietet es sich als Lifetime-Sport an, unabhängig, ob es von früher Jugend an ausgeübt oder erst in höherem Alter begonnen wird.[90] Besondere Möglichkeiten bietet gesundheitssportliches Reiten als ganzheitlicher Ansatz in der primären und sekundären Prävention unspezifischer Rückenschmerzen sowie bei psychosomatischen und psychischen Beschwerden. Ein spezifisch auf die jeweiligen Beeinträchtigungen ausgerichtetes Angebot ist dabei allerdings Voraussetzung, ebenso wie die Unbedenklichkeitsbescheinigung eines mit dem Reiten vertrauten Arztes. Dennoch gibt es vor allem eine finanzielle Barriere, die viele Interessierte daran hindert, mit dem Reiten zu beginnen. In Bezug auf andere wahrgenommene Barrieren, wie z. B. Zeitmangel, unterscheidet sich Reiten (als Gesundheitssport) kaum von anderen Sportarten.[91]

6. Bewertung der aktuellen Situation und strategische Voraussetzungen für das betriebliche Leistungspotenzial für Reiten als Gesundheitssport

Mit der Anerkennung des Pferdesports als Gesundheitssport durch den DOSB, sind die wichtigsten Voraussetzungen für eine Etablierung in Deutschland bereits erfüllt. Da Reiten als Gesundheitssport noch wenig bekannt ist, kommt es auf eine entsprechende Bewerbung dieser gesundheitsförderlichen Maßnahme innerhalb der Bevölkerung, aber auch gegenüber Ärzten und anderen gesundheitsrelevanten

90 vgl. Heipertz-Hengst, 2003.
91 Pahmeier 2006.

Institutionen sowie auf die Verankerung in verschiedenen Settings an. Weiter erscheint die wissenschaftliche Evaluation bereits bestehender Angebote im Reiten als Gesundheitssport von großer Bedeutung, vor allem hinsichtlich der Kostenbeteiligung durch Träger des Gesundheitswesens und damit der Zugangsermöglichung zum gesundheitssportlichen Reiten auch für wirtschaftlich benachteiligte Personen. Abschließend lässt sich feststellen, dass das Reiten als Gesundheitssport unter Einbeziehung des Umgangs mit dem Pferd und ergänzt durch ein gezieltes Ausdauer-, Kraft- und Beweglichkeitstraining sich sehr gut als Gesundheitssport eignet. Allerdings müssten die Potentiale, die es bietet, von den in gesundheitlicher Sicht stärker gefährdeten Bevölkerungsgruppen auch als solche wahrgenommen werden und es müsste der Zugang zu entsprechenden Angeboten gerade für diese Menschen ermöglicht werden.[92] Allgemein kommt es beim Reiten, wie bei anderen Sportarten auch, vor allem auf eine entsprechende Gestaltung der jeweiligen Maßnahme in gesundheitsförderlicher Hinsicht an. Die Beseitigung der finanziellen Barriere durch innovative Finanzierungskonzepte ist möglich. Flankierend bedarf es in jedem Fall der Lobby- und Netzwerkarbeit.

Quellenverzeichnis

Ayres, J. (1998): Bausteine der kindlichen Entwicklung. Berlin, Heidelberg, New York, Barcelona, Budapest, Hong Kong, London, Mailand, Paris, Santa Clara, Singapur, Tokio: Springer. 3. Aufl.

Bär, C. (2003): Therapeutisches Reiten mit Kindern aus der Psychomotorischen Therapie. – In: M. Gäng (Hrsgin.): Reittherapie (S. 126–137). München: Ernst Reinhardt Verlag. Brandenberger.

Brehm, Walter & Bös, Klaus (2006): Gesundheitssport: Ein zentrales Element der Prävention und der Gesundheitsförderung. – In: Klaus Bös & Walter Brehm (Hrsg.): Handbuch Gesundheitssport, 2. Auflage, Schorndorf: Hofmann, 9–28.

Breiter, A.; Hein, B. (2005): Therapeutisches Reiten mit akut psychisch kranken Menschen in einer Klinik für Psychiatrie und Neurologie. – In: Deutsches Kuratorium für Therapeutisches Reiten (Hrsg.): Die Arbeit mit dem Pferd in Psychiatrie und Psychotherapie, 3. Auflage; S. 51–56. Bielefeld: Hans Kock Buch- und Offsetdruck. DKThR (2008).

Breuer, Christoph & Wicker, Pamela (2010): Gesundheitssport als riskanter Markt? Zu den finanziellen Konsequenzen des Gesundheitssportangebots deutscher Sportvereine. – In: Robin S. Kähler & Silja Schröder (Hrsg.): Ökonomische Perspektiven von Sport und Gesundheit, Schorndorf: Hofmann, 35–49.

92 Nobbe 2008.

Brwon W. J., Pavey T., Bauman A. E. (2014): Comparing population attributable risks for heart disease across the adult lifespan in women.

Damm, Kathrin; Kuhlmann, Alexander & Graf von der Schulenburg, J.-Matthias (2010): Der Gesundheitsmarkt 2015, Göttingen: Cuvillier.

Deutscher Bundestag (2014): 13. Sportbericht der Bundesregierung, Drucksache 18/3523, Berlin. – In: www.bmi.bund.de/SharedDocs/Downloads/DE/Broschueren/2014/13_sportbericht.pdf?__blob=publicationFile; Zugriff: 09.05.2015.

DKThR (Deutsches Kuratorium für Therapeutisches Reiten e. V.) (2015): www.dkthr.de (Stand: 26.07.2015).

Deutscher Olympischer Sportbund (2012): DOSB verleiht DLV die Berechtigung für das Qualitätssiegel SPORT PRO GESUNDHEIT, Online unter: www.dosb.de/de/sportentwicklung/sportentwicklungs-news/detail/news/dlv_darf_qualitaetssiegel_sport_pro_gesundheit_vergeben/; Zugriff: 16.09.2015.

Deutscher Olympischer Sportbund (2014a): Definition „Sport". – In: www.dosb.de/de/organisation/was-ist-sport/sportdefinition/; Zugriff: 18.10.2014.

Deutscher Olympischer Sportbund (2014b): Qualitätskriterien. – In: www.sportprogesundheit.de/de/sport-und-gesundheit/die-qualitaets-siegel/sport-pro-gesundheit/qualitaetskriterien/; Zugriff: 09.08.2014.

Deutscher Sportbund (1993): Ein Vorschlag zur Definition des Begriffes Gesundheitssport. In: Sportwissenschaft, 23 (199).

Dreisbach, G. (2003): Therapeutisches Reiten als ganzheitliche Förderung der Entwicklung und Integration eines Kindes in seine Pflegefamilie. – In: M. Gäng (Hrsgin.): Reittherapie (S. 215–231). München: Ernst Reinhardt Verlag.

Eberle-Gäng, S. (1998): Aufbau einer Beziehung zum Pferd: eine Maßnahme für die Entwicklung und Erziehung von Menschen mit geistiger Behinderung. – In: M. Gäng (Hrsgin): Ausbildung und Praxisfelder im Heilpädagogischen Reiten und Voltigieren (S. 128–141). München: Ernst Reinhardt Verlag. 2., aktualisierte und erweiterte Aufl.

Fieger, S. (2004): Das Pferd in der Hippotherapie. – In: Deutsches Kuratorium für Therapeutisches Reiten (Hrsg.): Hippotherapie, 2. überarbeitete Auflage; S. 40–45 Bielefeld: Hans Kock Buch- und Offsetdruck.

Gäng, M. (2003): Einleitung: Therapien mit dem Pferd – Therapeutisches Reiten. – In: M. Gäng (Hrsgin): Reittherapie (S. 12–20). München, Basel: Verlag Ernst Reinhardt.

Hennemann, M. (2008): „Vertrauen" oder: Ausbildung eines Pferdes im Sport für Behinderte. – In: Deutsches Kuratorium für Therapeutisches Reiten (Hrsg.): Reiten als Sport für Behinderte; S. 81–84 Warendorf: Schnell Buch & Druck.

Herda, C. (2003): Reittherapie als Ergänzung der Ergotherapie. – In: M. Gäng (Hrsgin.): Reittherapie (S. 116–125). München: Ernst Reinhardt Verlag.

FN (Deutsche Reiterliche Vereinigung) (2015): Reiten als Gesundheitssport: www.pferd-aktuell.de/breitensport/gesundheitssport-mit-dem-pferd/gesundheits-sport-mit-dem-pferd (Stand: 26. Juli 2015).

Hartmann, Herbert; Opper, Falke & Sudermann, Artur (2005): Qualitätsmanagement von Gesundheitssport im Verein, Schorndorf: Hofmann.

Heipertz-Hengst, C. (2003): Angewandte Reitlehre. – In: C. Heipertz-Hengst & W. Heipertz (Hrsg.): FN-Handbuch Reiten als Gesundheitssport. Basiswissen Sportmedizin für Reitausbilder, (S. 121–151). Warendorf: FN-Verlag der Deutschen Reiterlichen Vereinigung GmbH.

Holzrichter, A. (1981): Das Pferd – Möglichkeiten seiner Verwendung für die Therapie. – In: Kuratorium für Therapeutisches Reiten (Hrsg.): Das Pferd im Dienste des Behinderten; S. 47–54 48231 Warendorf, Freiherr-von-Langen-Str. 8a.

Ikinger, Christina; Münch, Christina; Wiegand, Katharina; Spiller, Achim (o. J.): Reiterleben Reiterwelten. – Quelle: www.unigoettingen.de/de/document/download/1988e74b5e6a7bf92bf38381a71a47f0.pdf/2013-04/520reitsport studie_screen.pdf; Zugriff: 09.05.2015.

Kartte, Joachim & Neumann, Karsten (2008): Der Gesundheitsmarkt, München u. a. Roland Berger Strategy Consultants.

Kaune, W. (1995): Das Heilpädagogische Voltigieren und Reiten mit geistig behinderten Menschen 3. Auflage Warendorf: FN-Verlag.

Körfer, H. (2008): Reitunterricht für Beinamputierte. – In: Deutsches Kuratorium für Therapeutisches Reiten (Hrsg.): Reiten als Sport für Behinderte; S. 31–33 Warendorf: Schnell Buch & Druck.

Lange, C. (1996): Horsemanship – Partnerschaft mit Pferden, 1. Auflage Cham: Müller Rüschlikon Verlags AG.

Mehlem, M. (2005): Angst und Pferde – Wege zur Bewältigung und Integration von Ängsten mit Hilfe des Pferdes. – In: Deutsches Kuratorium für Therapeutisches Reiten (Hrsg.): Psychotherapie mit dem Pferd – Beiträge aus der Praxis; S. 20–38 Warendorf: FN-Verlag.

Merk, Gerhard (1960): Wissenschaftliche Marktforschung, Berlin: Duncker & Humblot.

Naidoo, J. & Wills, J. (2003): Lehrbuch der Gesundheitsförderung: umfassend und anschaulich mit vielen Beispielen und Projekten aus der Praxis der Gesundheitsförderung. Gamburg: Verlag für Gesundheitsförderung.

Nobbe, Christine (2008): Reiten als Gesundheitssport. Magisterarbeit, Universität Wien. Zentrum für Sportwissenschaft und Universitätssport.

Noweski, Michael (2012): Der Gesundheitsmarkt, 2. Auflage, Berlin: Dr. Köster.

Opgen-Rhein, C.; Kläschen, M. & Detting, M. (2011): Pferdegestützte Psychotherapie bei psychischen Erkrankungen Stuttgart: Schattauer.

Oberender, Peter (2010): Die deutsche Gesundheitswirtschaft: Ein Wachstums- und Beschäftigungsmotor. – In: Robin S. Kähler & Silja Schröder (Hrsg.): Ökonomische Perspektiven von Sport und Gesundheit, Schorndorf: Hofmann, 23–34.

Oberender, Peter; Hebborn, Ansgar & Zerth, Jürgen (2006): Wachstumsmarkt Gesundheit, Stuttgart: Lucius & Lucius.

Ölsböck, L. (1996): Wertigkeit der Hippotherapie in der Behandlung cerebralparetischer und mehrfachbehinderter Kinder. – In: DKThR (Hrsg.): Hippotherapie, Sonderheft 1996 (S. 44–48). Warendorf: Deutsches Kuratorium für Therapeutisches Reiten e. V.

Pahmeier, I. (2006): Barrieren vor und Bindung an gesundheitssportliche Aktivität. – In K. Bös & W. Brehm (Hrsg.): Handbuch Gesundheitssport (S. 222–235). Schorndorf: Verlag Karl Hofmann. 2., vollst. neu bearb. Aufl.

Pieter, Andrea; Fröhlich, Michael & Emrich, Eike (2011): Selbstbestimmung und Rationalität im Kontext Gesundheitssport. – In: Eike Emrich, Christian Pierdzioch & Martin-Peter Büch: Europäische Sportmodelle – Gemeinsamkeiten und Differenzen in international vergleichender Perspektive, Schorndorf: Hofmann, 269–281.

RGS (Bundesvereinigung Reiten als Gesundheitssport) (2015): www.reiten-als-gesundheitssport.de/ (Stand: 26. Juli 2015).

Ringbeck, B. (1994): Psychomotorische Förderung bewegungsauffälliger Kinder durch Heilpädagogisches Voltigieren. – In: M. Gäng, Heilpädagogisches Reiten und Voltigieren (S. 123–151): München, Basel: Verlag Ernst Reinhardt. 3. veränd. Aufl.

Ringbeck, B. (1998): Heilpädagogisches Voltigieren an einer schulpsychologischen Beratungsstelle. – In: M. Gäng (Hrsgin): Ausbildung und Praxisfelder im Heilpädagogischen Reiten und Voltigieren (S. 101–118). München: Ernst Reinhardt Verlag. 2., aktualisierte und erweiterte Aufl.

Riesser, H. (1996): Hippotherapie. – In DKThR (Hrsg.): Hippotherapie, Sonderheft 1996 (S. 5–11). Warendorf: Deutsches Kuratorium für Therapeutisches Reiten e. V.

Rüst von McCormick, A. & Mc Cormick, M. D. (2000): Pferde als Heiler. Was Pferde uns über Liebe, Körper und Seele lehren können. München: Econ Taschenbuch Verlag.

Sachverständigenrat zur Begutachtung der Entwicklung im Gesundheitswesen (2005): Koordination und Qualität im Gesundheitswesen, Bundestags-Drucksache 15/5670. – In: http://dip21.bundestag.de/dip21/btd/15/056/1505670.pdf; Zugriff: 12.10.2014.

Salizzoni, S. (1998): Pädagogisches Reiten in der Drogenrehabilitation. – In: M. Gäng (Hrsgin): Ausbildung und Praxisfelder im Heilpädagogischen Reiten und Voltigieren (S. 158–165). München: Ernst Reinhardt Verlag. 2., aktualisierte und erweiterte Aufl.

Schulz, M. (1998): Heilpädagogisch-psychomotorische Aspekte der vorschulischen Förderung mit Hilfe des Pferdes. – In: M. Gäng (Hrsgin): Ausbildung und Praxisfelder im Heilpädagogischen Reiten und Voltigieren (S. 80–90). München: Ernst Reinhardt Verlag. 2., aktualisierte und erweiterte Aufl.

Schur-Althaus, M. (2003): Begleitende reittherapeutische Maßnahmen für einen Schädel-Hirn-Trauma-Patienten. Bericht einer privat organisierten Förderung. – In: M. Gäng (Hrsgin.): Reittherapie (S. 172–189). München: Ernst Reinhardt Verlag.

Strauss, I. (1995): Hippotherapie, 2. überarbeitete und erweiterte Auflage Stuttgart: Hippokrates-Verlag.

Strauss, I. (2008): Hippotherapie. Physiotherapie mit und auf dem Pferd. Stuttgart: Georg Thieme Verlag KG. 4. Aufl.

van den Bussche, Hendrik (o. J.): Querschnittsbereich Gesundheitsökonomie, öffentliche Gesundheitspflege; Veranstaltung-Präsentation. – In: www.uke.de/institute/allgemeinmedizin/downloads/institut-allge-meinmedizin/VL4b-Gesundheitsoekonomie-web.pdf; Zugriff: 11.10.2014.

Vier, Carsten (2012): Struktur und Dynamik des deutschen Gesundheitsmarktes, Bad Wörishofen: Holzmann Medien.

von Neuman-Cosel-Nebe, I. (1982): Das Pferd in der Therapie – ein Beitrag zur Ethologie. – In: Handbuch zum Internationalen Kongress für Therapeutisches Reiten 1982 Hamburg, 26. bis 29. August 1982; S. 72–79.

Vossbeck, G. (2008): Reiten mit starker Dysmelie. – In: Deutsches Kuratorium für Therapeutisches Reiten (Hrsg.): Reiten als Sport für Behinderte; S. 89–93; Warendorf: Schnell Buch & Druck.

Wadsack, Ronald & Wach, Gabriele (2013): Sportanbieter. – In: Thomas Bezold et al. (Hrsg.): Handwörterbuch des Sportmanagements, Frankfurt a. M.: Peter Lang, 281–285.

Wäsche, Hagen & Woll, Alexander (2010): Gesundheitssport und Tourismus – Zur Bedeutung des Gesundheitssports im regionalen Tourismus. – In: Robin S. Kähler & Silja Schröder (Hrsg.): Ökonomische Perspektiven von Sport und Gesundheit, Schorndorf: Hofmann, 51–66.

Walzik, Eva (2013): Boomender zweiter Gesundheitsmarkt – Wunsch oder Wirklichkeit. – In: www.ihk-schleswig-holstein.de/linkableblob/ swhihk24/servicemarken/branchen/downloads/sonstiges/2574952/.6./data/Vortrag_Eva_Walzik-data.pdf; Zugriff: 10.08.2014.

Wopp, Christian (1995): Entwicklungen und Perspektiven des Freizeitsports. Aachen: Meyer & Meyer.

Zeeb, K. (1982): Tiergerechte Haltung von Pferden beim Therapeutischen Reiten. – In: Handbuch zum Internationalen Kongress für Therapeutisches Reiten 1982 Hamburg, 26. bis 29. August 1982; S. 54–71.

Christina Münch

Pferdezucht und Pferdemarkt

Ein Soll – Ist – Vergleich von Angebot und Nachfrage

Abstract Die Pferdezucht verbindet in sich Vergangenheit, Gegenwart und Zukunft. In ihr verschmelzen Tradition und Moderne sowie eine Vielzahl überlieferter Erfahrungen und Werte über das Pferd, deren Ausbildung und Nutzung, über Erbinformationen, aber auch Anekdoten über Pferde und Züchter. Bereits in der Vergangenheit waren die Pferdezüchter, ob Bauern oder staatliche Institutionen, dazu angehalten, Pferde zu züchten, die in optimaler Weise den Anforderungen des Marktes, also des Nachfragers entsprachen. Dabei ist die Zusammensetzung des Nachfragemarktes in der deutschen Pferdewirtschaft heute so vielfältig wie nie zuvor, die Nutzung weniger an wirtschaftlichen, als an subjektiven Erfordernissen ausgerichtet. Das macht es für Züchter heute so schwer, das „richtige" Pferd zu züchten, zumal es auch den individuellen Ansprüchen des Züchters entsprechen muss, dessen Anforderungen sich nicht zwingend mit denen des Absatzmarktes decken. Eine weitere Herausforderung für den Züchter ist es, das Pferd entsprechend seiner individuellen Potenziale, aber auch entsprechend der Möglichkeiten der Zuchtstätte zu vermarkten. Um die Zusammenhänge zwischen Zucht und Absatz bzw. zwischen Angebot und Nachfrage besser zu verstehen, werden im folgenden Kapitel die Strukturen in der deutschen Pferdezucht von der Angebotsseite her beleuchtet und in Beziehung zur Nachfrageseite gesetzt.

1. Die Nachfrageseite

Die Nachfrageseite wurde bereits in verschiedenen vorangegangenen Kapiteln skizziert. Sie stellt den Absatzmarkt für die durch die Züchter bereitgestellten Pferde dar. Bei der Nachfrageseite handelt es sich nicht um eine homogene Gruppe von Pferdesportlern und Pferdebegeisterten, sondern um viele unterschiedliche Personengruppen mit sehr ausdifferenzierten Ansprüchen an die nachgefragten Pferde. Für sämtliche Akteure der Angebotsseite – bei der vorliegenden Betrachtung im Besonderen aber für die Züchter – ist es essentiell, die verschiedenen Zielgruppen der Nachfrageseite zu kennen. Die Züchter sollten die Ansprüche der Zielgruppen identifizieren, die verschiedenen Zielgruppen zahlenmäßig bewerten und abwägen, inwieweit die Ansprüche der Zielgruppen durch die eigene züchterische Grundlage, das Management und die Kommunikations- und Zugangswege befriedigt werden können.

Die Darstellung aller Zielgruppen, inklusive der Beschreibung ihrer ausdifferenzierten Ansprüche, erscheint nicht praktikabel. Im Folgenden werden daher zunächst die Rahmenbedingungen des Nachfragemarktes auf Basis der zahlenmäßigen Entwicklungen der am Pferdesport Interessierten in der deutschen Gesellschaft und dann auf der Basis der Einsatzgebiete des Pferdes skizziert. Beispielhaft erfolgt eine zahlenmäßige Segmentierung der Nachfrageseite in die Gruppe der Freizeit- und Leistungssportler, da diese Unterscheidung die in der Praxis häufigste Verbreitung erfährt.

Größe des Nachfragemarktes für Pferde

Insgesamt interessieren sich aktuell in Deutschland 14,3 Millionen Menschen grundsätzlich für den Pferdesport, 3,6 Millionen gehen zumindest gelegentlich dem Pferdesport nach. Der zu beobachtende Trend ist, dass das Interesse am Pferdesport in Deutschland seit Jahren rückläufig ist (Tabelle 1), ebenso wie auch die Anzahl der aktiven Pferdesportler – v. a. der Pferdesportler, die dem Pferdesport intensiv nachgehen.[1] Unter der Annahme, dass sich das Interesse am Pferdesport in der deutschen Gesellschaft entsprechend der vergangenen Jahre rückläufig entwickelt, gibt es in 2020 noch 12,5 Millionen am Pferdesport interessierte Menschen. Geht man weiterhin davon aus, dass es in Deutschland aktuell 1,1 Millionen Pferde gibt, teilen sich heute 3,27 Reiter ein Pferd. Bei einem weiteren Rückgang der aktiven Pferdesportler werden 2020 folglich nur noch 990.827 Pferde benötigt, d. h. der Absatzmarkt für Pferde wird unter der Annahme sich ansonsten nicht ändernder Bedingungen in Zukunft kleiner werden.

Tabelle 1: Am Pferdesport interessierte Deutsche und aktive Pferdesportler im Zeitverlauf (AWA, 2010 | 2015 | Entwicklung bis 2020 unter Annahme der gleichen Abnahmeraten von 2010 bis 2015 | n^{2013} = 24.543 | Hochrechnung auf 64,54 Mio.)

	2010	2015	2020
	Angabe in Millionen		
Deutsche mit Interesse am Pferdesport	16,85	14,31	12,54
Deutsche, die dem Pferdesport aktiv nachgehen	4,28	3,60	3,24

Einsatzgebiete des Pferdes

Wie schon in der Vergangenheit, gibt es auch heute nicht nur ein Einsatzgebiet für das Pferd. Während beispielsweise früher Pferde sowohl für den landwirtschaftlichen Einsatz als auch für die Kavallerie gezüchtet wurden, werden heute Pferde für den Freizeiteinsatz sowie für den Leistungssport benötigt. Tabelle 2

1 AWA 2010, 2015.

zeigt eine Übersicht der als besonders wichtig eingestuften Einsatzgebiete des Pferdes für die Gesellschaft, die von einer Stichprobe deutscher Pferdesportler (siehe Spalte „HFP 2014") und einer Stichprobe der deutschen Bevölkerung (siehe Spalte „Fischer 2013") genannt wurden. In erstgenannter Stichprobe wurden durch das HorseFuturePanel Pferdesportler und Pferdezüchter befragt, welches ihrer Meinung nach die wichtigsten Einsatzgebiete für das Pferd in der deutschen Gesellschaft sind: Diese Gruppe kommt zu dem Ergebnis, dass das wichtigste Einsatzgebiet des Pferdes der Freizeitsport ist, gefolgt vom regionalen und internationalen Leistungssport.[2] Fischer verfolgte im Jahr 2013 die gleiche Fragestellung bei einer Befragung in der deutschen Bevölkerung. Die Bewertung fällt nahezu entgegengesetzt aus: So meint das Gros der Probanden, dass dem Therapeutischen Reiten die größte Bedeutung für die Gesellschaft zukommt, gefolgt vom Einsatz des Pferdes in Land- und Forstwirtschaft und dem Reiten und Voltigieren als Sport für Kinder und Jugendliche.[3]

Tabelle 2: Die wichtigsten Einsatzgebiete des Pferdes für die deutsche Gesellschaft [HFP 2014: n = 2.249 | Fischer 2013: n = 2.50 | Top-2-Box: „Sehr wichtig" und „Wichtig"]

Einsatzgebiete des Pferdes	**HFP 2014**	**Fischer 2013**
Freizeitsport	88 %	52 %
Regionaler (Leistungs-) Sport	76 %	42 %
Internationaler Leistungssport	69 %	46 %
Reiten und Voltigieren als Sport für Kinder und Jugendliche	59 %	62 %
Pferdezucht	56 %	56 %
Reiten als Gesundheitssport	50 %	nicht abgefragt
Therapeutisches Reiten	48 %	79 %
Tourismus mit dem Pferd	30 %	52 %
Pferde in Land- und Forstwirtschaft	9 %	63 %

Kritiker werden an dieser Stelle argumentieren, dass „Nicht-Pferdesportler" die Bedeutung der Einsatzgebiete für Pferde kaum beurteilen können. Insbesondere aber vor dem Hintergrund des rückläufigen Interesses am Pferdesport in Deutschland, erscheint eine Reflektion über die Bedeutung des Pferdes und seine Werte

2 HFP 2014.
3 Fischer 2013.

für den Einzelnen in der Gesellschaft als essentiell, möchte man auch neue Absatzpotenziale generieren.

Zielgruppensegmentierung nach Freizeitpferdesportlern und Pferdeleistungssportlern

Schon seit den 1960er Jahren entwickelt sich der Pferdesport zunehmend zum Breitensport. Eine Verschiebung vom klassischen Turniersport der olympischen Disziplinen Springen, Dressur und Military zu neueren Reitweisen wie beispielsweise dem Westernreiten ist in Deutschland schon lange zu beobachten.

Die überwiegende Mehrheit der Pferdesportler sind Freizeitreiter, welche die Bandbreite vom anspruchsvollen Turnierreiter bis hin zum Wochenendgeländereiter darstellen. Bei aller Heterogenität verbindet diese große Gruppe an Menschen (3,69 Mio. Menschen[4]) die Freude am Pferd und der Wunsch, in der Freizeit Zeit mit dem Partner Pferd zu verbringen, dem sie vertrauen können, der sich durch ein ausgezeichnetes Interieur, gute Gesundheitsmerkmale, eine hohe Rittigkeit und vielseitige Einsetzbarkeit beschreiben lässt, kurzum der zu ihren Anforderungen passt. Zu dieser großen Gruppe gesellt sich die kleine, aber anspruchsvolle Gruppe der Berufs- und Leistungssportler (knapp 4.000 Reiter mit LK 1 oder 2[5]). Für diese nehmen das Leistungsvermögen und -potential der Pferde einen sehr hohen Stellenwert ein.

2. Die Angebotsseite

Natürlicherweise werden auf dem Pferdemarkt Pferde von sehr unterschiedlichen Personengruppen angeboten. Der Fokus bei vorliegender Betrachtung der Angebotsseite richtet sich allerdings primär auf den „Urproduzenten" des Pferdes, nämlich den Pferdezüchter bzw. auch die Institutionen der Pferdezucht.

Die deutsche Pferdezucht steht großen Herausforderungen gegenüber: Innerhalb der vergangen fünf Jahre sind in Abhängigkeit von Zuchtverband und Pferderasse die Mitgliederzahlen stark rückläufig, ebenfalls sind die Bedeckungszahlen innerhalb der letzten fünf Jahre um rund 35 % zurückgegangen und die Zahl der eingetragenen Zuchtstuten um rund 15 %.[6] Auch die Prognosen für die nächsten fünf Jahre sind nach einer Studie des HorseFuturePanels als negativ zu bewerten: So meinen 74 % der Befragten, dass die Zuchtpferdebestände weiter

4 AWA 2014.

5 FN 2013.

6 FN 2008, 2013.

abnehmen werden, ebenso die Zahl der Zuchtverbandsmitglieder (73 %), 54 % sehen diesen Negativtrend gar für die Zuchtverbände selbst.[7] Um die Entwicklungen der vergangenen Jahre bis heute besser verstehen zu können bzw. die Situation und die Strukturen für die zukünftige Gestaltung der Pferdezucht zu optimieren, werden im Folgenden die komplexen Beziehungen innerhalb der deutschen Pferdezucht dargestellt.[8]

Die organisierten Strukturen in der Pferdezucht

Die Deutsche Reiterliche Vereinigung e. V. (FN) ist der Bundesverband für Pferdesport und Pferdezucht. Ihr sind unter dem Fachbereich „Zucht" Zuchtverbände und Interessengemeinschaften angeschlossen. Die FN koordiniert die übergeordneten Interessen der Verbände und Interessengemeinschaften und vertritt diese auch gegenüber dem Bundesministerium sowie anderen nationalen und internationalen Institutionen.[9]

Zuchtverbände

Der Deutschen Reiterlichen Vereinigung sind insgesamt 25 Zuchtverbände angeschlossen, die teils schwerpunktmäßig regional, teils bundesweit aufgestellt sind. Die Zuchtverbände bildeten sich Anfang des vergangen Jahrhunderts auf regionaler Ebene zunächst als Züchtervereinigungen, aus denen sich die Zuchtverbände entwickelten. Die meisten Zuchtverbände arbeiten auf dem Gebiet eines Bundeslandes, einige Zuchtverbände betreuen ihre Mitglieder bundesweit. Zuchtverbände sind privatrechtlich organisiert und im Rahmen der Vorschriften des Tierzuchtgesetzes autonom. Jeder Zuchtverband ist – einschließlich seiner Zuchtbuchordnung und seines Zuchtprogramms – vom Staat anerkannt und wird von diesem im Hinblick auf seine Arbeitsweise überprüft.[10]

Interessengemeinschaften

Neben den Zuchtverbänden gibt es zwölf Interessengemeinschaften der einzelnen Pony- und Kleinpferderassen. Hierbei handelt es sich um Zusammenschlüsse von Züchtern, Besitzern und Freunden der einzelnen Rassen, die es sich zur Aufgabe gemacht haben, die zuchtverbandsübergreifenden Interessen zu vertreten, die

7 HFP 2014.
8 HFP 2014.
9 FN 2015.
10 FN 2015.

Zucht und Nutzung der entsprechenden Rassen zu fördern, diese in der Öffentlichkeit darzustellen, den Austausch unter den Züchtern sowohl national als auch international zu fördern, Freizeit- und Sportveranstaltungen sowie (inter-)nationale Zuchtschauen zu organisieren und den Absatz zu fördern.[11]

Haupt- und Landgestüte

Es gibt in Deutschland zehn Landgestüte, von denen widerum vier auch Hauptgestüte sind, d. h. über eine eigene Stutenherde verfügen. Mit seinem 500-jährigen Bestehen im Jahr 2014 ist das Haupt- und Landgestüt Marbach das Älteste. Die deutschen Haupt- und Landgestüte stammen aus der Zeit, als Pferde für Transport, Landwirtschaft und Militär unverzichtbar waren. Alle großen Nationen bzw. die Köpfe dieser förderten die Pferdezucht intensiv, da die Qualität der Pferde für den Militäreinsatz entscheidend für den Erfolg im Krieg war. Zur Verbesserung der Landespferdezuchten wurden Landgestüte gegründet, die den privaten Züchtern Hengste von guter Qualität zu moderaten Preisen anboten. Zusätzlich dazu verfügen die Hauptgestüte über Stutenherden mit Nachzucht, aus denen die eigenen Hengst- und Stutenbestände remontiert werden können. Über die Jahrhunderte hinweg konnten die Haupt- und Landgestüte bei wechselnden politischen und wirtschaftlichen Rahmenbedingungen ihr Fortbestehen bis heute sichern. Anders als früher wird der Erhalt der Gestüte vor allem unter kulturhistorischen Gesichtspunkten gerechtfertigt, aber auch, um den aktiven Züchtern qualitätvolle Hengste zu einem guten Preis-Leistungsverhältnis anbieten zu können.[12]

Pferdebestände und deren Nutzungsformen

Aktuell ist, unter Berücksichtigung einer nicht einheitlichen Datenerfassung (s. Kapitel 1), von einem Pferdebestand von 1,1 Millionen Pferden in Deutschland auszugehen. Diese 1,1 Millionen Pferden werden unterschiedlich genutzt. Eine genaue Zuordnung der Pferdezahlen entsprechend der Nutzungsformen ist aufgrund der bereits viel besprochenen marginalen Datenerfassung nur bedingt möglich.

Durch die zahlenmäßig abgesicherte Erfassung der in Deutschland gezüchteten Pferde (Zucht und Aufzucht) durch FN und Zuchtverbände, ist belegt, dass 140.000 Pferde in Deutschland in der Zucht eingesetzt werden und sich 160.000 Pferde in der Aufzucht befinden. 150.000 Pferde sind als Turnierpferde eingetragen bzw.

11 FN 2015.
12 Die deutschen Landgestüte 2014.

befinden sich im Turniereinsatz.[13] Außerdem gibt es noch ca. 5.000 im Einsatz befindliche Galopp-[14] und Trabrennpferde.[15]

Bei einer Grundgesamtheit von insgesamt 1,1 Millionen Pferden bleiben also weitere 650.000 Pferde, von denen nicht genau bekannt ist, wie sie genutzt werden. Es ist anzunehmen, dass ein Großteil dieser Pferde als Freizeitpferde ohne Turniereinsatz Verwendung finden. Zu dieser Gruppe kommen noch die kranken bzw. rekonvaleszenten Pferde, sowie die laut Praxismeinung wachsende Gruppe der Rentnerpferde, also der Pferde, die auf Grund ihres Alters oder ihres Gesundheitszustand nicht mehr sportlich bzw. reiterlich genutzt werden.

Pferderassen

Weltweit gibt es etwa 200 Pferderassen[16], unter dem Dach der FN werden über 130 Zuchtpopulationen geführt.[17] Die Rassen werden häufig nach dem Zuchtgebiet (z. B. Isländer) oder den Ursprungsgestüten (z. B. Trakehner) benannt.[18]

Zuchtpferdebestände

Über alle Populationen hinweg sind in Deutschland im Jahr 2014 insgesamt 83.275 Stuten (2013: 85.981) registriert und 8.115 Hengste (2013: 8.520). 2014 wurden 33.788 Fohlen (2013: 36.299) geboren und 43.594 Bedeckungen (2013: 43.219) durch die Züchter veranlasst. Tabelle 3 gibt einen Überblick über die Zuchtpferdebestände in den Gruppen Reitpferd, Pony und Kleinpferd, Kaltblut und Schweres Warmblut.

Tabelle 3: Überblick über die Zuchtpferdebestände in Deutschland im Jahr 2014[19]

Zuchtpferdebestand	Stuten	Hengste	Bedeckungen	Fohlen
Reitpferd	54.034	3.325	30.293	23.097
Ponys und Kleinpferde	20.287	3.583	9.702	7.892
Kaltblut	4.422	413	1.626	1.163
Schweres Warmblut	1.161	102	660	393

13 FN 2014.
14 DVR 2015.
15 HVT 2015.
16 Sieweck, Hartwig 2014.
17 FN 2014.
18 Sieweck, Hartwig 2014.
19 FN 2014.

Die Zielgruppe der Pferdezüchter

In Deutschland gibt es aktuell rund 80.000 Pferdezüchter, die Mitglied in mindestens einem Zuchtverband sind.[20] Die Gruppe der Pferdezüchter wird ebenfalls seit Jahren kleiner, für die Zukunft werden weiterhin abnehmende Zahlen prognostiziert.[21]

Im Rahmen der Ursachenforschung für diese negativen Entwicklungen erfolgt die Betrachtung der aktuellen Zuchtverbandsmitglieds- und Pferdesportstrukturen. Während der Pferdesport aktuell v. a. eine Frauendomäne ist (Pferdesport allgemein: 90 % Frauen | Turniersport: 80 %), ist die Pferdezucht auch heute noch männergeprägt. In den Zuchtverbänden liegt der Männeranteil – mit verbandsabhängigen Schwankungen – bei rund 60 %; in den Entscheidungsgremien liegt er bei knapp 100 %. Mit einem Durchschnittsalter von 52 Jahren sind Zuchtverbandsmitglieder im Mittel 21 Jahre älter als Pferdesportler im Allgemeinen und 18 Jahre älter als Turniersportler. 54 % der Pferdezüchter haben eine Verbindung zur Landwirtschaft, bei den Turniersportlern sind es 32 %, bei den Pferdesportlern 28 %. Begründet liegt die enge Bindung der Pferdezucht an die Landwirtschaft u. a. darin, dass diese natürlicherweise an die landwirtschaftliche Fläche, insbesondere das Grünland, gekoppelt ist, welches die Grundlage für eine gesunde Zucht und Aufzucht liefert. Mit der altersbedingten Betriebsübergabe der Elterngeneration an die i.d.R. männlichen Hofnachfolger wurde auch die Pferdezucht an diese übergeben.[22]

Charakteristika der Zielgruppe der Pferdezüchter

Zur weiteren Beschreibung der Gruppe der Pferdezüchter werden Studiendaten aus Längsschnittuntersuchungen[23] des HorseFuturePanels verwendet:

Das Hauptmotiv für die Ausübung der Pferdezucht ist die Freude am Pferd bzw. der Pferdezucht, sowie die Verbindung zum Pferdesport. Von untergeordneter Bedeutung sind kommerzielle Beweggründe (Tabelle 4).[24]

20 Dohms-Warnecke 2013.

21 HFP 2014.

22 HFP 2014.

23 HFP 2012, 2013, 2014.

24 HFP 2013.

Tabelle 4: Motive für die Ausübung der Pferdezucht (n = 728 | dargestellt ist die Bedeutung der jeweiligen Reitsportmotive als Top-Two-Box: „Besonders wichtig" und „Wichtig")[25]

Motive für die Ausübung der Pferdezucht	**%**
Hobby / Freude	86 %
Pferdesport	61 %
Remontierung aus eigener Zucht	45 %
Familientradition	23 %
Kommerzielle Gründe	7 %
Nebenverdienst	3 %

Bei 52 % der Züchter wird der Partner oder die Partnerin direkt in Entscheidungen rund um die Pferdezucht eingebunden, 41 % fragen Fachleute aus dem Umfeld und 19 % binden ihren Freundeskreis ein. Bei Selbsteinschätzung stufen sich 7 % der Züchter als Züchter auf sehr hohem Niveau ein, etwa die Hälfte als Züchter auf hohem Niveau, 42 % als Züchter auf mittlerem Niveau und 3 % als Züchter auf niedrigem Niveau.

Im Mittel besitzt der aktive Pferdezüchter 3,4 Zuchtstuten, von denen er in 2014 1,8 Stuten hat decken lassen. 71 % der aktiven Züchter züchten Deutsche Reitpferde und 12 % Deutsche Reitponys. 49 % der Züchter haben sich auf die Zucht von Pferden mit Dressurveranlagung spezialisiert, 35 % auf die Zucht von Pferden mit Springveranlagung und 28 % auf die Zucht von Allroundern.[26]

Für 70 % der Züchter ist die größte Herausforderung der Zukunft die Vermarktung der eigenen Nachzucht, für 52 % ist es die qualitative Ausbildung der Pferde und für 40 % die gesunde und artgerechte Aufzucht und Haltung ihrer Zucht- und Aufzuchtpferde (Tabelle 5).[27]

25 HFP 2012.
26 HFP 2014.
27 HFP 2014.

Tabelle 5: Durch aktive Züchter als Herausforderungen wahrgenommene Aspekte in der Pferdezucht [n = 728 | Mehrfachauswahl]

Herausforderungen in der Pferdezucht	%
Vermarktung der eigenen Nachzucht	70 %
Qualitative Ausbildung der Pferde	52 %
Gesunde und artgerechte Aufzucht und Haltung	40 %
Anpaarungsentscheidung	37 %
Gewinnerzielung	35 %
Bedarfsgerechte Fütterung der Pferde verschiedenen Alters	13 %

Als persönliche Ziele für 2020 wünschen sich 63 % der aktiven Pferdezüchter den Käufern ihrer Pferde viel Freude bereitet zu haben, 57 % wünschen sich, dass sie sich einen guten Ruf als Züchter geschaffen haben und 46 % der Züchter wünschen sich, weitere Stuten zur Fortführung ihrer Zucht gezüchtet zu haben. Ein Drittel geben als persönliches Ziel an, ein Pferd für den Spitzensport gezüchtet zu haben.

Nach Meinung der Pferdezüchter[28] zeichnet sich ein guter Pferdezüchter v. a. durch folgende Eigenschaften aus:

- Alle Pferde des Züchters sind in einem guten Ernährungs- und Pflegezustand (89 %).
- Das Haltungssystem entspricht den artbedingten Anforderungen des Pferdes hinsichtlich Licht, Luft, Bewegung und Sozialkontakten (88 %).
- Der Pferdezüchter interessiert sich für die Bedingungen beim Käufer und rät vom Kauf ab, sollte er zu der Überzeugung kommen, dass das Pferd für den potenziellen Käufer ungeeignet ist (76 %).
- Die Pferde des Züchters haben eine gute Erziehung genossen (68 %).
- Der Züchter bemüht sich um die bestmögliche Anpaarung und kann aufschlussreich erklären, warum er genau diese Anpaarung durchgeführt hat (68 %).
- Der Züchter bildet die Pferde altersgemäß aus (68 %).

57 % der Züchter wollen zukünftig den Umfang ihrer Pferdezuchtaktivitäten halten, 28 % wollen diesen einschränken, 8 % wollen auf Wachstum setzen und 7 % wollen aufgeben.[29]

Anders als man landläufig auf Pferdezuchtveranstaltungen immer wieder hört, sehen Züchter die Pferdezucht nicht nur als geeignet für Profis mit langjährigem Erfahrungswissen, sondern auch für neue Zielgruppen. Dabei ist zu berücksichtigen,

28 HFP 2014.
29 HFP 2014.

dass die Entscheidung, aktiv Pferde zu züchten, nicht ad-hoc erfolgt, sondern eine über einen längeren Zeitraum wachsende Entscheidung ist. Schaut man sich einmal die Entwicklung unter aktiven Pferdezüchtern an, stellt sich die Situation wie folg dar: Im Mittel ist ein 41-jähriger Züchter (SD ± 12 Jahre) seit 13,6 Jahren zuchtaktiv (SD ± 11,5 Jahre), er ist aber im Mittel seit 23,5 Jahren (SD ± 14,1 Jahre) der Pferdezucht verbunden, d. h. es dauert etwa 12 Jahre, bis ein Mensch vom Erstkontakt zur Pferdezucht selbst aktiver Pferdezüchter wird.[30]

Zufriedenheit mit der Pferdezucht in Deutschland

Die Zufriedenheit mit der Situation innerhalb der deutschen Pferdezucht fällt durchwachsen aus. So sind 20 % der Probanden mit der aktuellen Situation in der Pferdezucht zufrieden, 59 % sind teilweise zufrieden und 21 % sind nicht zufrieden. Als Gründe für die Zufriedenheit werden u. a. die Qualität der Pferde, die Erfolge deutscher Pferde, das Herzblut und die Passion der Pferdezüchter, der Erhalt alter Pferderassen, der Zuchtfortschritt und die Vielfalt der in Deutschland gezüchteten Pferde genannt. Zu wenig Rücksicht auf die altersgemäße Entwicklung der Pferde, zu viel Einfluss von namenhaften Züchtern und Geld, zu hohe Kosten, zu wenig Beachtung der Gesundheitsmerkmale und zu wenig Beachtung der Interieurmerkmale sind Gründe für die Unzufriedenheit.[31]

Kosten der Pferdezucht

Die Wirtschaftlichkeit der Pferdezucht lässt sich für die Mehrzahl der Zuchtbetriebe nicht ausweisen, unter anderem liegt das darin begründet, dass für die meisten Züchter Hobby und Freude die Hauptmotive für die Ausübung der Pferdezucht darstellen. Da es sich bei einem Hobby um eine „als Ausgleich zur täglichen Arbeit gewählte Beschäftigung" handelt, „mit der jemand seine Freizeit ausfüllt und die er mit einem gewissen Eifer betreibt"[32], sehen Pferdezüchter die Pferdezucht in den meisten Fällen auch nicht als unternehmerische Tätigkeit, die dem Generieren von Einkommen dient, sondern vielmehr dem Ausgleich zum Berufsalltag und dem Erleben von Freude. Beispielsweise werden Arbeitserledigungskosten z. B. für das Füttern und Halten der Stute selten durch den Pferdezüchter erfasst und auch entlohnt.

Dennoch ist es erforderlich, sich mit den einzelnen Kostenpositionen der Pferdezucht und -aufzucht auseinanderzusetzen, da sie u. a. die Basis für das

30 HFP 2014.
31 HFP 2014.
32 Duden 2015.

Zustandekommen eines Preises für ein Pferd am Absatzmarkt sind. Es erfolgt bei der Kostenkalkulation eine Fokussierung auf die Rasse Deutsches Reitpferd.

Über die Einnahmen, die ein Pferdezüchter im Rahmen des Verkaufs von Reit- und Zuchtpferden aktuell real am Markt erzielt, liegen aktuell kaum transparente Daten vor, da es kein Instrument der Erfassung für diese Daten gibt. Ferner unterliegen die Einnahmen im Zeitverlauf der vergangenen Jahre erheblichen Schwankungen, deren Ursache teils in den konjunkturellen wirtschaftlichen Entwicklungen liegt, teils in den unterschiedlichen Qualitäten der Pferde sowie in den unterschiedlichen Anforderungen an das nachgefragte Pferdematerial durch den Nachfrager und entsprechenden Verfügbarkeiten (Angebots- versus Nachfrageüberhang).

Mit den Kosten der Pferdezucht und -aufzucht hat sich Gärke auseinandergesetzt.[33] Sie unterscheidet drei große Kostenblöcke:

- Die Kosten einer Zuchtstute mit Fohlen (Tabelle 6)
- Die Kosten der Aufzucht eines Reitpferdes (Tabelle 7)
- Die Ausbildungskosten eines Reitpferdes über sechs Monate (Tabelle 8)

Tabelle 6: Variable Kosten von Zuchtstute und Fohlen[34]

Kostenpositionen Zuchtstute mit Fohlen	**Kosten in €**
Futterkosten	922,89 €
Bestandsergänzung / Zukauf	875,00 €
Bedeckungskosten	800,00 €
Tierarzt, Medikamente	524,00 €
Weidegang	173,57 €
Hufpflege	125,00 €
Beiträge	100 €
Wasser, Energie	78,00 €
Dungausbringung	50,00 €
Stallgeräte	15,00 €
Ausrüstung	12,50 €
Tierseuchenkasse	3,00 €
Variable Kosten gesamt	**3.482,96 €**
Fohlenkosten in der Laktation	**315,00 €**
Variable Kosten für Stute und Saugfohlen	**3,797,96 €**

33 Gärke 2014.
34 Gärke 2014.

Tabelle 7: Variable Kosten der Aufzucht (2,5 Jahre)[35]

Kostenpositionen Aufzucht Reitpferd	**Kosten in €**
Futterkosten	1.247,73 €
Tierarzt, Medikamente	475,00 €
Hufpflege	300,00 €
Weidekosten	260,35 €
Wasser, Energie	195,00 €
Stallgeräte	37,50 €
Tierseuchenkasse	5,00 €
Variable Kosten gesamt	**2.520,58 €**

Tabelle 8: Ausbildungskosten Reitpferd (6 Monate)[36]

Kostenpositionen 6-monatige Ausbildung Reitpferd	**Kosten in €**
Box und Beritt	4.200,00 €
Hufpflege	255,00 €
Tierarzt, Medikamente	197,00 €
Ausrüstung	150,00 €
Versicherung	50,00 €
Gesamtkosten (variabel 6 Monate Ausbildung)	**4.852,00 €**

Für die Zucht, die Aufzucht und die erste Ausbildungsphase von rund sechs Monaten fallen im Mittel 11.170,54 Euro an. Dieser Wert unterliegt einer großen Schwankungsbreite, so dass je nach Zucht- und Aufzuchtsystem große Abweichungen von diesem Wert auftreten können. Um kostendeckend zu züchten, müssen nach der vorliegenden Modellkalkulation Verkaufserlöse zwischen 9.000 Euro und 14.000 Euro realisiert werden.

3. Angebot und Nachfrage

Aktuell liegen keine genauen Zahlen vor, wie viele Pferde in Deutschland pro Jahr durch die Pferdezüchter angeboten werden bzw. zu welchen Preisen sie verkauft

35 Gärke 2014.
36 Gärke 2014.

werden. Für das Reitpferdesegment gibt es Schätzwerte, die besagen, dass jährlich 25.000 Warmblüter ihren Besitzer wechseln.[37]

Personengruppen auf Angebots- und Nachfrageebene

Auf der Angebots- bzw. Verkäuferebene treten v. a. (landwirtschaftliche) Pferdezüchter, gewerbliche Pferdehändler, und Pferdebetriebe, Berufsreiter, Verbände und Privatpersonen auf. Wie bereits beschrieben wird im Folgenden eine Fokussierung auf den Pferdezüchter als „Urproduzenten“ vorgenommen.

Innerhalb der Gruppe der Pferdezüchter werden deren Betriebe im Rahmen der Besteuerung und der baurechtlichen Betrachtung von Pferdebetrieben unterschieden. So kann ein Pferdebetrieb als landwirtschaftlicher oder als gewerblicher Betrieb eingestuft werden sowie als Liebhabereibetrieb. Allgemeingültige Definitionen zur Abgrenzung dieser drei Betriebsformen können aufgrund zahlreicher betriebsindividueller Rechtsprechungen allerdings nicht gegeben werden. Entscheidend ist, dass jeder Betriebsinhaber, sofern er eine Gewinnerzielungsabsicht verfolgt, über genaue Kenntnis bezüglich der wirtschaftlichen Situation seines Betriebes verfügt. So ist er in der Lage, die steuerliche Einordnung seines Betriebes vorhersehen zu können und unerwünschten Entwicklungen rechtzeitig entgegensteuern zu können. Hierfür sind Gewinnprognosen, Planungsrechnungen und regelmäßige Plan-/Ist-Vergleiche unerlässlich.

In der Verkaufssituation des landwirtschaftlichen Pferdezüchters ist zu berücksichtigen, dass seit dem 01.07.2012 bei Pferdeverkäufen nicht mehr der ermäßigte Steuersatz gilt. Das bedeutet, dass optierende Landwirte bzw. Unternehmer 19 % Umsatzsteuer an das Finanzamt abführen müssen. Für pauschalierende Landwirte bleibt der Steuersatz von 10,7 % erhalten. In dem Umsatzsteueranwendungserlass (Bundesfinanzministerium, 2013) ist geregelt, dass Deckgelder, die kurzfristige Einstallung von Pferden zum Zwecke der Bedeckung sowie die Besamungsleistung und die Kontrolle der Besamung nach wie vor mit 7 % besteuert werden.

Auf der Nachfrage-, also auf der Käuferebene, findet man ebenfalls folgende Personengruppen: (Landwirtschaftliche) Pferdezüchter, gewerbliche Pferdehändler und Pferdebetriebe, Berufsreiter, Verbände und Privatpersonen. Da die privaten Pferdekäufer die größte Gruppe der Pferdekäufer darstellen, soll im Folgenden der Fokus auf diese Gruppe gerichtet werden. Ähnlich wie Privatpersonen meist nur gelegentlich ein Pferd verkaufen, kaufen Privatpersonen auch nur gelegentlich ein Pferd. Dies hat natürlicherweise Auswirkungen auf die Vorgehensweise

---

37 Sieweck, Hartwig 2014.

des potenziellen Pferdekäufers in der Kaufsituation bzw. auf der Suche nach dem Pferd.

Weitere Berücksichtigung muss in der Konstellation der Personengruppen auf Käufer- und Verkäuferebene die Schuldrechtsreform erfahren, die beispielsweise Privatpersonen juristisch anders stellt als gewerbliche / landwirtschaftliche Pferdeverkäufer und weitreichende Folgen für den Verkauf von Pferden mit sich bringt. Das 2002 in Kraft getretene Schuldrechtsmodernisierungsgesetz hat dazu geführt, dass Pferde wie gewöhnliche Sachen behandelt werden, was zur Folge hat, dass für Pferdekäufe die gleichen Rechte und Pflichten gelten wie beispielsweise beim Erwerb eines Automobils oder eines sonstigen Gebrauchsgegenstandes.[38]

Der Pferdekäufer

In einer 2015 zum Pferdekauf durchgeführten Studie des HorseFuturePanels wurden rund 900 Pferdesportler (vornehmlich organisierte Pferdesportler) zum Thema Pferdekauf befragt. Im Folgenden werden einige der Kernergebnisse dargestellt, da diese dabei helfen, die Käuferseite und deren Ansprüche an ein Pferd bzw. an die Kaufsituation besser zu verstehen:

Vorerfahrungen beim Pferdekauf

- Von den Probanden sind 86 % Pferdebesitzer, 88 % davon haben bereits mindestens ein Pferd selbst gekauft. 23 % aller Probanden planen in den nächsten 12 Monaten ein Pferd zu kaufen.

Eigenschaften des Wunschpferdes

- Etwa je 60 % der Probanden, die bereits ein Pferd gekauft haben und der zukünftigen Pferdekäufer sucht bzw. hat einen Warmblüter gesucht (Dt. Reitpferd und Internationale Warmblutrassen).
- Im Mittel war das Pferd der Probanden zum Zeitpunkt des Kaufes 8,46 Jahre (SD ± 5,61 Jahre) alt, bei den Probanden, die ein Pferd suchen, sollte das Pferd im Mittel 8,58 Jahre (SD ± 4,17 Jahre) alt sein.
- Die Probanden, die bereits ein Pferd haben, besitzen etwa zu gleichen Teilen Stuten und Wallache, 6 % besitzen einen Hengst. Gut einem Drittel der zukünftigen Pferdekäufer ist es egal, welches Geschlecht ihr Pferd hat, ein weiteres Drittel sucht einen Wallach und ein Viertel sucht eine Stute.

38 Sonneborn 2015.

- Im Mittel war das gekaufte Pferd der Probanden 159,65 cm (SD ± 18,64 cm) groß, bei den zukünftigen Pferdekäufern sollte es im Mittel maximal 169,64 cm (SD ± 11,68 cm) groß sein.
- Einigkeit herrscht bei Pferdebesitzern und potenziellen Pferdekäufern hinsichtlich der Nutzungsgruppe des Pferdes: So wünschen sich 85 % ein Reit-, Fahr- oder Voltigierpferd, welches geritten oder gefahren sein sollte. Gleichermaßen wollen die Probanden das Pferd freizeitsportlich einsetzen, wobei der Anteil der Probanden, die das Pferd auch turniersportlich einsetzen bzw. einsetzen wollen, bei etwa der Hälfte der Stichprobe liegt. Ferner ist es den Probanden wichtig, dass sie das Pferd für die ganze Familie nutzen bzw. nutzen wollen.
- Besonders wichtige Aspekte beim Kauf eines Pferdes sind für ehemalige und potenzielle Pferdekäufer widerum gleichermaßen Charakter und Temperament, Umgänglichkeit, Gesundheitsstatus und das Vertrauen zum Verkäufer. Insbesondere den potenziellen Pferdekäufern sind außerdem eine pferdegerechte Aufzucht und Haltung wichtig, sowie die Rittigkeit und die Qualität der Grundgangarten.

Verkäufer des Pferdes

- 32 % der Probanden haben ihr Pferd von einem Züchter gekauft, 31 % von einer Privatperson, 15 % von einem Pferdehändler und 6 % von einem Ausbildungsstall.
- Jeweils 19 % der Probanden kannten den Verkäufer bzw. den Verkäufer und das Pferd, das sie gekauft haben, bereits vor dem Kauf. 37 % der Probanden kannten weder Pferd noch Verkäufer im Vorfeld.
- Etwa zwei Drittel der potenziellen Pferdekäufer planen, ihr Pferd von einer Privatperson zu kaufen, 56 % von einem Züchter und 34 % von einem Händler.
- Für 65 % der Probanden würde es die Kaufentscheidung erleichtern, wenn ihnen das Pferd im Vorfeld bekannt wäre, für 56 % der Probanden, wenn ihnen der Verkäufer bekannt wäre und für 39 % der Probanden, wenn ihnen das Pferd empfohlen würde.

Ausprobieren des Pferdes

- Im Mittel haben die Probanden 4,08 Pferde (SD ± 5,80 Pferde) ausprobiert, bevor sie sich für ihr Pferd entschieden haben. Für die Suche nach ihrem Pferd investierten mehr als zwei Drittel der Probanden bis zu drei Monate Zeit.
- Etwa ein Viertel der ehemaligen Pferdekäufer durfte das Pferd zur Probe mitnehmen.

- 70 % der potenziellen Pferdekäufer würden sich wünschen, das Pferd vor dem Kauf zur Probe mitnehmen zu können.

Die Verkaufssituation

- 80 % der Pferdekäufer haben sich in der Verkaufssituation sicher gefühlt.
- In der Verkaufssituation sind den Probanden vor allem Sachlichkeit und Seriosität wichtig, ferner sollte das Verkaufsgespräch aber auch locker und entspannt sein, nur für ein Drittel der Probanden sollte das Verkaufsgespräch auf rein geschäftlicher Ebene bleiben.

Kosten des Pferdes

- Im Durchschnitt haben die Probanden, die bereits ein Pferd besitzen, 7.633,60 € (SD ± 32.270,24 €) für ihr Pferd ausgegeben.
- Die Probanden, die planen, innerhalb der nächsten zwölf Monate ein Pferd zu kaufen, sind im Mittel bereit, maximal 8.787,85 € (SD ± 8.040,66 €) auszugeben.

Erfahrungen beim Pferdekauf

- 57 % der Probanden haben gute Erfahrungen beim Pferdekauf gemacht. Bei 20 % der Pferdekäufer war das gekaufte Pferd im Nachhinein krank, 13 % meinen, dass sie zu viel Geld für die Qualität des gekauften Pferdes bezahlt haben, 12 % stellten Verhaltensstörungen fest und 11 % harmonierten nicht mit dem gekauften Pferd.
- Von den Probanden, die bereits schlechte Erfahrungen beim Pferdekauf gemacht haben, haben 39 % das Gefühl, beim Kauf betrogen worden zu sein.
- Von den Probanden, die das Gefühl hatten, betrogen worden zu sein, konnten 38 % den Betrug nicht nachweisen, wollten 28 % das Pferd trotzdem behalten, konnten 12 % das Pferd ohne Probleme zurückgeben und 13 % konnten das Pferd nur mit großem finanziellen oder zeitlichen Aufwand zurückgeben. 10 % der Probanden haben im Rückgabeverfahren einen Anwalt eingeschaltet.

Informationsbezug und Kommunikationskanäle beim Pferdekauf

Wie aber finden nun Angebot und Nachfrage im Pferdemarkt zusammen? Während früher das klassische Inserat im Pferdesportfachmagazin die erste Möglichkeit für Anbieter war, ihr Pferd anzubieten, spielt heute das Internet im Rahmen des Informationsprozesses eine immer wichtiger werdende Rolle. Neben der Möglichkeit für Anbieter, Verkaufspferde auf eigenen Webseiten zu offerieren, gibt es verschiedene Online-Portale, über die Züchter / Verkäufer ihre Verkaufspferde anbieten können. Zunehmend wichtiger werden auch hier Social Media-Angebote wie Facebook.

Neben den eher anonymen Möglichkeiten, über Internet und Fachmagazine nach Pferden zu suchen, spielt nach wie vor der persönliche Austausch, insbesondere die Weiterempfehlung im Freundes- und Bekanntenkreis, eine große Rolle. So führen Gespräche mit Freunden, anderen Reitern, Züchtern oder dem Reitlehrer häufig zum Erstkontakt mit dem Verkaufspferd.[39]

Im Informationsprozess fragen potenzielle Pferdekäufer folgende Informationen zu dem Pferd als erstes ab: das Alter, die Größe und den Ausbildungsstand. Ferner wird ein aussagekräftiges Foto gewünscht, zunehmend häufiger auch ein aussagekräftiges Video. Im Weiteren spielt der Preis eine entscheidende Rolle.

Grundsätzlich gilt für den Informationsprozess, dass selten nur ein Kommunikationskanal zum Informationsbezug durch den Pferdekäufer genutzt wird. So verläuft die sogenannte Customer Journey, also die „Reise des potenziellen Pferdekäufers zum Verkaufspferd" beispielsweise wie folgt: Der Interessent wird auf ein Pferd im Internet z. B. auf einer Online-Plattform aufmerksam. Er nimmt den Kontakt zum Anbieter entweder telefonisch oder per E-Mail auf und holt weitere Informationen zum Pferd ein. Möglicherweise hat der Anbieter auch eine eigene Webseite, über die sich der Interessent weitere Informationen zum Züchter, zur Abstammung etc. einholen kann. Bei zunehmendem Interesse wird ein Besichtigungstermin beim Züchter vereinbart, als Berater begleitet der Reitlehrer den Interessenten. Das Pferd wird vorgeritten und durch den Interessenten ausprobiert. Bei positivem Erstkontakt werden oftmals weitere Informationen über Pferd und Anbieter, z. B. über die FN-Erfolgsdatenbanken eingeholt. Steigert sich das Interesse am Pferd, sodass eine tatsächliche Kaufbereitschaft besteht, wird der Tierarzt eingeschaltet, der die Ankaufsuntersuchung durchführt und oft durch seine medizinische Bewertung über den Kauf oder den Nicht-Kauf des Pferdes entscheidet. Zunehmend häufiger wird auch von Kaufinteressenten gewünscht, das Pferd zur Probe mitzunehmen.[40]

Eine Besonderheit für das Zusammenkommen von Angebot und Nachfrage stellen die Auktionen dar, die Züchtern die Möglichkeit bieten, ihre Pferde über den entsprechenden Zuchtverband zu vermarkten. Mit der Annahme eines Pferdes z. B. zu einer Eliteauktion verbindet der Züchter oftmals die Hoffnung, einen besonders hohen Preis für sein Pferd erzielen zu können.

39 HFP 2015.
40 HFP 2015.

Auktionen werden von den Zuchtverbänden als Vermarktungsplattform für die besonders qualitätvollen Pferde der Zuchtverbandsmitglieder durchgeführt. Die Auktionen stehen im Fokus der öffentlichen Wahrnehmung, da diese als Aushängeschilder für die Qualität der Pferde eines Zuchtverbandes gesehen werden, sowie als Preisspiegel für die aktuelle Situation am Pferdemarkt. Hierbei darf nicht übersehen werden, dass über die Auktionen nur ein geringer Anteil der in Deutschland vermarkteten Pferde veräußert wird. So wurden 2013 etwa 2.500 Pferde und Ponys über Verbandsauktionen vermarktet, das entspricht 10 % aller in einem Jahr angebotenen Pferde (Annahme Gesamt: 25.000 Pferde). Im Rahmen der Reitpferdeauktionen der Zuchtverbände wurden im Jahr 2014 rund 900 Reitpferde zu einem Durchschnittspreis von 21.394 Euro versteigert.

Weiterhin wurden bei den Auktionen der Zuchtverbände rund 1.600 Zuchtpferde und Fohlen sowie Ponys und Kaltblüter versteigert.[41] Die höchsten Verkaufserlöse erzielen dabei im Mittel die gekörten Reitpferdehengste, die im Rahmen der verschiedenen Hauptkörungen vermarktet wurden (Tabelle 9).

Tabelle 9: Entwicklungen der durchschnittlichen Verkaufspreise in den Jahren 2010 bis 2014 im Rahmen der Zuchtverbandsauktionen[42]

	2010	2011	2012	2013	2014
Deutsches Reitpferd					
Reitpferde	21.232 € (n = 1.091)	21.348 € (n = 1.048)	20.796 € (n = 931)	20.206 € (n = 926)	21.394 € (n = 898)
Zuchtstuten	11.672 € (n = 35)	14.943 € (n = 39)	14.629 € (n = 27)	26.424 € (n = 31)	21.437 € (n = 24)
Gekörte Hengste	60.565 € (n = 153)	65.958 € (n = 152)	71.444 € (n = 171)	93.712 € (n = 176)	112.733 € (n = 165)
Nicht gekörte Hengste	19.962 € (n = 166)	17.111 € (n = 180)	16.985 € (n = 140)	17.816 € (n = 144)	20.565 € (n = 130)
Fohlen	6.432 € (n = 1.159)	7.153 € (n = 1.176)	6.557 € (n = 1.142)	6.851 € (n = 973)	7.594 € (n = 897)
Deutsches Reitpony					
Reitponys	11.393 € (n = 15)	16.777 € (n = 17)	16.011 € (n = 34)	15.114 € (n = 21)	8.667 € (n = 6)
Fohlen	2.926 € (n = 27)	3.890 € (n = 25)	3.497 € (n = 30)	3.408 € (n = 26)	3.721 € (n = 24)

41 FN 2013.

42 FN 2010, 2011, 2012, 2013, 2014.

4. Angebot und Nachfrage: Ein Soll – Ist – Vergleich

Entsprechend der Entwicklungstrends der vergangenen Jahre ist zu erwarten, dass auch in den nächsten Jahren das Interesse am Pferdesport weiter rückläufig ist. Im Weiteren ist mit einer abnehmenden Anzahl an aktiven Pferdesportlern zu rechnen, an Pferdezüchtern sowie mit einer abnehmenden Zahl an Pferden und Pferdeverkäufen. Folglich ist auch zu erwarten, dass der Pferdemarkt insgesamt kleiner wird.

Soll – Ist – Vergleich: Einsatzgebiete des Pferdes

In Tabelle 2 wurde bereits die kontroverse Bewertung der Wichtigkeit verschiedener Einsatzgebiete des Pferdes aus der Sicht der deutschen Gesellschaft und der einer pferdesportverbundenen Befragtengruppen dargestellt. Wenngleich letztere Gruppe zu dem Ergebnis gekommen ist, dass das Therapeutische Reiten nur von untergeordneter Wichtigkeit ist, so kommen sie doch im nächsten Schritt zu dem Ergebnis, dass vor allem für diesen Einsatzbereich Pferde am Markt fehlen, gefolgt von dem Einsatzgebiet „Reiten und Voltigieren als Sport für Kinder und Jugendliche" und dem Reiten als Gesundheitssport (Tabelle 10). Der Freizeitsport wurde von den Pferdesportlern als wichtigstes Einsatzgebiet des Pferdes bewertet, zugleich kommt diese Gruppe zu dem Ergebnis, dass hier der größte Angebotsüberhang am Markt zu beobachten ist.

Tabelle 10: Einschätzung der Verfügbarkeit von Pferden für die verschiedenen Einsatzgebiete des Pferdes[43] [n = 2.249]

	Zu wenige Pferde vorhanden	Genügend Pferde vorhanden	Zu viele Pferde vorhanden	Weiß nicht / Keine Angabe
Therapeutisches Reiten	50 %	32 %	2 %	16 %
Reiten und Voltigieren als Sport für Kinder und Jugendliche	39 %	46 %	3 %	12 %
Reiten als Gesundheitssport	38 %	40 %	3 %	19 %
Pferd in Land- und Forstwirtschaft	29 %	34 %	6 %	31 %
Internationaler Leistungssport	25 %	60 %	10 %	5 %
Tourismus mit dem Pferd	16 %	52 %	7 %	26 %
Freizeitsport	13 %	58 %	27 %	3 %
Pferdezucht	12 %	57 %	26 %	6 %
Regionaler (Leistungs-) Sport	11 %	69 %	16 %	4 %

43 HFP 2014.

Um die Wertigkeiten von Pferden beispielsweise für das Therapeutische Reiten oder den Einsatz des Pferdes für Kinder und Jugendliche zu erhöhen, ist es für die Zukunft daher die Herausforderung, Angebot und Nachfrage an Pferden in eine bessere Balance zu bringen.

Soll – Ist – Vergleich: Die Käufergruppen am Beispiel der Freizeit- und Leistungspferdesportler

Wie bereits mehrfach beschrieben, ist die große Gruppe der aktiven Pferdesportler dem Freizeitpferdesport zuzuordnen. Der Anteil der Leistungspferdesportler ist mit knapp 4.000 Pferdesportlern sehr klein, dennoch findet durch die Institutionen aus Pferdezucht und Pferdesport sowie auch von den Pferdezüchtern eine Fokussierung auf diese Gruppe statt, da mit ihr Reputation und vermeintlich höhere Ausgaben für Pferde verbunden werden.

Insbesondere auch für die zukünftige Ausgestaltung des Pferdemarktes ist zu berücksichtigen, dass durch Faktoren wie steigendem Leistungsdruck in der Gesellschaft, demographischem Wandel und damit verbundenem höherem Durchschnittsalter, Ganztagsschule und abnehmender Freizeit in der Bevölkerung das Leistungsmotiv im Sport insgesamt, insbesondere aber auch im Pferdesport immer unbedeutender wird. Eindrucksvoll belegen das u. a. die massiven Rückgänge unter den FN-Reitausweisinhabern der vergangenen Jahre. Zukünftig wird der Markt für Pferde im Turniersporteinsatz also eher kleiner.

Soll – Ist – Vergleich: Institutionen der Pferdezucht und Pferdezüchter

Die deutsche Pferdezucht ist durch ihre Strukturen mit der Deutschen Reiterlichen Vereinigung, den Zuchtverbänden und Interessengemeinschaften sowie den Haupt- und Landgestüten sehr gut organisiert. In Folge der hohen Qualität der in Deutschland gezüchteten Pferde herrschte Jahrzehnte lang ein Nachfrageüberhang an Zucht- und Sportpferden aus Deutschland sowie auch wachsende Mitgliederzahlen in den einzelnen Zuchtverbänden.

Seit einigen Jahren sehen sich die Pferdezuchtinstitutionen in Folge des Strukturwandels in der Landwirtschaft und dem altersbedingten Ausscheiden der bäuerlichen Pferdezüchter mit starken Mitgliederrückgängen konfrontiert, eine Trendwende ist noch nicht absehbar, wenngleich das Interesse der landwirtschaftsfernen Pferdesportler an der Pferdezucht groß ist. So belegen beispielsweise Studien, dass sich rund zwei Drittel der Pferdesportler und Pferdebegeisterten vorstellen können, Mitglieder in einem Zuchtverband zu werden bzw. selbst ein

Fohlen zu züchten.[44] Allerdings erscheinen die Zutrittsbedingungen zu Verbänden und etablierten Züchtern bislang hoch und die Kommunikation der Institutionen nicht an den Anforderungen neuer Zielgruppen ausgerichtet. Daraus lässt sich das Erfordernis ableiten, dass Pferdezüchter, Pferdesportler und Pferdebegeisterte individuell und trotzdem gleichberechtigt angesprochen werden.

Zudem sollte der Fokus innerhalb der Pferdezucht und ihrer Öffentlichkeitsarbeit nicht ausschließlich auf die Zucht von Pferden für den Spitzensport oder die Zucht neuer Siegerhengste gerichtet werden. Vielmehr muss es darum gehen, den Züchter, den neuen Züchter und auch den versierten (Freizeit-) Reiter qualitativ zu beraten und zu bedienen. Dem Züchter sollten die verschiedenen Wege in der Anpaarung, der Haltung und Aufzucht aufgezeigt werden; darüber hinaus sollte ihm vermittelt werden, wie sich die Ausbildung der Pferde gestalten kann und welche Vermarktungswege und damit verbundene Möglichkeiten auf Erfolg es für die verschiedenen Zuchtrichtungen gibt. Dem Reiter und potenziellen Kunden sollte aufgezeigt werden, welche Qualitätseigenschaften mit einem Pferd aus einem deutschen Zuchtgebiet verbunden sind, welche Überlegungen hinter den verschiedenen Entwicklungsstufen stehen und welche weiteren Ausbildungsschritte im Sinne einer pferdegerechten Haltung und Ausbildung sinnvoll erscheinen.

Soll – Ist – Vergleich: Pferdebestände und Nutzungsformen

Wie bereits beschrieben, ist in den nächsten Jahren mit einem rückläufigen Pferdebestand und einer sich verschiebenden Verteilung der Pferde auf die verschiedenen Nutzungsformen zu rechnen. Aufgrund der noch nicht vollständigen Datenerfassung der Pferde insgesamt, insbesondere aber auch der fehlenden, die Pferde beschreibenden Einsatzgebiete und Eigenschaften, sind Ableitungen, in welche Richtung sich die Nutzungsformen der Pferde entwickeln werden, nicht zu ziehen. Dies macht eine Prognose, für welche Nutzung (Reit-, Fahr- und Voltigiersport, Rennsport, Milchproduktion etc.) in den nächsten Jahren Pferde für den Markt bereitgestellt werden müssen, unmöglich. Marktbeobachtungen zu Folge nimmt allerdings der Anteil der Pferde, die in Folge ihres Alters oder ihres Gesundheitszustands nicht mehr sportlich genutzt werden, deutlich zu.

Für die Zukunft wäre es wünschenswert, eine Datenbank zum Monitoring der Pferdebestände und ihrer Nutzung zu etablieren, um so zukünftig Angebot und Nachfrage besser aufeinander abstimmen zu können.

44 HFP 2014.

Soll – Ist – Vergleich: Verkäufer und Käufer

Die Pferdezüchter sehen die größte zukünftige Herausforderung in der Vermarktung, gefolgt von der qualitativen Ausbildung ihrer Pferde. Beide Aspekte hängen eng zusammen, da die Vermarktung eines Pferdes umso leichter ist, je besser es ausgebildet ist. Zugleich ist aber die Ausbildung, v. a. dann, wenn sie nicht durch den Züchter selbst vorgenommen werden kann, der höchste Kostenfaktor. Umgekehrt sucht eine große Gruppe der Pferdekäufer ein Pferd, das gut ausgebildet ist, da diese meist selbst nicht die reiterlichen Fähigkeiten haben, um ein Pferd auszubilden.

Die meisten Käufer sind Privatpersonen, die ein Pferd als Partner suchen und sich entsprechend absichern wollen. Häufig kaufen sie das Pferd von einer Privatperson oder einem Züchter – für sie wäre es kauferleichternd, wenn sie den Verkäufer im Vorfeld kennen würden. Züchtern fehlt allerdings oftmals der Zugang zu potenziellen Pferdekäufern, ferner bieten sie naturgemäß Remonten an, die häufig lediglich über eine erste Grundausbildung verfügen.

Für die Zukunft könnten beispielsweise durch die engere Vernetzung von Zuchtbetrieben und Reit- und Ausbildungsställen Verbindungen zwischen Züchtern und Käufern geschaffen werden, die im Bereich der Ausbildung von jungen Pferden unter fachlicher Anleitung und das Kennenlernen von Pferden und Züchtern zu Synergieeffekten auf Angebots- und Nachfrageebene führen.

Soll – Ist – Vergleich: Eigenschaften des Wunschpferdes

Als wichtigste Eigenschaften eines Pferdes und somit auch als anzustrebende Selektionskriterien über alle Interessengruppen (Züchter, Reiter, Interessierte) hinweg werden Gesundheit, Charakter und Rittigkeit gesehen (Tabelle 11). Im Rahmen der Selektion werden derzeit seitens der Zuchtverbände aber v. a. Bewegung, Typ und Springvermögen honoriert und öffentlich besprochen.

Zudem werden moderne Anpaarungen durch die Zuchtverbände bevorzugt behandelt, die für den „normalen Reiter“ immer weniger reitbar sind. Diese Situation führt sowohl auf der Züchterseite als auch auf der Reiter- und Käuferseite zur Verunsicherung: Freizeitreiter haben Angst davor, mit einem Reitpferd nicht zurechtzukommen, Züchter haben Angst, Freizeit- und Allroundpferde nicht verkaufen zu können bzw. bei einer Spezialisierung auf diesen Bereich von Züchterkollegen belächelt zu werden oder vom Mitgliedszuchtverband nicht ernst genommen zu werden.

Tabelle 11: Wichtige Eigenschaften eines Pferdes aus Pferdesportler- und Pferdezüchtersicht [Was macht für Sie persönlich ein gutes Pferd aus? Bitte wählen Sie die für Sie wichtigsten fünf Eigenschaften aus und rangieren diese nach ihrer Bedeutung für Sie! [n = 2.249]|

Eigenschaften	**Anteil der Probanden, die die Eigenschaft auf Platz 1 gewählt haben**	**Anteil der Probanden, die die Eigenschaft nicht auf einen der ersten 5 Plätze gewählt haben**
Gute Gesundheit	33 %	16 %
Guter Charakter	27 %	19 %
Hohe Rittigkeit	12 %	28 %
Ausgeglichenes Temperament	7 %	51 %
Vielseitig einsetzbar	4 %	62 %
Gute Grundgangarten	3 %	58 %
Überdurchschnittliche Grundgangarten	3 %	81 %
Überdurchschnittliches Springvermögen	2 %	92 %
Gutes Springvermögen	2 %	90 %
Kindereignung	0 %	96 %

Allerdings scheint insbesondere im Reitpferdesegment eine Fokussierung auf das Segment des Leistungssports seitens der Verbände und Profivermarkter vorhanden zu sein, die die verbandsinterne Kommunikation mit Mitgliedern aus Pferdezucht und -sport prägt. Suggeriert wird, dass es „nur" einen Markt für Leistungssportpferde und Leistungssportler gibt. Nur so ist zu erklären, dass die Leistungsmerkmale des Pferdes den scheinbar größten Einfluss auf die wertbestimmenden Eigenschaften des Pferdes in der Verkaufssituation haben (Tabelle 12).

Tabelle 12: Die wichtigsten, den Wert eines Pferdes beeinflussenden Attribute [Welche Attribute beeinflussen aktuell Ihrer Meinung nach am stärksten den (am Markt) zu erzielenden Wert eines Pferdes? [n = 2.249 | Top-2-Box: „Sehr starker Einfluss“ und „Starker Einfluss“ | Quelle: HFP-Umfrage: Pferdezucht 2020]

Attribut	**Wertbeeinflussung in %**
Qualität der Grundgangarten	87 %
Turniererfolge	81 %
Tierärztliches Gutachten	79 %
Ausbildungsstand	79 %
Springvermögen	59 %
Bekanntheit des Ausbilders	58 %
Bekanntheit des Verkäufers	56 %
Bekanntheit des Züchters	55 %
Rasse	52 %
Verhalten im täglichen Umgang	52 %
Zuchtgebiet	35 %
Farbe	26 %
Zertifizierung des Zucht- und Aufzuchtbetriebes	21 %
Unterbringung des Zeitpunktes zum Verkauf	21 %
Geländesicherheit	20 %
Erfolgreich absolvierte Gelassenheitsprüfung	12 %

Soll – Ist – Vergleich: Preisgestaltung

Folgt man der Modellkalkulation von Gärke[45] für die Kosten eines dreijährigen Reitpferdes, welches über sechs Monate in Beritt war, liegt der monetäre Aufwand bei rund 11.000 €. Betrachtet man dagegen die durchschnittlichen Preise, die durch die Pferdebesitzer einer HorseFuturePanel-Studie für ein Pferd ausgegeben wurden, liegen diese etwa 3.400 € unter der „Erzeugungskosten“. Die potenziellen Pferdekäufer wären immerhin bereit, etwa 8.800 € auszugeben, sodass die Negativabweichung von den Erzeugungskosten „nur noch“ bei 2.200 € liegen würde.[46] Lediglich bei Zugrundelegung der Durchschnittspreise, die im Rahmen von Auktionen (21.000 €)[47] für Reitpferde erzielt werden, könnte ein positiver Deckungsbeitrag erzielt werden.

45 Gärke 2014.
46 HFP 2015.
47 FN 2014.

Eine der großen Herausforderungen für die Zukunft ist es daher, Angebot und Nachfrage an Pferden in eine bessere Balance zu bringen. Neben der Erzielung von angemessenen – nicht überzogenen – Preisen zur Freude von Züchtern und Käufern gleichermaßen, ist es für die Zukunft der Pferdezucht wichtig, zum einen Pferde zu züchten, die der „Markt fordert". Dafür muss ein Dialog zwischen sämtlichen Akteuren am Pferdemarkt stattfinden und zwar nicht nur dann, wenn ein Pferd real zu verkaufen ist, sondern bereits im Vorfeld, um Vertrauen und Bekanntheit aufzubauen und zu erfahren, welche Eigenschaften sich der Pferdesportler von einem Pferd wünscht. Auch im Nachgang des Verkaufes ist es wichtig, dass Züchter und Käufer weiterhin in Kontakt bleiben: Zum einen kann der Züchter dann an der Freude des Käufers an seinem Zuchtprodukt teilhaben. Er erfährt möglicherweise wichtige Informationen zur Nutzung des von ihm gezüchteten Pferdes, die er für zukünftige Anpaarungs- und Selektionsentscheidungen nutzen kann. Zum anderen ist dies die Voraussetzung für eine zukünftige Weiterempfehlung des Züchters durch den Käufer, was sich widerum für weitere Pferdeverkäufe positiv auswirken kann.

Literatur

AWA (2015): Allensbacher Marktanalyse Werbeträgeranalyse 2015. Institut für Demoskopie Allensbach, Allensbach.

AWA (2014): Allensbacher Marktanalyse Werbeträgeranalyse 2014. Institut für Demoskopie Allensbach, Allensbach.

AWA (2010): Allensbacher Marktanalyse Werbeträgeranalyse 2010. Institut für Demoskopie Allensbach, Allensbach.

Bundesfinanzministerium (2013): URL: http://www.bundesfinanzministerium.de/Web/DE/Themen/Steuern/Steuerarten/Umsatzsteuer/Umsatzsteuer_Anwendungserlass/umsatzsteuer_anwendungserlass.html (Stand: 13.09.2013).

Die deutschen Landgestüte (2015): Die Geschichte der deutschen Landgestüte. URL: http://www.die-deutschen-landgestuete.de/urspruenge.html (Stand: 14.09.2015).

Dohms-Warnecke, T. (2013): Persönliche Mitteilung.

Duden (2015): Definition Hobby. URL: http://www.duden.de/rechtschreibung/Hobby (Stand: 14.09.2015).

DVR (Direktorium für Vollblutzucht und Rennen) (2014): http://www.turf-times.de/tt-artikel/deutsche-galopprennsport-zahlen-0 (Stand: 26.07.2015).

Fischer, T. (2013): Einstellung zur Pferdesteuer in der deutschen Bevölkerung. Masterarbeit Göttingen.

FN (Deutsche Reiterliche Vereinigung e. V.) (2015): Zucht. Internetseite der FN, Warendorf. URL: http://www.pferd-aktuell.de/pferdezucht/pferdezucht (Stand: 14.09.2015).

FN (Deutsche Reiterliche Vereinigung e. V.) (2014): Jahresbericht 2014. FNverlag, Warendorf.

FN (Deutsche Reiterliche Vereinigung e. V.) (2013): Jahresbericht 2013. FNverlag, Warendorf.

FN (Deutsche Reiterliche Vereinigung e. V.) (2012): Jahresbericht 2012. FNverlag, Warendorf.

FN (Deutsche Reiterliche Vereinigung e. V.) (2011): Jahresbericht 2011. FNverlag, Warendorf.

FN (Deutsche Reiterliche Vereinigung e. V.) (2013): Jahresbericht 2010. FNverlag, Warendorf.

FN (Deutsche Reiterliche Vereinigung e. V.) (2008): Jahresbericht 2008. FNverlag, Warendorf.

Gärke, B. (2014): Modellkalkulation der Variable Kosten für Zuchtstute und Fohlen, Aufzucht und Ausbildung. In: Vorlesungsunterlagen Betriebswirtschaftslehre Pferdewirtschaft. Göttingen.

HFP (HorseFuturePanel) (2015): HFP-Trendbarometer 2015–06. HorseFuturePanel, Göttingen.

HFP (HorseFuturePanel) (2014): HFP-Trendbarometer 2014–10. HorseFuturePanel, Göttingen.

HFP (HorseFuturePanel) (2013): HFP-Trendbarometer 2013–10. HorseFuturePanel, Göttingen.

HFP (HorseFuturePanel) (2012): HFP-Trendbarometer 2012–10. HorseFuturePanel, Göttingen.

HVT (Hauptverband für Traberzucht) (2014): http://www.hvt.de/web/home.nsf?Open (Stand: 01.01.2015).

Niemann, B. (2013): Steuer- und baurechtliche Auswirkungen der Einstufung der Betriebsform eines Pferdebetriebes. In: IST-Studienheft: Landwirtschaft und Pferdehaltung.

Sieweck, J., Hartwig, T. (2015): Wirtschaftsfaktor Pferd – Marktdaten über Reiter & Pferd. BoD – Books on Demand, Norderstedt.

Sonneborn, T. (2015): Aktueller Leitfaden zum Pferdekaufrecht nach der Schuldrechtsmodernisierung. URL: http://www.rechtsanwaelte-ls.de/downloads/pferdekaufrecht.pdf (Stand: 14.09.2015).

Christina Ikinger und Katharina Wiegand

Qualitätsunsicherheiten, Informationsbeschaffungs- und Entscheidungsverhalten von Kunden in der der Pferdebranche

Abstract Immer wieder treten in der Praxis Fälle auf, in denen Pferdekäufer oder Kunden von Pensionsställen und Reitschulen mit dem Pferd, das sie erworben haben oder der Dienstleistung, die sie erhalten unzufrieden sind. Anbieter können dem vorbeugen, in dem sie im Vorfeld eines Vertragsabschlusses möglichst aussagekräftige Informationen für den Interessenten bereitstellen. Die Informationsökonomie setzt sich mit diesem Problem systematisch auseinander und liefert Lösungsansätze. Anbieter in der Pferdewirtschaft können Vorgehensweisen für ihr eigenes Auftreten am Markt ableiten. Dabei ist es wichtig, auf unterschiedliche Käufer- und Zielgruppen einzugehen und sich mit bestehenden Kennzeichnungssystemen auseinanderzusetzen. Eine aktuelle Studie zeigt, was Pferdesportler dabei wünschen.

Qualität, Kommunikation und Kundenzufriedenheit

Die Praxis innerhalb der Pferdewirtschaft zeigt, dass vielfach Probleme bestehen und unter Umständen zu Unzufriedenheit und Konflikten führen, wenn die Erwartungen eines Käufers bzw. Kunden an ein Verkaufspferd, das Management eines Pensionsstalls oder auch den Reitunterricht im Nachhinein enttäuscht werden. Die Beispiele reichen von Pferden, die weiterverkauft oder zurückgegeben werden über Beschwerden von Einstallern in Pensionsställen über die Futterqualität oder den Service bis hin zu unzufriedenen Reitschülern in Schulpferdebetrieben. Die genaue Zahl dieser Fälle lässt sich nur schätzen. Eine Umfrage der Universität Göttingen und des HorseFuturePanels zu diesem Thema hat beispielsweise ergeben, dass von 971 befragten Personen, die in der Vergangenheit schon mindestens einmal ein Pferd gekauft haben, knapp die Hälfte schlechte Erfahrungen beim Pferdekauf gemacht hat. Die Probleme erstreckten sich dabei von Krankheiten und Verhaltensstörungen des Pferdes bis hin zum Ausbildungsniveau, das anders als erwartet ausfiel.[1]

1 Universität Göttingen, Lehrstuhl für Agrarmarketing & HorseFuturePanel 2013.

Dabei gilt nach wie vor: Zufriedene Kunden sind die beste Werbung.[2] Wie aber kann man als Anbieter Unzufriedenheit auf der Kundenseite möglichst systematisch verhindern bzw. ihr vorbeugen?

Die Gründe für die bereits beschriebenen, aber auch andere kritische Situationen, in denen es zu enttäuschten Kunden kommen kann, sind vielfältig und es muss dabei gar nicht zwingend der Fall sein, dass seitens der Anbieter und Verkäufer bewusst ein falsches Bild gezeichnet wird. Die schlichte Tatsache, dass im Vorfeld eines Vertragsabschlusses zu wenige oder falsche Informationen bereitgestellt wurden und diese somit zwischen Käufer und Verkäufer ungleichmäßig verteilt sind, reicht häufig als Ursache für derartige Probleme aus.[3] Ein grundsätzlicher Aspekt für Anbieter – egal ob Verkäufer oder Dienstleister – ist es im Hinblick auf zufriedene Kundschaft deshalb, falsche Erwartungen von vornherein zu vermeiden und so möglichst dafür zu sorgen, dass im Nachhinein auch keine Enttäuschungen beim Kunden bzw. Käufer entstehen. Dabei ist ein entscheidender Punkt, wie viele und welche Informationen im Vorfeld bereitgestellt werden – sei es über ein Verkaufspferd, eine Reitschule oder auch einen Pensionsbetrieb, der Einstellpferde beherbergt. So können Informationsdefizite und Qualitätsunsicherheiten bei den Käufern schon im Vorfeld beseitigt werden.

Dass viele solcher Unsicherheiten innerhalb der Pferdewirtschaft bestehen, zeigen unter anderem die folgenden Ergebnisse einer Studie der Universität Göttingen unter circa 2.000 Pferdebegeisterten: Auf die Frage „Wie leicht fällt es Ihnen, Qualitätsaspekte rund um das Thema Pferd einzuschätzen?" gab lediglich der Hälfte der Befragten an, dass es ihnen nicht schwer falle, die Qualität der Ausbildung eines Pferdes (52,3 %), die Qualität einer Pferdehaltung allgemein (49,9 %) oder die Kompetenz eines Ausbilders (48,7 %) zu beurteilen. Beim Kauf von größeren Ausrüstungsgegenständen (z. B. Sättel) fällt es nur 36,7 Prozent der Befragten noch leicht bis sehr leicht, die Qualität einzuschätzen. Noch schwieriger fällt es den Befragten, Verkaufspferde (27,1 %) bzw. die Kompetenz eines Züchters zu beurteilen (22,4 %) (Abb. 1).[4]

---

2 Künzel 1999, 82.

3 Akerlof 1970, 489.

4 Wiegand et al. 2015, 15.

Abbildung 1: Einschätzung Qualitätsaspekte

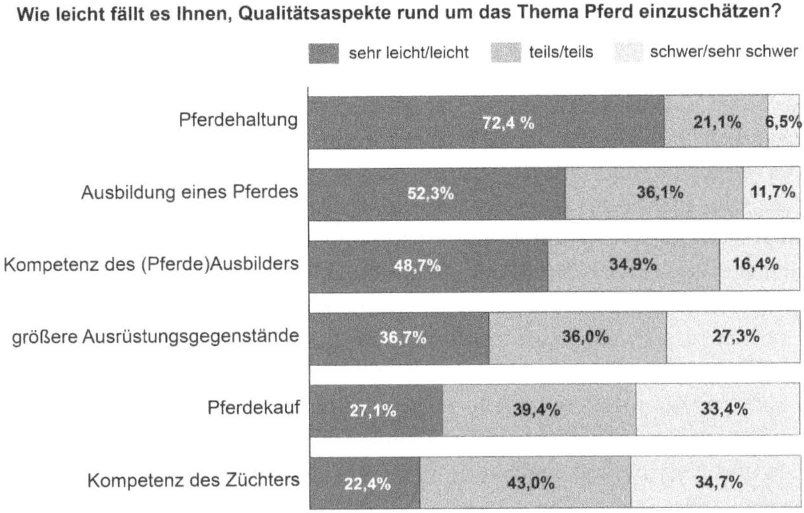

Jüngere Entwicklungen und der Strukturwandel der Pferdebranche tragen dazu bei, dass diese Probleme tendenziell eher größer werden: Nicht nur die Nutzung des Pferdes vom Arbeits- und Transporttier hin zum Sport- und Freizeitpartner hat sich in den vergangenen Jahrzehnten gewandelt[5], sondern auch die Vorkenntnisse und Beweggründe der Menschen, die heute mit Pferden umgehen, sind andere als früher und sehr viel heterogener.[6] Man spricht in diesem Zusammenhang häufig auch von einem neuen „Pferdesportler-Typ" der aus einer städtischen Umgebung kommt und ohne gebürtig landwirtschaftlichen Hintergrund oft nicht über notwendiges Wissen und gewachsene Vertrautheit mit dem Pferd verfügt, so dass er auf Hilfe und Kennzeichnungen angewiesen ist, wenn es um die Beurteilung und Auswahl von qualitativ hochwertigen Angeboten geht.[7] Anbieter müssen es nun schaffen, diese Kunden durch eine entsprechende Bereitstellung von Informationen von ihrem Angebot – sei es beispielsweise ein Verkaufspferd, ein Sattel oder auch eine Dienstleistung – zu überzeugen. Je unerfahrener und dadurch unsicherer ein Käufer ist, desto entscheidender ist dabei die Frage, welche Informationen über das Angebot im Vorfeld vorliegen bzw. bereitgestellt werden.

---

5 Isenbügel 2002, 327.
6 Münch 2013, 11.
7 Visser & Van Wijk Jansen 2012, 296.

Dabei stellen viele Leistungen im Pferdesport, wie z. B. die Pensionspferdehaltung oder die Ausbildung von Pferd und Reiter, aber auch der Verkauf eines Pferdes, sehr komplexe Dienstleistungen bzw. Produkte dar, deren Qualität für den Kunden tendenziell schwierig einzuschätzen sind. Dies liegt häufig auch daran, dass den Kunden bestimmte Informationen in Bezug auf die Leistung oder das Produkt fehlen, gar nicht direkt feststellbar sind oder nur durch Erfahrung erworben werden können. Oftmals ist dann eine hohe Vertrauensbasis erforderlich, die z. B. beim Pferdekauf die Aufzuchtbedingungen des Pferdes im Fohlenalter betreffen kann, die Futtermittel- und Einstreuqualität im Pensionsstall oder die Qualität von Reitlehrern. Aus diesem Grund ist es für Anbieter ratsam, Produkte und Dienstleistungen insbesondere aus Bereichen, in denen eine hohe Qualitätsunsicherheit besteht, möglichst transparent am Markt darzustellen und gegebenenfalls auch die Prüfung und Kennzeichnung durch unabhängige Dritte (z. B. TÜV, Stiftung Warentest) in Betracht zu ziehen. Solche Zertifizierungen stellen in diesem Rahmen eine Möglichkeit dar, können dazu dienen, Informationsasymmetrien und Unsicherheit abzubauen, in dem sie durch die standardisierte und unabhängige Beurteilung Glaubwürdigkeit signalisieren.[8]

Für spezielle Bereiche wie etwa die Aufzucht und Ausbildung von Pferden mangelt es jedoch in der Praxis derzeit an flächendeckenden Kennzeichnungssystemen dieser Art, auch stellt ihre mögliche Entwicklung und Implementierung hohe Ansprüche an Praxistauglichkeit und Umsetzbarkeit.

Ein Ansatz, der sich wissenschaftlich mit dem grundsätzlichen Problem asymmetrischer Informationsverteilung und daraus resultierender Qualitätsunsicherheit sowie möglichen Lösungskonzepten befasst, ist die Informationsökonomik. Diese wird im Folgenden dargestellt und beispielhaft auf Bereiche der Pferdewirtschaft übertragen.

Informationsökonomie in der Pferdewirtschaft

Das Problem so genannter *Informationsasymmetrien* tritt grundsätzlich immer dann auf, wenn Anbieter und Käufer bzw. Interessent unterschiedliches Wissen über ein zum Verkauf stehendes Produkt bzw. eine solche Dienstleistung haben. In der Regel ist es dabei der Fall, dass der Anbieter über ein hohes Produktwissen verfügt, während der Konsument über ein geringeres Wissen verfügt und sich darüber auch bewusst ist – was wiederum häufig verunsichernd auf ihn wirkt. Dies

8 Martini 2008, 179; Akerlof 1970, 500.

trifft auch auf Dienstleistungen zu, die durch ihre immateriellen Eigenschaften von den potentiellen Kunden nur schlecht beurteilt werden können.[9]

Es wird davon ausgegangen, dass ein (potentieller) Kunde, sofern ihm unvollständige Qualitätsinformationen vorliegen, Indikatoren oder Signale nutzt, um sich über das jeweilige Produkt oder die Dienstleistung zu informieren. Dieses Vorgehen bezeichnet man auch als *Screening*. Hier kann der Anbieter aktiv werden und gezielte Signale senden und dadurch Informationen für den Käufer bereitstellen. Dieses Vorgehen bezeichnet man als *Signaling*.[10] Neben der genauen Beschreibung des eigenen Angebots spielt in solchen Fällen das Labeling bzw. die systematische Kennzeichnung von angebotenen Produkten und Dienstleistungen (durch Dritte) eine wichtige Rolle dabei, die Informationsasymmetrien und damit die Unsicherheit der Käufer zu verringern.[11] Bekannte Beispiele für derartiges Labeling bzw. für die systematischen Auszeichnung von Qualität sind unter anderem die Sternekennzeichnungen, die für Hotels und Restaurants vergeben werden, oder auch die Urteile und Etiketten der Stiftung Warentest, die auf vielen Produkten zu finden sind.

Als weiterer – vertrauensfördernder – Qualitätsindikator der im Rahmen des Signaling bzw. Screening genutzt werden kann, gilt die Reputation eines Anbieters.[12] Eine gute Reputation ist ähnlich einem guten Ruf, d. h. der Kunde hat selbst schon gute Erfahrungen mit einem bestimmten Anbieter gemacht oder aber der Anbieter wurde ihm von jemandem empfohlen, der seinerseits bereits gute Erfahrungen mit diesem gemacht hat.

Das geschilderte Problem der Informationsasymmetrie wurde in der wissenschaftlichen Forschung wiederholt behandelt. Um ein grundlegendes System zur Erarbeitung von Lösungsansätzen zu schaffen, werden zum Kauf angebotene Produkte und Dienstleistungen auf der Basis ihrer hauptsächlichen Qualitätseigenschaften in unterschiedliche Kategorien eingeteilt (s. Tabelle 1). Dabei wird unterschieden zwischen den drei Kategorien der *Sucheigenschaften*, *Erfahrungseigenschaften* und *Vertrauenseigenschaften*, die wiederum entscheidend für das Ausmaß der Informationsasymmetrie sind.[13]

---

9 Kiefer 2012, 3.

10 Adler 1996, 45*f.*

11 Akerlof 1970, 500; Caswell & Padberg 1992, 461.

12 Landon & Smith 1998, 1; LeBlanc & Nguyen 1997, 73.

13 Darby & Karni 1973, 68*f.*; Jahn et al. 2005, 55.

Tabelle 1: Produkttypologie basierend auf der Informationsökonomie am Beispiel von Pferdekauf, -haltung und -ausbildung

	Sucheigenschaften	**Erfahrungseigenschaften**	**Vertrauenseigenschaften**
Bedeutung	Eigenschaften, die vor dem Kauf festgestellt werden können	Eigenschaften, die erst nach dem Kauf festgestellt werden können	Eigenschaften, die nur sehr schwer oder gar nicht festgestellt werden können
Beispiel Pferdekauf	Abstammung, Turniererfolge	Verhalten und Charakter des Pferdes	Frühere Aufzucht- und Haltungsbedingungen
Beispiel Pferdehaltung	Boxengröße, Größe des Reitplatzes und der Koppeln	Wetterbeständigkeit der Oberflächen (Reitplatz, Paddock, etc.)	Qualität des Futters und der Einstreumaterialien, Management
Beispiel Ausbildung	Turniererfolge und Qualifikation des Ausbilders	Qualität der Reitschulpferde	Management der Haltung der Reitschulpferde

Quelle: Eigene Darstellung basierend auf Darby & Karni 1973; Jahn et al. 2005

Bei Angeboten und Leistungen, bei denen die Sucheigenschaften überwiegen, kann der Konsument die Produkteigenschaften im Rahmen der Kaufentscheidung relativ leicht selbst überprüfen. Das kann z. B. im Falle der Pferdehaltung die Beurteilung der Boxen- oder Reitplatzgröße betreffen oder auch die Abstammung eines Pferdes im Rahmen eines Pferdekaufs. Erfahrungseigenschaften wiederum können nur *nach* dem Kauf oder Gebrauch beurteilt werden, wie z. B. im Falle der Wahl einer Reitschule die Qualität eines Reitschulpferdes eigentlich erst nach einer oder mehreren Reitstunden beurteilt werden kann. Vertrauenseigenschaften wiederum können nicht vom Konsumenten direkt beurteilt werden, sondern wenn überhaupt, dann lediglich durch externe Organisationen oder öffentliche Behörden geprüft werden – wie beispielsweise der Nährstoff- oder Staub- und Keimgehalt von Futtermitteln. Angebote, bei denen die Erfahrungs- und Vertrauenseigenschaften überwiegen, führen daher in der Regel zu größeren Informationsasymmetrien und bilden dadurch einen wichtigen Bedarfsbereich für Qualitätskennzeichnungen wie Label und Siegel.[14]

Jedoch gilt in diesem Zusammenhang anzumerken, dass, obwohl Zertifizierungen generell als vielversprechende Werkzeuge gelten, sie in der Praxis nur selten ihr volles Potential erfüllen, was z. B. durch mangelndes Konsumenteninteresse oder unzureichende, mangelhafte oder verwirrende Erläuterungen darüber, was die Zertifizierung beinhaltet, verursacht sein kann.[15] Deshalb ist es wichtig,

14 Jahn et al. 2005, 55.

15 EU Commission 2006, 35*f*.

dass ein Label bestimmte Anforderungen erfüllt, wie z. B. ein einfaches und verständliches Design, eine hohe Bekanntheit und Glaubwürdigkeit auf Seiten der Konsumenten und nachvollziehbare und verlässliche Kriterien.[16] Diese Kriterien werden in der Praxis jedoch häufig nicht oder nur unzureichend berücksichtigt.

Ergebnisse einer Studie zum *Thema Qualitätsunsicherheit bei Reitern*

Um einen ersten Ansatz zu liefern und zu ermitteln, wie Pferdesportler bei der Suche nach und Beurteilung von Angeboten vorgehen, welche – möglicher Weise in Erfahrungs- und Wissensdefiziten begründeten – Unsicherheiten bestehen und welche Informationen sich die Pferdesportler auf der Suche nach Verkaufspferden, Pensionsställen und Ausbildungsangeboten wünschen, wurde an der Universität Göttingen gemeinsam mit dem HorseFuturePanel eine Online-Umfrage unter 2.048 aktiven und ehemaligen Reitern, Ausbildern, Züchtern und Stallbesitzern durchgeführt. Die gewonnenen Informationen können für Anbieter im Pferdesport sehr wertvoll sein, da sie ihnen wichtige Einblicke über ihre Zielgruppe und deren Qualitätsbewusstsein geben und sollen im Folgenden kurz zusammengefasst werden.

Die Stichprobe besteht zu 94,8 Prozent aus weiblichen und zu 5,2 Prozent aus männlichen Teilnehmern. Das Durchschnittsalter der Befragten beträgt 29,9 Jahre (Min.: 13 Jahre, Max.: 64 Jahre) bei mit Blick auf den deutschen Durchschnitt überdurchschnittlich guter Bildung (69,8 % mit Abitur). Im Hinblick auf den Reitsport geben 93,5 Prozent an, den Reitsport aktiv auszuüben, 15,9 Prozent sind als Ausbilder im Pferdesport tätig, 10,3 Prozent als Züchter aktiv, und 14,6 Prozent geben an, einen Stall zu besitzen (Mehrfachantworten möglich). Im Hinblick auf den Pferdebesitz geben 81,6 Prozent an, mindestens ein Pferd zu besitzen und 14,9 Prozent verfügen über eine Reitbeteiligung. Lediglich 3,5 Prozent der Teilnehmer haben weder ein eigenes Pferd noch eine Reitbeteiligung. Die Teilnehmer verfügen über eine durchschnittliche Reiterfahrung von 21,1 Jahren (Min.: 0; Max.: 55 Jahre). 49,5 Prozent (n=948) der Teilnehmer geben zudem an, aktiv an Turnieren teilzunehmen.

Im Folgenden wird anhand der Pferdekaufsituation, Pensionshaltung und Reitschule dargestellt, wie sicher bzw. unsicher sich Pferdesportler in der Beurteilung der Qualität der einzelnen Bereiche fühlen, wie sie nach eigener Angabe derzeit bei der Suche nach Angeboten vorgehen und auf welche Informationen sie dabei besonderen Wert legen bzw. sich wünschen, um ihre Entscheidung zu fällen.

---

16 von Meyer-Höfer & Spiller 2013, 2.

Pferdekauf

Auf die Frage danach, wie sie auf ihr derzeitiges Pferd aufmerksam geworden sind, antworteten 36,7 Prozent der Teilnehmer, der Verkäufer sei ihnen schon im Vorfeld des Pferdekaufs bekannt gewesen. Knapp ein Drittel, 30,5 Prozent der Befragten, kannten das Pferd bereits, bevor sie es gekauft haben. Über eine Anzeige aus dem Internet sind 32,8 Prozent auf ihr jetziges Pferd aufmerksam geworden und 23,4 Prozent wurden Verkäufer oder Pferd vor dem Kaufabschluss empfohlen. Die Trefferquote über Anzeigen aus Zeitschriften (8,7 %), Fahrten „auf gut Glück in einen Verkaufsstall" (3,9 %) oder über Auktionen (2,6 %) fällt hingegen deutlich geringer aus. Fragt man die Probanden, wie sie bei ihrem nächsten Pferdekauf vorgehen werden oder würden, zeigt sich erneut, dass bereits bekannte, dadurch vermutlich als vertrauenswürdig eingestufte, Verkäufer die höchste Zustimmung erhalten: So würden 49,1 Prozent der Teilnehmer zu einem bekannten oder empfohlenen Züchter gehen, 30,6 Prozent zu einem bereits bekannten oder empfohlenen Ausbildungsstall und 18,8 Prozent zu einem solchen Händler. Lediglich die Pferdesuche über das Internet steht mit 68,2 Prozent Zustimmung noch darüber, 32,9 Prozent planen, ihr zukünftiges Pferd mit Hilfe von Anzeigen in Zeitschriften zu suchen. Zu einem persönlich nicht bekannten oder empfohlenen Züchter (27,2 %), Ausbildungsstall (14,9 %) oder Händler (9 %) aus der Nähe würden weniger Personen fahren. 21,6 Prozent der Befragten gehen davon aus ein Pferd zu kaufen, das sie bereits kennen.

Auf die Frage „Welche Aspekte sind Ihnen beim Pferdekauf besonders wichtig?" werden der Charakter des Pferdes sowie sein Verhalten im täglichen Umgang von fast allen (97,3 % bzw. 90,2 %) als sehr wichtig oder wichtig eingestuft, gefolgt von den Ergebnissen der Ankaufsuntersuchung (85 %), den Bedingungen, unter denen das Pferd aufgezogen wurde (74,5 %), dem Alter (69,7 %) und Preis des Pferdes (69,8 %) sowie den aktuellen Bedingungen der Unterbringung und Haltung (54,5 %) und der Geländesicherheit (54,4 %). Erst dann folgen aus Sicht der meisten Probanden die im Bereich der deutschen Warmblüter klassischer Weise in Annoncen beworbenen Eigenschaften wie das Ausbildungsniveau (48,9 %), die Rasse und Abstammung (41,9 % bzw. 30,8 %), bisherige Turniererfolge eines Pferdes (13,7 %) und Zuchtverbandsprämien (6,8 %).

Pensionshaltung

Die Haltung von Pferden betrachten 98,5 Prozent der Umfrageteilnehmer als ein sehr wichtiges Thema. Rund einem Drittel (32,3 %) fällt es dabei schwer, die Managementfähigkeiten eines Stallbetreibers einzuschätzen. Im Rahmen der Pensionspferdehaltung ist es für die Probanden zudem nicht nur wichtig, dass der Pferdebesitzer das Gefühl hat sein Vierbeiner sei gut untergebracht, sondern auch, dass sich die Menschen auf der Reitanlage wohlfühlen können (91,8 %).

Auf die Frage „Welche Aspekte halten Sie für besonders wichtig, um die Qualität eines pferdehaltenden Betriebes zu beurteilen?" werden eine artgerechte Fütterung (99,5 %), das Vorhandensein von Weide- und Paddockflächen (99,0 %), die Art des Haltungssystems (96,5 %) ein gutes Gesundheitsmanagement des Pferdebestandes (93,0 %) sowie ein gutes Betriebsklima (91,7 %) von fast allen Teilnehmern als sehr wichtig bzw. wichtig empfunden. Gemessen an der wahrgenommenen Wichtigkeit rangieren die Sauberkeit der Anlage mit 86,3 Prozent, die Sachkunde der Stallbetreiber (83,7 %), die Ausstattung der Plätze und Trainingsmöglichkeiten (83,3 %) sowie ausreichend Ausreitmöglichkeiten (80,4 %) knapp dahinter. Erst dann folgen der Kostenaspekt (76,7 %), das Management des Betriebes (69,7 %) und die Ausstattung der Bereiche für die Reiter wie z. B. die Toiletten oder das Reiterstübchen (55,7 %). Mit 31,4 Prozent ist lediglich gut einem Drittel der Befragten zudem die Schwerpunktausrichtung des Betriebes sehr wichtig bzw. wichtig.

Neben Freunden und Bekannten (89,1 %) werden Suchmaschinen (57,2 %) und Foren im Internet (41,4 %) am häufigsten genannt wenn es darum geht, wie bei der Suche nach einem neuen Stall vorgegangen würde. Die gezielte Suche nach einer Auszeichnung für gute Pferdehaltung (38,0 %) und die Nähe zum Wohnort (23,3 %) scheinen derzeit eine eher untergeordnete Rolle zu spielen.

Obwohl 68,1 % der befragten Reiter angeben, dass es ihnen nicht schwer fällt, einen guten pferdehaltenden Betrieb zu erkennen, halten rund 92 Prozent ein Siegel, welches eine besonders tierwohlorientierte Haltung von Pferden auszeichnet, für sinnvoll. Auf die Frage, worauf bei der Vergabe eines solchen Siegels für mehr Tierwohl besonders geachtet werden sollte, werden vor allem die artgerechte Fütterung (98,9 %), das Gewähren von regelmäßigem Weidegang (96,8 %), artgerechter Umgang auch beim Reiten (95,6 %), die Qualität der Reitanlagen wie z. B. gute Böden und verletzungssichere Umzäunungen (95,3 %), die sonstige Betriebsgestaltung wie z. B. die Futterlagerung, sowie eine gute tierärztliche Betreuung und ein gutes Gesundheitsmanagement (92,2 %) als sehr wichtig bzw. wichtig eingestuft. Für immerhin noch rund zwei Drittel der Befragten sind zudem auch in diesem Zusammenhang die Managementfähigkeiten des Betriebsleiters von großer Bedeutung (63,8 %).

Es wurde eine zusätzliche offene Frage gestellt im Hinblick darauf, welche Schwierigkeiten im Rahmen der Bewertung eines Pensionsbetriebes im Allgemeinen als zentral empfunden werden. 648 Teilnehmer haben auf diese Frage geantwortet und eine anschließende Analyse und Kategorisierung der Antworten (Mehrfachnennungen waren dabei möglich) ergab 30 Hauptkategorien, die zusammen 986 Nennungen umfassen (s. Tabelle 2). Insgesamt zeigten sich die Probanden am meisten besorgt darüber, dass sich ein Stallbetreiber auf die meist angekündigten Inspektionen seiner Pferdehaltung, z. B. im Rahmen einer Siegel-Vergabe, vorbereiten können, so dass Qualitätsprüfern in der Praxis lediglich eine Momentaufnahme, jedoch kein realistisches (Alltags-)Bild des Betriebes gezeigt wird. Der Wunsch nach regelmäßigen, unangekündigten Kontrollen (24,9 %) im Rahmen von systematischen Programmen zur Qualitätskennzeichnung wird von einem Großteil der Teilnehmer geäußert. Eine weitere Schwierigkeit scheint darin zu bestehen, dass Reiter sehr verschiedene Meinungen zu, und Vorstellungen von artgerechter Pferdehaltung haben können, die häufig von subjektiven Überzeugungen geprägt sind (12,5 %). Weitere genannte Schwierigkeiten umfassen z. B. die Bewertung der Futtermittelqualität und des Fütterungsmanagements (6,8 %), die Auswahl und Objektivität von geeigneten Inspekteuren oder Testeinrichtungen (6,4 %) und die Auswahl und Gewichtung geeigneter Qualitätsindikatoren und Kriterien (5,6 %).

Tabelle 2: Wo bestehen Ihrer Meinung nach die größten Schwierigkeiten in der Beurteilung von pferdehaltenden Betrieben? (Offene Frage)

Kategorie	**Anteil an Nennungen in %**
Beurteilung nur Momentaufnahme, Wunsch nach regelmäßigen unangekündigten Kontrollen, nicht gehaltene Versprechen	24.9 %
Unterschiedliche Meinungen zu artgerechter Pferdehaltung, subjektive Sicht	12.5 %
Fütterungsqualität und -management	6.8 %
Auswahl, Unabhängigkeit, Objektivität und Kompetenz der Inspekteure/ prüfenden Institution	6.4 %
Auswahl, Vergleichbarkeit und Gewichtung von geeigneten Kriterien	5.6 %
Auslauf/ Bewegung auf Weide/ Paddock, Auslauf- und Herdenmanagement	5.0 %
Qualifikation des Betreibers, Management	4.8 %
Verschiedene Haltungsformen und große Vielfalt an Betrieben	3.7 %
Betrug, Lobbyismus, Käuflichkeit, Verbandsmauschelei	2.9 %
Kritik an Siegeln/Zertifizierungen allgemein	2.9 %
Pferdegerechte Haltungsformen	2.6 %
Kosten/Wirtschaftlichkeit/Preis-Leistungsverhältnis	2.4 %
Individuelle Bedürfnisse der Pferde	2.3 %

Kategorie	Anteil an Nennungen in %
Pferdegerechtes Training und Umgang mit dem Pferd	2.2%
Qualität und Alter der Anlage/Ausstattung, Restriktionen durch örtliche/bauliche Gegebenheiten	2.0%
Problem menschliche Ansprüche und Bedürfnisse des Pferdes zu harmonisieren	1.4%
Betriebsklima/Stallklima (zw. Angestellten/Einstellern)	1.4%
Generelle Ablehnung von Boxen-/Einzelhaltung als nicht artgerecht	1.3%
Unwissenheit über Pferde und Pferdehaltung, Vermenschlichung des Pferdes	1.2%
Physisches und psychisches Wohlbefindens des Pferdes/ Gesundheitsmanagement	1.1%
Qualität und Fachkompetenz der Angestellten	1.0%
Integration von Kundenmeinungen	0.9%
Boxengröße häufig zu klein	0.9%
Sauberkeit/Mistmanagement	0.7%
Qualität der Einstreu/Boden/Liegefläche	0.7%
Flexibilität im Umgang mit Besonderheiten, zusätzliches Serviceangebot	0.7%
Sicherheit der Anlagen und regelmäßige Kontrolle der Pferde	0.6%
Licht/ Luft/ Stallklima/ Fenster	0.3%
Unzulängliche gesetzliche Vorgaben und Richtlinien	0.3%
Einen perfekten Stall gibt es nicht.	0.3%

N=986
Quelle: eigene Berechnung

Reitschulen und Reitausbildung

Darin, dass die Ausbildung von Pferd und Reiter ein wichtiges Thema ist, sind sich so gut wie alle Teilnehmer einig (98,5%). Der Aussage, dass es ihnen dabei selber schwer falle, die Qualität eines Ausbildungsbetriebs oder einer Reitschule einzuschätzen, stimmt nur ein kleinerer Anteil der Befragten zu (19,5% bzw. 23,1%), wobei der Anteil derjenigen, die mit *teils / teils* geantwortet haben, bei knapp über einem Drittel liegt (38,2% bzw. 36,6%). Entsprechend wünschen sich 71,3 Prozent der Teilnehmer, das Reitschulen entsprechend ihrer Qualität gekennzeichnet werden – dies mag auch noch einen weiteren Grund haben: 92,2 Prozent der Probanden stimmen nämlich der Aussage zu, das es insbesondere für Einsteiger in den

Pferdesport schwierig sei, eine gute Reitschule zu erkennen. Das auch in diesem Feld persönliche Kontakte eine wichtige Rolle bei der Auswahl spielen, zeigten die Antworten der Probanden, die zum allergrößten Teil durch Empfehlungen (33,4 %) oder bereits aktive Freunde und Bekannte (62,1 %) auf ihren Ausbilder oder ihre Reitschule aufmerksam geworden sind – solche Kontakte fehlen Neueinsteigern in den Pferdesport oftmals noch, so dass sie für die Wahl der ersten Reitschule, dadurch eventuell auch der Reitweise, andere Kriterien heranziehen müssen. Neben Freunden und Bekannten (89,5 %) werden Suchmaschinen (40,5 %) und Foren im Internet (33,4 %) am häufigsten genannt wenn es darum geht, wie bei der Suche nach einem Ausbilder oder einer Reitschule vorgegangen werden würde.

Im Hinblick auf die mögliche qualitätsabhängige Kennzeichnung von Betrieben, die sich der Ausbildung von Reiter und Pferd widmen, sind aus Sicht der Befragten zwei Aspekte – die auf den ersten Blick keinen direkten Bezug zur eigentlichen Ausbildung haben – sehr wichtig oder wichtig: Die Gesundheit der (Schul-) Pferde (99,9 %) und die Haltung der Pferde (98,9 %). Der Zustand der Ausrüstung (92,1 %), die Ausbildung der Schulpferde (90,2 %) und das Angebotsspektrum wie z. B. Einzelstunden (85,1 %) werden ebenfalls mehrheitlich für wichtig oder sehr wichtig erachtet. Daran schließen sich Kriterien wie die Ausstattung der Anlage (77,3 %), die Qualifikation der Ausbilder (65,4 %) und Erfolge der Ausbilder (21,7 %) an.

Empfehlungen für Anbieter in den drei Bereichen

Die Ergebnisse zeigen im Hinblick auf Kundenwünsche und -verhalten wichtige Gemeinsamkeiten und Unterschiede für die Bereiche Pferdekauf, Pferdehaltung und Ausbildung auf, welche nun anschließend dazu herangezogen werden können, um praxisnahe Maßnahmen abzuleiten und zu entwickeln. Die Betrachtung weiter- und tiefergehender Analysemöglichkeiten der Daten bildet außerdem einen wichtigen nächsten Schritt auf dem Weg zur Entwicklung zeitgemäßer, zielgruppenspezifischer und praxistauglicher Angebote innerhalb der Pferdebranche. Generell ist festzuhalten, dass als herausstechende Gemeinsamkeiten bei der Suche nach Angeboten, sofern möglich, über Empfehlungen von Freunden und Bekannten vorgegangen wird, dies ist ein Kommunikationsweg, auf dem Neueinsteiger ohne bestehende Kontakte leicht „auf der Strecke" bleiben können. Darüber hinaus ist das Internet das Haupt-Informationsmedium. Die große Bedeutung, die der Art der Pferdehaltung und -aufzucht seitens der Pferdesportler bzw. (potentiellen) Kunden zugesprochen wird, ist über alle Bereiche hinweg zu nennen und hervorzuheben.

Gleichzeitig bestehen Unterschiede, die zeigen, dass eine Generalisierung der bereitzustellenden Informationen nicht möglich ist. Ebenso muss natürlich festgestellt werden, dass im Rahmen der vorliegenden Auswertung die Daten als Gesamtes betrachtet wurden. Die Möglichkeit der Zielgruppensegmentierung, z. B. nach Turniersportorientierung, Reitsportmotiven, Reitweisen oder anderen Aspekten des Reitsportverhaltens, bietet in diesem Zusammenhang noch viele weitere Ansatzpunkte für Anbieter und Institutionen, wichtige Informationen über Ihre Kundengruppen und deren Wünsche zu erhalten und entsprechende Angebote zu schaffen. Eine solche Marktforschung und darauf aufbauend die Entwicklung von gezielten Marketingmaßnahmen sollten dann idealer Weise speziell für die jeweilige Fragestellung entwickelt werden. Dies wird z. B. auch beim Vergleich der Qualitätsansprüche von Turnier- und Freizeitreitern deutlich, welcher im Fallbeispiel später detaillierter dargestellt wird. Zuvor sollen einige konkrete Praxisableitungen aus den Ergebnissen exemplarisch zeigen, wie die wissenschaftlich gewonnenen Daten im Betriebsalltag einen Mehrwert bringen können:

Generell lässt sich aus den Zahlen der Wunsch der Befragten nach Vertrauen und Sicherheit ableiten – vielen fällt es schwer, die Qualität eines angebotenen Pferdes beim **Pferdekauf** zu beurteilen. Dies mag auch darin begründet sein, dass sich viele relevante Faktoren wie beispielsweise die Haltung und Versorgung des Pferdes in den ersten drei Lebensjahren letztendlich nicht mehr überprüfen lassen, sondern hier dem Verkäufer vertraut werden muss. So geben mit 48 Prozent auch fast die Hälfte der Befragten an, das sie ein Gütesiegel für Pferdeverkäufer als sinnvoll erachten würden. Jeweils 26 Prozent sind unentschlossen bzw. lehnen dieses ab. Pferdeverkäufern legen die Daten nahe, den guten Charakter und – wenn gegeben – die artgerechte Aufzucht ihres Pferdes nicht nur in der Verkaufsanzeige zu erwähnen, sondern möglichst auch zu dokumentieren. So kann – in Bezugnahme auf die eingangs dargestellten theoretischen Grundlagen – aus einem Vertrauensgut ein Suchgut geschaffen und die Unsicherheit beim Käufer reduziert werden. Hierzu bieten sich erfolgreich absolvierte Interieurtests (Gelassenheitsprüfung) ebenso an wie insbesondere für Züchter Foto- und ggf. Videodokumentationen aus den ersten Lebensjahren, die einem späteren Interessenten gezeigt bzw. Käufer mit auf den Weg gegeben werden können. Immerhin 70,3 Prozent der Befragten stimmten der Aussage „Vor dem Pferdekauf würde ich gerne wissen, wie das Pferd aufgewachsen ist“ zu – dies ist ein Wunsch, der sich erfüllen lässt.

Im Hinblick auf die **Pferdehaltung** kann man feststellen, dass das Wohl des Pferdes bei den meisten Reitern deutlich an erster Stelle steht, auch wenn es eine nicht zu vernachlässigende Rolle spielt, dass sich auch die Reiter in ihrer Umgebung wohlfühlen können. Das bedeutet für Pensionsstallbetreiber, dass sie die Maßnahmen, die sie zum Wohl der eingestallten Pferde ergreifen, unbedingt auch deutlich kommunizieren und in den Vordergrund rücken sollten. Obwohl sich die meisten Teilnehmer recht sicher bei der Beurteilung von Pensionsbetrieben fühlen, erachten sie eine Qualitätskennzeichnung in Form eines Siegels dennoch als sinnvoll. Problematisch ist hier, dass es bisher noch sehr wenige, etablierte Betriebskennzeichnungen gibt und häufig wird diesen mit sehr viel Skepsis begegnet, vor allem im Hinblick auf eine regelmäßige und umfassende Kontrolle. Deshalb sollten zum einen bestehende Kennzeichnungen im Hinblick auf ihre Transparenz und Glaubwürdigkeit überprüft werden oder neue, glaubwürdige und leicht verständliche Qualitätssicherungssysteme entwickelt werden. Eine Teilnahme an einem etablierten Kennzeichnungsprogramm kann für Betriebe eine Möglichkeit sein, sich von anderen Betrieben abzuheben und besonders unsicheren Pferdebesitzern eine gewisse Qualitätssicherheit vermitteln. Ein weiterer Aspekt, der durch die erhobenen Daten deutlich wird, ist die untergeordnete Rolle, die die Schwerpunktausrichtung des Betriebes unter Reitern zu spielen scheint. Dies legt vor allem im Freizeitbereich den Gedanken nahe, verstärkt auch reitweisen-übergreifende Aspekte und Ausrichtungen in Betracht zu ziehen. Da sich der Großteil der Pferdesportler mittlerweile über das Internet über potentielle Pensionsbetriebe informiert, ist es zudem wichtig, dass die Betriebe über eine entsprechende Internetpräsenz verfügen, die auch regelmäßig überarbeitet und gepflegt wird. Besonders auf diesem Wege kann man bereits wichtige Informationen bereithalten und Zielgruppen individuell ansprechen und für sich gewinnen.

Die Zahlen aus dem Abschnitt **Ausbildung** bedeuten im Umkehrschluss: Reitschulbetreiber sollten nicht in einen höchstqualifizierten Reitlehrer, der jedes Wochenende eine Prüfung auf dem Turnier gewinnt, investieren, solange die Schulpferde nicht in gesundheitlich gutem Zustand sind, regelmäßig Auslauf und Sozialkontakt mit Artgenossen haben und der Stall auf die Kunden sauber und einladend wirkt. Und wenn ein Betrieb diese Anforderungen erfüllt, dann sollte er sie möglichst klar kommunizieren und beispielsweise Fotos ins Internet stellen, auf denen man die Schulpferde über die Weide galoppieren sieht. Eine Homepage muss außerdem darüber informieren, welches Angebot besteht und welche Qualifikationen ihre Ausbilder vorweisen. Insbesondere für Einsteiger in den Pferdesport sollte sie auch die Möglichkeit bieten, diese Informationen zu verstehen und einzuordnen – sei es durch Erklärungen zum Pferdeverhalten oder zur Qualifikation eines Pferdewirtes, eines Pferdewirtschaftsmeisters oder lizensierten Trainers.

Beispiel Zielgruppen: Unterschiede und Gemeinsamkeiten von Turnier-und Freizeitreitern

Wie bereits oben erläutert, unterliegt der Reitsport einem deutlichen Wandel und nicht nur die Rassen und Reitweisen, die diesen aktuell prägen werden immer abwechslungsreicher, sondern auch die Menschen, die ihn ausüben werden immer heterogener.[17] Vor diesem Hintergrund ist es für Anbieter im Pferdesport von zentraler Bedeutung, Kernzielgruppen zu identifizieren, zu analysieren um dann entsprechend zielgerichtet mit diesen zu kommunizieren, um sie als Kunden langfristig zu halten und zufriedenstellen zu können. Wie unterschiedlich sich die Qualitätsansprüche im Hinblick auf den Pferdekauf, die Pferdehaltung oder auch die Ausbildung darstellen können, soll im Folgenden an einem einfachen Fallbeispiel erläutert werden, welches Freizeit- und Turnierreiter auf Unterschiede im Hinblick auf ihre Qualitätsansprüche und ihr Suchverhalten hin analysiert. Dabei ist die Einteilung der Pferdesportler in Turnier- und Freizeitreiter schwierig bzw. diskutabel.[18] Im Hinblick auf die vorliegenden Ergebnisse wurden die Turnierreiter definiert als Reiter, die an einem oder mehr Turnieren im Jahr teilnehmen. Diejenigen Reiter, die an keinerlei Turnieren teilnehmen, wurden als Freizeitreiter bezeichnet.

Im Hinblick auf das ganz allgemeine, nicht pferdesportspezifische Einkaufsverhalten ließ sich in der bereits oben beschriebenen Studie feststellen, dass Turnierreiter markenaffiner sind, sich tendenziell weniger Gedanken beim Kauf eines Produktes machen und sich im Vorfeld weniger informieren. Die Freizeitreiter dagegen halten gezielter Ausschau nach Produkten, die mit Siegeln gekennzeichnet sind.

Im Hinblick auf die Informationskanäle, die von Freizeit- und Turnierreitern zur Suche von Informationen über Reitsportprodukte genutzt werden, stellt das Internet für beide ganz klar den wichtigsten Weg dar. Dagegen informieren sich Turnierreiter im Vergleich häufiger über Zeitschriften, das Fernsehen oder den Verein bzw. Verband, sowie über Experten und Reitsportveranstaltungen. Freizeitreiter greifen dagegen vergleichsweise häufiger zum Buch.

Bei der Einschätzung der Qualität von Reitsportprodukten fühlen sich die Freizeitreiter häufig unsicherer. Sie geben an, dass es ihnen schwerer fällt die Ausbildung eines Pferdes sowie die Kompetenz eines Reitlehrers oder Ausbilders, sowie Züchters zu bewerten. Auch beim Kauf von größeren Ausrüstungsgegenständen oder Pferden fühlen sie sich vergleichsweise unsicherer dabei, deren Qualität einzuschätzen.

Pferdekauf: Das Suchverhalten beim Pferdekauf stellt sich bei beiden Gruppen ähnlich dar. Beide brauchen im Durchschnitt mehrere Tage um ein neues Pferd zu finden und schauen sich durchschnittlich fünf Pferde an, bevor sie letztendlich

17 Isenbügel 2002, 328; Münch 2013, 11.
18 Isenbügel 2002, 327; Ikinger et al. 2013, 14.

fündig werden. Die Aspekte, auf die dabei Wert gelegt wird, unterscheiden sich jedoch grundlegend: Turnierreiter, die sportlich höhere Ansprüche an ihre Pferde stellen, achten demgemäß sehr viel mehr auf die Abstammung des Pferdes, die Qualität der Bewegungen, die bisherigen Turniererfolge, aber auch auf den Gesundheitszustand und die Röntgenklasse, sowie auf das Alter. Entsprechend kaufen Turnierreiter ihre Pferde auch häufiger auf Auktionen oder von Ausbildungsställen. Freizeitreiter dagegen legen im Vergleich viel mehr Wert auf das Verhalten, die Haltung und Unterbringung des Pferdes zum Zeitpunkt des Kaufs, aber auch die Bedingungen, unter denen das Pferd aufgewachsen ist sowie die Geländesicherheit oder eine erfolgreich absolvierte Gelassenheitsprüfung.

Abbildung 2: Aspekte beim Pferdekauf

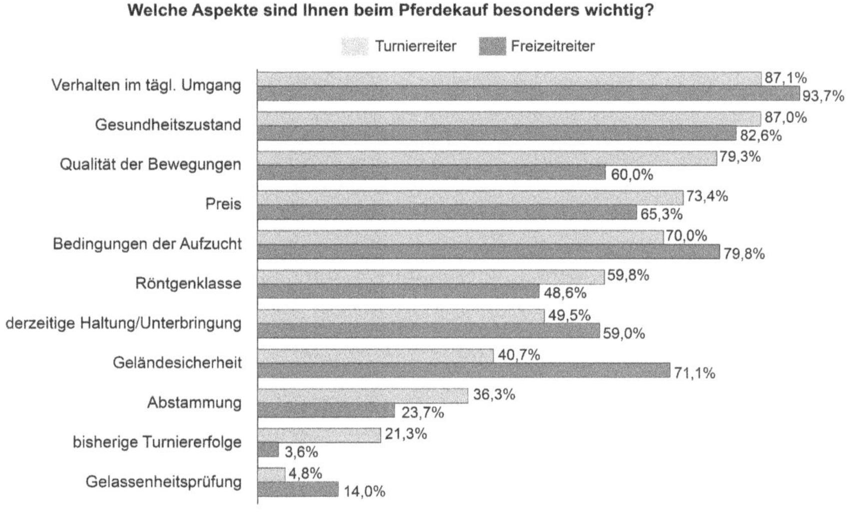

Anmerkung: N(Turnierreiter)=948, N(Freizeitreiter)=967, Darstellung als Top-2-Box (sehr wichtig und wichtig)

Haltung: Wie sich bereits beim Pferdekauf gezeigt hat, ist die Haltung des Pferdes für die Freizeitreiter ein sehr wichtiger Aspekt. Entsprechend informieren sie sich auch intensiver im Falle eines Stallwechsels. Während die Turnierreiter mehr Wert auf die Ausstattung, die Qualität sowie das Vorhandensein von Trainingsmöglichkeiten eines Betriebes legen, ist den Freizeitreitern wichtiger, welches Haltungssystem angeboten wird, ob ausreichend Weide- und Paddockflächen zur Verfügung stehen und regelmäßiger Weidegang geboten wird, aber auch, ob ausreichend Ausreitmöglichkeiten geboten werden. Zudem lehnen sie die Haltungsform der Einzelhaltung stärker ab. Dabei nutzen sie bei ihrer Informationssuche im Vergleich zu den Turnierreitern häufiger das Internet sowie bestimmte Internetforen, um sich über potentielle Betriebe zu informieren.

Ausbildung: Wie bereits erwähnt fällt es Freizeitreitern insgesamt schwerer, einen guten Ausbilder zu erkennen und die Qualität einer Reitschule einzuschätzen. Auch hier zeigt sich wieder, dass beide Gruppen den jeweiligen Qualitätsmerkmalen eine unterschiedliche Bedeutung beimessen. Turnierreiter, die ein höheres Interesse an sportlichen Erfolgen haben, achten entsprechend auch stärker auf die Turniererfolge des Ausbilders und seiner Schüler, sowie auf dessen Qualifikationen und Trainerscheine. Außerdem sind ihnen zusätzliche Serviceangebote und die Ausstattung der Anlage wichtig. Freizeitreiter dagegen achten auch hier wieder verstärkt auf die Haltung der Schulpferde sowie auf deren Einsatzdauer und Gesundheitszustand. Entsprechend sind Turnierreiter auch häufiger als Freizeitreiter durch die Erfolge des Ausbilders oder seiner Schüler auf diesen aufmerksam geworden. Freizeitreiter wiederum sind häufiger als Turnierreiter über Anzeigen, Foren oder Suchmaschinen im Internet oder einen Eintrag im Branchenverzeichnis auf ihren Ausbilder gestoßen.

Fazit: Zusammenfassend kann man feststellen, dass Turnier- und Freizeitreiter zwar durchaus auch Gemeinsamkeiten im Hinblick auf Qualitätsansprüche haben, dabei jedoch verschiedenen Qualitätsaspekten eine unterschiedliche Bedeutung beimessen. Während sich die stärker sport- und wettbewerbsorientiere Ausrichtung der Turnierreiter beim Pferdekauf, der Wahl der Pferdehaltung und auch bei der Wahl des Ausbilders widerspiegelt, fokussieren sich Freizeitreiter, die sehr großen Wert auf den Umgang mit dem Pferd und das Naturerlebnis beim Reiten legen, sehr stark auf das Verhalten und den Charakter der Pferde, Ausreitmöglichkeiten sowie haltungsbedingte Aspekte im Hinblick auf eine artgerechte Haltung und Aufzucht. Diese Informationen können Anbieter im Pferdesport gezielt nutzen, um diese beiden Kundengruppen gezielt anzusprechen. So sollte z. B. ein Züchter von Turnierpferden sehr stark deren Abstammung und Turniererfolge in den Vordergrund rücken, wohingegen ein Anbieter von Freizeitpferden den Charakter und das Verhalten des Pferdes näher beschreiben, sowie idealerweise Informationen über deren Aufzucht- und Haltungsbedingungen bereithalten solle. Ein Pferdepensionsbetrieb dagegen sollte auf der Suche nach turnierreitenden Kunden die Trainingsmöglichkeiten und die Ausstattung der Anlage bei der Kommunikation in den Vordergrund stellen, sucht er jedoch eher freizeitorientierte Reiter, sollten unbedingt die Haltungsbedingungen und die Ausreitmöglichkeiten vordergründig kommuniziert werden. Für Reitausbilder, die sich auf Kunden fokussieren möchten, die dem Turniersport nachgehen, empfiehlt es sich, sich selbst auf Turnieren zu zeigen oder die eigenen Schüler zu begleiten, um somit für sich Werbung zu machen. Ausbilder, die eher freizeitorientiert ausgerichtet sind, sollten dagegen stärker über die Haltungsbedingungen und den Einsatz der Schulpferde, sofern vorhanden, informieren. Wer sowohl Turnier-, als auch Freizeitreiter ansprechen möchte, sollte dabei auf die verschiedenen Belange eingehen. Diese differenzierte und gezielte Kundenansprache sollte zudem unbedingt auch im Internet, z. B. auf der eigenen Homepage, aufgegriffen werden, da dies nach wie vor bei beiden Zielgruppen das Informationsmedium Nummer eins ist.

Überblick über Siegel und Zertifizierungen in der Pferdewirtschaft in Deutschland

Bisher gibt es in Deutschland nur wenige spezielle Gütesiegel oder Label, die besonders gute Pensionsbetriebe, Ausbildungsställe, Züchter oder Pferdeverkäufer auszeichnen. Im Folgenden soll jedoch ein kurzer Überblick über die bekanntesten davon gegeben werden.

Im Bereich des Pferdekaufs ist bisher kein umfassendes und gebräuchliches Siegel vorhanden. Zwar gibt es vereinzelt Ansätze, ein derartiges Siegel umzusetzen, diese konnten sich jedoch bisher noch nicht erfolgreich am Markt etablieren. Allerdings gibt es einige Aspekte, die im Rahmen eines Pferdekaufs eine ähnliche Funktion wie ein Siegel erfüllen können, wie z. B. die Ankaufsuntersuchung durch einen Tierarzt, die Abstammung des Pferdes, die Reputation des Verkäufers bzw. Züchters, die in der Erfolgsdatenbank eingetragenen Erfolge des Pferdes, eine erfolgreich absolvierte Gelassenheitsprüfung, o. ä.

Die bekanntesten Qualitätssiegel, Auszeichnungen bzw. Plaketten im Pferdesport gibt es wohl im Bereich der Pferdehaltung. Die dabei wohl am meisten verbreitete Auszeichnung ist das FN-Kennzeichnungssystem für Pferdebetriebe. Aktuell sind ca. 1.400 Pferdebetriebe in Deutschland damit ausgezeichnet.[19] Sie wird von der Deutschen Reiterlichen Vereinigung vergeben und ist modular aufgebaut. Wenn ein Pferdebetrieb gekennzeichnet werden möchte, so muss er zunächst einige grundlegende Anforderungen erfüllen um die Basisauszeichnung „fachgerechte Pferdehaltung“ zu erlangen, die dann zunächst für drei Jahre gültig ist und in Folge einer Kontrolle verlängert werden kann. Diese Auszeichnung dient wiederum als Basis für weitere Kennzeichnungen, die je nach Schwerpunkt des Betriebes variieren. Möglich sind bspw. Auszeichnungen als FN-geprüfte Reit-, Fahr- oder Voltigierschule, als FN-geprüfter Zucht- oder Aufzuchtbetrieb, als FN-geprüfter Pensionspferdebetrieb, Turnierstall, Ferienbetrieb, Wanderreitstation oder Ausbildungsbetrieb.

19 FN 2014, 195.

Dabei wird unter anderem die Qualifikation des Betriebsleiters, ggf. der Lehrpferde (bei Reitschulen), das Dienstleistungsangebot, sowie die betrieblichen Gegebenheiten (bei Pensionsbetrieben) bewertet. Die Kennzeichnungsschwerpunkte und das Angebot des Betriebes können dann auf dem entsprechenden Kennzeichnungs-Schild dargestellt werden. Außerdem kann man weiter differenzieren in bestimmte Reitweisen oder auch Zuchtgebiete. Die Betriebsinspektionen und Kontrollen werden dabei von einer bestimmten Kommission ausgeführt. Die Kosten für diese Kennzeichnung hängen stark davon ab, welche Auszeichnung gewählt wird, sowie auf der Kombination der Basiskennzeichnung mit den Erweiterungskennzeichnungen. Gekennzeichnete Betriebe können dann die Zertifizierung für Werbezwecke nutzen, aber auch auf weitere Angebote, wie z. B. einen Eintrag in das Onlinebranchenverzeichnis zurückgreifen.[20]

Neben der FN-Kennzeichnung ist vor allem die LAG-Plakette zu nennen, die von der deutschen Laufstall-Arbeits-Gemeinschaft e. V. vergeben wird. Der Verein wurde 1989 mit dem primären Ziel gegründet, tierfreundliche und artgerechte Pferdehaltung voranzutreiben. Er umfasst mittlerweile ca. 700 pferdehaltende Betriebe, der Großteil davon befindet sich in Deutschland, aber es wurden vereinzelt auch Betriebe in Europa oder den USA ausgezeichnet. Der Verein versteht dabei unter artgerechter Pferdehaltung, dass die speziellen Bedürfnisse des Pferdes als *„Lauf-und Herdentier, Dauerfresser, Wächter, Klimawiderständler und Frischluftler“* im Rahmen des Haltungssystems möglichst gut berücksichtigt werden. Um eine entsprechende Auszeichnung zu erhalten, muss der jeweilige Betrieb zunächst Mitglied bei der LAG werden. Dabei fallen Kosten für den Mitgliedsbeitrag, die Registrierung bzw. die Erneuerung der Plakette an, die jeweils für drei Jahre gültig ist. Die Bewertung des Betriebes wird durch zwei Inspekteure durchgeführt, die eine langjährige Erfahrung im Pferdebereich aufweisen und zuvor an einer Ausbildung, die von der LAG durchgeführt wird, teilnehmen. Die LAG-Plakette berücksichtigt dabei alle Haltungssysteme, wenn auch Gruppenhaltungssysteme stärker präferiert werden. Ausgezeichnete Betriebe können die Plakette für Werbezwecke nutzen, aber auch auf zusätzliche Angebote des Vereins zurückgreifen, wie z. B. kostenfreie Beratung, einen Eintrag in das Online-Betriebsverzeichnis sowie Preisvorteile bei diversen Sponsoring-Partnern.[21]

Zusätzlich zu diesen Betriebskennzeichnungen können Betriebsleiter eine gewisse Qualität durch ihre berufliche Qualifikation signalisieren, wie beispielsweise die abgeschlossene Ausbildung zum Pferdewirt bzw. Pferdewirtschaftsmeister in

20 FN 2015b.
21 LAG 2011; LAG 2015.

der Fachrichtung Pferdehaltung und Service, entsprechende Auszeichnungen oder ein abgeschlossenes Pferdestudium.

Neben diesen genannten Möglichkeiten gibt es außerdem die Alternative, an diversen Qualitätswettbewerben teilzunehmen, wie z. B. „Qualitätsbetrieben gehört die Zukunft", der von der Pferdebetriebsberatung Schade und Partner ins Leben gerufen wurde, oder „Unser Stall soll besser werden", der wiederum von der Deutschen Reiterlichen Vereinigung und der deutschen Pferdezeitschrift *Reiter Revue International* veranstaltet wird. Dabei werden in der Regel qualitativ hochwertige Betriebe gesucht, bzw. Betriebe, die ihre Stallungen auf innovative Weise saniert, erweitert oder neugebaut haben. Teilnehmende Betriebe werden dann im Hinblick auf ihr Betriebsmanagement bezüglich der Haltung, Fütterung und Gesundheitsvorsorge durch eine Fachjury bewertet. Ziel derartiger Wettbewerbe ist es dabei in Regel, das Niveau der Pferdehaltung langfristig zu verbessern. Die erfolgreiche Teilnahme an einem solchen Wettbewerb dient den Betrieben wiederum auch zur Dokumentation ihrer Qualität, was sowohl für Pferdekäufer als auch Pensionskunden einen wichtigen Orientierungspunkt darstellen kann. Des Weiteren winken für Sieger und Prämierte meist nützliche Geld- oder Sachpreise. Meist bekommen die Siegerbetriebe eine Plakette verliehen, mit der sie ihren Stall kennzeichnen können, außerdem können sie mit der erfolgreichen Wettbewerbsteilnahme, z. B. auf der eigenen Homepage, werben. Derartige Wettbewerbe beschränken sich dabei jedoch in der Regel nicht auf Pensionsbetriebe, sondern sind auch offen für Ausbildungs-, Zucht- und Aufzuchtbetriebe und können somit auch ein nützliches Qualitätssignal für Pferdeverkäufer und Ausbilder darstellen.[22]

Für Ausbilder von Pferden und Reitern stehen als Qualitätskennzeichnungen zum einen auch die FN-Betriebskennzeichnung mit Schwerpunkt Reitschule bzw. Ausbildungsbetrieb zur Verfügung, sowie die Teilnahme an den oben beschriebenen Qualitätswettbewerben. Des Weiteren können auch hier berufliche Qualifikationen des Ausbilders genutzt werden, um eine gewisse Qualität zu signalisieren, wie z. B. erlangte Trainerscheine, die erfolgreich absolvierte Ausbildung zum Pferdewirt in der Fachrichtung Reitausbildung, entsprechende Auszeichnungen wie bspw. die Stensbeck-Plakette[23], etc.

Literatur

Adler, J. (1996): Informationsökonomische Fundierung von Austauschprozessen: Eine Nachfrageorientierte Analyse, Wiesbaden: Gabler.

22 FN 2015c; Schade & Partner 2015.
23 FN 2015a.

Akerlof, G. A. (1970): The market for “lemons”: Quality uncertainty and the market mechanism. The quarterly journal of economics, 488–500.

Caswell, J. A., & Padberg, D. I. (1992): Toward a more comprehensive theory of food labels. *American Journal of Agricultural Economics, 74(2),* 460–468.

Darby, M. R., & Karni, E. (1973): Free competition and the optimal amount of fraud. *Journal of law and economics, 16,* 67–88.

EU COMMISSION (2006): Labelling: competitiveness, consumer information and better regulation for the EU. A DG SANCO Consultative Document. (URL: https://www.gencat.cat/salut/acsa/html/ca/dir1310/dd10822/competitiveness_consumer_info.pdf, Zugriff: 29.06.2015).

FN [Deutsche Reiterliche Vereinigung e. V.] (2015a): Auszeichnungen für Pferdewirte. (URL: http://www.pferd-aktuell.de/servlet/XView?sortDir=asc&id=1391&sortBy=nc.Titel, Zugriff: 29.06.2015).

FN [Deutsche Reiterliche Vereinigung e. V.] (2015b): FN-Kennzeichnungssystem. (URL: http://www.vorreiter-deutschland.de/betrieb/fn-kennzeichnung/fn-kennzeichnung, Zugriff: 29.06.2015).

FN [Deutsche Reiterliche Vereinigung e. V.] (2015c): Unser Stall soll besser werden. (URL: http://www.pferd-aktuell.de/unser-stall/unser-stall-soll-besser-werden, Zugriff: 29.06.2015).

FN [Deutsche Reiterliche Vereinigung e. V.] (2014): *Jahresbericht 2014.* Warendorf: Deutsche Reiterliche Vereinigung und Deutsches Olympiade-Komitee für Reiterei.

Isenbügel, E. (2002): Vom Wildpferd zum Reitpferd. *Schweizer Archiv für Tierheilkunde, 144*(7), 323–329.

Jahn, G., Schramm, M. & Spiller, A. (2005): The reliability of certification: Quality labels as a consumer policy tool. *Journal of Consumer Policy 28(1),* 53–73.

Kiefer, S. (2012): Untersuchung von Indikatoren zur Qualitätsmessung von Reitschulen in Deutschland. Diskussionspapier des Instituts für Informationsökonomik, Universität Münster.

Künzel, H. (1999): Management internen Kunden-Lieferanten-Beziehungen, 1. Auflage, Wiesbaden: Gabler.

LAG (2015): LAG-Online. (URL: http://www.lag-online.de/; Zugriff: 29.06.2015).

LAG (2011): Die LAG macht Pferde glücklich. (URL: http://www.lag-online.de/_downloads/kontakt/LAG-Flyer_Februar-2011_web.pdf, Zugriff:20.06.2015).

Landon, S., & Smith, C. E. (1998): Quality expectations, reputation, and price. *Southern Economic Journal,* 628–647.

Martini, A. (2008): Suchen, Erfahren und Vertrauen in den „Moments of Truth“, Dissertation, FU Berlin, Berlin.

Münch, C. (2013): Die Pferdebranche im Wandel: Zielgruppenentwicklungen am Beispiel der Pferdezucht. Beitrag im Rahmen der Göttinger Pferdetage 2013. Göttinger Pferdetage '13, Tagungsband.

LeBlanc, G., & Nguyen, N. (1997): Searching for excellence in business education: an exploratory study of customer impressions of service quality. *International Journal of Educational Management, 11*(2), 72–79.

Schade & Partner (2015): Qualitätsbetrieben gehört die Zukunft 2015. (URL: http://www.schadeundpartner.de/wettbewerb/, Zugriff: 29.06.2015).

Universität Göttingen, Lehrstuhl für Agrarmarketing & HorseFuturePanel (2013): Umfrage zum Thema Qualitätsunsicherheiten bei Pferdeportlern.

Visser, E. K., & van Wijk-Jansen, E. E. C. (2012): Diversity in horse enthusiasts with respect to horse welfare: An explorative study. *Journal of Veterinary Behavior: Clinical Applications and Research, 7(5)*, 295–304.

von Meyer-Höfer, M., & Spiller, A. (2013): Anforderungen an eine nachhaltige Land- und Ernährungswirtschaft: Die Rolle des Konsumenten. In KTBL (Ed.). *KTBL-Schrift 500 – Steuerungsinstrumente für eine nachhaltige Land- und Ernährungswirtschaft – Stand und Perspektiven.* KTBL-Tagung conducted in Neu-Ulm, Germany.

Wiegand, K., Ikinger, C. & Spiller, A. (2015): „Pferdekauf, Pensionshaltung und Reitschule: Was wünschen sich die Kunden?", Beitrag im Rahmen der Göttinger Pferdetage 2015. Göttinger Pferdetage '15, Tagungsband.

Albert Galli, Thomas Mühlbauer und Michael Scheuerer[1]

Grundlegende Überlegungen zur finanziellen Bewertung von Pferden

Abstract „Price is what you pay, value is what you get." Diese Warren Buffet zugeschriebene Sichtweise im Kontext der Aktienmärkte trifft für viele Bereiche des Lebens zu – ganz sicher auch für Transaktionen im Zusammenhang mit Pferden. Pferdeliebhaber wiegen sich in dem Glauben, sich dessen bewusst zu sein. Und dennoch stellen sich Käufer und Verkäufer, aber auch Sachverständige und staatliche Gerichte immer wieder die Frage: „Was ist dieses Pferd wert?"

Nach einer Einordnung in einen ökonomischen Bezugsrahmen und einem Überblick über die Pferdehaltung und -nutzung gestern und heute werden in diesem Beitrag mögliche Anlässe für die Bewertung von Pferden aufgezeigt, die einzelnen in Theorie und Praxis anerkannten und angewendeten Verfahren zur Unternehmens- und Assetbewertung vorgestellt und Vorschläge für eine aus Nutzungsüberlegungen abgeleitete Wahl eines Bewertungsverfahrens für die Bewertung eines Pferdes unterbreitet. Die zugegebenermaßen sehr interessante und bedeutsame rechnerische Umsetzung tritt bei jeder Bewertung als pure „Technik" in den Hintergrund. Neben der medizinischen Beurteilung kommt es bei der Bewertung eines Pferdes, wie auch bei jeder anderen Bewertung, vor allem auf die Markt- und Branchenkenntnisse des Bewerters an.

1. Ökonomischer Bezugsrahmen

Einerseits begleiten Pferde den Menschen in seiner Freizeit, andererseits sind Pferde aus ökonomischer Perspektive ein auf Märkten gehandelter Produktionsfaktor.

---

1 Prof. Dr. Albert Galli ist Professor für Allgemeine Betriebswirtschaftslehre und Sportökonomie im Studiengang Sportmanagement an der Ostfalia Hochschule Braunschweig/Wolfenbüttel. Einer seiner Lehr- und Forschungsschwerpunkte liegt in den Bereichen Finanzierung sowie Unternehmens- und Assetbewertung.
Thomas Mühlbauer betreibt ein Hotel mit Reitstall und eine Springpferdezucht. Als Mitglied der deutschen Springequipe erzielte er bei den Europameisterschaften 2009 in Wimbledon Platz 3 im Mannschaftswettbewerb und Platz 5 im Einzelwettbewerb.
Dr. Michael Scheuerer ist Fachtierarzt für Pferde und Chirurgie. Er leitet eine tierärztliche Klinik für Pferde und ist in der Sportpferde-, Turnier- und Gestütsbetreuung, u. a. für das Lehr-, Versuchs- und Fachzentrum Schwaiganger sowie als Gutachter und Sachverständiger tätig.

Menschen züchten oder erwerben Pferde, weil sie glauben, dass ihnen künftiger Nutzen erwächst – angenehm verbrachte Freizeit oder sportlicher oder wirtschaftlicher Erfolg – und dieser Nutzen die direkt zurechenbaren einmaligen und laufenden Auszahlungen für den Erwerb und die Haltung übersteigt. Diese Nutzen- und daraus gegebenenfalls abgeleitete Einzahlungspotentiale stellen einen Vermögenswert dar.

Der Wert eines Pferdes konkretisiert sich bei Transaktionen in einem Preis, der sich aus Angebot und Nachfrage einstellt. Die Preisfindung erfolgt dabei unter Berücksichtigung der individuellen Einsatzmöglichkeit des Pferdes für den Verkäufer und für den Käufer sowie vor dem Hintergrund des Wissens, der Verhandlungsmacht und der ökonomischen Lage der Beteiligten – und für gewöhnlich sind dies nicht nur Verkäufer und Käufer.

„Price is what you pay, value is what you get." Diese Warren Buffet zugeschriebene Sichtweise im Kontext der Aktienmärkte trifft für viele Bereiche des Lebens zu – ganz sicher auch für Transaktionen im Zusammenhang mit Pferden. Pferdeliebhaber wiegen sich in dem Glauben, sich dessen bewusst zu sein. Und dennoch stellen sich Käufer und Verkäufer, aber auch Sachverständige und staatliche Gerichte immer wieder die Frage: „Was ist dieses Pferd wert?" Die Frage nach einem objektivierten finanziellen Wert für ein Pferd ist aus verschiedenen Perspektiven relevant. Sie ist schwer zu beantworten, da ein Pferd individuelle Qualitäten, Qualifikationen und Motivationsaspekte in sich vereint, die als Kombination seiner psychologischen, psycho-sozialen und physiologischen Faktoren in einen Entwicklungsprozess eingebracht und im Rahmen dessen weiter auf- und ausgebaut werden.

2. Pferdehaltung und Pferdenutzung gestern und heute

Seit seiner Domestikation vor etwa 5000–7000 Jahren[2] wurde das Pferd in erster Linie als Nutz- und Arbeitstier gehalten. Pferde wurden vielfältig verwendet, wobei sicher Landwirtschaft, Verkehr und Militär die Hauptrolle spielten. Dabei prägte vor allem der real erzielbare Nutzwert bei der Beurteilung eine Rolle. Bei den Personen, die Umgang mit dem Pferd hatten, handelte es sich meist um ausgewiesene Fachleute, die letzten Endes ihre Grundlage für den Lebensunterhalt in der Haltung und Nutzung von Pferden fanden. Dementsprechend hoch war der Anteil an echter Kompetenz in Umgang, Haltung und auch Bewertung von Pferden.

---

2 Vgl.: Jansen et al. 2002, 10905–10910.

Nach der Mechanisierung von Landwirtschaft, Verkehr und Militär kam es zu einem Niedergang der Pferdehaltung in allen Industrieländern, die nach dem Ende des 2. Weltkrieges ihren Tiefpunkt hatte. Über Jahrhunderte angesammeltes Fachwissen ging verloren oder konnte nur teilweise in einzelnen Kompetenzzentren erhalten werden.

Von etwa 300.000 Pferden in Deutschland um 1960 konnte der Bestand bis heute wieder auf etwa 1,2 Mio. gesteigert werden. Circa 1,7 Mio. Personen reiten aktiv, während etwa 800.000 weitere gerne mehr mit Pferden zu tun hätten. Ungefähr 300.000 Menschen verdienen ihren Lebensunterhalt mittel- oder unmittelbar durch das Pferd, 7.000 bis 10.000 davon professionell durch Reitunterricht sowie durch Ausbildung von Reitern und Pferden. Der Gesamtumsatz im Pferdesektor wird bereits zu Beginn des 21. Jahrhunderts für Deutschland auf deutlich über 5 Mrd. Euro jährlich geschätzt.[3]

In der Deutschen Reiterlichen Vereinigung (FN), dem Dachverband aller Pferdesportverbände in Deutschland, sind etwa 700.000 Reiter organisiert, aber nur 80.000 sind im Turniersport aktiv.[4]

In den letzten 50 Jahren hat somit die Pferdehaltung und -nutzung sowie die Professionalität im Umgang mit dem Tier einen erheblichen Wandel durchlaufen. Auch die sportliche Nutzung des Pferdes hat sich von den klassischen Turnierdisziplinen Dressur- und Springreiten mehr und mehr in Richtung modernerer Disziplinen, in denen Genussmotive überwiegen, entwickelt. Es wird nicht mehr der Drill in der Reitbahn ertragen, sondern Entspannung, Genuss und Selbstverwirklichung gesucht.[5]

Ein messbarer Wert des Pferdes spielt in Zucht und Sport eine größere Rolle, während die überwiegende Mehrheit der Pferdebesitzer emotionale Aspekte und Freizeitwert in den Vordergrund stellt. Diese sogenannten „weichen Faktoren“ sind kaum oder gar nicht objektivierbar. Erschwerend hinzu kommt mangelndes Fachwissen bei der breiten Masse der Reiter. Nur 5 % aller „Pferdeliebhaber“ sind sportlich aktiv, weniger als 0,5 % haben eine fachspezifische Ausbildung und leben mit/vom Pferd.

Früher handelten Landwirte untereinander oder Aufkäufer für die Remonten der Kavallerie auf Roßmärkten per Handschlag Nutzpferde in Kenntnis der Marktsituation und Preisfindung. Heute interessieren sich zum einen mehr oder weniger ambitionierte Freizeitreiter und deren Eltern auf in der Regel nicht

3 Vgl.: IPSOS 2001, 9–10.
4 Vgl.: Deutsche Reiterliche Vereinigung, FN-Service, Zahlen und Fakten.
5 Vgl.: Gille et al. 2011, 34–43.

institutionalisierten Märkten und zum anderen vermögende Einzelpersonen, Personengruppen oder Vertreter oft arabischer Königshäuser auf Eliteauktionen für Pferde. Sie kaufen, beraten von meist selbst ernannten Fachleuten, für sich, ihre Kinder oder ihre Nationen Hoffnungen in Pferdegestalt, insbesondere zur Mehrung persönlichen Ruhms. Nutzwert und Preisfindung klaffen oft extrem auseinander und sind nicht mehr objektivierbar, es überwiegen Emotionen.

Dementsprechend haben sich die Anlässe für die finanzielle Bewertung von Pferden verändert. Wird der Frage nach dem Wert eines Pferdes nachgegangen, ist es wichtig, die Situationen zu beleuchten, in denen eine solche Wertfindung stattfindet.

3. Anlässe für eine finanzielle Bewertung von Pferden

3.1 Käufe und Verkäufe

Der für ein Pferd zu bezahlende Kaufpreis bewegt sich heute zwischen 0 Euro bis hin in den zweistelligen Millionenbereich.

Auf der einen Seite handelt es sich um ältere, meist nicht mehr nutzbare Pferde, die nicht als Schlachtpferd deklariert sind und somit gemäß Tierschutzgesetz nur aus vernünftigem Grund getötet werden dürfen. Diese Tiere erhalten, oft über viele Jahre hinweg, das Gnadenbrot. Es entstehen erhebliche Unterbringungskosten, die oftmals die Abgabe eines solchen Pferdes unmöglich machen. Selbst der Schlachtwert würde maximal im dreistelligen Eurobereich liegen.

Auf der anderen Seite wird entweder der zukünftige reale Nutzen über Gewinnsummen bei Rennpferden oder Deckgelder bei Hengsten errechnet oder Turniererfolge mit entsprechenden Nebeneffekten erwartet. Ohne den entsprechenden finanziellen Hintergrund über Sponsoren oder Mäzene ist eine Teilnahme am „großen Turniersport" nicht mehr möglich. Sportliche Erfolge werden über die Qualität der Pferde käuflich.

Abgesehen von diesen Extrembeispielen, die aber oft erhebliche Publizität erreichen, wird nur eine Minderheit der Käufe auf geregelten Auktionen abgewickelt. Hier treffen Fachleute eine Vorauswahl und ein enger, meist markterfahrener Personenkreis bietet mit. Bei diesen Anlässen findet eine weitgehend fachlich fundierte Wertfeststellung statt.

Der überwiegende Teil des Pferdehandels spielt sich jedoch auf nicht institutionalisierten Märkten ab. Als Verkäufer sind oft Händler, Zucht- und Reitbetriebe sowie Turnierreiter und Reitlehrer zu finden, die Regel dürfte der Privatverkauf sein. Die Preisfindung bewegt sich hier oft weg von nutzwertorientierter Beurteilung, hin zu weichen Faktoren, wie Farbe, Temperament und persönlicher Zuneigung. Fundierte Vergleichspreise findet der interessierte Pferdekäufer nur schwer. Der Markt ist zu unübersichtlich. Er verlässt sich oft auf das persönliche „Bauchgefühl" und mehr oder weniger kompetente Berater, die gerne persönliche finanzielle Interessen, im Sinne von Vermittlerprovisionen, verfolgen.

Eine große Bedeutung kommt der individuellen Nutzbarkeit des Pferdes zu. Für unerfahrene Anfänger und ganz besonders Kinder müssen ruhige, charakterlich gefestigte, „sichere", einfach zu handhabende Tiere gefunden werden. Pferdeliebhaber mit sportlichen Ambitionen werden sich eher am Ausbildungsstand des Tieres orientieren und Wert auf die „Nachreitbarkeit" der bisherigen Erfolge legen. Pferd und Reiter müssen zusammenpassen und einander ergänzen. Schönheitsfehler oder kleinere Charaktermängel treten in den Hintergrund.

3.2 Schadensfälle

Unfälle, bei denen Pferde zu Schaden kommen, und Schäden, die durch falsche Haltung oder tiermedizinische Kunstfehler sowie durch fachlich unkorrekten Hufbeschlag auftreten, gab es schon immer. Sie ziehen Wertfeststellungen nach sich, die Wertveränderungen beziffern sollen. In der Höhe hat sich der geforderte Schadenersatz allerdings in den letzten Jahrzehnten deutlich nach oben verändert.

Eine massive Zunahme der Anzahl juristischer Streitfälle, die eine Bewertung nötig machen, hat die Änderung des Kaufrechtes auf europäischer Ebene mit der Einführung der Verbrauchsgüterkaufrichtlinie im Jahr 2002 gebracht.[6] Wurde vorher der Pferdehandel nach der kaiserlichen Verordnung von 1899 abgewickelt, so findet heute die Sachmangelhaftung Anwendung. Die Rechte des Verbrauchers wurden deutlich gestärkt, der Verkäufer vermehrt in die Pflicht genommen. Leider ging der Gesetzgeber von industriell gefertigten Gegenständen, wie Toastern oder Computern aus und hat keine auf Lebewesen angepassten Regelungen erlassen. Seither bemüht sich die Rechtsprechung durch entsprechende Urteile diesem Mangel abzuhelfen.

Bis 2002 waren nur 7 sogenannte Hauptmängel definiert, die binnen 14 Tagen nach Kauf festgestellt und angezeigt werden mussten. Nach Ablauf dieser 2 Wochen war es für den Käufer äußerst schwierig, Mängel am Kaufobjekt Pferd nachzuweisen, die eine Rückabwicklung ermöglicht hätten.

Heute haftet der Verkäufer mehr oder weniger vollständig für die Mangelfreiheit des gehandelten Pferdes. In der Folge dieser Neuregelung kommt der tierärztlichen Kaufuntersuchung eine wesentlich wichtigere Rolle zu. Der Kaufpreis des Handelsobjektes Pferd wird vertraglich und der Haftungshöhe nach erfasst, die Gebühren für die Untersuchung richten sich nach diesem Preis. Meist werden die

6 Vgl.: Gesetz zur Modernisierung des Schuldrechts 2002.

Tiere geröntgt und nach einem, regelmäßig dem Stand der Wissenschaft angepassten Schlüssel, klassifiziert. Vorhandene Mängel, sowie die sogenannte Röntgenklasse, werden dem Käufer zur Kenntnis gebracht und haben erheblichen Einfluss auf die Preisfindung. Dem Käufer bekannte Mängel schließen eine Rückgabe des Pferdes aus. Tiere, die röntgenologisch in die sogenannte Risikoklasse eingestuft werden, finden auf dem Markt kaum noch Käufer, obwohl sie nach außen hin gesund und fehlerfrei erscheinen und das Krankheitsrisiko „nur" bei bis zu 25 % liegt. D. h. 75 % eigentlich gesunder Tiere sind nicht oder kaum noch handelbar.[7]

Wertfindungstechnisch bewegt man sich also hier zwischen dem dokumentierten Kaufpreis vor der Untersuchung und Werten gegen null bei entsprechend schlechten medizinischen Befunden.

Die große Bandbreite der gesundheitlichen Beurteilung, deren Auswirkung auf den realisierbaren Kaufpreis und die weit gefasste Definition der Mangelfreiheit geben sehr häufig Anlass zu Schadensersatz- oder Wertminderungsklagen.

Des Weiteren können auch optische, charakterliche und reiterliche Mängel Anspruchsgrundlage sein. Gerade hier sind in Anspruch gestellte Wertminderungen nur schwer quantifizierbar.

3.3 Gründung und Auflösung von Gesellschaften, gemeinschaftlicher Erwerb

Im Pferderennsport haben sich schon sehr früh Besitzergemeinschaften in unterschiedlicher Rechtsform gegründet, um Interessen zu bündeln und die finanzielle Schlagkraft zu steigern. Eine ähnliche Entwicklung findet mittlerweile auch im Turnierreitsport statt, um dem gestiegenen Preisniveau bei Beschaffung, Training und internationaler Turnierteilnahme gerecht zu werden. Nicht zu vernachlässigen ist auch die Bildung von Zuchtgemeinschaften, herausragende Hengste werden „syndiziert". Im nordamerikanischen Rennsport wird schon lange von „Industry" gesprochen.[8] Hier werden immer wieder unterschiedlichste Interessenlagen vermengt, die eine Wertfindung nötig machen.

Am anderen Ende der Skala findet sich eine große Vielfalt von kommerziell orientierten Reitschulbetrieben und eingetragenen Reitvereinen ohne Gewinnerzielungsabsicht, die zu Lehr- und Ausbildungszwecken sowie zum Verleih bzw. gemeinschaftlicher Nutzung Pferde halten.

Die Bandbreite des gemeinschaftlichen Pferdebesitzes bewegt sich zwischen mehreren hundert Pferden in der hochprofessionellen „Industry" bis hin zum

---

7 Vgl.: Bundestierärztekammer Röntgenleitfaden 2007.

8 Vgl.: The Jockey Club, 2015 Fact Book.

Einzelindividuum, das zwei Minderjährigen, meist Mädchen, vertreten durch ihre, am Pferd selbst meist uninteressierten und fachlich völlig unerfahrenen Erziehungsberechtigten, gehört.

3.4 Verpachtungen und Leasing

Besitz und Nutzung von Pferden stellen immer mehr oder weniger hohe Ansprüche an die finanzielle Leistungsfähigkeit. Auch im Bereich der Pferdehaltung ist eine Tendenz zur Teilung von Risiken und zur Nutzung unerschlossener Potentiale zu sehen.

Deckhengste werden beispielsweise gerne verpachtet oder verleast. Der Aufzüchter geht auf diesem Weg eine Kooperation mit einem Gestüt oder einer Besamungsstation ein, die sein Pferd entsprechend nutzen und vermarkten können, selbst aber nicht über den finanziellen Hintergrund für den Erwerb solch teurer Tiere verfügen. Nach einer gewissen Nutzungszeit haben die Hengste in der jeweiligen Region einen ausreichenden Gewinn erzielt und werden anderen Interessenten überantwortet. In Zeiten der instrumentellen Samenübertragung und der Anwendung verschiedenster Biotechniken (Tiefgefrierkonservierung von Sperma und Embryonen) ist oftmals nicht mehr die Wertfindung für das Pferd selbst, sondern für seine eingelagerte und gehandelte Vermehrungskapazität Gegenstand von Bewertungsverfahren.

Ähnliche Konstellationen sind im Sport zu finden. Auf der Suche nach der passenden Reiter-Pferd-Paarung wird der Besitz an einem Hoffnungsträger nicht aufgegeben, aber der Nutzer gewechselt. Manch hochdekoriertes Turnierpferd wird vorübergehend Nachwuchsreitern zum Erreichen höherer Qualifikation zur Verfügung gestellt. Später kann dann noch das o. g. Zuchtpotential genutzt werden.

In großer Zahl, aber finanziell kleinem Rahmen, findet sich in jedem Reitstall am schwarzen Brett die Suche nach einer Reitbeteiligung, die „Nutzungsanteile" am Pferd übernehmen soll. Auch hier klafft die Schere zwischen einmal in der Woche ausreiten und regelmäßiger Turnierteilnahme auseinander. Nichtsdestotrotz muss auch hier ein Wert ermittelt werden. So mancher Schulbetrieb und Reitverein kann sich nur durch die „Anmietung" von Pferdenutzungszeiten über Wasser halten.

3.5 Erb- und Eheauseinandersetzungen

Wie bereits geschildert, werden Pferdehaltungen in immer größerem und finanziell aufwendigerem Rahmen geführt. Ob Gestüt, Turnierstall oder wertvolles Freizeitpferd, oft finanzieren Eltern oder Ehepartner das ambitionierte Hobby bzw. den kommerziell orientierten Betrieb. Hier kommt es immer wieder zu

Auseinandersetzungen bei Scheidungen oder gemeinsamer Erbschaft, die eine Bewertung nötig machen. In solchen Fällen treffen sehr häufig pferdeunkundige Erben oder Ehepartner auf emotional überreagierende Pferdeliebhaber.

3.6 Beleihungen

Einzelne Pferde bis hin zu ganzen Beständen werden gerne als Sicherheiten für Kredite angeboten. Traditionell arbeitende Geschäftsbanken sind generell nicht über solche Sicherheiten erfreut, das übrige Kreditgewerbe akzeptiert solche Angebote schon eher. Im nordamerikanischen Raum sind Beleihungen größerer Pferdegruppen üblich, um die Rennpferdeindustrie liquide zu halten.

4. Grundsätze der Unternehmens- und Assetbewertung

Die Unternehmens- und Assetbewertung widmet sich Fragen der Wertermittlung von ganzen Unternehmen und Anteilen an diesen Unternehmen bzw. der Wertermittlung von einzelnen Vermögenswerten.

4.1 Wesentliche allgemeine Grundlagen

4.1.1 Zweck der Bewertung und Rolle des Bewerters

Für die konkrete Durchführung von Unternehmens- und Assetbewertungen ist relevant, welchen anlassbezogenen Zweck die Bewertung zu erfüllen hat und dementsprechend in welcher Funktion der Bewerter tätig wird. Als neutraler Gutachter bzw. unabhängiger Sachverständiger leitet der Bewerter aus der Perspektive eines fremden Dritten mit nachvollziehbarer Methodik einen von individuellen Wertvorstellungen betroffener Parteien unabhängigen und intersubjektiv nachprüfbaren Wert ab. Dieser wird auch als objektivierter Wert bezeichnet. Als Berater ermittelt der Bewerter einen subjektiven Entscheidungswert für Transaktionen. In einer Konfliktsituation stellt der Bewerter unter Berücksichtigung der verschiedenen subjektiven Wertvorstellungen der Parteien als Schiedsgutachter einen Einigungswert fest oder schlägt einen solchen als Vermittler vor.[9]

4.1.2 Wert und Preis

Während für ein Unternehmen, einen Unternehmensanteil oder einen Vermögenswert ein objektivierter oder ein subjektiver Wert nach den Verfahren der

9 Vgl.: IDW S 1 2008, Rd.Nr. 8–12, IDW S 5 2011, Rd.Nr. 4–11, IDW S 10 2013 Rd.Nr. 2, 11.

Unternehmens- und Assetbewertung ermittelt wird, bildet sich ihr Preis auf freien Kapitalmärkten als Ergebnis einer Transaktion. Der Preis wird wesentlich von den Nutzenschätzungen der Käufer und Verkäufer, dem mengenmäßigen Verhältnis zwischen Angebot und Nachfrage, aber auch anderer Aspekte in der konkreten Verhandlungssituation bestimmt und kann mehr oder weniger stark von einem ermittelten Wert abweichen.[10]

4.2 Bewertungsverfahren

4.2.1 Überblick über die Bewertungsverfahren und Einsatz der Verfahren in der Bewertungspraxis

Die einzelnen in der Theorie und Praxis anerkannten und angewendeten Verfahren und Methoden zur Unternehmens- und Assetbewertung lassen sich im Wesentlichen drei Gruppen zuordnen: Den kapitalwertorientierten Verfahren, den kostenorientierten Verfahren und den marktpreisorientierten Verfahren.

Abbildung 1: Bewertungsverfahren

Während bei kapitalwertorientierten Verfahren der Wert über positive Wertbeiträge, im Sinne des zu erwartenden Outputs des Bewertungsobjekts, quantifiziert wird, erfolgt bei kostenorientierten Verfahren die diametral entgegengesetzte Herangehensweise. Die Wertableitung wird durch Zusammenstellung negativer Wertbeiträge, im Sinne des für das Bewertungsobjekt zu leistenden Inputs, vorgenommen. Bei marktpreisorientierten Verfahren wird der Wert eines Bewertungsobjekts anhand von Börsenkursen oder realisierten Marktpreisen vergleichbarer Objekte abgeleitet.[11]

10 Vgl.: IDW S 1 2008, Rd.Nr. 13, IDW S 5 2011, Rd.Nr. 14–17, IDW S 10 2013, Rd.Nr. 7–9.

11 Vgl.: Galli 2012, 679.

Die in Deutschland vom Institut der Wirtschaftsprüfer in Deutschland e. V. (IDW) geprägte Bewertungspraxis geht hinsichtlich der Bewertung ganzer Unternehmen und Anteilen an Unternehmen vom Primat kapitalwertorientierter Verfahren aus. Den kostenorientierten Verfahren wird bei der Ermittlung des Unternehmenswerts keine eigenständige Bedeutung zugemessen, den marktpreisorientierten Verfahren lediglich eine Plausibilisierungsfunktion.[12] Anders jedoch bei der Bewertung einzelner Assets. Hier gilt auch nach Auffassung des IDW anlass- und nutzungsartbedingter Methodenpluralismus. Für die Bewertung immaterieller Vermögenswerte und für die Bewertung von Immobilien hat das IDW eigenständige Bewertungsgrundsätze erlassen, die jeweils auf kapitalwertorientierte, kostenorientierte und marktpreisorientierte Verfahren zurückgreifen.[13] Die dort niedergelegten Erkenntnisse können sinngemäß auch auf andere Bereiche der Assetbewertung übertragen werden.

4.2.2 Kurzcharakterisierung der Bewertungsverfahren

4.2.2.1 Kapitalwertorientierte Verfahren

Die kapitalwertorientierten Verfahren, die auch als Zukunftserfolgswertverfahren bezeichnet werden, stellen, sowohl im Sinne des Ertragswertverfahrens, als auch im Sinne der Discounted-Cash-flow-Verfahren, outputorientierte Gesamtbewertungsverfahren dar. Diese sind grundsätzlich auch für Zwecke der Assetbewertung anwendbar. Das Ertragswertverfahren und die Discounted-Cash-flow-Verfahren beruhen auf dem Kapitalwertkalkül. Sie ermitteln den Barwert künftiger finanzieller Überschüsse, die dem Bewertungsobjekt direkt zuordenbar sind. Für die Ermittlung des Barwerts wird ein Kapitalisierungszinssatz herangezogen, der die Rendite einer adäquaten Alternativanlage repräsentiert. Die Verfahren stellen auf die Zukunftsbezogenheit des Erfolgs des Bewertungsobjekts ab, schließen Risikoaspekte in die Betrachtung ein und ermitteln den Beitrag, den das Bewertungsobjekt zur Zielerreichung leistet.[14]

4.2.2.2 Kostenorientiertes Verfahren

Die kostenorientierten Verfahren bzw. die Substanzwertmethoden stellen, sowohl im Sinne der Reproduktionskostenmethode, als auch im Sinne der Wiederbeschaffungskostenmethode, inputorientierte Einzelbewertungsverfahren dar. Im Mittelpunkt steht die Überlegung, dass ein Käufer für einen zu bewertenden

12 Vgl.: IDW S 1 2008, Rd.Nr. 4–7, 13–16, 142–144.
13 Vgl.: IDW S 5 2011 und IDW S 10 2013.
14 Vgl.: Galli 2012, 679–680.

Vermögenswert nicht mehr zu bezahlen bereit ist, als für die identische Rekonstruktion (Duplikat) des Vermögenswerts an Rekonstruktionskosten bzw. für die funktionale Rekonstruktion des Vermögenswerts bei identischer Nutzenstiftung (Nutzenäquivalenz) an Wiederbeschaffungskosten anfallen. Zur Wertableitung sind ermittelte Rekonstruktions- bzw. Wiederbeschaffungswerte gegebenenfalls um Wertminderungen zu bereinigen, die auch beim zu bewertenden Vermögensgegenstand bis zum Bewertungszeitpunkt eingetreten sind, da beide Werte vor der Bereinigung Beträge darstellen, die aufgewendet werden müssen, um die Substanz neuwertig zu rekonstruieren bzw. zu ersetzen. Im Rahmen der Unternehmens- und auch der Assetbewertung stellt sich aber die Frage, ob derartig ermittelten Werten Entscheidungsrelevanz zukommen kann, weil die Zukunftsbezogenheit des Erfolgs und dessen Beitrag zur Zielerreichung außer Acht bleiben.[15]

4.2.2.3 Marktpreisorientierte Verfahren

Die marktpreisorientierten Verfahren bzw. die Vergleichspreisverfahren stellen, sowohl wenn Preise auf aktiven Märkten herangezogen, als auch wenn Analogien zu solchen Marktpreisen gezogen werden, Gesamtbewertungsverfahren dar, die grundsätzlich auch für Zwecke der Assetbewertung angewendet werden können. Die Ableitung des Werts des Bewertungsobjekts erfolgt anhand von Börsenkursen oder tatsächlich zwischen fremden Dritten realisierten Marktpreisen vergleichbarer Objekte oder anhand von Analogien, die zwischen dem Bewertungsobjekt oder den Börsenkursen oder tatsächlich zwischen fremden Dritten realisierten Marktpreisen vergleichbarer Objekte bestehen. Die Überlegung hierbei ist, dass gleiche Wertmaßstäbe für bestimmte signifikante Vergleichsgrößen (unternehmens)übergreifend Gültigkeit besitzen können. Davon kann ausgegangen werden, sofern nach sorgfältiger Auswahl hinreichende Ähnlichkeiten zwischen dem Bewertungsobjekt sowie den Vergleichsobjekten festgestellt werden und fallbezogen ein Markt mit funktionsfähigen Marktmechanismen sowie rational handelnden Marktteilnehmern vorliegt. Besonderheiten des Bewertungsobjekts können durch individuelle Zu- oder Abschläge berücksichtigt werden. Für das Bewertungsobjekt wird folglich weniger ein Wert ermittelt, als vielmehr, welcher Preis sich einstellen könnte, wenn es auf dem entsprechendem Markt platziert werden würde, auf dem auch die Preisfindung für die Vergleichsobjekte stattgefunden hat. Da sich die marktpreisorientierten Verfahren auf, wenn auch zeitnahe, Vergangenheitsdaten stützen, ist die Zukunftsbezogenheit des Erfolgs und dessen Beitrag zur Zielerreichung für das Bewertungsobjekt nicht direkt

15 Vgl.: Galli 2012, 680–682.

abbildbar. Die Einschätzung des Marktes, als Ergebnis eines Verhandlungsprozesses, in den die Einschätzungen des Käufers und des Verkäufers eingeflossen sind, vermag aber unter Umständen indirekt eine Indikation hierfür abgeben. Trotz bisweilen kritischer Vereinfachungen sowie der anwendungsvoraussetzenden hinreichenden Erfahrung, Objekt- und Branchenkenntnis des Bewerters, steht die praktische Relevanz dieser Verfahren, gerade aufgrund einfacher Anwendbarkeit und Marktorientierung, für objektivierte Wert- bzw. Preisüberlegungen, insbesondere zur Verhandlungsunterstützung, außer Frage.[16]

5. Vorschläge für eine aus Nutzungsüberlegungen abgeleitete Wahl eines Bewertungsverfahrens für die Bewertung eines Pferdes

Welches der vorstehend dargestellten Verfahren im Einzelfall sachgerecht ist, hängt neben dem Bewertungsanlass insbesondere von dem zugrunde liegenden Bewertungsobjekt und dessen Nutzungsmöglichkeiten ab.

Entscheidend für die Wahl des geeigneten Verfahrens ist die Einordnung, ob das zu bewertende Pferd als

- Zuchtpferd,
- Turnierpferd,
- Rennpferd,
- Freizeitpferd,
- Arbeitspferd (Schulpferd),
- Gnadenbrotler

einzustufen ist und welches Alter das zu bewertende Pferd aufweist.

Die genannten Einsatzmöglichkeiten dienen der besseren Veranschaulichung und haben keinen Anspruch auf Vollständigkeit. Der menschlichen Fantasie sind bei der Nutzung von Pferden keine Grenzen gesetzt. Ein Araber, der ausschließlich auf Schönheitswettbewerben gezeigt wird und seinen eigenen Visagisten mitbringt, um künstliche Wimpern aufzukleben, Lidstriche zu zeichnen und die Mähne kunstvoll einzuflechten, ist ebenso wenig die Regel, wie das Zirkuspferd, das kunstvolle und für das Publikum beeindruckende Lektionen beherrscht oder gar Tiger auf seinem Rücken reiten lässt. Nichtsdestotrotz stellen gerade solche Pferde einen hohen, schwer objektivierbaren Wert dar und bereiten dem Bewertenden Kopfzerbrechen.

16 Vgl.: Galli 2012, 681–682.

In den letzten Jahrzehnten hat auch die Biotechnik der Fortpflanzung Einzug in der Pferdezucht gehalten. Immer häufiger sind nicht nur die Produkte von Hengsten und Stuten, also die Fohlen, sondern auch die potentielle Vermehrungskapazität Gegenstand von Bewertungen geworden.

5.1 Kapitalwertorientierte Verfahren

Scheinbar einfach lässt sich der Kapitalwert für Zuchttiere und Renn- und Turnierpferde darstellen. Man muss ja nur Nachkommenzahl und -wert oder bisherige Gewinnsummen in Bezug zum Alter setzen und hat damit belastbares Zahlenmaterial. Dieser einfachen Rechnung stehen aber einige Risiken bzw. Besonderheiten entgegen.

Der Zuspruch der Züchterschaft zu einzelnen Hengsten unterliegt starken Schwankungen. Modehengste haben in jungen Jahren oft unverhältnismäßig hohe Deckfrequenzen, ohne dass die Nachkommen durch messbare Leistung überzeugt hätten. Hier orientiert sich der Markt gerne an geschickten Werbemaßnahmen, kluger Präsentation auf Schauen und Turnieren, der Ausstrahlung des Individuums und dem persönlichen Bauchgefühl. Manch erfolgreicher Turnierreiter stellt gegen entsprechendes Entgelt den Junghengst auf Turnieren vor und erhöht somit dessen Marktpotential. Publikumswirksam werden auch Körungsergebnisse und Eigenleistungsprüfungen herausgestellt. Gestüte mit starker Marktposition können die besten Stuten für ihre Hengste vorselektieren und, gerade im Rennsport, auch die Nachkommen, entsprechende Finanzkraft vorausgesetzt, aussuchen und gut trainiert in den Sport bringen. Stuten mit bewiesener Vererbung sind wesentlich klarer auszurechnen, da Alter und Deckerfolg gut in Bezug zueinander gesetzt werden können. Da die Nutzungsdauer der Zuchttiere unter Umständen weit in die Zukunft vorausberechnet wird, müssen Risiken, insbesondere solche im Hinblick auf die Gesundheit oder eventuell schwache Vererbungsleistung berücksichtigt werden.

Moderne Biotechnik macht auch in der Pferdezucht eine massive Erhöhung der Nachkommenanzahl je Elterntier möglich. Die deutsche Warmblutzucht findet überwiegend mittels instrumentell übertragenen Spermas statt. Auf natürlichem Weg kann ein Hengst maximal 100 Fohlen pro Jahr erzeugen, die Regel sind ca. 40. Im Rahmen des Frischsamenversands sind bei Spitzenhengsten auch 500 Fohlen möglich, üblich etwa 200. Sollte das Sperma durch Tiefgefrierkonservierung haltbar gemacht werden, können innerhalb eines Nutzungsjahres mehrere tausend Samenportionen gewonnen und eingelagert werden.[17]

---

17 Vgl.: Brade 2013, 11–13.

Insbesondere in USA und Südamerika wird der Embryotransfer bei Stuten vorangetrieben. Es gibt dort mittlerweile Farmen mit bis zu 3.000 Empfängerstuten, die eine jährliche Reproduktionsrate von bis zu 40 Fohlen für eine einzige Spenderstute ermöglichen. Hier ist ebenfalls eine Tiefgefrierkonservierung der Embryonen möglich.[18]

Auch bei einer rein rennsportlichen Nutzung ist die Zukunftsbezogenheit der Daten schwierig zu ermitteln. In der Vergangenheit erzielte Gewinnsummen erlauben nur in jungen Jahren eine Aussage für die Zukunft. Später überwiegen die gesundheitlichen Risiken. Wallache verlieren, trotz großer Rennerfolge, sehr schnell an Wert, während bei Hengsten und Stuten eine Zweitkarriere in der Zucht möglich ist.

Der Erfolg des Bewertungsobjektes Pferd in der Zukunft hängt also von vielen verschiedenen Faktoren ab, die berücksichtigt werden müssen und schwer quantifizierbar sind.

Kritisch zu hinterfragen ist hier vor allem die Vorgehensweise, künftige Risiken über vorab definierte Zinssätze abzubilden. Weder eignet sich die Risikozuschlagsmethode, wenn auf den Basiszinssatz willkürlich gewählte Zinszuschläge zum Ansatz kommen, noch ein in der Versicherungswirtschaft oft pauschal angesetzter Kalkulationszinssatz. Bewertungsanlässe und -objekte sind zu unterschiedlich. Pauschalisierungen eignen sich nicht. Spezifisches Fachwissen ist zwingend notwendig.

5.2 Kostenorientierte Verfahren

Im Idealfall sind Pferde kurz nach erfolgtem Handel zu bewerten. Der bezahlte Kaufpreis sollte entsprechend sicher nachgewiesen werden können, was auf erhebliche Schwierigkeiten stoßen kann. Nicht immer wird die Unterschrift eines, im weiten Netzwerk der Pferdeliebhaber verfügbaren Kaufinteressenten, einer gerichtlichen Nachprüfung standhalten. Selbst bei veröffentlichten Zuschlägen auf Auktionen sind eine Reihe von Nebenkosten zu berücksichtigen, die den objektivierbaren Wert beeinflussen. Nicht außer Acht gelassen werden dürfen hier z. T. erhebliche Vermittlerprovisionen. Sollte die Bewertung in einem gewissen Abstand vom Kaufzeitpunkt (max. 6 Monate) erfolgen, reicht es aus, die entstandenen Ausbildungs- und Unterbringungskosten zu ermitteln und zuzuschlagen. Bei einem längeren Zeitraum kommen die Faktoren Qualität, Hoffnung und Gesundheit wieder überproportional zum Tragen.

Bei Fohlen bis zu einem Alter von etwa 6 Monaten ist der Kostenansatz relativ sicher nachvollziehbar und liefert belastbare Daten. Deckgeld, Besamungskosten

18 Vgl.: Sieme 2011, 84–86.

und der Aufwand für die Unterbringung der Stute sind einfach zu quantifizieren. Mit zunehmendem Alter des Jungtieres spielen Qualität, erzielte Prämierungen und die Gesundheit eine immer größere Rolle. Und hierbei handelt es sich um Aspekte, die nicht kostenorientiert erfasst werden können. Ältere Fohlen minderer Qualität sind nahezu wertlos, während prämierte Spitzenfohlen auch Spitzenpreise erzielen können.

5.3 Marktpreisorientierte Verfahren

Die Bandbreite des Pferdemarktes ist aufgrund der geschilderten vielfältigen Nutzungsrichtungen und den daraus resultierenden Käuferschichten außerordentlich groß.

Grundsätzlich übersteigt in Europa die Pferdeproduktion in der großen Masse die Nachfrage, es existiert ein Käufermarkt. Diametral entgegengesetzt ist die Situation im Bereich der Spitzenprodukte.

Belastbares Zahlenmaterial ist Mangelware. Die EU erfasst zwar sehr genau die Zahlen in der landwirtschaftlichen Tierhaltung und -produktion. Der überwiegende Anteil des Pferdemarktes ist aber frei und ungeregelt. Belastbare Quellen für Marktpreise sind Auktionen, Inserate in Papier- und Internetmedien und nicht zuletzt Fachleute, die im Pferdehandel bewandert sind. Zusätzlich zu den verfügbaren Marktdaten sind noch betriebs- und tierspezifische Daten heranzuziehen.

Um ein einzelnes Pferd oder ganze Pferdebestände mit Hilfe einer Marktpreissimulation bewerten zu können, ist zuerst eine Qualitätsbestimmung der wertbestimmenden Leistungen und Eigenschaften des/der Pferde/s durch eine sogenannte Nutzwertanalyse[19] durchzuführen.

Hier wird die an sich komplexe Bewertungsproblematik in einzelne Teilaspekte aufgelöst, die zueinander ins Verhältnis gesetzt werden und somit ein belastbares Gesamtergebnis bringen.

Die Auswahl der Teilaspekte orientiert sich an den Grundsätzen der landwirtschaftlichen Taxationslehre und der jeweiligen Nutzungsrichtung der Pferde. Die definierten Zuchtziele der einzelnen Verbände unterscheiden sich z. T. deutlich voneinander und müssen entsprechend berücksichtigt werden. Ein Galopprennpferd weist einen ganz anderen Körperbau auf, als ein Zugpferd für Kutschen. Die Ausprägung der einzelnen Merkmale ist festzustellen und in ein Wertesystem einzuordnen.

19 Vgl.: Schneider 2008 131–179.

Zunächst wird die Exterieurbeurteilung des Pferdes vorgenommen, d. h. seine äußere Erscheinung wird bewertet. Farbe, Körperform und Ausdruck können hier eine große Rolle spielen. Hinzu kommen noch Abstammung und Alter. Auch wenn aus züchterischer Sicht die Exterieurbeurteilung als Grundlage für die Qualitätseinstufung herangezogen wird und viele Autoren ihr einen generell wertbestimmenden Charakter zuschreiben, sollten doch weitere Aspekte wesentliche Berücksichtigung finden.

Dann sind die individuellen Leistungseigenschaften, wichtig gerade im Hinblick auf die sportliche Nutzung, festzustellen. Schwungvoller, raumgreifender und taktreiner Gang sind beim Dressurpferd Grundvoraussetzung, während Springpferde Geschicklichkeit, Elastizität, Aufmerksamkeit und Sprungkraft beim Freispringen zeigen sollten. Eine Schlüsselrolle kommt der nachgewiesenen Eigenleistung durch belegte bzw. gemessene Turnier- und Rennerfolge zu. Mit steigendem Ausbildungsstand sind z. T. gewaltige Preissprünge zu beobachten. Besonders berücksichtigt werden muss hier allerdings die Kontinuität der Turnier- oder Rennerfolge in der jeweiligen Leistungsklasse, bei möglichst stetig steigender Tendenz. Längere Pausen oder häufigere Starts in unteren Klassen geben Hinweise auf Leistungsmängel. Nicht zu unterschätzen/unterbewerten ist der Einfluss des Reiters/Trainers. Ein erfahrener Profi kann auch unterklassige Pferde „beschönigend" präsentieren. Im Bereich der Zucht ist nicht nur die Eigenleistung Bewertungsgrundlage, sondern, gerade im Rennsport und bei ausreichend großen Verbänden (z. B. der American Quarter Horse Association (AQHA), bei der das größte Pferdezuchtbuch der Welt geführt wird) mit entsprechend umfangreichem Medieninteresse, die Nachkommenleistung. Korrekt geführte und öffentlich zugängliche Zuchtbücher und Rennstatistiken bieten eine gute Grundlage für die Zuchtwertschätzung von Elterntieren. Auch wenn die „Berechenbarkeit" des Zuchterfolges bei Pferden bei weitem nicht die Bedeutung wie in der landwirtschaftlichen Tierproduktion erreicht hat – die Nachkommenzahl pro Elternteil ist meist zu klein und die Zucht nicht ausreichend systematisiert –, so steigen Elterntiere mit erfolgreichem Nachwuchs doch deutlich überproportional im Wert. Ein Hengst, der selbst große Galopprennen gewonnen hat und ähnlich erfolgreiche Nachzucht auf den internationalen Bahnen präsentieren kann, stellt ohne weiteres einen Wert im mittleren zweistelligen Millionenbereich dar.

Zuletzt ist bei der Beurteilung „von außen" der aktuell zum Bewertungszeitpunkt festgestellte Gesundheitszustand relevant. Unter Umständen ist das der wichtigste Aspekt, weil mögliches K.O.-Kriterium. Pferde, die im Zuge einer Kaufuntersuchung in die „schlechteste" Röntgenklasse eingeordnet wurden, sind schwer handelbar. Tiere, die zum Bewertungszeitpunkt aufgrund gesundheitlicher Probleme,

z. B. einer chronischen Lahmheit mit vorsichtiger Prognose für eine vollständige Heilung, eventuell schon länger nicht einsetzbar waren, können wertlos sein.

Ist der Nutzwert festgestellt, muss die Wertsphäre, d. h. das Marktpreisgefüge ermittelt werden. Hierzu sind die o. g. Informationsquellen heranzuziehen und das Bewertungsobjekt muss in sein spezifisches Marktumfeld eingeordnet werden.

Wie bereits aufgezeigt, bewegt sich das Gros der gehandelten Pferde im Freizeitbereich und damit in einem überversorgten Markt. Hier führen oft individuelle Vorlieben, z. B. für eine bestimmte Farbe oder Eigenschaft, zu schwer objektivierbaren Preisfindungen. Letztlich muss das Studium von Angeboten in einschlägigen Medien und die Analyse/Befragung von Marktteilnehmern hier eine Bewertungsgrundlage schaffen.

Im professionellen Bereich bieten die veröffentlichten Zuschlagspreise von Auktionen, abzüglich angefallener Kosten, eine gute Grundlage. Auktionen finden weltweit und für nahezu jede Nutzungsart statt, die benötigten Daten sind im Internetzeitalter einfach und reproduzierbar zu beschaffen. Die Eigenschaften der Pferde sind sehr detailliert beschrieben und machen eine Einordnung des Bewertungsobjektes mit Hilfe von Zu- oder Abschlägen möglich.

6. Zusammenfassung

Pferde sind aus ökonomischer Perspektive ein auf Märkten gehandelter Produktionsfaktor. Der Wert eines Pferdes konkretisiert sich bei Transaktionen in einem Preis, der sich aus Angebot und Nachfrage einstellt. Die Preisfindung erfolgt dabei unter Berücksichtigung der individuellen Einsatzmöglichkeit des Pferdes für den Verkäufer und für den Käufer sowie vor dem Hintergrund des Wissens, der Verhandlungsmacht und der ökonomischen Lage der Beteiligten.

Die Frage nach einem objektivierten finanziellen Wert für ein Pferd ist aus verschiedenen Perspektiven relevant. Sie ist schwer zu beantworten, da ein Pferd individuelle Qualitäten, Qualifikationen und Motivationsaspekte in sich vereint, die als Kombination seiner psychologischen, psycho-sozialen und physiologischen Faktoren in einen Entwicklungsprozess eingebracht und im Rahmen dessen weiter auf- und ausgebaut werden.

In den letzten 50 Jahren hat die Pferdehaltung und -nutzung sowie die Professionalität im Umgang mit dem Tier einen erheblichen Wandel durchlaufen. Dementsprechend haben sich die Anlässe für die finanzielle Bewertung von Pferden verändert. Eine Wertfindung ist insbesondere von Bedeutung, wenn Pferde ge- und verkauft werden, Schadensfälle eintreten, Gesellschaften gegründet oder aufgelöst werden, Erb- und Eheauseinandersetzungen erfolgen oder, wenn Pferde gemeinschaftlich erworben, verpachtet, verleast oder beliehen werden.

Die einzelnen in der Theorie und Praxis anerkannten und angewendeten Verfahren und Methoden zur Unternehmens- und Assetbewertung lassen sich im Wesentlichen drei Gruppen zuordnen: Den kapitalwertorientierten Verfahren, den kostenorientierten Verfahren und den marktpreisorientierten Verfahren. Die in Deutschland vom Institut der Wirtschaftsprüfer in Deutschland e. V. (IDW) geprägte Bewertungspraxis geht hinsichtlich der Bewertung einzelner Assets von anlass- und nutzungsartbedingtem Methodenpluralismus aus. Für die Bewertung immaterieller Vermögenswerte und für die Bewertung von Immobilien hat das IDW eigenständige Bewertungsgrundsätze erlassen, die jeweils auf kapitalwertorientierte, kostenorientierte und marktpreisorientierte Verfahren zurückgreifen. Die dort niedergelegten Erkenntnisse können sinngemäß auch auf andere Bereiche der Assetbewertung und konkret auf die Bewertung von Pferden übertragen werden. Welches dieser Verfahren im Einzelfall sachgerecht ist, hängt neben dem Bewertungsanlass insbesondere von dem zugrunde liegenden Bewertungsobjekt und dessen Nutzungsmöglichkeiten ab. Ziel des Beitrags war es deshalb, Bewertungssituationen aufzuzeigen und Vorschläge für eine aus Nutzungsüberlegungen abgeleitete Wahl eines Bewertungsverfahrens für die Bewertung eines Pferdes zu unterbreiten. Die zugegebenermaßen sehr interessante und bedeutsame rechnerische Umsetzung tritt bei jeder Bewertung als pure „Technik" in den Hintergrund. Neben der medizinischen Beurteilung kommt es bei der Bewertung eines Pferdes, wie auch bei jeder anderen Bewertung, vor allem auf die Markt- und Branchenkenntnisse des Bewerters an.

Literatur

Brade, W. (2013): Die deutsche Reitpferdezucht – aktueller Stand und wirtschaftliche Bedeutung, in: Bundesministerium für Ernährung, Landwirtschaft und Verbraucherschutz, Berichte über Landwirtschaft, Bd. 91, Ausgabe 1 2013, S. 1–21, http://dx.doi.org/10.12767/buel.v91i1.7.g58 (Zugriff 29.06.2015).

Bundestierärztekammer (2007): Leitfaden für die röntgenologische Beurteilung bei der Kaufuntersuchung des Pferdes – überarbeitete Fassung 2007, http://www.bundestieraerztekammer.de/downloads/btk/leitlinien/RoentgenLeitfaden_2007.pdf (Zugriff 29.06.2015).

Deutsche Reiterliche Vereinigung: FN-Service, Zahlen und Fakten, http://www.pferd-aktuell.de/fn-service/zahlen--fakten/zahlen--fakten (Zugriff 29.06.2015).

Galli, A. (2012): Marktgestützte finanzielle Spielerbwertung im Teamsport, in: Galli, A./Elter, V.-C./Gömmel, R./Holzhäuser, W./Straub, W. (Hrsg.): Sportmanagement, 2. Auflage, München: Vahlen, S. 675–689.

Gille C. et al. (2011): Neue Reitsportmotive jenseits des klassischen Turniersports, in: Sportwissenschaft 2011, Heft 41, S. 34–43.

IDW S 1 (2008): Grundsätze zur Durchführung von Unternehmensbewertungen, in: WPg Supplement 3/2008, S. 68 ff., FN-IDW 7/2008, S. 271 ff. vom 02.04.2008 (Stand).

IDW S 5 (2011): Grundsätze zur Bewertung immaterieller Vermögenswerte, in: WPg Supplement 3/2011, S. 98 ff., FN-IDW 7/2011, S. 467 ff. vom 23.05.2011 (Stand).

IDW S 10 (2013): Grundsätze zur Bewertung von Immobilien, in: WPg Supplement 4/2013, S. 41 ff., FN-IDW 11/2013, S. 503 ff. vom 14.08.2013 (Stand).

IPSOS (2001): Faszination Zukunft. Neue Perspektiven im Pferdesport. Die FN Marktanalyse „Pferdesportliner Deutschland 2001“ kompakt und kommentiert. Warendorf: FN Verlag.

Jansen, Th. et al. (2002): Mitochondrial DNA and the origins of the domestic horse, in: PNAS, Band 99, Nr. 16, August 2002, S. 10905–10910, http://www.pnas.org/content/99/16/10905.full.pdf (Zugriff 29.06.2015).

Schneider, Th. (2008): Den Wert eines Pferdes – sachverständig ermitteln, St. Augustin, HLBS-Verlag.

Sieme, H. (2011): Biotechnologie in der Pferdezucht, in: Brade, W. / Distl, O. / Sieme, H. / Zeyner, A. (Hrsg.): Pferdezucht, -haltung und -fütterung. Empfehlungen für die Praxis, S. 80–93, Johann Heinrich von Thünen-Institut, Bundesforschungsinstitut für Ländliche Räume, Wald und Fischerei (vTI), Agriculture and Forestry Research, Sonderheft 353 2011, http://literatur.ti.bund.de/digbib_extern/dn049419.pdf (Zugriff 29.06.2015).

The Jockey Club (2015): 2015 Fact Book, http://www.jockeyclub.com/Default.asp?section=Resources&area=11 (Zugriff 29.06.2015).

Rechtsquellen

Gesetz zur Modernisierung des Schuldrechts, BGBL I, 02.01.2002, S. 42.

Birthe Gärke, Gabriele Wach und Ronald Wadsack

Wirtschaftliche Risiken in Pferdebetrieben und Maßnahmen zur Risikominimierung

Abstract Unternehmerisches Handeln unterliegt immer auch einem Risiko, das in unterschiedlicher Ausprägung auch Pferdebetriebe und Pferdesportvereine betrifft. Im schlimmsten Fall können Risiken in einer Krise enden, die den Fortbestand eines Unternehmens gefährdet. Je weiter eine Krise bereits vorangeschritten ist, desto geringer werden die Ausstiegsoptionen. Aus diesem Grund sollte auch im Pferdesektor ein effektives Risikomanagement Anwendung finden. Der Einsatz von Controlling-Instrumenten als Frühwarnsystem zur Risikominimierung bietet dabei vielfältige und leicht umsetzbare Möglichkeiten. Mangelhafte Informationen über die Zielgruppe, fehlende Vergleichswerte von Betrieben mit der gleichen Ausrichtung und Betriebsgröße sowie ein Zeitmangel der Betriebsleitung verhindern allerdings oft die Entwicklung eines entsprechenden Frühwarnsystems. Hier stellen beispielsweise die Durchführung eigener Marktanalysen, die Vernetzung mit vergleichbaren Betrieben sowie das Auslagern des Controllings sinnvolle Lösungsansätze dar.

Unternehmerisches Handeln

Unternehmerisches Handeln ist grundsätzlich immer auch mit einem gewissen Risiko verbunden. Auf der einen Seite kann sich Erfolg nur einstellen, wenn ein gewisses Wagnis eingegangen wird. Auf der anderen Seite besteht natürlich auch die Gefahr des Scheiterns, wenn das Risiko in seinen Auswirkungen durch den Entscheider bzw. seine Organisation nicht mehr getragen werden kann.[1] Final kann dies bis zur Krise bzw. zum Untergang eines wirtschaftlichen Betriebes führen.

Auch Pferdebetriebe und Pferdesportvereine werden mit unterschiedlichen Risiken konfrontiert. Gut gemanagte Unternehmen sind in der Lage, rechtzeitig auf diese Risiken zu reagieren und unerwünschten Entwicklungen gegenzusteuern. Dies ist allerdings nur möglich, wenn ein individuelles Frühwarnsystem, in Form verschiedener Controlling-Instrumente, genutzt wird.

Zur Vertiefung dieser Thematik werden im Folgenden zunächst auf allgemeiner Ebene die Begrifflichkeiten „wirtschaftliches Risiko“ und „Risikomanagement“ sowie der Einsatz von Frühwarnsystemen in der Betriebswirtschaft näher beleuchtet. Im Anschluss daran werden diese Themenbereiche auf der Ebene von Pferdebetrieben und Pferdesportvereinen betrachtet.

1 Vgl. z. B. Macharzina & Wolf 2012, 663.

1. Grundgedanken: Wirtschaftliches Risiko

„Als unternehmerisches Risiko bezeichnet man die Gefahr, dass geleistete Aufwendungen/Auszahlungen in einer ungewissen Zukunft nicht durch Erträge/Einzahlungen gedeckt werden.“[2] Grundsätzlich ist das Ausmaß des unternehmerischen Risikos immer abhängig von menschlichen Entscheidungen im Zusammenspiel mit vielfältigen Umwelteinflüssen sowie einer Zeitkomponente.[3] Neben Risiken mit unmittelbar finanziell wirksamen Konsequenzen können auch gesellschaftliche Ansprüche Risiken beinhalten.[4] Im Pferdebereich sind bspw. die Themen Tierschutz und Doping beachtete und moralisch relevante Themen.

Die Einschätzung von Risiko basiert in der Regel auf einer betriebswirtschaftlichen Betrachtung, ganz gleich ob es sich um Kapital-, Personengesellschaften, Einzelunternehmen oder Vereine handelt. Unabhängig davon, ob es sich bspw. um einen Pensionsstall, einen Rennverein oder eine Organisation für Turnierveranstaltungen handelt, lässt sich das Grundmuster der betriebswirtschaftlichen Betrachtung von Dienstleistungsanbietern mit den in Abbildung 1 beschriebenen Elementen charakterisieren.

Abbildung 1: Grundkonzept der betriebswirtschaftlichen Betrachtung von Dienstleistungsanbietern (Quelle: Wadsack 2013, 295, leicht modifiziert)

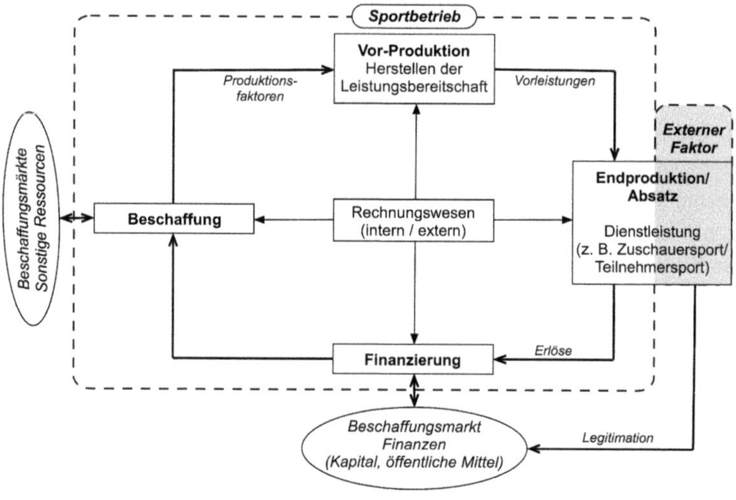

2 Wöhe & Döring 2013, 52.

3 Vgl. auch Bachert et al. 2014, 25.

4 Vgl. Schiel 2014, 1.

Ausgangspunkt ist ein marktfähiges Betriebskonzept mit einem entsprechenden Produktions- bzw. bei Dienstleistungen Leistungskonzept. Die Besonderheit der Dienstleistungen, die in vielen Bereichen des Reitens dominieren, ist die Immaterialität und damit die Nicht-Lagerfähigkeit. Auch wenn Anbieter einer zu erbringenden Dienstleistung im Vorfeld ausreichend leistungsbereit gegenüberstehen, hängt die tatsächlich erbrachte Leistung manchmal auch vom Kunden ab. Dies tritt bspw. auf, wenn Stimmungslagen oder Verständnisprobleme seitens des Reitschülers auf eine Reitstunde Einfluss nehmen. Die Beschaffung der notwendigen Ressourcen (Arbeitskraft, Infrastruktur, Wissen, Finanzen) ist die Grundlage für die Vor- und letztlich auch die Endproduktion. Über die erzielten Erlöse aus der Endproduktion findet die Refinanzierung statt, ggf. ergänzt um Zuschüsse oder andere Unterstützungen. Im gemeinnützigen Bereich kommen weitere Finanzierungsoptionen hinzu, die mit dem Begriff „Fundraising“ charakterisiert werden können und z. B. Spenden, Zuwendungen aus öffentlichen Kassen oder Stiftungsgelder umfassen.[5] Letztlich muss der so charakterisierte Kreislauf durch die Organisationsführung marktgerecht gestaltet und geführt werden. Dabei müssen Risiken, die in den einzelnen Bereichen bestehen können, Berücksichtigung finden.

2. Risiko und Risikomanagement als Führungsaufgabe

Risiko ist eine ganz normale Erscheinung in unserem Leben – sowohl als persönliches Risiko als auch für sämtliche Organisationen und Unternehmen.[6] Risiken tragen die Möglichkeit des Scheiterns in sich. Dies ist eine Entwicklung, die als Prozess zu verstehen ist und in einer Krise als Gefahr für den Fortbestand der Organisation münden kann.

5 Vgl. dazu Wadsack & Wach 2010.
6 Vgl. Bachert et al. 2014, 17.

Abbildung 2: Stufen und Merkmale der Krisenentwicklung aus betriebswirtschaftlicher Sicht (Quelle: Wadsack & Cherkeh 2005, angelehnt an Schlebusch u. a. 2004)

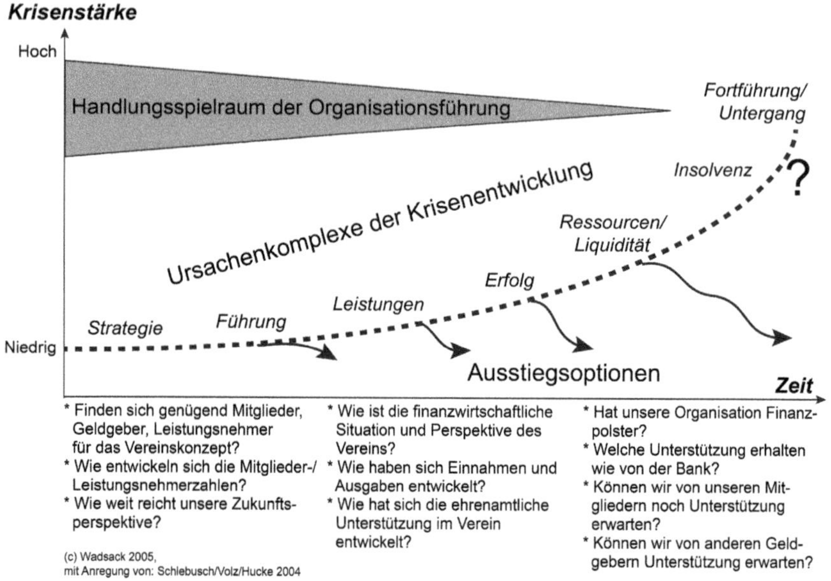

In einer strategischen Betrachtung kann man den Verlauf einer Krise in Form von Eskalationsstufen beschreiben (Abbildung 2).

In der Grundsystematik ist erkennbar, dass mit zunehmender negativer Wirkung aus dem bestehenden Risiko die Krisenhaftigkeit der Situation zunimmt. Der Charakter der Krise wird häufig mit dem Begriff des Wendepunktes beschrieben, der eine Veränderung zum Besseren oder Schlechteren symbolisiert.[7] Der Begriff „Krise“ leidet allerdings unter einer inflationären Nutzung für vielfältige Störungen im Betriebsgeschehen.[8] Verbunden ist eine Krise mit den Handlungsbedingungen der Dringlichkeit, Unsicherheit und Überraschung.[9]

Die echte Unternehmenskrise zeichnet sich durch die ‚Gefahr für den Fortbestand der Unternehmung‘ aus. Sie ergibt sich aus der Beeinträchtigung der

7 Vgl. z. B. Fink 1986 mit Bezug auf Websters.
8 Vgl. Krystek & Lentz 2014, 31–32.
9 Vgl. z. B. Zelewski 1995, 898.

Möglichkeit, die ‚dominanten' Ziele in ausreichendem Maße zu verfolgen: Zahlungsfähigkeit, Mindestgewinn und Erhalt bzw. Sicherung der Erfolgspotenziale.[10]

Sie bietet aber auch die Chance auf eine grundlegende Wandlung der Organisation, da in einer solchen Situation der Instabilität Veränderungen möglich werden, die sonst nicht oder nicht in dieser Form bzw. nicht ohne größeren Widerstand durchsetzbar wären.[11] *Habermas* sieht in der Krise die Chance zur ‚Befreiung eines in Verstrickung geratenen Subjektes'.[12] Eine ausdruckstarke Formulierung für die Chance, den im Laufe eines Organisationslebens gesammelten Ballast aus suboptimalen Entscheidungen konzentriert zu korrigieren.

Abbildung 2 zeigt entsprechend einzelne Ausstiegsoptionen aus der eskalierenden Entwicklung, der entsprechend korrigierende Entscheidungen seitens der Organisationsführung zugrunde liegen. Es gibt auf den unteren Stufen der Eskalationskurve durchaus Warnsignale, es ist allerdings von der Sensibilität des Managements abhängig, inwieweit diese auch wahrgenommen und richtig interpretiert werden. Häufig werden erst in der Rückbetrachtung entsprechende Hinweise identifiziert und als Warnsignale erkannt.[13] Wichtig ist der sich verengende Handlungsspielraum für das Management der Organisation: „Handlungsalternativen zur Problembewältigung werden fortlaufend vernichtet."[14] Diese Konsequenz ergibt sich aus dem zunehmenden Schwund von Ressourcen und der zunehmenden Verstrickung in Fremdbestimmungen, die sich aus den unterschiedlichen Bezügen der Organisation und im weiteren Verlauf durch das Greifen des Insolvenzrechts ergeben. Hinzu kommt die mögliche Öffentlichkeitswirkung und mediale Aufmerksamkeit, die sich aus einer Krisenentwicklung ergeben kann.

Die Auseinandersetzung mit Risiko ist als Risikomanagement in das Führungshandeln integriert (Abbildung 3), indem Entscheidungen und Entwicklungen im Umfeld der Organisation auf ihr Gefahrenpotenzial hin geprüft werden.[15] Die Ausprägung dieses Risikomanagements wird durch das Führungsverständnis bzw. die Organisationskultur geprägt, die wiederum Einfluss auf die Achtsamkeit nimmt, die v. a. den sogenannten „weak signals" (schwachen Signalen) als Vorzeichen gravierender Entwicklungen geschenkt wird.

---

10 Vgl. Linde 1994, 9 m. w. N. mit Bezug auf *Krystek*, der bei den Grundlagen des Krisenmanagement eine zentrale Position in der Literatur einnimmt.

11 Vgl. Kieser/Hegele/Klimmer 1998, 7f., ähnlich: Krummenacher 1981, 5f.

12 Vgl. die Ausführungen bei Krummenacher 1981, 5f. m. w. N.

13 Vgl. Fink 1996, 23–25.

14 Hülsmann 2005, 403.

15 Vgl. Diederichs 2012, 10–13.

Die Risiko-Orientierung innerhalb einer Organisation kann sogar prägend für die Organisationskultur sein. Die Kulturtypologie nach *Deal & Kennedy* unterscheidet z. B. die Dimensionen des Risikos bei Entscheidungen und der Geschwindigkeit des Feedbacks bei Entscheidungen als Erkennen der erzielten Resultate.[16] Die vier Kulturen sind die

- ▷ Prozess-Kultur (Risiko gering, Feedback langsam),
- ▷ „Harte Arbeit / Viel Spaß"-Kultur (Risiko gering, Feedback schnell),
- ▷ Risikokultur (Risiko hoch, Feedback langsam),
- ▷ Macho-Kultur (Risiko hoch, Feedback schnell).[17]

Eine weitere Facette der Organisationskultur ist der Umgang mit Fehlern, Unsicherheiten bei Handlungen oder der Angst, eine andere Person zu enttäuschen. Diese und ähnliche Verhaltensweisen verhindern einen wirkungsvollen Umgang mit Risiken.[18]

Die möglichen Risiken lassen sich in Bezug auf ihre Tragweite unterscheiden (siehe Abbildung 3), indem Einzel- und Gesamtrisiko sowie reines Risiko und spekulatives Risiko idealtypisch abgegrenzt werden. Lässt sich im Falle des reinen Einzelrisikos eine Abklärung möglicher Risiken und ihrer Folgen noch einigermaßen schlüssig erarbeiten, so ist die strategische Perspektive von vielfältigen Einflüssen abhängig.

16 Vgl. Hungenberg & Wulf 2006, 96–97.
17 Vgl. Hungenberg & Wulf 2006, 96–97.
18 Vgl. Bachert et al. 2014, 35–36.

Abbildung 3: Entscheidungsrisiken und Risikomanagement (Quelle: Macharzina & Wolf 2012, 666)

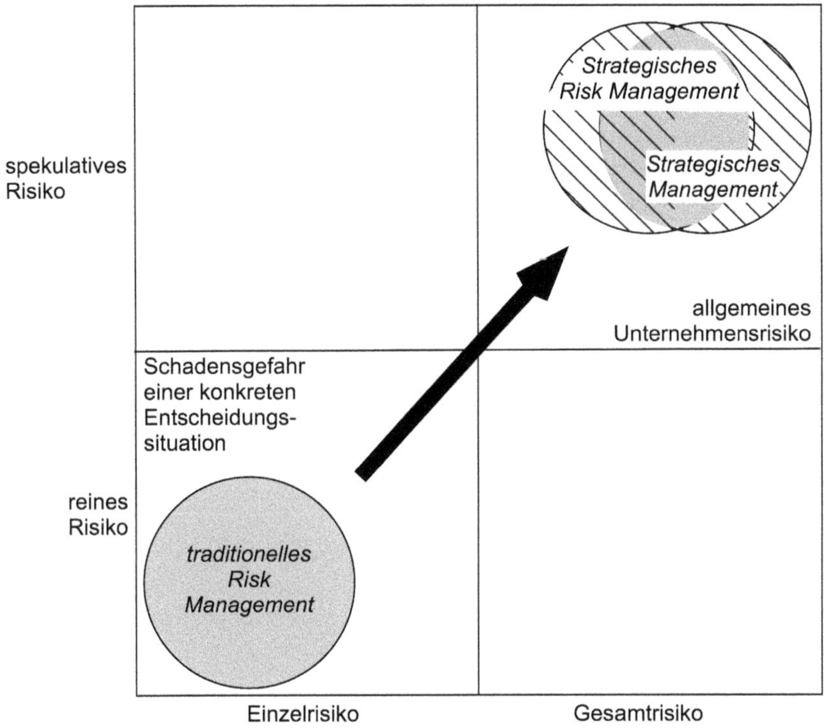

Die Konsequenz des Risikomanagements ist eine Wahrnehmung von Risiken und die Abschätzung der Eintrittswahrscheinlichkeit einer problematischen Situation. In Abhängigkeit von dem Bedrohungspotenzial gibt es ein Spektrum an Handlungsmöglichkeiten, mit denen das Risiko gemindert (Schadenverhütung) werden kann oder bei Schadeneintritt ein Schadensausgleich erfolgt.[19] Zu beachten ist, dass eine Risikobeurteilung immer subjektiv beeinflusst ist, da sie mit der persönlichen Verfasstheit der Entscheidungsträger verbunden ist.[20]

Im Rahmen des Risikomanagements gibt es verschiedene Ansatzpunkte:[21]

19 Vgl. zu diesem Thema weiterhin grundlegend für den Sportbereich Benner 1992.
20 Vgl. Bachert et al. 2014, 23.
21 Vgl. Benner 1992, 139; auch: Ebert 2013, 79–89.

- ▷ Schadenverhütung im Sinne einer Vermeidung des Schadenseintritts (für die eigene Betriebswirtschaft)
  - o Gefahrenabwehr gegen Realschäden (u. a. Schutzkleidung)
  - o Risikoabwehr gegen wirtschaftliche Schäden
    - Risikoausgliederung (z. B. Übergabe einzelner Funktionen an separate Unternehmen)
    - Risikoaufteilung (vertragliche Aufteilung von Risiken unter beteiligten Vertragspartnern)
    - Risikoüberwälzung (die gesetzliche oder vertragliche Zuordnung von Risiken auf Wirtschaftspartner)
    - Risikoausgleich (strategische Gestaltung etwa zum Ausgleich der wirtschaftlichen Leistung zwischen verschiedenen Bereichen)
- ▷ Schadenvergütung / Schadenausgleich im Sinne eines Ausgleichs für eingetretene Schäden
  - o intern (Reservenbildung)
    - Realgüter (Vorhalten von Ersatzressourcen)
    - Nominalgüter (Ausgleich von Schäden durch Reserven oder Kapital)
  - o extern
    - individuell (Zuwendungen Dritter; u. a. öffentliche Hand)
    - kollektiv (Fremdversicherung)

Der Einsatz entsprechender Instrumente und die Auswahl des letztlich genutzten Mix ist wiederum eine betriebswirtschaftliche Entscheidung, die auf der Beurteilung der Risikolage und der eigenen wirtschaftlichen Möglichkeit beruht.

3. Einsatz von Frühwarnsystemen

Um sich als Unternehmung für den Krisenfall in eine bessere Position zu bringen, also frühzeitig handeln zu können, gilt die Früherkennung bzw. Frühwarnung als Mittel der Wahl. „Grob skizziert, besteht die Aufgabe der Früherkennung darin, zukünftige Einwirkungen auf bestehende Wechselbeziehungen zwischen Umwelt und Unternehmung (external linkages) sowie auf ihre spezifische innerbetriebliche Struktur (internal configuration) so frühzeitig zu erfassen und anzukündigen, daß geeignete Schritte unternommen werden können, dem Einfluss einer zumindest erahnbaren Entwicklung entgegenzuarbeiten oder ihn ggf. auch auszunutzen."[22] Ziel ist die Wahrnehmung sogenannter „schwacher Signale"

22 Schulten 1995, 91.

(weak signals). Es geht darum, die Krise in ihrer Latenzphase zu erkennen, um ihre schädliche Wirkung in allen Belangen möglichst gering zu halten.

Tabelle 1: Ausgewählte Risikoarten für Betriebswirtschaften[23]

1. Wirtschaftliche Risiken • Inflation • Steuerliche Regelungen • Wirtschaftslage • … **2. Politische Risiken** • Gesetzgebung • Handelsbeschränkungen • … **3. Produktionsrisiken** • Fehlerhafte Kalkulation der Leistungsbereitschaft (Zeiten, Umfang) • Schwankungen der Produktionskosten • Aufbau von Leerkapazitäten • Fehlende Mitarbeiterqualität • Ausfall Pferde • … **4. Marketingrisiken** • Fehler bei der Nachfrageabschätzung • Fehler bei der Markterschließung • …	**5. Natürliche Phänomene** • Stürme/ Wirbelstürme • Überflutungen • … **6. Soziale Risiken** • Einbruch/ Diebstahl • Untreue • Fahrlässiges Verhalten • … **7. Technische Risiken** • Feuer • Nicht beachteter Sanierungsbedarf • … **8. Persönliche Risiken** • Krankheit • Unfall • … **9. Wirtschaftliche Risiken** • Finanzielle Verluste • Betriebsunterbrechung • …

Ein systematisches Frühwarnsystem bedarf entsprechend gesicherter Ursache-Wirkungs-Zusammenhänge,[24] wie es in Bezug auf die wirtschaftliche Entwicklung mit dem IfO-Geschäftsklima-Index unterstellt wird.[25] Das Krisenfrüherkennungsmodell setzt am Unternehmensumfeld, der Branche bzw. dem Marktumfeld, dem Management, den Strukturen und Prozessen innerhalb der Organisation und den finanzwirtschaftlichen Kennzahlen an.[26] In einer breit angelegten Untersuchung hat *Hauschildt* die in Tabelle 1 zusammengefassten Misserfolgsursachen und -segmente

23 Vgl. Wadsack 2013, 250 m. w. N.
24 Vgl. Schmidt 1994, 73ff.
25 Vgl. Cezanne 1999, 37ff.
26 Vgl. Haghani 2004, 50.

heraus gearbeitet. Sie können in einem ersten Anlauf als Art Checkliste für die Überprüfung einer Organisation genutzt werden.

Wie aus den vorstehenden Ausführungen hervorgeht, beruhen Frühwarnsysteme zentral auf der Auswertung systematisch gesammelter Informationen und Umweltbeobachtungen. Problematisch sind der zeitliche und geldliche Aufwand für die Datenerhebung bzw. –beschaffung, mögliche Zeitverzögerungen, bis die Daten vorliegen und die Gefahr der Datenmanipulation.[27]

„Daten sprechen nie für sich, sie müssen immer interpretiert werden."[28] Die Richtung der Interpretation ist vor allem die Bewertung nach „wichtig" und „unwichtig" und im zweiten Schritt im Hinblick auf ihre situationsspezifische Bedeutung. Da es sich bei solchen Informationssystemen durch Abstrahierungsschritte um eine ausgesprochene Konstruktion von Wirklichkeit handelt[29], bedarf das Beobachtungssystem einer ausdrücklichen Legitimation für die Nutzung innerhalb der Organisation. Als Schritte der Umweltinterpretation gilt es neben dem Analysieren auch den Formen des Erspürens und Entdeckens einen vertretbaren Raum zu geben.[30]

Dazu zählen z. B. die Beobachtung der Medienberichterstattung, die Teilnahme an Tagungen und Kongressen, um neue Entwicklungen aufzunehmen. Ebenfalls gehören informelle Informationssammlungen z. B. aus Gesprächen mit Fachkollegen oder privaten Kontakten mit in dieses Spektrum. Allerdings ist die Akzeptanz dieser Informationen eingeschränkt, insbesondere wenn die Informationssammler nicht zur obersten Führungsebene gehören.[31] „Solche ‚zufälligen' Informationen in Entscheidungen zum Tragen zu bringen, ist aber, wenn man nicht zu den obersten Führungskräften gehört, viel schwieriger als bei institutionalisierter, d. h. regelmäßig gesammelter, Information. Die Organisation ist nicht darauf eingerichtet, auf solche Informationen zu reagieren."[32] Dies liegt an den unterschiedlichen Sichtweisen ‚der beiden Lager' des Entscheidens: „… die Vertreter der Auffassung, dass die besten Entscheidungen sich auf Quantifizierung und auf Zahlen gründen, die durch Muster der Vergangenheit vorgegeben sind; und die Verfechter von Entscheidungen auf der Grundlage von subjektiveren

---

27 Vgl. Haghani 2004, 48.

28 Kieser u. a. 1998, 9 (im Original kursiv).

29 Vgl. Kieser et al. 1998, 11; Schneider 1985.

30 Für die Formen der Umweltinterpretation vgl. Kieser et al. 1998, 14 m. w. N.

31 Vgl. Kieser et al. 1998, 9.

32 Kieser et al. 1998, 9; vgl. zu Fähigkeit und Bereitschaft der Mitglieder der Organisation auch Bea/Haas 1994, 489.

Einschätzungen einer ungewissen Zukunft. Diese Kontroverse ist bis heute nicht beigelegt."[33]

Drastisch formuliert *Kappler* die Voraussetzung für eine erfolgreiche Planung: „Sensibilität ist lernbar – für den, der die Omnipotenzphantasien zu zügeln vermag."[34] Diese Omnipotenzphantasie wird teils auch Computern zugeschrieben, was die Folgen nicht weniger schwerwiegend macht: „Es wimmelt in unserem Leben nur so von Zahlen, da vergessen wir manchmal, dass auch Zahlen nur Mittel zum Zweck sind. Sie sind seelenlos, sie können sogar zum Fetisch werden. Viele immens problematische Entscheidungen werden per Computer getroffen, von Maschinen, die was Zahlen betrifft, die Gefräßigkeit von Ungeheuern haben und darauf angelegt sind, mit immer größeren Zahlenmengen gefüttert zu werden, die sie zermahlen, verdauen und wieder ausspucken."[35] Die Lösung wird – wie zumeist – in einer „gesunden" Mischung liegen.

4. Risiken in der Pferdewirtschaft

4.1 Marktrisiken

Genau wie alle anderen gesellschaftlichen Bereiche, die ein nutzenorientiertes Angebot vorhalten, sind die verschiedenen Anbieter in der Pferdewirtschaft dem Wettbewerb ausgesetzt. Eine klassische Darstellung der Wettbewerbskräfte enthält Abbildung 4. So stellen beispielsweise eine Betriebsneugründung im Nachbarort, fehlende Lagermöglichkeiten für Raufutter und die daraus resultierende Abhängigkeit von Lieferanten Marktrisiken im Pferdebereich dar. Zudem steht der Pferdesport in Konkurrenz zu anderen, oft kostengünstigeren (Trend)-Sportarten sowie einem veränderten Freizeitverhalten potentieller Kunden. So schaute der „Durchschnittsdeutsche" im Jahr 2014 221 Minuten Fernsehen pro Tag. Im Jahr 1997 waren dies zum Vergleich noch 38 Minuten weniger.[36] Gerade im Pensionspferdebereich ist häufig zu beobachten, dass sich die Ansprüche der Einsteller verändert haben bzw. aufgrund der Heterogenität der Zielgruppe sehr vielfältig sind. Erfüllt die Betriebsleitung diese Ansprüche nicht, ist ein Abwandern der Einsteller sehr wahrscheinlich bzw. besteht keine Bereitschaft, beispielsweise eventuelle Preiserhöhungen, die aus Betriebsleitersicht notwendig sein können, mitzutragen.

---

33 Bernstein 2004, 15.

34 Kappler 1983, 9.

35 Bernstein 2004, 17.

36 AGF, Statista 2015 (http://de.statista.com/statistik/daten/studie/118/umfrage/fernsehkonsum-entwicklung-der-sehdauer-seit-1997/) abgerufen am 25.06.2015.

Abbildung 4: Wettbewerbskräfte in der Pferdewirtschaft (Eigene Grafik, beruhend auf: Porter 2008, 26)

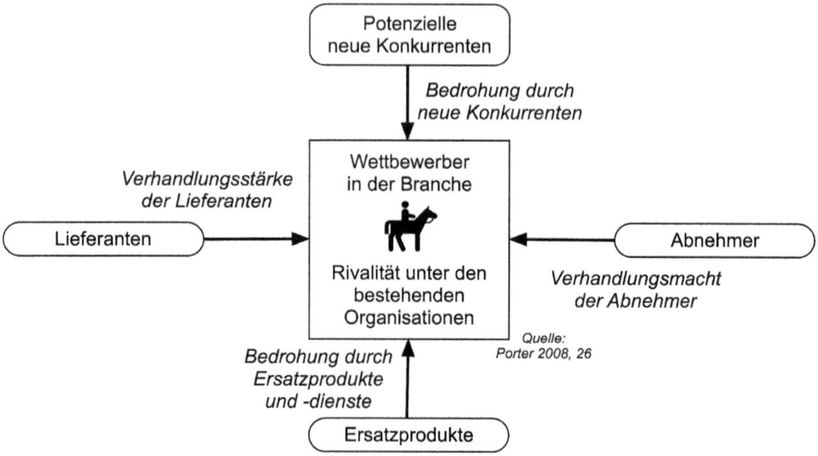

4.2 Übersicht zu Risiken in verschiedenen Bereichen der Pferdewirtschaft

In Tabelle 2 wurden beispielhaft Risiken zusammengestellt, die über das reine Marktrisiko hinausgehen. Dabei wurden unterschiedliche pferdewirtschaftliche Angebote unterschieden.

Tabelle 2: Beispiele zu Risiken in verschiedenen Bereichen der Pferdewirtschaft

Reitvereine bzw. Pferdebetriebe	Beispiel-Risiken
▷ Pensionsbetriebe	▷ Kostenentwicklung Infrastruktur ▷ Bedienbarkeit Investitionsbedarf ▷ Umwelteinflüsse (bspw. Einfluss der Witterungsverhältnisse auf den Futtermittelmarkt)
▷ Reiterausbildung	▷ Qualität der Reitlehrer ▷ Qualität und Gesundheit der Schulpferde ▷ Ambiente der Reiteinrichtung
▷ Reittherapie	▷ Gesundheitspolitik (Erstattungsmöglichkeiten) ▷ Öffentliche Wahrnehmung Gesundheitswirkung
▷ Pferdeausbildung und -vermarktung	▷ Verkaufserfolge ▷ Gesundheit der Verkaufspferde ▷ Unfallgefahr für den Ausbilder

Reitvereine bzw. Pferdebetriebe	Beispiel-Risiken
Pferdezucht	▷ Ausrichtung der Pferdezuchtverbände ▷ Entwicklung der Absatzwege über die Zuchtverbände
Reittourismus	▷ Regionale Reitwegesituation
Reitveranstaltungen	
▷ Wettkampf ▷ Show	▷ Imageschaden: Tierquälerei, Reitunfälle ▷ Imageschaden: Tierquälerei
Pferdehalter	▷ Kostenentwicklung Materialien (z. B. Futtermittel, Tierarztkosten etc.)

5. Insolvenzgeschehen als Indikator für Risiken

Ist es nicht möglich, betrieblichen Risiken entgegenzusteuern, kann die Insolvenz einen finalen Punkt in der Krisenentwicklung auch in Pferdebetrieben und -vereinen darstellen. Die Insolvenz beruht auf einem Phasenkonzept:

- ▷ Antragstellung durch die Führung der betroffenen Organisation oder durch eine dritte Seite mit berechtigtem Interesse.
- ▷ Einsetzung eines Insolvenzverwalters, der die Möglichkeiten der Insolvenzeröffnung und ggf. der Weiterführung des Betriebes prüft. Gleichzeitig übernimmt der Insolvenzverwalter die Kontrolle über die betrieblichen Entscheidungen.
- ▷ Ggf. Eröffnung des Insolvenzverfahrens.
- ▷ Bei erfolgreichem Insolvenzverfahren Weiterführung des Betriebes und Rückgabe der Entscheidungshoheit an eine Unternehmensleitung.

Grundgedanke des Insolvenzverfahrens ist die Wiederherstellung des Betriebes und die Weiterführung.

Die folgende Auswertung des Insolvenzgeschehens im Reitbereich beruht auf einer Auswertung einer Datenbank der jeweils eröffneten Insolvenzverfahren in den Jahren von 2003 bis 2014.[37] Insgesamt konnten dort 76 Insolvenzeröffnungen registriert werden (Abbildung 5).

37 Eigene Auswertung der Insolvenzlistungen unter www.indat.de. Die nicht bis zur Eröffnung des Verfahrens fortgeführten Insolvenzverfahren sind hier nicht enthalten. Entweder wurde die Insolvenz mangels Masse abgelehnt oder der Schuldenbereinigungsplan wurde angenommen.

Abbildung 5: Eröffnete Insolvenzen mit Pferde- bzw. Reitbezug 2003–2014 (Quelle: Auswertung: Wadsack, eigene Grafik)

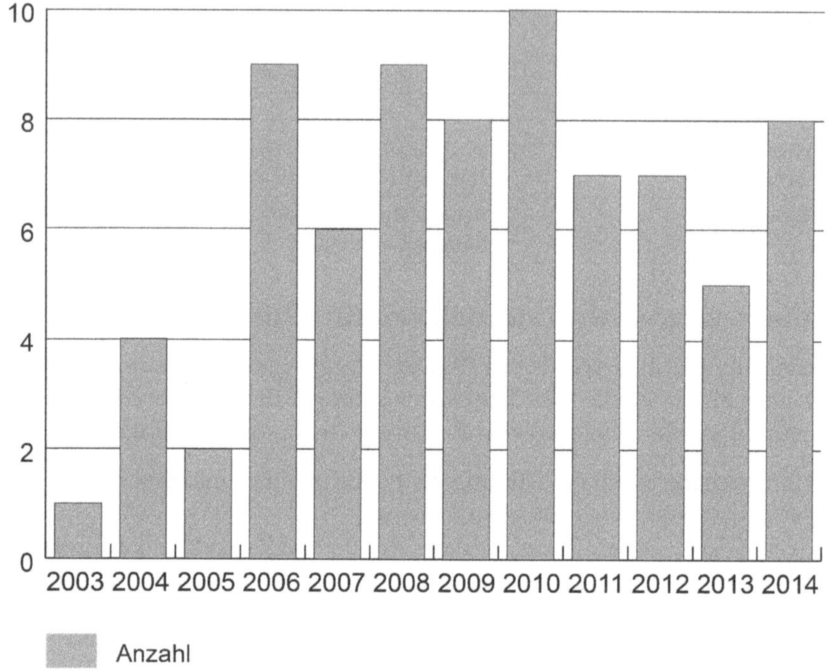

Das Spektrum der enthaltenen Organisationen ist breit:

- Reit- und Fahrvereine bzw. Sportbetriebe mit dem Schwerpunkt Pferdeeinstellung und Reitausbildung.
- Zuchtbetriebe.
- Rennbahnvereine.
- Materialien- und Stallbau.

Im Rahmen einer Internetrecherche wurden insbesondere die Reitvereine und -betriebe im Hinblick auf die Insolvenzursachen näher analysiert. Nicht für alle aufgenommenen Reitorganisationen konnten entsprechende Informationen gefunden werden. Insofern können die folgenden Aspekte nur kursorische Hinweise geben (Tabelle 3).

Tabelle 3: Exemplarische Darstellung von eröffneten Insolvenzen im Reitbereich (Quelle: Eigene Auswertung aufgrund entsprechender Zeitungsartikel)

Bsp.	Art (Jahr der Insolvenzeröffnung)	Auslöser Insolvenz
1	Reit- und Fahrgemeinschaft (2008)	2006 Kauf einer Reitanlage (Boxen, Reithalle, Weiden, Restaurant), Investition 650.000 EUR, Belastung auf 25 Jahre kalkuliert, zzgl. 50.000 zusätzliche Investition. Letztlich 2008 12 Gläubiger für 860.000 EUR.
2	Reit- und Fahrgemeinschaft (2008)	Pachterhöhung für Reitsportanlage, keine Einigung, Räumungsklage; Folge: Abriss der durch den Verein errichteten Reitsporthalle (Kosten 40.–60.000 EUR), Kosten für den Abriss durch den Verein nicht tragbar; Übernahme durch benachbarten Reitbetrieb, durch Kooperation Weiterführung des Vereinsbetriebes möglich.
3	Reitverein (2008)	Finanzielle Überlastung des Vereins, Insolvenz, Auflösung.
4	Rennverein (2008)	Unstimmigkeiten zwischen Verein und Bahnbetreiber über offene Zahlung (ca. 25.000 EUR), neuer Verein in Vorbereitung.
5	Reitverein (2012)	Bankschulden in Höhe von 110.000 EUR, Investitionsstau bei der Reitanlage, Weggang von Einstellern.
6	Reitverein (2012)	Steuernachforderung aufgrund einer Veränderung der Umsatzsteuerregelung für Einstaller-Verträge (2007).
7	Reitverein (2013)	Steuernachforderung des Finanzamtes (18.000 EUR).
8	Reitverein (2011)	Verbindlichkeiten ca. 100.000 EUR, nicht bedienbar.
9	Gestüt (2011)	Erdrückende Verbindlichkeiten, Reitbetrieb ergab keine Kostendeckung.
10	Reitverein (2011)	Pachtschulden in Höhe von 19.000 EUR, Anlass für die Kündigung des Pachtvertrages. Investition des Verpächters in die Reithalle mit zu geringer Amortisationszeit kalkuliert.
11	Reitverein (2010)	„Altlasten", fällige Verbindlichkeiten und Mahnbescheid als Auslöser, geringe Auslastung von Boxen und Reitbetrieb, fehlender guter Reitlehrer.

Schwerpunktmäßig können einige Aspekte zusammengefasst werden, die auch unabhängig von Insolvenzverfahren in der Betriebsberatungspraxis häufig beobachtet werden können:

- ▷ Kurzfristige Entstehung von Forderungen v. a. aus steuerlichen Verpflichtungen.
- ▷ Unstimmigkeiten mit Verpächtern von Reitsportanlagen
  - o Beendigung der Stundung der Pachtzahlungen durch die Reitorganisation

- o Auslaufen und Nicht-Verlängerung eines Pachtvertrages (auch wegen Spekulation des Verpächters auf ein alternatives Geschäftsmodell)
- ▷ Konkurrenz durch die Neuansiedlung eines entsprechenden Betriebes im Einzugsgebiet, insbesondere bei attraktiverer Auslegung oder günstigeren v. a. Einstell- und anderen Konditionen. Letzteres gilt v. a. bei dem Betrieb als landwirtschaftlichem Nebenbetrieb, da hier durch eine Nutzung vorhandener Verzahnungen Kostenvorteile genutzt werden können.

6. Einsatz von Controlling-Instrumenten als Frühwarnsystem in Pferdebetrieben zur Risikominimierung

Mit dem Ziel, erfolgsgefährdende Risiken zeitnah aufzudecken (weak signals) und ein erfolgreiches Risikomanagement zu betreiben, bietet sich für Pferdebetriebe und -vereine der Einsatz von Controlling-Instrumenten an. Bisher findet Controlling im Pferdesektor allerdings nur in wenigen, besonders gut gemanagten Betrieben Anwendung. Dabei bietet Controlling gerade in wirtschaftlich angespannten Zeiten entscheidende Hilfestellungen und schafft die Möglichkeit, das betriebliche Risiko so weit wie möglich zu minimieren. Controlling hat das Ziel, die Transparenz sämtlicher betrieblicher Vorgänge zu erhöhen und somit Lösungsmöglichkeiten zu liefern, die den größten wirtschaftlichen Nutzen für ein Unternehmen darstellen. Ohne ein funktionierendes Controlling wird es in Zukunft, wie in anderen Branchen auch, für einen Pferdebetrieb auf Dauer schwer möglich sein, erfolgreich zu wirtschaften und am Markt zu bestehen.

Unter Controlling versteht man grundsätzlich die Planung, Steuerung und Kontrolle sämtlicher Vorgänge in einem Unternehmen (Abbildung 6).

Abbildung 6: Darstellung der Anwendungsbereiche von Controlling in einem Unternehmen (eigene Darstellung)

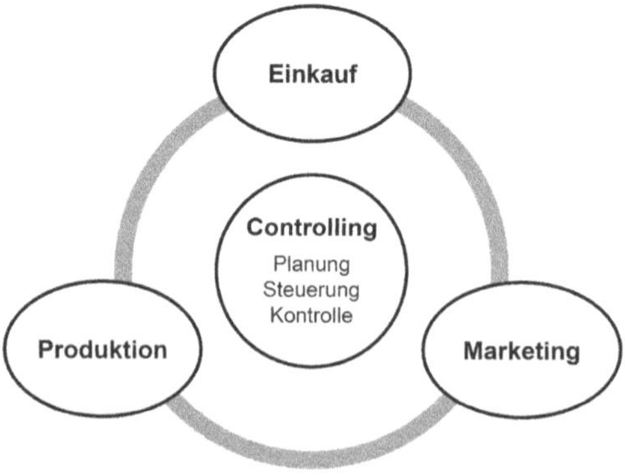

Für den Unternehmensbereich „Einkauf" liefert Controlling bspw. genaue Informationen über die voraussichtlich benötigten Mengen an Betriebsmitteln (Futtermittel, Düngemittel etc.), den günstigsten Beschaffungsweg und die erforderliche Qualität. Im Bereich „Produktion" wird ermittelt, welches Produktangebot (Ausbildung, Pension, Vermarktung etc.) sich besonders für den Betrieb eignet, welche Preise dafür verlangt werden müssten, um erfolgreich am Markt zu bestehen und welcher Betriebszweig der wirtschaftlichste ist. Controlling im Marketing-Bereich liefert beispielsweise Antworten darauf, welche Produkte überhaupt von den Kunden nachgefragt werden, welchen Preis diese bereit sind, dafür zu zahlen und auf welchen Wegen Kunden für den Betrieb gewonnen werden können. Werden die drei Bereiche „Einkauf", „Produktion" und „Marketing" regelmäßig zielführend analysiert, kann die Gefahr negativer Einflüsse der in Tabelle 1 dargestellten Risikoarten für Betriebswirtschaften deutlich minimiert werden.

Beim Controlling gibt es keine strengen Regeln wie bei der Buchführung. Kennzahlen und Kalkulationen, die für das Controlling eines Betriebes geeignet sind, können allerdings nur unter der Voraussetzung eines guten Datenmanagements entwickelt werden, was in den wenigsten Pferdebetrieben gegeben ist. Hierzu zählen eine systematische Datenaufnahme, -aufbereitung und -auswertung (vergl. „Einsatz von Frühwarnsystemen"). Besonders wichtig dabei ist, dass die erfassten Daten den entsprechenden Betriebszweigen bzw. Kostenstellen zugeordnet werden können. Dies wird vereinfacht, wenn im Rahmen der Buchführung auch eine Betriebszweigabrechnung durchgeführt wird. Dass Betriebszweigabrechnungen in Pferdebetrieben noch nicht zum Standard der Unternehmensführung gehören, belegt, neben Beobachtungen aus der Praxis, auch eine Befragung von Betriebsleitern: Demnach führen nur 39 % der Befragten eine Betriebszweigabrechnung durch.[38] Neben den Daten aus der Buchführung müssen außerdem auch sogenannte „weiche" Faktoren erfasst werden, die nicht im Jahresabschluss aufgeführt werden, wie die Arbeitszeit, die Abfohlrate, die genaue Futterration pro Pferd etc. Außerdem ist es erforderlich, dass fundierte Informationen zu den Entwicklungen am Markt vorliegen. Erst wenn ein solides Datenmanagement besteht, kann mit dem eigentlichen Controlling begonnen werden.

Entscheidend ist die Entwicklung individueller Controlling-Konzepte, da jeder Betrieb unterschiedlichen Rahmenbedingungen ausgesetzt ist sowie andere Betriebsstrukturen und Ziele hat.

Im Folgenden werden einige Controlling-Maßnahmen vorgestellt, die sich standardmäßig besonders für den regelmäßigen Einsatz in Pferdebetrieben eignen

38 Vgl. Heise 2013.

und die insbesondere dabei helfen, Produktions-, Marketing- und Wirtschaftsrisiken aufzudecken und zu minimieren (vgl. Tabelle 1).

- Stärken-Schwächen-Chancen-Risiken-Analyse:

Als Grundlage für ein funktionierendes Controlling ist nicht nur die Betrachtung möglicher Risiken sinnvoll, sondern auch eine Analyse der Stärken, Schwächen und Chancen. Im Zuge einer sogenannten SWOT-Analyse verschafft sich der Betriebsleiter einen Überblick, wo die Stärken, Schwächen, Chancen und Risiken seines Betriebes liegen. Sie unterstützt ihn bei der Definition seiner Ziele und der Eingrenzung des möglichen Planungsspielraums und hilft ihm dabei, sich die aktuelle Situation des Betriebes zu vergegenwärtigen. Optimaler Weise sollten die Stärken und Chancen eines Betriebes ausgebaut werden, während die Schwächen durch entsprechende Maßnahmen beseitigt werden und die Risiken eingegrenzt werden sollten. Häufig deckt diese Analyse bereits auf, dass unwirtschaftlich gearbeitet wird, die Arbeitszeitbelastung zu hoch ist und dass Liquiditätsprobleme bestehen.

- Vergleich der Wirtschaftlichkeit:

Wenn es um einen Vergleich der Wirtschaftlichkeit von unterschiedlichen Betriebszweigen, wie der Zucht, Aufzucht, Ausbildung oder Pensionspferdehaltung geht, sollte eine Berechnung des Deckungsbeitrages durchgeführt werden. Dabei müssen den unterschiedlichen Betriebszweigen die Einnahmen und Ausgaben zugeordnet werden können. Indem von den jährlichen Einnahmen eines Pferdes die variablen Kosten pro Jahr (Futterkosten, Wasser, Strom, Bestandsergänzung, Tierarzt, Schmied, Ausrüstung, Vereinsbeiträge etc.) abgezogen werden, erhält man den Deckungsbeitrag für den betreffenden Betriebszweig, der dann mit den Deckungsbeiträgen der anderen Betriebszweige verglichen werden kann.

- Berücksichtigung der benötigten Arbeitszeit:

Bei Vollkostenrechnungen, die beispielsweise zur Berechnung eines optimalen Pensionspreises genutzt werden, müssen zusätzlich zu den variablen Kosten auch die anfallenden Festkosten eines Betriebes berücksichtigt werden. Diese können dem Jahresabschluss entnommen werden. Ein häufig vernachlässigter Faktor bei dieser Kalkulation ist die Berücksichtigung der Arbeitszeit, die beispielsweise für die tägliche Versorgung der Pferde benötigt wird. Sie wird in den meisten Pferdebetrieben nicht dokumentiert, sodass die Arbeitskraft des Betriebsleiters oft deutlich unterbezahlt wird, ohne dass es ihm bewusst ist. Die benötigte Arbeitszeit eines Betriebszweiges ist abhängig von vielen betriebsindividuellen Faktoren, u. a. der Haltungsform und den Arbeitswegen. Nur wenn die benötigte Arbeitszeit für alle Betriebszweige bekannt ist, können durch eine Optimierung der Arbeitsabläufe auch entsprechende Verbesserungen vorgenommen werden. Hierzu zählen auch Entscheidungen hinsichtlich des Personalmanagements. Es ist erforderlich, einordnen zu können, inwiefern beispielsweise der Einsatz von Fremd-Arbeitskräften zu Einkommenssteigerungen führen würde oder wie sinnvoll der Einsatz von Familien-Arbeitskräften ist.[39]

- Liquiditätsplan

Für die vorausschauende Planung der nächsten Wirtschaftsjahre ist es sinnvoll, einen Liquiditätsplan zu entwickeln. Dadurch ist es möglich, den erforderlichen Rahmen laufender Finanzierungen, Liquiditätsverläufe und Maßnahmen zur Steuerung abzuschätzen. Die meisten landwirtschaftlichen Buchhaltungsprogramme können bereits mit einer Liquiditätsplanung kombiniert werden – diese kann aber auch manuell mit Hilfe von Excel-Tabellen erstellt werden. Die geplanten Zahlen sollten regelmäßig mit den tatsächlichen Ist-Werten abgeglichen werden. Wenn Unterschiede zwischen der Planung und der Ist-Situation auftreten, muss abgeschätzt werden, ob Maßnahmen ergriffen werden sollten, die die Betriebsentwicklung in die geplante Richtung lenken oder ob die Planzahlen an veränderte Gegebenheiten angepasst werden müssen. Controlling-Instrumente wie ein Plan-/Ist-Vergleich sind darauf ausgelegt, Entwicklungstendenzen eines Betriebes frühzeitig aufzuzeigen und stellen somit ein geeignetes Instrument zur Risikominimierung dar. Wird ein solches „Frühwarnsystem" ignoriert oder erst gar nicht angewendet, ist es in der Praxis mit großen Anstrengungen und Umstrukturierungsmaßnahmen verbunden – und teilweise sogar unmöglich – einen Betrieb wieder auf ein solides Fundament zu stellen.

7. Herausforderungen für ein Risikomanagement in Pferdebetrieben und Lösungsansätze

- **Marktanalyse**

Bei Pferdesportlern handelt es sich um eine sehr heterogene Zielgruppe, die unterschiedliche Anforderungen an Unternehmen in der Pferdebranche stellt.[40] Diese Anforderungen sind häufig nicht bekannt und stellen somit eine Schwierigkeit, sowohl bei der langfristigen Betriebsplanung als auch bei der Erfolgskontrolle bestehender Betriebskonzepte dar. Ohne genaue Kenntnisse über die Zielgruppe kann nicht ermittelt werden, ob die Kundenanforderungen optimal erfüllt werden oder ob in diesem Bereich Spielraum zur Steigerung der Wirtschaftlichkeit besteht. Um

39 Vgl. Hoop et al. 2013.
40 Vgl. Ikinger et al. 2013.

darüber Informationen zu erhalten, stellt die regelmäßige Durchführung von anonymisierten, schriftlichen Kundenzufriedenheitsbefragungen, insbesondere für Betriebe mit Pensionspferdehaltung, ein geeignetes Hilfsmittel dar. Der Umfang solcher Umfragen sollte überschaubar sein, sollte aber die Zufriedenheit, Verbesserungsmöglichkeiten und mögliche Kritikpunkte der Kunden abfragen. Dies bietet dem Betriebsleiter die Möglichkeit, Einblicke in die Wahrnehmung seiner Kunden zu erlangen und ermöglicht ihm somit eine höhere Planungssicherheit.

Besonders bei einer Neuausrichtung eines bestehenden Betriebs oder bei Betriebsgründungen ist ein Blick über den Tellerrand sinnvoll. Wenn beispielsweise ein neues Angebot geschaffen werden soll, ist es für die weitere Planung und Ausrichtung eines Betriebs unerlässlich, im Vorfeld abzuklären, ob hierfür überhaupt eine ausreichend große Nachfrage in der näheren Umgebung besteht und welche Anforderungen potentielle Kunden an ein solches Angebot stellen würden. Einen Einblick könnten dabei Gespräche/Interviews mit Einwohnern verschaffen, die bisher noch keine Kunden des Pferdebetriebs sind. Möchte ein Betrieb beispielsweise spezielle Angebote für Erwachsene schaffen, könnte das Interesse potentieller Kunden über Kontakte zu ortsansässigen Unternehmen oder einer Volkshochschule abgeklärt werden.

- **Benchmarking**

Beim Benchmarking handelt es sich um einen fortlaufenden Prozess, der es ermöglicht, die eigenen Leistungen zu bewerten und mit anderen Benchmarking-Partnern zu vergleichen. Mit dem Ziel, die eigene Leistung zu steigern, werden die unterschiedlichen Leistungen analysiert und gegebenenfalls Veränderungen im eigenen Betriebsablauf vorgenommen.[41] Im Pferdebereich stehen dafür allerdings fast ausschließlich Durchschnittswerte zur Verfügung – ohne Berücksichtigung der Region, der Betriebsgröße und der Ausrichtung. Aus diesem Grund ist es für Betriebsleiter zum einen sinnvoll, die Entwicklung von Pferdebetrieben in der näheren Umgebung in Bezug auf das Angebot, die dafür verlangten Preise, die Entwicklungspläne und die angesprochenen Zielgruppen zu beobachten. Zudem kann es auch hilfreich sein, sich mit anderen Betrieben, die auf die gleiche Zielgruppe fokussiert sind, überregional zu vernetzen und auszutauschen, da keine direkte Konkurrenzsituation besteht und von einer größeren Offenheit ausgegangen werden kann.

- **Hohe Arbeitszeitbelastung bzw. kein Interesse am Controlling**

In der Praxis ist häufig zu beobachten, dass den Betriebsleitern die Zeit bzw. das Interesse für eine regelmäßige Durchführung von Controlling-Maßnahmen

41 Vgl. Gabler Wirtschaftslexikon 2015.

fehlt. Ein fehlendes Controlling führt allerdings dazu, dass Betriebsleiter ihre Preise „nach Gefühl" festlegen und über keine Kostenkontrolle verfügen. Dagegen ist belegt, dass sich Preisfestlegungen anhand von Vollkostenrechnungen sowie Deckungsbeitragsrechnungen positiv auf den wirtschaftlichen Erfolg eines Pferdebetriebs auswirken.[42] Das Delegieren des Controllings an einen versierten Mitarbeiter oder eine Auslagerung in ein externes Unternehmen würde in diesem Fall also dazu beitragen, den wirtschaftlichen Erfolg eines Pferdebetriebes zu steigern.

Die Besonderheit von landwirtschaftlichen (Pferde)betrieben besteht in der vielfältigen Beanspruchung des Unternehmers. In den meisten Fällen ist er Unternehmer, Landwirt, Ansprechpartner für die Kunden, Verantwortlicher für die Futterversorgung, den Gesundheitszustand und die Haltung der Tiere in einer Person. Des Weiteren muss er sich mit steigenden Anforderungen an die Dokumentation von Betriebsdaten (z. B. Cross-Compliance) auseinandersetzen. Diese Auflistung macht deutlich, warum das Controlling in landwirtschaftlichen Betrieben häufig vernachlässigt wird. Auf der anderen Seite lassen sich daraus einige Anforderungen an Controlling-Instrumente für Pferdebetriebe ableiten:

- Robust und wenig störanfällig
- Kaum zusätzlicher Aufwand
- Leichte Auswertbarkeit
- Hoher Nutzen für die praktische Unternehmensführung und externe Zwecke (z. B. Kommunikation mit der Hausbank)[43]

Fazit

Ein funktionierendes Risikomanagement ist auch für Pferdebetriebe wichtig, um in Zukunft am Markt bestehen zu können. Im Rahmen einer professionellen Unternehmensführung bieten Controlling-Maßnahmen, die sich an der individuellen Struktur und den Zielen eines Betriebes ausrichten, zahlreiche Möglichkeiten, um Entscheidungshilfen für die Betriebsleitung zu gewinnen. Die Voraussetzungen hierfür sind ein gutes Datenmanagement sowie der Blick über den Tellerrand. Auch wenn die Planung und Einführung von Controlling für einen Betrieb aufwendig ist, wird sich eine sorgfältige Vorbereitung auszahlen. Nur mit Hilfe eines sinnvollen Plans und Controllings hat ein Betrieb seine Zahlen im Griff und somit die Möglichkeit, trotz schwankender Rahmenbedingungen wirtschaftlich zu handeln.

---

42 Vgl. Heise, 2013.

43 Vgl. Langosch, 2010.

Literatur

Bachert, Robert; Eischer, Sandra & Speckert, Manfred (Hrsg.; 2014): Risikomanagement im gemeinnützigen Bereich, Freiburg im Breisgau: Lambertus.

Bea, Franz Xaver/ Haas, Jürgen (1994): Möglichkeiten und Grenzen der Früherkennung von Unternehmenskrisen. – In: WiSt 10/1994, 486–491.

Benner, Gerd (1992): Risk Management im professionellen Sport auf der Grundlage von Ansätzen einer Sportbetriebslehre, Bergisch-Gladbach: Josef Eul.

Bernstein, Peter L. (2004): Wider die Götter, Hamburg: Murmann.

Cezanne, Marc (1999): Krisenmanagement und Komplexität, Wiesbaden: Springer.

Ebert, Christof (2013): Risikomanagement kompakt, 2. Auflage, Berlin & Heidelberg: Springer Vieweg.

Fink, Steven (1986): Crisis Management, Planning for the Inevitable, New York: iUniverse.

Gabler Wirtschaftslexikon (2015): Stichwort: Benchmarking, http://wirtschaftslexikon.gabler.de/Archiv/2297/benchmarking-v7.html, Zugriff: 15.06.2015.

Geißler, Hartmut (1986): Fehlentscheidungen. Eine empirisch-explorative Ursachenanalyse, Frankfurt a. M.: Peter Lang.

Haghani, Sascha (2004): Strategische Krisen von Unternehmen und praxisorientierte Möglichkeiten ihrer Früherkennung. – In: Bickhoff, Nils; Michael Blatz, Guido Eilenberger & Karl-J. Kraus (Hrsg.): Die Unternehmenskrise als Chance, Berlin/Heidelberg: Springer 2004, 41–65.

Hauschildt, Jürgen (1993): Aus Schaden klug. – In: Manager Magazin 10/1993, 142–152.

Heise, Heinke (2013): Unternehmerisches Handeln in Pferdebetrieben – Eine empirische Erhebung der Managementpraxis von Betriebsleitern, Masterarbeit, Georg-August-Universität Göttingen.

Hoop, Daniel; Mack, Gabriele & Schmid, Dierk (2013): Einfluss des Arbeitskräfteeinsatzes auf das Haushaltseinkommen. – In: Grenzen der Qualitätsstrategien im Agrarsektor, 41. Jahrestagung der Schweizer Gesellschaft für Agrarwirtschaft und Agrarsoziologie & 23. Jahrestagung der Österreichischen Gesellschaft für Agrarökonomie, 37–38.

Hülsmann, Michael (2005): Dilemmata im Krisenmanagement. – In: Christoph Burmann, Jörg Freiling & Michael Hülsmann (Hrsg.): Management von Ad-hoc-Krisen, Wiesbaden: Gabler, 401–422.

Hungenberg, Harald & Wulf, Torsten (2006): Grundlagen der Unternehmensführung, 2. Auflage, Berlin & Heidelberg: Springer.

Ikinger, Christina; Münch, Christina; Wiegand, Katharinia & Spiller, Achim (2013): Reiterleben | Reiterwelten. Georg-August-Universität Göttingen (Hrsg.), www.uni-goettingen.de%2fde%2fdocument%2fdownload%2f1988e74b5e6a7bf92bf38381a71a47f0.pdf%2f2013-04%2520reitsportstudie_screen.pdf/RK=0/RS=OXKmq.4XrfvCdDUv_hBDsNj9zr4-; Zugriff: 15.06.2015.

Kappler, Ekkehard (1983): Planung ohne Prognose. – In: Ekkehard Kappler, Johannes J. Seibel & Siegfried Sterner (Hrsg.): Entscheidungen für die Zukunft, Instrumente und Methoden der Unternehmensplanung, Frankfurt a. M.: FAZ 1983, 9–19.

Kieser, Alfred; Hegele, Cornelia & Klimmer, Matthias (1998): Kommunikation im organisatorischen Wandel, Stuttgart: Schäffer-Poeschel.

Krummenacher, Alfred (1981): Krisenmanagement, Zürich: Verlag Industrielle Organisation.

Krystek, Ulrich & Lentz, Mischa (2014): Unternehmenskrisen: Beschreibung, Ursachen, Verlauf und Wirkungen überlebenskritischer Prozesse in Unternehmen. – In: Ansgar Thießen (Hrsg.): Handbuch Krisenmanagement, 2. Auflage, Berlin & Heidelberg: Springer VS, 31–53.

Macharzina, Klaus & Wolf, Joachim (2012): Unternehmensführung, 8. Auflage, Wiesbaden: Springer Gabler.

Linde, Frank (1994): Krisenmanagement in der Unternehmung, Eine Auseinandersetzung mit betriebswirtschaftlichen Gestaltungsaussagen zum Krisenmanagement, Berlin: Verlag für Wissenschaft und Forschung.

Porter, Michael (2008): Wettbewerbsstrategie, 11. Auflage, Frankfurt a. M.: Campus

Schiel, Christian (2014): Management moralischer Risiken in Unternehmen, Berlin & Heidelberg: Springer Gabler.

Schlebusch, Detlev W.; Volz, Norbert & Hucke, Peggy (2004): Unternehmenskrisen im Mittelstand – Entwicklung, www.krisenkommunikation.de/Unternehmenskrisen-im-Mittelstand-Entwicklung-Symptome-Bewaeltigung.264.0.html?&no_cache=1&sword_list[]=Schlebusch; Zugriff: 15.06.2015.

Schmidt, Reinhart (1994): Frühwarnsysteme für das Krisenmanagement. – In: Berndt, Ralph (Hrsg.): Management-Qualität contra Rezession und Krise, Berlin u. a.: Springer, 73–85.

Schulten, Marc F. (1995): Krisenmanagement, Berlin: Verlag für Wissenschaft und Forschung.

Wadsack, Ronald (2013): Sportbetriebe. – In: Thomas Bezold, Lutz Thieme, Gerhard Trosien & Ronald Wadsack (Hrsg.): Handwörterbuch des Sportmanagements, 2. Auflage, Frankfurt a. M.: Peter Lang, 293–296.

Wadsack, Ronald & Cherkeh, Rainer (2005): Krisenmanagement im Verein – die Insolvenz vermeiden. – In: Geckle, Gerhard (Hrsg.): Der Verein, Loseblatt-Sammlung, Planegg 2005, Lieferung 6/2005, Gruppe 6.1.1, 13–24.

Wadsack, Ronald (2013): Risikomanagement im Sport. – In: Thomas Bezold, Lutz Thieme, Gerhard Trosien & Ronald Wadsack (Hrsg.). Handwörterbuch des Sportmanagements, 2. Auflage, Frankfurt a. M.: Peter Lang, 249–253.

Wadsack, Ronald & Wach, Gabriele (2010): Legitimationskapital, – In: Sciamus – Sport und Management 4/2010, 1–14.

Wöhe, Günter & Döring, Ulrich (2013): Einführung in die Allgemeine Betriebswirtschaftslehre, 25. Auflage, München: Vahlen.

Zelewski, Stephen (1995): Krisenmanagement. – In: Hans Corsten & Michael Reiß (Hrsg.): Handbuch Unternehmensführung, Konzepte – Instrumente – Schnittstellen, Wiesbaden: Gabler, 897–911.

Heinke Heise, Janina Müller und Ludwig Theuvsen

Unternehmerisches Handeln in Pferdebetrieben

Erfolgsfaktoren für die Wirtschaftlichkeit

Abstract Die Grundmaxime kommerzieller Unternehmen ist das Streben nach Gewinn. Grundlage des Gewinns ist erfolgreiches unternehmerisches Denken und Handeln. Obwohl Pferdebetriebe sich in einem attraktiven Marktumfeld bewegen, erwirtschaften viele Betriebe Verluste und sind in ihrer Existenz bedroht. Das Management spielt für die erfolgreiche Bewirtschaftung eine bedeutende Rolle. In diesem Beitrag sind dazu auf Grundlage einer Literaturanalyse und einer Betriebsleiter-Befragung die Einflussfaktoren auf den wirtschaftlichen Erfolg der Betriebe ermittelt worden. Die Ergebnisse vermitteln bedeutende Einblicke in das unternehmerische Verhalten und die Determinanten des Erfolgs auf Pferdebetrieben und erlauben eine kritische Überprüfung der gegenwärtigen Managementpraxis.

1. Einleitung

Das Streben nach Gewinn stellt für kommerzielle Unternehmen in der Praxis das zentrale Leitziel ihres wirtschaftlichen Handelns dar. Der Erfolg eines Unternehmens wird dann als Grad dieser Zielerreichung definiert.[1] Für Pferdebetriebe in Deutschland stellt sich daher die Frage, wie die Kosten, die durch Zucht, Ausbildung von Pferd und Reiter oder einfach nur durch Futter und Unterhalt entstehen, gedeckt werden können und darüber hinaus Gewinn erwirtschaftet werden kann, um einen Betrieb langfristig und wirtschaftlich führen zu können.

Der Pferdebestand in Deutschland hat sich in den letzten 35 Jahren etwa verdreifacht und es wird davon ausgegangen, dass die Branche weiter wachsen wird.[2] Der Umsatz der Pferdebranche beträgt jährlich ca. 6 Milliarden €, so dass sich über die letzten Jahrzehnte ein bemerkenswerter Wirtschaftszweig entwickelt hat.[3] Damit bewegen sich Pferdebetriebe grundsätzlich in einem attraktiven Marktumfeld.[4] Trotzdem haben nach Breuer und Wicker ca. ein Viertel aller Pferdebetriebe

1 Baetge 2006, 12.
2 Brune und Humbert 2001, 221.
3 Hoffmann 2009, 38.
4 Gille und Spiller 2009, 1.

mindestens ein Problem, das sie in ihrer Existenz gefährdet.[5] Um die Potenziale des Marktes nutzen zu können, bedarf es eines professionellen Managements dieser Betriebe.[6] Doch dieses ist in der betrieblichen Praxis häufig nur in rudimentärer Form verankert.[7]

Für Klein- und Mittelunternehmen (KMU) gibt es bereits eine umfangreiche Erfolgsfaktorenforschung.[8] Auch in der agrarökonomischen Literatur lassen sich verschiedene Studien finden, die sich mit den Erfolgsfaktoren landwirtschaftlicher Betriebe auseinandersetzen.[9] Für den Bereich der Pferdehaltung sind zu diesen Themen dagegen nur vergleichsweise wenige Studien zu finden, die sich zudem lediglich mit Teilbereichen des Managements beschäftigen.[10] Doch Pferdebetriebe ähneln in einigen wesentlichen Charakteristika landwirtschaftlichen Betrieben sowie Klein- und Mittelunternehmen. Es lässt sich daher vermuten, dass ähnliche Einflussfaktoren den wirtschaftlichen Erfolg der Unternehmen bedingen.

Ziel dieses Beitrags ist es daher, Einflussfaktoren auf den wirtschaftlichen Erfolg von Pferdebetrieben darzustellen. Dazu wird geprüft, ob sich die ermittelten Erfolgsfaktoren aus Landwirtschaft sowie kleinen und mittelständischen Unternehmen auf die Pferdebranche übertragen lassen. Es ist die Absicht, die Wichtigkeit eines guten Managements auf Pferdebetrieben nachzuweisen und schließlich auf Grundlage der Ergebnisse Handlungsempfehlungen für die Betriebsleiter zu formulieren.

Die Datengrundlage dafür bilden die Ergebnisse einer Online-Befragung von 333 Pferdebetriebsleitern aus ganz Deutschland. Im Folgenden werden zunächst in Kapitel 2 die Erfolgsfaktoren landwirtschaftlicher Betriebe sowie von Klein- und Mittelunternehmen dargelegt. Im 3. Kapitel wird dann auf der Grundlage der empirischen Daten dargestellt, welche Einflussgrößen auch für Pferdebetriebe erfolgsrelevant sind. Im vierten Kapitel werden daraus Handlungsempfehlungen für Pferdebetriebsleiter abgeleitet. Der Beitrag schließt mit einem Fazit sowie Empfehlungen für die weitere Forschung.

---

5 Breuer und Wicker 2011, 220.

6 Näther et al. 2012, 183.

7 Karow 2013.

8 Küpper 1994, Neubauer 2008.

9 Dautzenberg 2004, Inderhees 2006, Schaper et al. 2010.

10 Näther et al. 2012, Gille und Spiller 2009.

2. Erfolgsfaktoren in der Landwirtschaft und in Klein- und Mittelunternehmen

Der Herausforderung, die Bestimmungsgründe für den Erfolg von Unternehmen herauszufinden und damit Größen zu identifizieren, die erfolgreichere von weniger erfolgreichen Unternehmen unterscheiden, findet schon seit langem ein besonderes Interesse. Dabei stehen die Suche und die Analyse der sogenannten Erfolgsfaktoren im Mittelpunkt.[11] Sollen diese ermittelt werden, muss zunächst einmal festgelegt werden, was unter Erfolg verstanden wird. Dies geschieht durch die Orientierung am Zielsystem eines Unternehmens; der Erfolg wird dann als Grad der Zielerreichung eines Unternehmens definiert. Die möglichen Zielvariablen können sehr unterschiedlich sein. In kommerziellen Unternehmen nimmt das Gewinnstreben eine zentrale Rolle ein. Andere Ziele wie z. B. Kundenzufriedenheit, Wachstum, Produktivitätssteigerungen u.v.m. dienen dann nur als Mittel zur Erreichung eines möglichst hohen Gewinns.[12]

Als Erfolgsfaktoren gelten Variablen, die einen maßgeblichen Beitrag zum Erreichen des angestrebten Erfolgs leisten. Diese lassen sich in zwei Gruppen einteilen. Die erste Gruppe beinhaltet die „quantitativen, finanziellen, materiellen oder harten“ Faktoren; die zweite Gruppe umfasst „qualitative, nicht-finanzielle, immaterielle oder weiche“ Faktoren.[13] Zu den harten Faktoren zählen z. B. Angaben zur Betriebsgröße oder zu seiner äußeren Verkehrslage, weiche Faktoren beziehen sich z. B. auf die Betriebsleiterpersönlichkeit oder betriebliche Strategien.[14] Die nachfolgende Grafik (Abb. 1) zeigt den unternehmerischen Erfolg als Ergebnis des Zusammenspiels von externen Umweltbedingungen und unternehmerischer Strategie.

11 Küpper 1994, 116.
12 Baetge 2006, 12.
13 Burgstahler und Mast 2001, 15ff.
14 Schaper et al. 2009, 49.

Abbildung 1: Zyklus Umwelt-Strategie-Erfolg

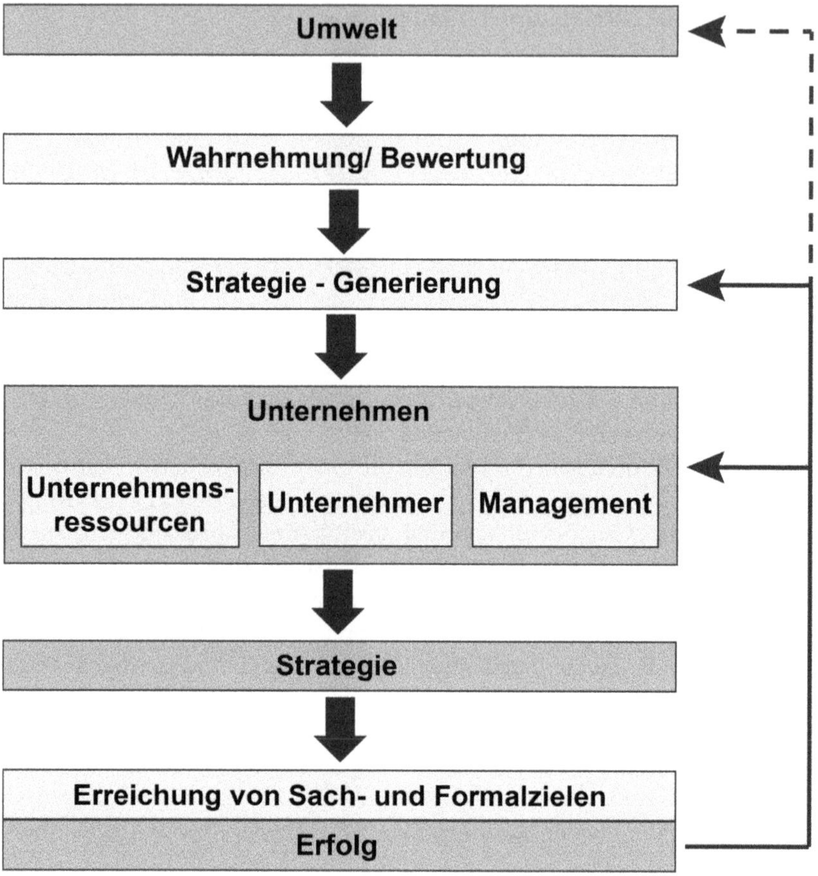

Quelle: Eigene Darstellung nach BURGSTAHLER & MAST 2001: 20, 23; MUGLER 2008:11

Die Umwelt (z. B. politische und rechtliche Rahmenbedingungen, Wettbewerbs- und Marktsituation) hat Einfluss auf das Unternehmen und bedingt die Strategiegenerierung. Im Unternehmen sind die Ausstattung mit Betriebsressourcen, die Persönlichkeit und die Fähigkeiten des Unternehmers und die Qualität des Managements von besonderer Bedeutung für die Strategieformulierung.[15] Das

15 Burgstahler und Mast 2001, 20, 23.

Unternehmen entwickelt eine Strategie, die zum Grad der Erreichung der Unternehmensziele und damit zum Erfolg beiträgt.

Anhand der Umwelt sowie der Parameter, die aus Sicht des strategischen Managements das Unternehmen entscheidend charakterisieren (Unternehmensressourcen, Unternehmer, Management), sollen in diesem Kapitel die Erfolgsfaktoren von landwirtschaftlichen Betrieben bzw. allgemein von kleinen und mittelständischen Unternehmen dargestellt werden.

2.1 Unternehmensressourcen

Die Betriebsgröße und das Investitionsniveau haben einen signifikanten Einfluss auf den Erfolg eines landwirtschaftlichen Betriebes. Betriebe, die durch Kooperation, Outsourcing oder einzelbetriebliches Wachstum Größenvorteile erzielen, weisen auch eine bessere Erfolgsbilanz auf.[16] Die Betriebsleiter wachsender Betriebe sehen die eigene Betriebsentwicklung optimistischer und sind mit der Betriebssituation zufriedener als andere Betriebsleiter.[17] Daneben spielen auch die Kapitalressourcen und damit die finanziellen Gestaltungsmöglichkeiten eine wichtige Rolle für den Erfolg eines Unternehmens. So haben Reichel et al. nachgewiesen, dass landwirtschaftliche Betriebe mit höheren Investitionen deutlich bessere finanzielle Ergebnisse erzielen als Betriebe mit geringeren Investitionen.[18] Geringe Eigenkapitalbildung, sinkende Guthaben auf Sparkonten, ausgeschöpfte Kreditmöglichkeiten u.v.m. deuten auf einen geringen Grad der Zielerreichung hin.[19] Kapitalmangel wird auch von den Unternehmern als ein wichtiger Faktor für Misserfolg angesehen.[20]

Die Vergrößerung der landwirtschaftlichen Betriebe führt zu einer Ausnutzung von arbeitswirtschaftlichen Vorteilen durch die Kombination von Fremd- und Familienarbeitskräften und kann auch aus diesem Grund erfolgsrelevant sein. Familienarbeitskräfte zeichnen sich durch eine größere soziale Kohäsion und eine hohe Flexibilität und Motivation aus und können gemeinsam mit hoch motivierten und qualifizierten Fremdarbeitskräften die Garanten für bessere biologische Leistungen, höhere Produktqualität und geringere Kosten sein.[21] Der erweiterte Familienbetrieb hat sich in der Landwirtschaft als besonders leistungsfähig herausgestellt.

---

16 Inderhees 2006, 199; Dautzenberg und Petersen 2005, 337; Rost et al. 1999, 4.

17 Inderhees 2006: 200.

18 Reichel et al. 1999, 2.

19 Inderhees 2006, 60.

20 Küpper 1994, 122.

21 Schaper 2010, 410.

Bei dieser Betriebsform werden – wie bereits beschrieben – die Familienarbeitskräfte durch weitere Mitarbeiter ergänzt, so dass bereits bedeutende Größenvorteile realisiert werden, während Größennachteile in nennenswerten Ausmaßen noch nicht von Bedeutung sind. Dadurch, dass der Betriebsleiter hier persönlich in das operative Tagesgeschäft eingebunden ist, werden Kooperationsprobleme vermieden, Kontrollaufgaben begrenzt und so Transaktionskosten eingespart.[22]

Landwirtschaftliche Betriebe dehnen im Rahmen einer Spezialisierungsstrategie einige Betriebszweige aus, während sie andere im Gegenzug einschränken oder ganz aufgeben. Diversifizierende Betriebe versuchen dagegen durch die Ausrichtung auf mehrere Betriebszweige ihre Betriebssituation zu verbessern, insbesondere Risiken zu streuen und dadurch ihren Betriebserfolg zu glätten.[23]

Die Umstellung von landwirtschaftlichen Betrieben auf Nebenerwerb ist für viele Betriebsleiter eine Möglichkeit, ihren nicht mehr existenzfähigen Haupterwerbsbetrieb in ihrer freien Zeit weiter zu bewirtschaften. Das Haupteinkommen wird dann allerdings aus Tätigkeitsbereichen außerhalb des Betriebes gewonnen.[24] So scheint die Erwerbsform Haupterwerb ein Indiz für den Erfolg eines Betriebs zu sein, während Nebenerwerb kennzeichnend für die nicht erfolgreichen Betriebe ist.

2.2 Unternehmer

Die Bereitstellung von geeigneten Humanressourcen in Form qualifizierter Mitarbeiter und Führungskräfte wird sowohl von Küpper als auch von Neubauer als entscheidender Erfolgsfaktor für KMU angesehen.[25] Auch für die Landwirtschaft lässt sich diese These bestätigen. Denn laut Hassert lassen sich rund 65 % bis 70 % des Erfolges eines landwirtschaftlichen Unternehmens auf die Qualität der Arbeitskräfte inklusive der Betriebsleitung zurückführen.[26] Dabei haben die Erfahrung der Unternehmensleitung und die Betriebsleiterpersönlichkeit einen signifikanten Einfluss auf den Erfolg des Unternehmens. Das Problem der Führungsnachfolge wird von mittelständischen Unternehmen als Faktor für den eigenen Misserfolg gesehen.[27]

---

22 Schaper 2010, 410f.

23 Inderhees 2006, 158–162, Frentrup et al. 2012, 14.

24 Inderhees 2006: 158–162, Schmid et al. 2013.

25 Küpper 1994, 121, Neubauer 2008, 2.

26 Hassert 2003, 20.

27 Küpper, 1994, 122.

Sowohl in einem Großteil der landwirtschaftlichen Betriebe als auch in KMU liegen Eigentum und Unternehmensführung in einer Hand. Damit verfügen selbstständige Betriebsleiter über eine hohe Entscheidungsfreiheit, die es ihnen z. B. gestattet, sich schnell an veränderte Rahmenbedingungen anzupassen.[28]

Die fortschreitende Technisierung und Computerisierung führt dazu, dass der Bedarf an hochqualifizierten Arbeitskräften steigen wird. Neben der Berufserfahrung spielen auch die technischen Kenntnisse, Fähigkeiten und Fertigkeiten sowie die Aus- und Weiterbildung des Betriebsleiters und der Mitarbeiter eine immer wichtigere Rolle für den Unternehmenserfolg.[29] Die zunehmende Betriebsgröße mit mehreren Angestellten oder die Kooperation mit anderen Betrieben führt dazu, dass die sozialen Kompetenzen des Betriebsleiters erfolgsrelevant werden. Ebenfalls gilt die Einsatzbereitschaft des Betriebsleiters für das Führen eines erfolgreichen Unternehmens als essentiell.[30]

2.3 Management

Operative Entscheidungen und vorausschauende, strategische Weichenstellungen bestimmen den Erfolg eines Unternehmens. Es gibt eine positive Korrelation zwischen Strategieorientierung und Unternehmenserfolg.[31] Es ist zudem erwiesen, dass die Wahrscheinlichkeit einer Insolvenz von KMU, die auf formale, schriftliche Pläne verzichten, höher ist als die anderer Unternehmen. Auch konnte belegt werden, dass die Produktqualität, das flexible Management von Markterfordernissen, der Kundenservice und das Preis-Leistungsverhältnis zu den zentralen Erfolgsfaktoren von KMU zählen.[32] Auch die Produkt- oder Dienstleistungsqualität im Vergleich zu den Konkurrenten stellt bei Sonderkulturbetrieben mit Direktvermarktung einen wichtigen Einzelfaktor dar, um den Erfolg eines landwirtschaftlichen Unternehmens zu erklären.[33]

Im Bereich der konventionellen landwirtschaftlichen Produktion hat sich die Kostenführerschaft als gleichsam natürliche Wettbewerbsstrategie durchgesetzt.[34] Das Management von KMU zielt im Gegensatz dazu häufig auf die Differenzierung als wettbewerbsstrategische Ausrichtung ab; dies gilt auch für viele Unternehmen

28 Inderhees 2006, 53.
29 Inderhees 2006 57, Odening 2000, 16.
30 Inderhees 2006, 55ff.
31 Menzel und Geithner 2010, 63, Neubauer 2008, 6.
32 Bouncken et al. 2009, 23, Menzel und Geithner 2010, 63f.
33 Kögl und Jahnke 2000, 125.
34 Odening 2000, 16, Drescher und Deerberg 2004, 20f.

des Agribusiness.[35] Theuvsen und Althans haben festgestellt, dass sich in der Pensionspferdehaltung sowohl Wettbewerbsvorteile durch Kostenführerschaft als auch durch Differenzierung erzielen lassen.[36] Ob sich dies auch auf andere Bereiche der Pferdehaltung übertragen lässt, wurde bisher noch nicht überprüft. Wichtig für den Erfolg scheint aber in jedem Fall zu sein, dass sich das Management eines Unternehmens für eine klare wettbewerbsstrategische Position entscheidet. Es wird dann ein besseres finanzielles Ergebnis erzielt.[37] Die Präsentation, die Verteidigung und der Aufbau von Wettbewerbsvorteilen sind daher wichtige Managementaufgaben und haben einen starken Einfluss auf den Erfolg des Unternehmens.[38] Schaper hat herausgefunden, dass die Kontinuitätsorientierung eines Betriebsleiters einen positiven Einfluss auf die Wettbewerbsfähigkeit und damit letztlich auf den Erfolg hat.[39] Die Kontinuitätsorientierung setzt sich aus der Zufriedenheit mit der bisherigen strategischen Ausrichtung und dem konsequenten Festhalten an einer eingeschlagenen Richtung zusammen.

Die Unternehmensführung hat für den Erfolg von KMU eine große Bedeutung. So haben sowohl marktorientierte Ziele (z. B. Kundenzufriedenheit) als auch entsprechende Strategien (z. B. Kundenservice) eine stark positive Erfolgswirkung. Eine Unternehmensführung, die ihr Augenmerk auf das Marketing richtet, ist in der Lage, den Erfolg des Unternehmens zu steigern.[40] So zählt die Förderung von Kundenbeziehungen zu einer der entscheidenden Determinanten des Unternehmenserfolgs. Besonders die Kundenloyalität erklärt einen großen Teil des Erfolgs von KMU im Wettbewerb.[41] Auch die „Finanzorientierung" trägt positiv zum Erfolg eines Unternehmens bei; die „Produktionsorientierung" wirkt sich dagegen negativ aus.[42] Hellberg-Bahr et al. bestätigen auch für die Landwirtschaft, dass ein marktorientiertes Management von Betrieben zu dessen Erfolg beiträgt.[43] In der Landwirtschaft steigen die Chancen, sich durch eine marktorientierte Unternehmensführung vom Erfolg durchschnittlicher Unternehmen abzuheben.[44]

---

35 Menzel und Geithner 2010, 63, Theuvsen et al. 2009.
36 Theuvsen und Althans 2003, 64f.
37 Porter 1999, 81.
38 Dautzenberg und Petersen 2005, 332.
39 Schaper 2010, 423.
40 Dautzenberg und Petersen 2005, 339.
41 Bouncken et al. 2009, 22.
42 Schmalen 2005, 359f.
43 Hellberg-Bahr 2011, 109.
44 Petersen 2003, 116.

2.4 Umwelt

Die Markt- und die Wettbewerbssituation eines Unternehmens werden ebenfalls als Erfolgsfaktor von KMU angesehen.[45] Es hat sich gezeigt, dass es erfolgreichen Unternehmen gelingt, gewinnträchtige Nischen zu erschließen und darüber den Konkurrenzdruck zu verringern. Sie erkennen sich abzeichnende Chancen und Risiken der globalen Umwelt frühzeitiger und verschaffen sich dadurch eine längere Reaktionszeit für notwendige Änderungen und Neuausrichtungen. Dagegen werden die Konjunktur- und die Branchenentwicklung sowie die Technologieentwicklung und der Fachkräftemangel als maßgeblich für den eigenen Misserfolg eingeschätzt. Insgesamt machen viele Unternehmer von KMU die Umwelt für Misserfolge verantwortlich, während die Bestimmungsgrößen für den Erfolg überwiegend im eigenen Unternehmen gesucht werden.[46]

Zudem können viele Standortfaktoren Einfluss auf den Erfolg eines Unternehmens nehmen. Da die Landwirtschaft durch den Trend der Globalisierung gekennzeichnet ist, spielt vor allem die internationale Wettbewerbsfähigkeit, die z. B. durch natürliche Standortbedingungen, aber auch politische, rechtliche und gesellschaftliche Rahmenbedingungen bestimmt wird, eine wichtige Rolle für den Erfolg der Betriebe. Auch der Faktor „Nähe zu Bevölkerungszentren" kann erfolgsrelevant sein, da eine günstige Verkehrsanbindung zu verarbeitenden Betrieben die Einsparung langer Transportstrecken erlaubt. Die Nähe zu städtischen Ballungsgebieten bietet zudem Diversifikationsmöglichkeiten wie die Direktvermarktung oder die Pensionspferdehaltung. Die Verfügbarkeit „unkritischer" Standorte bildet einen weiteren bedeutenden Faktor für die Wettbewerbsfähigkeit landwirtschaftlicher Betriebe. Die Vorzüglichkeit von Standorten, an denen große Betriebe errichtet werden können, ohne mit der benachbarten Bevölkerung oder schützenswerten Umweltgütern in Konflikt zu geraten, nimmt zu. Gleichzeitig wird das betriebliche Wachstum, welches als ein zentraler Erfolgsfaktor gilt, durch zusätzlichen Bedarf an Siedlungsflächen, die Verkehrsplanung sowie die Ausdehnung von Industriegebieten erschwert, da sich das Flächenangebot verringert und folglich die Preise für landwirtschaftliche Flächen erhöhen.[47]

Für den Bereich der Pferdehaltung gibt es zum jetzigen Zeitpunkt kaum empirisch belegte Daten aus der Erfolgsfaktorenforschung. Lediglich für den Bereich der Pensionspferdehaltung wurden bereits einige Erfolgsfaktoren ermittelt.[48] Da

45 Küpper 1994, 122.
46 Küpper 1994, 122f.
47 Inderhees 2006, 65, 85, Isermeyer 2001, 8f.
48 Gille und Spiller 2009, Näther et al. 2012, Theuvsen und Althans 2003.

Pferdebetriebe zum Teil landwirtschaftlich geführt werden, aber ebenso Charakteristika von KMU aufweisen, können aus den vorliegenden Erkenntnissen zu Erfolgsfaktoren in der Landwirtschaft und in KMU Aspekte abgeleitet werden, die auch für Pferdebetriebe erfolgswirksam sein könnten. Auf Grundlage der theoretischen Vorüberlegungen entstand ein Modell zu möglichen Erfolgsfaktoren pferdehaltender Betriebe, welches in der folgenden Abbildung 2 dargestellt wird. Im empirischen Teil dieses Beitrags (Kap. 3.) sollen die Einflussfaktoren, die im Modell berücksichtigt sind, auf ihre Bedeutung für den Erfolg von Pferdebetrieben überprüft werden.

Abbildung 2: Hypothetisches Untersuchungsmodell zu den Erfolgsfaktoren pferdehaltender Betriebe

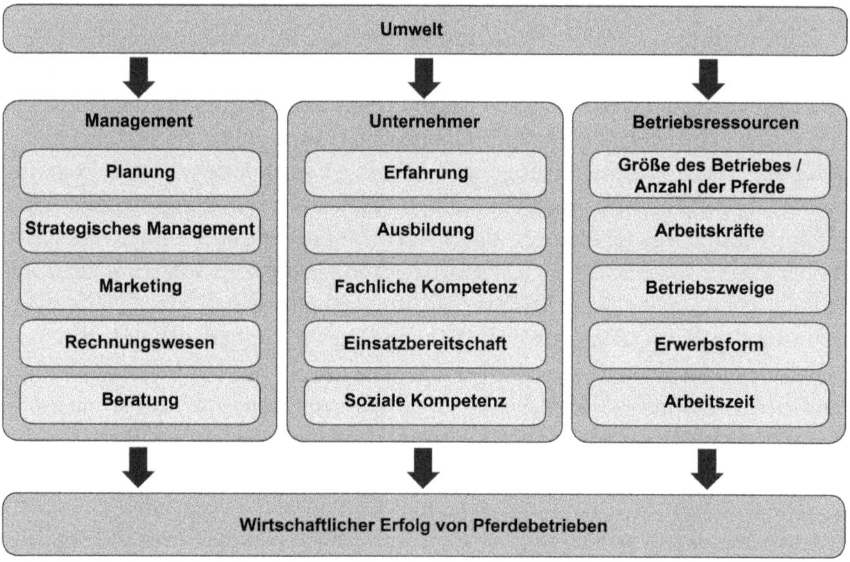

Quelle: Eigene Darstellung

3. Erfolgsfaktoren pferdehaltender Betriebe

Um die Faktoren zu ermitteln, die einen wirksamen Einfluss auf den Erfolg pferdehaltender Betriebe haben, wird mittels einer multiplen linearen Regression geprüft, welche Variablen in der Lage sind, den wirtschaftlichen Erfolg von Pferdebetrieben vorherzusagen. Da der wirtschaftliche Erfolg von Pferdebetrieben ein vielschichtiges Konstrukt ist, wurde ein Index aus 13 Variablen, die sich den Bereichen Rentabilität,

Liquidität und Stabilität des Betriebs sowie Zufriedenheit des Betriebsleiters mit der Situation des Pferdebetriebes zuordnen lassen, gebildet. Der Reliabilitätskoeffizient Cronbachs Alpha liegt für diesen Index bei 0,809 und befindet sich damit oberhalb des in der Literatur ausgewiesenen Mindestwertes von 0,5.[49]

Für die Beantwortung der aufgeworfenen Fragestellung kommt eine große Anzahl an Variablen in Frage. Darum wird zunächst eine explorative Faktorenanalyse durchgeführt, um eine Dimensionsreduktion zu erreichen. Dabei wurden 4 Faktoren ermittelt, die insgesamt 12 Variablen beinhalten. Auch in dieser Faktorenanalyse wurde auf verschiedene zuvor gebildete Indizes (strategisches Management, Entscheidungsfindung, Rechnungswesen, Selbstwahrnehmung) zurückgegriffen, um eine überschaubare Anzahl an Faktoren generieren zu können. Die generierten Faktoren werden in Tabelle 1 dargestellt.

Tabelle 1: Ergebnisse der explorativen Faktorenanalyse

Faktor	Variable	Faktorladung	Anteil an erklärter Varianz	C.α.
Faktor 1: Management	Strategisches Management Entscheidungsfindung Rechnungswesen Selbstwahrnehmung	0,814 0,681 0,698 0,540	16,95 %	0,630
Faktor 2: Einsatzbereitschaft	Arbeitszeit Bildungsabschluss Anteil am Gesamteinkommen	0,749 0,553 0,802	14,37 %	0,501
Faktor 3: Betriebsgröße	Anzahl der Arbeitskräfte Anzahl der Pferde Anzahl der eigenen Pferde	0,746 0,616 0,640	14,16 %	0,496
Faktor 4: Erfahrung	Alter Jahre der Betriebsführung	0,835 0,789	12,31 %	0,586

Summe der erklärten Gesamtvarianz: 57,79 %; KMO=0,621; Rotationsmethode: Varimax;

Quelle: Eigene Berechnungen

Die Tests zur Beurteilung der Qualität dieser Faktorenanalyse zeigen, dass die Faktoren den Anforderungen entsprechen. Die erklärte Gesamtvarianz ist akzeptabel, der KMO-Wert gilt als ausreichend und auch der Bartlett-Test auf Sphärizität ist höchst signifikant. Zwar liegt der Wert für Cronbachs Alpha des Faktors 3 nur bei

49 Brosius 2011, 824.

0,496 und damit unter dem in der Literatur geforderten Unterwert von 0,5[50]; er verpasst diesen aber nur knapp und wird aufgrund der Tatsache, dass die Studie explorativen Charakter besitzt, trotzdem weiter verwendet.

Faktor 1 setzt sich dabei aus vier Indizes, die das Managementverhalten der Betriebsleiter beschreiben, zusammen. Der Faktor 2 beinhaltet die Variablen Arbeitszeit, Bildungsabschluss und den erwirtschafteten Anteil am Gesamteinkommen durch den Pferdebetrieb. Er kann daher als ein Faktor, der die Einsatzbereitschaft erfasst, angesehen werden. Faktor 3 beinhaltet Variablen, die die Betriebsgröße beschreiben und mit Faktor 4 wird die Erfahrung des Pferdebetriebsleiters beschrieben.

In einem nächsten Schritt wird dargestellt, welche der errechneten Faktoren den wirtschaftlichen Erfolg von Pferdebetrieben vorhersagen können. Neben den Faktoren werden auch einzelne Variablen, die sich keinem Faktor zuordnen ließen, in die Gleichung mit aufgenommen. Das Ergebnis ist in der folgenden Tabelle 2 abgebildet.

Tabelle 2: Lineares Regressionsmodell zur Erklärung des wirtschaftlichen Erfolgs von Pferdebetrieben

Aufgenommene Variablen	Beta	Sig.
Faktor 1: Management	0,261	0,000***
Faktor 3: Betriebsgröße	0,247	0,000***
Faktor 2: Einsatzbereitschaft	0,207	0,000***
Kundenwahrnehmung	0,157	0,004**
Jahre der Betriebsführung	0,152	0,007**
Wichtigstes Ziel Selbstverwirklichung	−0,149	0,003***
Keine Nachfolge	−0,146	0,004**
Organisation des operativen Tagesgeschäfts	−0,135	0,008**
Alter	−0,120	0,029**
Betriebsform Verein	−0,090	0,082

Abhängige Variable: Index wirtschaftlicher Erfolg; korr. r^2: 0,524; F=19,98; p= 0,000; n= 326;
Quelle: Eigene Berechnungen

Das vorliegende Modell ist statistisch signifikant und erklärt 52,4 % der Gesamtvarianz, womit es sehr gut geeignet ist, die abhängige Variable zu erklären. Die Variable „Betriebsform Verein" ist auf einem Niveau von $p \leq 0,1$ signifikant und

50 Bühl 2010, 549.

kann aufgrund der geringen Zahl der Betriebe, die als Verein geführt werden (n=27), beibehalten werden. Das Management eines Pferdebetriebes hat von allen Einflussfaktoren die größte Bedeutung für den wirtschaftlichen Erfolg. Aber auch die Betriebsgröße spielt ebenso wie die Einsatzbereitschaft des Betriebsleiters eine entscheidende Rolle. Interessant ist zu sehen, dass auch die Einstellung gegenüber dem Kunden und daraus resultierende positive Kundenwahrnehmungen den wirtschaftlichen Erfolg von Pferdebetrieben positiv beeinflussen. Der Faktor „Erfahrung" lässt sich in diesem Untersuchungsmodell nicht als direkter Einflussfaktor auf signifikantem Niveau nachweisen. Bringt man aber die einzelnen Variablen aus dem Faktor Erfahrung in die Regressionsgleichung ein, so zeigt sich, dass die Dauer der Betriebsführung einen positiven Einfluss auf den wirtschaftlichen Erfolg hat, während das Alter gegenteilig wirkt. Der Fragenkomplex zum Marketing konnte weder in die Faktorenanalyse eingebracht werden, noch hat sich bei der direkten Verwendung in der Regressionsanalyse ein Einfluss auf den wirtschaftlichen Erfolg nachweisen lassen. Da in der Literatur die Wichtigkeit eines guten Marketings vielfach bestätigt ist, ist davon auszugehen, dass das Konstrukt „Marketing" in dieser Studie nicht ausreichend operationalisiert wurde.

Zu den Einflüssen, die erfolgshemmend für Pferdebetriebe wirken, zählt unter anderem das Ziel der Selbstverwirklichung. Wird dieses Ziel von den Betriebsleitern als wichtigstes Ziel der Betriebsführung aufgeführt, so wirkt sich dies negativ auf die Wirtschaftlichkeit aus. Aber auch die Tatsache, dass ein Pferdebetrieb in der nachfolgenden Generation nicht weitergeführt wird, beeinflusst den wirtschaftlichen Erfolg negativ. Dies könnte darauf zurückzuführen sein, dass Betriebsleiter dann wichtige Managementaufgaben eingeschränkter wahrnehmen als Betriebsleiter, deren Pferdebetrieb weitergeführt wird. Weiterhin beeinflusst die Konzentration eines Pferdebetriebsleiters auf das operative Management den wirtschaftlichen Erfolg negativ, gleiches gilt auch für die Betriebsführung als Verein. Zwar entspricht die Erwirtschaftung von Gewinn nicht dem Leitziel eines Vereins, aber auch dieser sollte genügend Überschüsse erwirtschaften, um langfristig handlungsfähig zu bleiben.

Nicht alle Einflussgrößen, die in dem hypothetischen Untersuchungsmodell genannt wurden, konnten im Rahmen dieses Beitrags untersucht werden. Die folgende Abbildung zeigt daher das verifizierte Untersuchungsmodell und veranschaulicht, welche Parameter einen direkten Einfluss auf den wirtschaftlichen Erfolg von Pferdebetrieben haben.

Abbildung 3: Verifiziertes Untersuchungsmodell zum wirtschaftlichen Erfolg von pferdehaltenden Betrieben

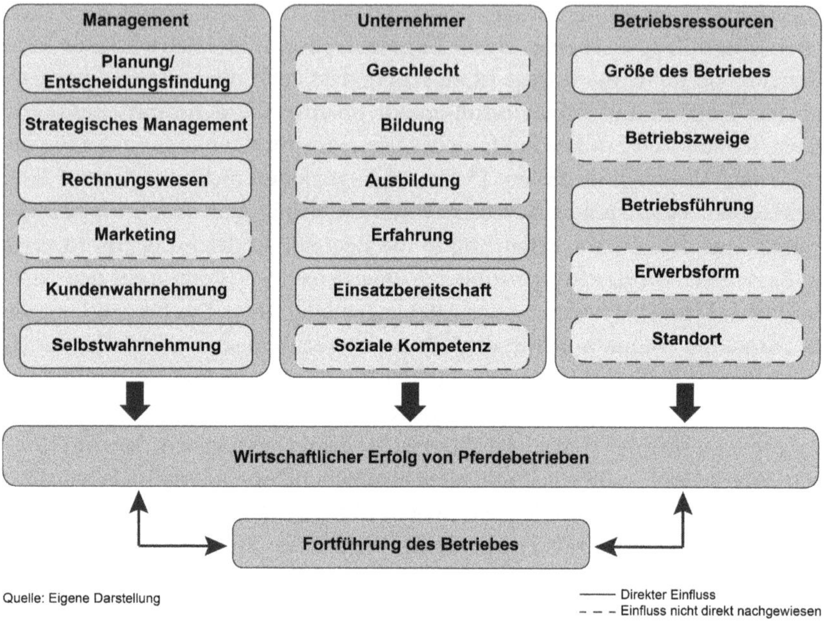

Quelle: Eigene Darstellung

Zu erkennen ist, dass für die Variablen Marketing, Geschlecht, Bildung, Ausbildung, soziale Kompetenz, Betriebszweige, Erwerbsform sowie Standort im Regressionsmodell kein direkter Einfluss auf den wirtschaftlichen Erfolg der befragten Unternehmen berechnet werden konnte. Trotzdem ist davon auszugehen, dass diese Variablen den wirtschaftlichen Erfolg teilweise indirekt beeinflussen. So begünstigt beispielsweise eine gute Ausbildung der Betriebsleiter die Bildung von Eigenkapital aus der Tätigkeit auf dem Pferdebetrieb. Diese Variablen sind daher für den wirtschaftlichen Erfolg von Pferdebetrieben nicht zu vernachlässigen, da sie mittelbar teils wesentliche Bereiche der Wirtschaftlichkeit betreffen. Dem verifizierten Modell ist zudem zu entnehmen, dass die Fortführung des Betriebes in der folgenden Generation in enger Wechselbeziehung zum wirtschaftlichen Erfolg steht; beide Variablen bedingen sich mit großer Wahrscheinlichkeit gegenseitig.

4. Handlungsempfehlungen

Der wirtschaftliche Erfolg stellt für die Fortführung von Pferdebetrieben in der kommenden Generation einen wichtigen Einfluss dar. Für den wirtschaftlichen

Erfolg von Pferdebetrieben sind insbesondere die in diesem Beitrag vorgestellten Managementfaktoren von existenzieller Bedeutung. Diese unterliegen in der betrieblichen Praxis dem Einfluss des Unternehmens; ihre Berücksichtigung stellt sicher, dass Pferdebetriebe im Wettbewerb bestehen und damit langfristig geführt werden können. Die folgenden Handlungsempfehlungen sollen eine Hilfestellung sein, um die vielfältigen Herausforderungen im Bereich des Managements einfacher in den betrieblichen Alltag integrieren zu können:[51]

1. Jeder Pferdebetriebsleiter sollte eine Strategie haben, wie sich sein Betrieb in den kommenden Jahren weiterentwickeln kann, und möglichst auch Vorstellungen davon besitzen, wie diese Entwicklung herbeizuführen ist. Diese Vorstellungen müssen dann konsequent in die Praxis umgesetzt werden. Die Differenzierungsstrategie ist für Pferdebetriebe erfolgversprechend; sie verlangt es dem Betriebsleiter aber ab, ein umfangreiches Dienstleistungsangebot sowie eine qualitativ hochwertige Ausstattung der Reitanlage zur Verfügung zu stellen. Im Gegenzug dazu sind die Kunden dann bereit, höhere Preise zu akzeptieren, und es kommt zu einer langfristigen Kundenbindung, was wichtige Wettbewerbsvorteile herbeiführen und den finanziellen Betriebserfolg absichern kann.
2. Betriebliche Entscheidungen sollten nach Möglichkeit nach der Durchführung von entsprechenden Kalkulationen, die zu einem guten Überblick über die Entscheidungsalternativen und deren Auswirkungen auf die Ergebnis- und Liquiditätslage des Betriebs führen;, getroffen und im Idealfall anschließend mit der Familie und / oder Freunden abgestimmt werden. So kann sich der Betriebsleiter eine fundierte Meinung zu seinem Vorhaben einholen und anschließend auf den Rückhalt der genannten Personen bauen.
3. Im Bereich des Rechnungswesens sollte darauf geachtet werden, sich regelmäßig mit Hilfe der Betriebszweigabrechnung, Gewinn- und Verlustrechnung und der Bilanz mit der Erfolgs- und der Liquiditätslage, z. B. der aktuellen Entwicklung der Verbindlichkeiten und der Zahlungsverpflichtungen sowie der Eigenkapitalbildung, auseinanderzusetzen. Diese und andere Kennzahlen beschreiben die finanzielle Situation und die Liquidität des Pferdebetriebes und geben Auskunft darüber, inwiefern einzelne Betriebszweige zur Wirtschaftlichkeit des Unternehmens beitragen. Beschäftigt sich ein Betriebsleiter regelmäßig mit diesen Kennzahlen, hat er einen guten Überblick über die wirtschaftliche Lage des Betriebes und kann Missstände ggf. frühzeitig erkennen und Gegenmaßnahmen ergreifen.

51 Vgl. u. a. auch Näther und Theuvsen 2012.

Erfolgreiche Betriebszweige können so weiter ausgebaut werden und auf Dauer die weniger gewinnbringenden Betriebszweige ersetzen.

4. Pferdebetriebsleiter sollten über eine positive, zugleich aber realistische Selbstwahrnehmung verfügen. Diese erwächst sicherlich teilweise aus der eigenen Einstellung zu dem Geleisteten und variiert unter den Betriebsleitern stark. Eine positive Selbstwahrnehmung entsteht aber auch dann, wenn Pferdebetriebsleiter mit der Gesamtsituation ihres Betriebes zufrieden sind. Diese Zufriedenheit gilt als erstrebenswert.
5. Eine ausgeprägte Kundenorientierung gilt ebenfalls als notwendig für den wirtschaftlichen Erfolg und erscheint vor dem Hintergrund des starken, oft sogar vorherrschenden Dienstleistungscharakters des Betriebs als essentiell. Hier sollten Pferdebetriebsleiter stets bemüht sein, ihren Kunden aufgeschlossen und hilfsbereit entgegenzutreten.
6. Pferdebetriebsleiter müssen versuchen, ein systematisches und langfristig ausgerichtetes Management für ihren Betrieb zu entwickeln, da dieses den wirtschaftlichen Erfolg und damit die Aussicht auf die Fortführung des Betriebes in der kommenden Generation positiv beeinflusst. Ziel sollte es sein, sich nicht ausschließlich auf das operative Tagesgeschäft zu konzentrieren, sondern einen höheren Anteil der Arbeitszeit für die Regelung betriebswirtschaftlicher Angelegenheiten zu verwenden. Die Fokussierung auf das operative Tagesgeschäft gilt als hemmender Faktor für den wirtschaftlichen Erfolg. Es sollte daher versucht werden, wann immer es geht, Routineaufgaben abzugeben und so Freiräume für die langfristige Planung zu schaffen.
7. Pferdebetriebsleiter sollten stets bemüht sein, eine gewisse Betriebsgröße zu erreichen, da auf diese Weise Skaleneffekte im Einkauf und eine Fixkostendegression erzielt werden können, die zu Wettbewerbsvorteilen führen können. Die notwendige Größe ist u. a. abhängig von den Festkosten der Anlage und kann nicht pauschal für alle Betriebszweige festgelegt werden. Limitierend können u. a. die Arbeitsbelastung des Betriebsleiters und die Finanzierungsmöglichkeiten wirken.
8. Pferdebetriebsleiter sollten eine hohe Einsatzbereitschaft mitbringen, um ihren Betrieb für die beteiligten Anspruchsgruppen ansprechend zu gestalten und reibungslose betriebliche Abläufe zu garantieren.
9. Unerfahrene Pferdebetriebsleiter, die den Betrieb erst seit wenigen Jahren führen, sollten versuchen, auf die Erfahrungen, die erfahrenere Betriebsleiter vergleichbarer Betriebe oder ihre Vorgänger (z. B. in Form von Altenteilern) bereits gesammelt haben, zurückzugreifen. Wann immer es möglich ist, sollte hier ein Austausch zwischen den Personen stattfinden. Der Erfahrungsaustausch kann ggf. auch auf Berater der Pferdebranche ausgedehnt werden.

Pferdebetriebsleiter können diese Empfehlungen nutzen, um ihr eigenes Managementverhalten zu überprüfen und die wichtigsten Managementinstrumente in ihren betrieblichen Alltag zu integrieren, sodass die Wirtschaftlichkeit des Betriebes gesichert wird und die eigene Zufriedenheit mit der Gesamtsituation steigt. Auf diese Weise kann der Fortbestand des Betriebes gewährleistet werden.

Auch für die Verbände und Betriebsberater der Pferdebranche ergibt sich ein Nutzen aus dieser Untersuchung. Sie können die vorliegenden Ergebnisse heranziehen, um eine Übersicht über die Erfolgsfaktoren pferdehaltender Betrieben zu erlangen. Zwar sind ihnen die Ergebnisse aus der Praxiserfahrung oftmals bekannt, die Tatsache, dass sie durch diese Arbeit wissenschaftlich nachgewiesen wurden, gibt den beteiligten Personen gleichwohl die Sicherheit, sich nicht allein auf subjektiv wahrgenommene Eindrücke verlassen zu müssen, sondern den Klienten wissenschaftlich abgesicherte Einflussfaktoren für deren wirtschaftlichen Erfolg präsentieren zu können. Sie können so Transferleistungen übernehmen und ein wichtiges Bindeglied zwischen Wissenschaft und Praxis darstellen.

5. Fazit und weiterer Forschungsbedarf

Pferdebetriebe bewegen sich grundsätzlich in einem attraktiven Marktumfeld, da der Pferdebestand in den letzten 30 Jahren gestiegen und das Interesse am Pferdesport ungebrochen ist.[52] Doch viele Pferdebetriebe können die Potentiale des Marktes nur unzureichend nutzen.[53] Diese in der Literatur wiederholt geäußerte These gab den Anlass, die Erfolgsfaktoren für die Wirtschaftlichkeit pferdehaltender Betriebe in Deutschland näher zu untersuchen, um den Pferdebetriebsleitern Hilfestellung und Handlungsempfehlungen für ein erfolgreiches Wirtschaften zu geben.

Die vorliegende Studie bestätigt, dass sich viele der erfolgsrelevanten Faktoren aus der Landwirtschaft sowie kleinen und mittelständischen Unternehmen auf pferdehaltende Betriebe übertragen lassen. So konnte gezeigt werden, dass das Management einen besonders bedeutenden Einfluss auf den wirtschaftlichen Erfolg der Pferdebetriebe ausübt. Zudem sind auch persönliche Merkmale der Betriebsleiter wie Erfahrung und Einsatzbereitschaft sowie die Betriebsgröße von Bedeutung.

Die Bausteine dieser Arbeit liefern damit aufschlussreiche Erkenntnisse zu einem Themengebiet, welches von Seiten der Wissenschaft bisher nur wenig erkundet wurde. Diese Forschungen sollten in Zukunft weiter ausgebaut werden, um das Bild, welches durch diese Arbeit von den Pferdebetrieben gezeichnet wurde, weiter zu verfeinern und dann den Pferdebetriebsleitern noch detailliertere

52 Brune und Humbert 2001, 221, Gille und Spiller 2009, 1.

53 Breuer und Wicker 2011, 220.

Handlungsempfehlungen geben zu können. Durch wiederholte Messungen des Status quo des Managementverhaltens der Betriebsleiter könnte zudem geprüft werden, wie sich die Pferdebranche diesbezüglich im Zeitablauf weiterentwickelt und ob die auf der Grundlage der empirischen Ergebnisse formulierten Handlungsempfehlungen in der Praxis Anwendung finden.

Literatur

Baetge, J. (2006): Messung zur Korrelation zwischen Unternehmenskultur und Unternehmenserfolg, Münster: Bertelsmann Stiftung.

Bouncken, R.B.; Lehmann, C. und Ratzmann, M. (2009): Tool oder Leadership – Empirische Ergebnisse zum Erfolg von Planungsinstrumenten und Führung. – In: Meyer, J.-A. (Hrsg.): Managementinstrumente in kleinen und mittleren Unternehmen, Lohmar-Köln: EUL Verlag, S. 13–29.

Breuer C. und Wicker, P. (2011): Pferdesportvereine und Pferdebetriebe in Deutschland. – In: Bundesinstitut für Sportwissenschaften (Hrsg.): Zur Situation der Sportarten in Deutschland – Eine Analyse der Sportvereine in Deutschland auf Basis der Sportentwicklungsberichte, Köln: DOSB, S. 177–235.

Brosius, F. (2011): SPSS 19. 1. Auflage, Heidelberg, München, Landshut, Frechen, Hamburg: mitp Verlag.

Brune, H. und Humbert, E. (2001): Pensionspferdehaltung. – In: Vielfalt vom Hof. Erwerbs und Einkommenskombinationen in der Landwirtschaft. url: http://www.landwirtschaftskammer.de/fachangebot/eunde/buch/4-7-5-0.pdf, S. 221–230, Zugriff: 11.01.2013.

Bühl, A. (2010): SPSS 18. Einführung in die moderne Datenanalyse. 12. Auflage, München: Pearson Verlag.

Burgstahler, H. und Mast, C. (2001): Erfolgsfaktor interne Unternehmenskommunikation in der Bewertung durch Analysten. Explorative Studie zur Rolle von Nonfinancials im Kontext moderner Managementkonzepte, Hohenheim: Arbeitsbericht Universität Hohenheim.

Dautzenberg, K. (2004): Erfolgsfaktoren von landwirtschaftlichen Unternehmen mit Marktfruchtbau in Sachsen-Anhalt: Eine empirische Analyse. Dissertation, Universität Halle-Wittenberg.

Dautzenberg, K. und Petersen, V. (2005): Erfolgsfaktoren in landwirtschaftlichen Unternehmen. In: Agrarwirtschaft 54, Heft 8, S. 331–340.

Drescher, K. und Deerberg, K. (2004): Kostenführerschaft in der Landwirtschaft. In: Bauernblatt 28.02.2004, S. 20–22.

Frentrup, M., Heyder, M. und Theuvsen, L. (2012): Risikomanagement in der Landwirtschaft. Frankfurt/M: Landwirtschaftliche Rentenbank.

Gille, C. und Spiller, A. (2009): Kundenzufriedenheit in der Pensionspferdehaltung: Eine empirische Studie. – In: Jahrbuch der Österreichischen Gesellschaft für Agrarökonomie, Band 18, S. 51–60.

Hassert, G. (2003): Strategien zur Anpassung. In: Bauernzeitung 21. Woche 2003, S. 18–20.

Hellberg- Bahr, A.; Bartels, L. und Spiller, A. (2011): Marktorientierung in der Landwirtschaft. Vortrag im Rahmen der 21. ÖGA-Jahrestagung in Bozen am 05. Oktober 2011.

Hoffman, G. (2009): Pferdesport und Umwelt (Reitregelungen), Warendorf: Deutsche Reiterliche Vereinigung.

Inderhees, P.G. (2006): Strategische Unternehmensführung landwirtschaftlicher Haupterwerbsbetriebe: Eine Untersuchung am Beispiel Nordrhein-Westfalens, Dissertation, Universität Göttingen.

Isermeyer, F. (2001): Die Wettbewerbsfähigkeit der Tierproduktion im internationalen Vergleich. Arbeitsbericht Nr. 01/3 der Bundesforschungsanstalt für Landwirtschaft, Braunschweig.

Karow, U. (2013): Expertengespräch. Betriebswirtschaftliche und organisatorische Beratung. Gartenstr. 28, 56412 Niedererbach, Telefon: 06485-1830-322; Mail: Info@u-k-b.de.

Küpper, H.U. (1994): Erfolgsfaktoren mittelständischer Unternehmen. – In: Strukturen und Strategien in Klein- und Mittelunternehmen als Wegbereiter des Aufschwungs. Beiträge zu den „Rencontres de St- Gall“ 1994: Pleitner, H.J.

Kögl, H. und Jahnke, D. (2000): Optimierung und Kontrolle der Finanzierungsprozesse als Voraussetzung für erfolgreiche Unternehmensführung – Eine empirische Analyse für landwirtschaftliche Unternehmen in den neuen Bundesländern. In: Wettbewerbsfähigkeit und Unternehmertum in der Land- und Ernährungswirtschaft. Schriften der Gesellschaft für Wirtschafts- und Sozialwissenschaften des Landbaues, Band 36, Münster: Landwirtschaftsverlag, S. 125–141.

Menzel, D. und Geithner, S. (2010): Strategieprozesse und Strategieausrichtung kleiner und mittlerer Unternehmen: Status-quo und Entwicklungsperspektiven zweier Fallunternehmen. – In: Meyer, J.-A. (Hrsg.): Strategien von kleinen und mittleren Unternehmen. Lohmar/Köln: EUL Verlag, S. 51–75.

Mugler, J. (2008): Das Management des Managements in Klein- und Mittelunternehmen. – In: MEB 2008: 6th International Conference on Management, Enterprise and Benchmarking, Budapest.

Näther, M., Müller, J. und Theuvsen, L. (2012): Risikomanagement in Pferdebetrieben- Status quo und Entwicklungsbedarf. – In: Jahrbuch der Österreichischen Gesellschaft für Agrarökonomie, Band 22 (1), S. 183–192.

Näther, M. und Theuvsen, L. (2012): Risikomanagement im Pferdebetrieb. Göttingen: Cuvillier Verlag.

Neubauer, H. (2008): Indikatoren des Innovationserfolges im Klein- und Mittelbetrieb. – In: Innovation, Competitiveness, Growth and Tradition in SMEs, „Rencontres de St-Gall 2008" des Schweizerischen Instituts für Klein- und Mittelbetriebe an der Universität St. Gallen, Schweiz, 1.–3. September 2008.

Odening, M. (2000): Anpassungsstrategien für Agrarunternehmen. – In: Neue Landwirtschaft, Heft 2/2000, S. 14–16.

Petersen, V. (2003): Unternehmensführung und Unternehmenserfolg.- In: Agrarwirtschaft 52, Heft 2, S. 107–117.

Porter M.E. (1999): Wettbewerbsstrategie (Competetive Strategy). Methoden zur Analyse von Branchen und Konkurrenten.10. Auflage, Frankfurt/M. / New York: Campus Verlag.

Reichel, A.; Brückner, H. und Pippig, U. (1999): Investitionen und ihre Wirkung. – In: Neue Landwirtschaft, Heft 5, S. 18–22.

Rost, D.; Heinrich, J. und Wiesner, F. (1999): Betriebswirtschaftliche Aspekte der Wettbewerbsfähigkeit landwirtschaftlicher Unternehmen in den neuen Bundesländern in Abhängigkeit von Betriebsform, Betriebsgröße und Standort. In: Schriften der Gesellschaft für Wirtschafts- und Sozialwissenschaften des Landbaues, Band. 36, Münster: Landwirtschaftsverlag, S. 117–123.

Schaper, C. (2010): Strategisches Management in der Landwirtschaft. Wettbewerbsfähigkeit – Risikomanagement – Neue Märkte. Göttingen: Cuvillier Verlag.

Schaper, C.; Deimel, M. und Theuvsen, L. (2009): Das Leitbild des „erweiterten Familienbetriebes" – Analyse von Erfolgsdeterminanten auf Basis einer empirischen Untersuchung. – In: ÖGA Tagungsband 2009, Österreichische Gesellschaft für Agrarökonomie, Wien, S. 49–50.

Schmalen, C. (2005): Erfolgsfaktoren der Markteinführung von Produktinnovationen klein- und mittelständischer Unternehmen der Ernährungsindustrie. München: Herbert Utz Verlag.

Schmid, K., Lavèn, P. und Doluschitz, R. (2013): Stand, Entwicklung und Perspektive der Nebenerwerbslandwirtschaft – Ergebnisse einer empirischen Untersuchung in Baden-Württemberg aus dem Jahr 2012. In: Berichte über Landwirtschaft, Band 91 (3). http://dx.doi.org/10.12767/buel.v91i3.33.g87.

Theuvsen, L. und Althans, S. (2003): Umsatteln im Agrarbetrieb? Wettbewerbsanalyse und Marktchancen für die Pensionspferdehaltung. – In: Neue Landwirtschaft. Heft 9/2003, S. 64–66.

Theuvsen, L., Heyder, M. und Janze, C. (2009): Agribusiness in Deutschland. Selbstbewusst in volatilen Wachstumsmärkten. Hannover: Ernst & Young.

Christina Münch

Das Pferd in den Medien

Komplexe Wechselwirkungen zwischen Pferd, Pferdesport, Gesellschaft und Medien

Abstract Der Sport und die Medien haben sich seit Beginn des letzten Jahrhunderts zu zwei zentralen Einflussfaktoren in der industrialisierten Gesellschaft entwickelt und stehen in vielfältigen Wechselbeziehungen zueinander. Die Massenmedien wie Zeitungen, Zeitschriften, Radio, Fernsehen oder Internet bilden dabei die Welt des Sports nicht einfach ab, sondern tragen maßgeblich zu deren Formung, Transformation und Globalisierung bei.

Der Pferdesport ist in Folge seiner hohen Ausdifferenzierung hinsichtlich Disziplinen und Prüfungen sehr komplex, wenig emotionalisierend und für die Öffentlichkeit schwer nachvollziehbar – die Folge ist eine zunehmend geringe Bedeutung des Pferdesports in den Medien. Zusätzlich zu der leistungssportlichen Komponente des Pferdes nimmt das Pferd als Lebewesen und Partner des Menschen eine wichtige Rolle für verschiedene Zielgruppen innerhalb der Gesellschaft ein, jedoch scheint eine zunehmende Entfremdung gegenüber dem Pferd in der deutschen Bevölkerung in Folge untergeordneter Berichterstattung in den Medien einzutreten. So ist der Anteil der Menschen mit Interesse am Pferd bzw. mit dem Bedürfnis nach einer aktiven Ausübung des Pferdesports rückläufig.

Im vorliegenden Kapitel sollen das komplexe Beziehungsgeflecht zwischen Pferd, Pferdesport, Gesellschaft und Medien im Hinblick auf die öffentliche Wahrnehmung und die Meinungsbildung im Zeitalter der Mediatisierung und der Versportlichung der Gesellschaft beleuchtet werden. Nach einer allgemeinen Beleuchtung der einzelnen Aspekte erfolgt jeweils eine Übertragung auf die Situation im Pferdesport.

1. Die öffentliche Wahrnehmung

Bei der „Wahrnehmung" handelt es sich um den komplexen Prozess der Informationsgewinnung durch die Verarbeitung von Reizen. Dabei erfolgt die Reizverarbeitung nach subjektiven Kriterien: Durch das bewusste und unbewusste Selektieren und Zusammenführen von Teilinformationen wird ein subjektiv sinnvoll erscheinender Gesamteindruck gebildet.[1] Inhalte und Qualitäten einer

1 Wagner 2014.

Wahrnehmung können durch gezielte Steuerung der Aufmerksamkeit und durch Wahrnehmungsstrategien verändert werden.

Laut Schubert und Klein[2] bezeichnet „öffentlich" jenen gesellschaftlichen Bereich, der über den privaten, persönlichen, relativ begrenzten Bereich hinausgeht und der für die Allgemeinheit offen und zugänglich ist.

Unter der „öffentlichen Wahrnehmung" werden also die sich in einer Gesellschaft auf der Basis von Teilinformationen bildenden Informationskomplexe bezeichnet, die dazu führen, dass sich ein Gesamteindruck von einem Sachverhalt bildet. Im Gegensatz zur individuellen Wahrnehmung beschreibt die öffentliche Wahrnehmung die im Bewusstsein der Allgemeinheit vorherrschenden Auffassungen hinsichtlich bestimmter Sachverhalte, wobei Inhalte und Qualitäten einer Wahrnehmung teilweise aktiv verändert werden können.

Die öffentliche Wahrnehmung des Pferdes und des Pferdesports in der Gesellschaft

Eine objektive Bewertung der Wahrnehmung des Pferdes und des Pferdesports in der Gesellschaft, wie man sie beispielsweise im Zeitverlauf durch Medienresonanzanalysen ermitteln kann, liegt aktuell für die deutsche Gesellschaft nicht vor. Zieht man als Indikatoren Ergebnisse aus Sekundärdatenanalysen wie beispielsweise Online-Recherchen oder einzelne Studienergebnisse der Universität Göttingen bzw. des HorseFuturePanels heran, stellt sich das Image des Pferdes und des Pferdesports wie folgt dar:

Recherchiert man im Internet nach „Pferd" und „Öffentlicher Wahrnehmung", stößt man zunächst auf Schlagwörter wie Doping, Totilas, Luxus, schwere Stürze in der Vielseitigkeit und die Pferdesteuer. Man findet aber auch positive Berichte z. B. „zum Pferd als Partner für Kinder und Jugendliche bzw. des Menschen" oder aber auch „zum Pferd als Therapeuten".

Fischer führte im Rahmen ihrer Masterarbeit an der Universität Göttingen eine Befragung von 250 Deutschen durch. Eine Zielsetzung der Studie war es, zu erfahren, wie das Pferd u. a. von Nicht-Pferdesportlern gesehen wird. Das Ergebnis war positiv: So gaben 83 % der Probanden an, dass sie Pferde beeindruckend finden, 74 % gaben an, Pferde zu mögen. Ein Drittel der Probanden hatte noch keine Berührungspunkte zu Pferden und nur 3 % gaben an, Pferde nicht leiden zu können.[3]

---

2 Schubert und Klein 2001.

3 Fischer 2013.

Das HorseFuturePanel befragte im Jahr 2014 rund 650 Pferdesportler dazu, wie das Pferd aus Sicht der Probanden in der Öffentlichkeit wahrgenommen wird. Resultat war, dass 17 % der Probanden meinten, dass das Pferd in der Öffentlichkeit positiv wahrgenommen wird, 8 % hatten den Eindruck, dass es negativ wahrgenommen wird, 3 % waren der Meinung, dass es überhaupt nicht wahrgenommen wird und 60 % gaben an, dass das Pferd teils positiv und teils negativ wahrgenommen wird. 12 % der Probanden konnten das Image des Pferdes in der Öffentlichkeit nicht bewerten. Tabelle 1 zeigt die Ursachen, die die Probanden dafür verantwortlich machen, dass das Image des Pferdes in der deutschen Bevölkerung entsprechend positiv oder negativ besetzt ist.[4]

Tabelle 1: Durch die Probanden aufgeführte Ursachen für die Bewertung einer positiven, negativen bzw. nicht vorhandenen Wahrnehmung des Pferdes in der deutschen Gesellschaft [HFP 2014 | n = 650 | Offene Abfrage der Ursachen für die Bewertung des Images in positiv, negativ und nicht vorhanden][5]

Positive Wahrnehmung (n = 291)		**Negative Wahrnehmung (n = 451)**		**Keine Wahrnehmung (n = 20)**	
Eleganz und Schönheit	41 %	Doping | Tierschutz	31 %	Keine Medienpräsenz	50 %
Menschen mögen Pferde	10 %	Störfaktor (Straßenverkehr, Mist)	19 %	Uninteressant	25 %
Positiver Einfluss auf Kinder und Kranke	9 %	Negative Presse	12 %	Keine Berührungspunkte	15 %
Außergewöhnlich | Faszinierend	9 %	Reichensport	8 %	Verschenken der Potenziale	10 %
Erfolge Sportler und Pferde	8 %	Negatives Verhalten | Auftreten von Reitern	7 %		
Sympathieträger	8 %	Angst	5 %		
Partner und Freund	7 %	Desinteresse	4 %		

Aus den spotartig dargestellten Ergebnissen wird ersichtlich, dass die Wahrnehmung des Pferdes und des Pferdesports in der deutschen Gesellschaft durchaus als ambivalent zu bewerten ist. Während das Pferd als Lebewesen nahezu ausschließlich positiv (Schönheit, Sympathie) bewertet wird, werden dem Pferdesport bzw. den Pferdesportlern Attribute wie Reichensport oder negatives Verhalten zugeschrieben, den Pferdeleistungssportlern Vergehen im Bereich des Dopings oder

4 HFP 2014.
5 HFP 2014.

tierschutzrelevanter Ausbildungsmethoden. Widerum ausschließlich positiv wird die Funktion des Pferdes im Einsatz als Therapeut (Therapeutisches Reiten) oder als Partner von Kindern und Jugendlichen gesehen.

Schon diese Erkenntnisse verdeutlichen, dass eine ausschließliche Fokussierung auf die Beziehung zwischen Pferdeleistungssport und Medien nicht genügt, um zu verstehen, wie das Pferd und der Pferdesport in der deutschen Gesellschaft wahrgenommen werden und welche Herausforderungen und Potenziale sich daraus ergeben können.

2. Die Medien

Nach Klenk[6] und Lösche[7] beeinflussen vor allem die Medien bzw. der Journalismus die Wahrnehmung der Realität. Dabei haben in einem freien Rechtsstaat die Medien die Aufgabe, die Gesellschaft möglichst vollständig, objektiv und verständlich zu informieren.[8] Der Journalist selbst sieht sich in diesem Prozess als „scheinbarer Anwalt" des öffentlichen Interesses – ihm kommt eine gewisse Kontrollfunktion z. B. gegenüber Unternehmen zu.[9] Die Medien beeinflussen dabei weniger, was das Publikum zu einzelnen Themen denkt. Vielmehr beeinflussen sie die Sachverhalte, mit denen sich die Menschen beschäftigen, indem sie über bestimmte Sachverhalte intensiv berichten und über andere nicht (Agenda-Setting).[10] Die Medien spielen für das Entstehen der öffentlichen Wahrnehmung eine zentrale Rolle, denn sie beeinflussen nicht nur ihre Leser (die Öffentlichkeit), sondern auch Politik und Wirtschaft.

Der Begriff Medien fasst alle audiovisuellen Mittel und Verfahren zur Verbreitung von Informationen, Bildern, Nachrichten etc. zusammen. Zu den Massenmedien zählen insbesondere die Presse (Zeitungen, Zeitschriften), der Rundfunk (Hörfunk, Fernsehen) und das Internet.[11]

6 Klenk 2010.
7 Lösche 2007.
8 Klenk 2010.
9 Rolke 1999.
10 Klenk 2010.
11 Schubert, Klein 2011.

Tabelle 2: Tägliche Mediennutzung durch die über 14-jährigen Deutschen [Quelle: SevenOne-Media 2014 / Forsa | n = 1.501][12]

Audiovisuelles Medium	**Prozentualer Anteil der täglichen Nutzer**
Fernsehen	82 %
Radio	70 %
Internet	62 %
Zeitungen	50 %
Bücher	30 %
Zeitschriften	14 %
Online-Video kostenlos	9 %

Das Fernsehen hat heute nach wie vor den höchsten Stellenwert unter den Massenmedien und ist von allen Medien in Deutschland nach wie vor am populärsten, wenngleich die Internetnutzung in der Altersgruppe der 14-bis 49-Jährigen mittlerweile vor der Fernsehnutzung auf dem ersten Rang liegt.

Laut einer SevenOne-Media-Studie hat das Fernsehen mit mehr als 80 % die größte tägliche Reichweite der Medien, gefolgt von Radio (66 %) und Internet (62 %). Eine Zeitung liest noch knapp die Hälfte der Deutschen täglich, Bücher immerhin 30 %. Zeitschriften erreichen eine tägliche Reichweite von 14 Prozent (**Tabelle 2**).

Insgesamt schaltet jeder Deutsche im Durchschnitt mehr als 220 Minuten pro Tag das TV-Gerät ein. Die tägliche Radionutzung in Deutschland liegt bei 181 Minuten.[13] Ein starkes Wachstum ist bei der Parallelnutzung von Internet und Fernsehen zu beobachten. Die verkaufte Auflage der Tageszeitungen ist in Deutschland seit Jahren rückläufig. Hoffnung macht den Printmedien die zunehmende Nutzung von E-Books und E-Papers in Deutschland.[14]

Das Pferd und der Pferdesport in den Medien

Bei der Bewertung der Bedeutung des Pferdes innerhalb der deutschen Gesellschaft muss man zwischen dem Pferdesport als Leistungssport und dem Pferd als Lebewesen und Partner des Menschen unterscheiden. Wenngleich beide Bereiche sich stark gegenseitig beeinflussen, findet die mediale und öffentliche Relevanz auf sehr unterschiedlichen Ebenen statt. Dies spiegelt sich auch in den Zugriffszahlen

12 SevenOne-Media 2014.

13 Arbeitsgemeinschaft Media-Analyse e. V. 2014.

14 SevenOneMedia 2014.

der in den verschiedenen Medien bzw. Formaten dargestellten Inhalte wider und führt sukzessive zu einer differenzierten Wahrnehmung vom Pferdesport und dem Lebewesen Pferd in der Gesellschaft.

Im Folgenden wird die Bedeutung des Pferdes und des Pferdesportes in den Massenmedien in Deutschland dargestellt.

Fernsehen

Das Fernsehen als reichweitenstärkstes Medium innerhalb der deutschen Gesellschaft ist auch für das Pferd und den Pferdesport von zentraler Bedeutung. So beziehen 68 % der Pferdesportler Informationen zu Themen, die sie interessieren aus dem Fernsehen. Damit ist das Fernsehen im Informationsprozess das drittwichtigste Medium.[15]

Bei den Formaten zum Thema Pferd und Pferdesport, die sich Pferdesportler gern anschauen, handelt es sich um Übertragungen von Turnierveranstaltungen, um Dokumentationen, Reportagen, und Spielfilme. Dabei bewerten weniger als ein Drittel der Pferdesportler Inhalte und Informationsmenge zum Thema Pferd im Fernsehen als gut.[16]

Seit Jahren ist zu beobachten, dass einerseits immer weniger Menschen den Fernseher für eine Reitsportübertragung einschalten und andererseits auch die Übertragungszeiten deutlich reduziert wurden – ein Teufelskreis, da Sendezeit und Medienpräsenz die Währung sind, die Sponsoren und andere Förderer des Sports im Gegenzug für ihr Engagement erhalten wollen. Ohne solche Zuwendungen ist der Spitzensport heute kaum finanzierbar.[17] Dabei sollten Zuschauerquoten von mindestens 5 % erreicht werden.

Tabelle 3 zeigt die Zuschauerzahlen und Einschaltquoten verschiedener Übertragungen von Reitsportveranstaltungen. Zu erkennen ist, dass es keine der genannten Übertragungen schafft, eine Million Zuschauer vor den Fernseher zu locken, die Quoten liegen – von Hamburg und Aachen abgesehen, in der Regel zwischen 2 und 5 %.

15 AWA 2014.
16 HFP 2014.
17 Heinecke 2015.

Tabelle 3: Pferd und Pferdesport im Fernsehen – Zuschauerzahlen und Einschaltquoten

Sender	Format	Übertragung	Zuschauer in Mio.	Einschalt-quote
Kabel	K1 Reportage spezial: Tamme Hanken	05.01.14 | 20:15 Uhr	1,79	6,1 %
Kino	Bibi und Tina: Voll verhext	2014	1,27	
Kino	Ostwind II	2015	1,00	
WDR	DM: Dressur | Springreiten, Balve	17.05.14 | 15:30 Uhr	0,05	2,2 %
WDR	DM Dressur Kür | Finale Springreiten, Balve	18.05.14 | 15:00 Uhr	0,07	3,1 %
NDR	Hamburg | Sportclub live	14.05.2015	0,23	9,4 %
NDR	Hamburg | Sportclub live	15.05.2015	0,09	5,6 %
NDR	Hamburg | Sportclub live	16.05.2015	0,21	7,8 %
ZDF	Hamburg | SPORTextra	17.05.2015	0,92	6,3 %
WDR	Aachen | Reiten im Westen	30.05.15 | 15:00 Uhr	0,15	5,1 %
WDR	Aachen | Reiten im Westen	31.05.15 | 11:00 Uhr	0,12	4,0 %
ARD	Aachen | Sportclub live	31.05.15 | 16:30 Uhr	0,96	7,1 %
ZDF	Luhmühlen | VS Gelände	20.06.15 | 14:50 Uhr	0,66	5,8 %
ZDF	Luhmühlen | VS Springen	21.06.15 | 15:10 Uhr	0,49	4,8 %
WDR	EM Aachen | Dressur	12.08.15 | 16:15 Uhr	0,12	4,8 %

Schon auf Basis der Betrachtung der Einschaltquoten und absoluten Zuschauerzahlen ist also zu erklären, warum die Übertragungszeiten von Pferdesportveranstaltungen kontinuierlich rückläufig sind. Sie spiegeln die Wechselwirkungssysteme zwischen Publikumsinteresse und Medieninteresse genau wider. So haben im Vergleich der Jahre 2011 und 2012 die Übertragungszeiten von Pferdesportveranstaltungen im Fernsehen beispielsweise insgesamt um 53 Stunden (–12 %) von 289 Stunden (2011) auf 236 Stunden abgenommen. Die Übertragungszeiten von Pferdesportveranstaltungen durch die öffentlich-rechtlichen Sender haben um 9 Stunden (9 %) von 99 auf 90 Stunden im Vergleichszeitraum abgenommen.[18]

Auf der anderen Seite erzielen Reportagen im Fernsehen, die die Verbindung von Pferd und Mensch zum Inhalt haben, zunehmendes Interesse. So konnte der XXL-Ostfriese Tamme Hanken an einem Sonntagabend zur Prime-Time und in

18 FN-Jahresberichte 2011 und 2012.

direkter Konkurrenz zum Tatort knapp 1,8 Millionen Menschen vor den Fernseher locken, ein Wert, den keine Pferdesportübertragung heute schafft.

Insbesondere auch in der Zielgruppe der Kinder und Jugendlichen ist ein mediales Interesse am Pferd zu beobachten, welches sich an den Besucherzahlen beispielsweise der Kinofilme „Bibi und Tina“ oder „Ostwind“ beobachten lässt (Tabelle 3). Bei letztgenanntem Film handelt es sich um eine echte Erfolgsgeschichte: So war der deutsche Kinofilm der im Mai 2015 zweiterfolgreichste Kinofilm in den deutschen Kinos und hatte bereits nach 7 Wochen über eine 1 Million Besucher in die Kinos locken können. Ebenfalls eine Erfolgsgeschichte schreiben die verschiedenen Merchandising-Artikel zu „Ostwind“. Wenn man sich die vom Marktforschungsinstitut GfK ermittelten Hitlisten anschaut, steht das Hörbuch zu „Ostwind 2“ in der Hörbuch-Hitliste auf Platz 2 (KW 32/ 2015)[19], das Buch zum Film unter den Jugendbüchern in KW 32/ 2015 auf Platz 1 (wie auch der Roman zu „Ostwind“ und „Ostwind 2“).[20] Und selbst die DVD zum ersten Teil „Ostwind“ ist in der DVD-Hitliste in KW 32/ 2015 auf Platz 10 vertreten.[21]

Radio

Über Art und Umfang der Radio-Berichterstattung zu Pferd und Pferdesport liegen keine gebündelten Daten vor. Jedoch schafft es das Pferd v. a. in regionalen Formaten immer wieder, Radiosender und Radiohörer zu begeistern. Von der Meldung über den Tag der offenen Tür in regionalen Pferdebetrieben bis zur Pferdemesse – der Vielzahl der Themen sind keine Grenzen gesetzt. Zudem beziehen mehr als ein Drittel der Pferdesportler aktiv Informationen, die sie interessieren, über das Radio.[22]

Internet

In Abhängigkeit des Alters ist das Internet das wichtigste bzw. zweitwichtigste Medium zum Informationsbezug.

Die inhaltliche und mengenmäßige Berichterstattung über das Pferd und den Pferdesport im Internet wird von einem Großteil (72 %) der Pferdesportler mit mindestens gut bewertet, im Bereich Social Media sind es 53 %, die die Informationsbereitstellung rund um Pferd und Pferdesport mit mindestens gut bewerten.[23]

---

19 https://www.boersenblatt.net/bestseller/hoerbuch (2015).
20 https://www.boersenblatt.net/bestseller/jugendbuch (2015).
21 https://www.boersenblatt.net/bestseller/dvd (2015).
22 AWA 2014.
23 HFP 2014.

Tabelle 4 zeigt die Bedeutung der Facebook-Profile unterschiedlicher Akteure bzw. Institutionen aus der Pferdewirtschaft. Ähnlich wie auch schon bei den Zuschauerzahlen von TV-Formaten zu sehen, gelingt es charismatischen Akteuren bzw. auch Filmen besser, sich über Social Media zu positionieren als z. B. den traditionellen Institutionen wie der Deutschen Reiterlichen Vereinigung.

Tabelle 4: Facebook-Freunde ausgewählter Facebook-Profile aus dem Pferdesport

Facebook-Profil	**Facebook-Freunde**
Tamme Hanken	153.756
Ostwind Film	133.351
Ingrid Klimke	131.113
Deutsche Reiterliche Vereinigung	107.879
Bibi und Tina – Voll verhext	75.762

Zudem gibt es mehr als 35 pferdespezifische Foren[24], in denen sich Pferdesportler und Pferdeinteressierte zu sämtlichen Fragen rund um das Thema Pferd austauschen können.

Online-Videos und Online-Live-Übertragungen

Frei zugängliche Online-Videos werden von weniger als 10 % der Deutschen täglich genutzt, um sich zu informieren.[25] Auch in der deutschen Pferdebranche werden Online-Videos in verschiedenen Ausführungen eingesetzt, um über Produkte, Dienstleistungen oder aktuelle Entwicklungen zu informieren.

Die Internetplattform ClipMyHorse hat sich in den vergangenen Jahren zum führenden Anbieter für Online-Live-Übertragungen von Pferdesportveranstaltungen im Internet entwickelt. Das Unternehmen reagierte mit seinem Angebot auf die stets rückläufigen Übertragungszeiten von Pferdesportveranstaltungen im Fernsehen. Nach Meinung verschiedener Branchenexperten wird sich die Übertragung von Pferdesportveranstaltungen zukünftig ausschließlich auf die digitalen Medien beschränken. Ausschlaggebend dafür sind die neuen Formate, die Möglichkeit, den Zeitpunkt des Einschaltens selbst zu bestimmen sowie die Globalisierung des Sports.[26]

24 HFP 2014.
25 SevenOne-Media 2014.
26 Detering 2015.

Zeitungen

Wenngleich die Bedeutung der Tageszeitung in gedruckter Form seit Jahren an Reichweite verliert und vor allem die Gruppe der jungen Menschen kaum noch erreicht, spielt sie bei über der Hälfte der deutschen Pferdesportinteressierten noch eine große Rolle beim Bezug von Informationen.[27] Die Quantität und Qualität der Berichterstattung zum Thema Pferd und Pferdesport in der Tagespresse wird von 48 % der Pferdesportler im mittleren Bereich bewertet.[28] Dabei ist es gerade für die regionalen Angebote rund um den Pferdesport von zentraler Bedeutung über die Tagespresse den Zugang auch zu pferdesportfremden Zielgruppen herstellen zu können.

Bücher und Zeitschriften

Es gibt über 5.000 laufende Buchtitel zum Thema Pferd und mehr als 60 Fachzeitschriften und Magazine.[29] Während Zeitschriften von ca. 40 % der pferdesportinteressierten Bevölkerung zum Informationsbezug genutzt werden, sind es nur 16 %, die ein Buch zum Informationsbezug nutzen.[30] Dabei wird die inhaltliche und mengenmäßige Berichterstattung über das Pferd und den Pferdesport in Fachzeitschriften von einem Großteil (81 %) der Pferdesportler mit mindestens gut bewertet.[31]

3. Die Mediatisierung der Gesellschaft

Die Mediatisierung kann als Teilprozess im Rahmen der Modernisierung der Gesellschaft beschrieben werden. Unter der Mediatisierung der Gesellschaft versteht man die umfassende Einflussnahme der Medien auf nahezu alle Lebensbereiche der industrialisierten Gesellschaft. Es gibt kaum (noch) Lebensbereiche, die frei von medialen Einflüssen sind.

In der systemtheoretischen Perspektive wird davon ausgegangen, dass diverse gesellschaftliche Teilsysteme (z. B. Politik, Wirtschaft, Sport) dem Trend der Mediatisierung unterworfen sind, da sich die mediale Aufmerksamkeit in den vergangenen Jahrzehnten als unerlässlicher Faktor für das eigene Funktionieren herausgestellt hat. Daher werden innerhalb der verschiedenen Systeme Maßnahmen durchgeführt, die die Chancen auf Berichterstattung erhöhen

27 AWA 2014.
28 HFP 2014.
29 FN 2014.
30 AWA 2014.
31 HFP 2014.

sollen.[32] Es wird dabei aktiv auf mediale Leistungen zugegriffen, um die eigenen Bedürfnisse nach Medienpräsenz zu erfüllen.[33]

Dabei kommt es heute vor allem zu einem beschleunigten Wachstum der informationstechnischen Industrie, traditionelle Medien gehen mit neuen Medien Symbiosen ein, neue Übertragungswege eröffnen sich, Medien erreichen alle Lebenswelten und die Massenmedien definieren immer entschiedener, was relevant in unserer Gesellschaft ist und was nicht.[34]

Aktuell führt die Mediatisierung der Gesellschaft, insbesondere in Verbindung mit den Massenmedien, dazu, dass die Bevölkerung durch eine hohe Dichte an bereitgestellten Informationen nur noch einen geringen Anteil der Informationen aufnehmen kann, d. h. dass der Anteil der Informationen, die nicht mehr verarbeitet werden können, wächst. Diese Informationsüberlastung bringt weitere Folgen für die Wissensverteilung innerhalb einer Gesellschaft mit sich. So nehmen Personen mit einem höheren sozialen Status bzw. höherer formaler Bildungsqualifikation Informationen rascher auf als Personen, die nur über eine niedrige, allgemeine Schulbildung verfügen. Die bereits vorhandene Wissenskluft zwischen Wissenseliten und den Unwissenden wird demnach größer.[35]

Der Pferdesport im Zeitalter der Mediatisierung

Die Auswirkungen der Mediatisierung erreichen natürlicherweise auch das Pferd bzw. den Pferdesport. So stehen die Akteure aus dem Pferdesport bzw. aus der Pferdewirtschaft vor der Herausforderung, die zu übermittelnden Informationen zielgruppengerecht aufzubereiten und so zu platzieren, dass sie trotz der Informationsüberflutung innerhalb der Gesellschaft den gewünschten Rezipienten erreichen. Erneut muss man zwischen den Informationen für den am Pferd Interessierten unterscheiden und für den am Pferdeleistungssport Interessierten.

Besondere Anstrengungen müssen geleistet werden, um Menschen, die noch nicht mit dem Pferd oder dem Pferdesport in Berührung gekommen sind bzw. noch kein Interesse daran haben, soweit medial zu sensibilisieren, dass sie überhaupt erst auf Meldungen rund um das Thema Pferd reagieren.

---

32 Meyen 2014.
33 Marcinkowski & Steiner 2010.
34 Digel, Burk 2001.
35 Digel, Burk 2001.

4. Die Versportlichung der Gesellschaft

Der Sport hat sich in den modernen Gesellschaften als bedeutsames Teilsystem etabliert und ist zu einem selbstverständlichen Teil des öffentlichen Lebens und der Alltagskultur der Menschen geworden.[36] Man spricht heute von dem Prozess der Versportlichung der Gesellschaft.[37] Der Sport hat seine Erscheinungs- und Organisationsform ausdifferenziert und wird von Wirtschaft, Medien und Politik sowohl gefördert als auch zu eigenen Zwecken genutzt.[38]

Wenn man den Prozess der Versportlichung der Gesellschaft genauer betrachtet, so kann man diese Entwicklung als einen Prozess der funktionalen Differenzierung (Steigerung der Optionen) beschreiben (Tabelle 5).

Die Ausdifferenzierung lässt sich dabei zunächst auf der Seite der Anbieter beobachten. Gab es anfangs nur wenige Anbieter des Sports – dies waren vorrangig die Vereine und Verbände – so sind nun insbesondere aus dem privaten und kommerziellen Sektor viele neue Anbieter hinzugekommen. Ebenso sind die Ausrichter des Sports heute nicht mehr nur die Schulen, sondern können dies beispielsweise auch Seniorenheime etc. sein.

Tabelle 5: Die Versportlichung der Gesellschaft – ein Prozess funktionaler Differenzierung[39]

Strukturen des Sportsystems	Schwache Differenzierung	Fortgesetzte Differenzierung
Anbieter	Wenige (staatliche und gemeinnützige)	Viele (staatliche, gemeinnützige, private, kommerzielle)
Angebote	Wenige Sportarten	Viele Spiele, Sportarten, Sportaktivitäten, Bewegungsmuster
Personen	Junge Menschen, Ehrenamtliche	Alle Menschen
Raum	Urbane Sportstätten	Land, Wasser, Luft
Zeit	Abends, Wochenende	Zu jeder Zeit
Finanzen	Eigenleistungen	Variable Finanzen
Motive	Leistung, Wetteifer	Viele verschiedene Motive
Institutionen / Organisationen	Verein, Schule	Viele verschiedene Institutionen

36 Weis, Gugutzer 2008.
37 Digel, Burk 2001.
38 Weis, Gugutzer 2008.
39 Digel, Burk 2001.

Während in der Phase einer schwachen Differenzierung die sportliche Betätigung bzw. das sportliche Engagement auf junge Menschen bzw. Ehrenamtliche beschränkt war, gibt es heute sportliche Angebote für nahezu alle Generationen. Parallel zu dieser Entwicklung haben sich auch die Motive für die Ausübung des Sports verändert. Während früher das Hauptmotiv für die Ausübung des Sports das Leistungsmotiv war, so sind die Motive heute vielfältig und variieren zwischen Wettbewerb, Naturerlebnis oder gesellschaftlichem Ereignis.

Auch auf der Ebene der Angebote hat sich ein gravierender Wandel vollzogen. So waren 1950 gerade einmal 21 Sportverbände an der Gründung des Deutschen Sportbundes beteiligt. Heute unterscheidet man im DSB insgesamt 55 Sportverbände, die teilweise mehrere kompetitive Sportarten unter ihrem Dach vereinen. Bei Fragen der Städte- und Raumplanung werden heute bereits mehr als 240 Sportaktivitäten, Sportarten und Bewegungsmuster unterschieden, die gleichsam die Angebotsfülle dokumentieren, die den Menschen in unserer Gesellschaft offeriert wird.[40]

Tabelle 6 zeigt das in der Bevölkerung vorherrschende Interesse (nicht die ausgeübten Sportarten) hinsichtlich der beliebtesten 20 Sportarten. Demnach interessieren sich 35 % bzw. 24 Millionen Deutsche ganz besonders für den Fußball interessieren -mit steigender Tendenz. Für den Reitsport interessieren sich dagegen nur knapp 6 % der Deutschen besonders bzw. in absoluten Zahlen ausgedrückt knapp 4 Millionen Menschen. Insgesamt ist das Interesse am Pferdesport seit Jahren rückläufig.

40 Digel, Burk 2001.

Tabelle 6: Die beliebtesten Sportarten der Deutschen [Quelle: AWA 2015 | n = 25.140, Hochrechnung auf 69,24 Mio. Deutsche ab 14 Jahre][41]

Rang	**Sportart**	**% Anteil derjenigen, sich ganz besonders für die Sportart interessieren**	**Deutsche in Mio.**	**Trend**
1	Fußball	34,8 %	24,10	↑
2	Boxen	15,0 %	10,39	↓
3	Automobilrennsport	14,2 %	9,83	↓
4	Skispringen	12,8 %	8,86	↔
5	Tanzen	12,3 %	8,52	↓
6	Biathlon	11,7 %	8,10	↓
7	Leichtathletik	11,7 %	8,10	↓
8	Ski-Alpin	10,3 %	7,13	↓
9	Schwimmen	9,6 %	6,65	↓
10	Handball	9,0 %	6,23	↓
11	Eiskunstlauf	8,0 %	5,54	↓
12	Tennis	7,6 %	5,26	↓
13	Eishockey	6,7 %	4,64	↓
14	Radsport	6,6 %	4,57	↓
15	Ski-Nordisch/-Langlauf	6,1 %	4,22	↓
16	Motorradrennsport	5,8 %	4,02	↔
17	Turnen	5,7 %	3,95	↓
18	**Reiten**	**5,6 %**	**3,88**	**↓**
19	Bobfahren	5,1 %	3,53	↓
20	Triathlon	4,5 %	3,12	↓

In der aktiven Ausübung verliert der Fußball seine Vormachtstellung, so spielen knapp 4,5 Millionen Deutsche oder 5 % der deutschen Bevölkerung häufig Fußball. Im Ranking der 20 am häufigsten ausgeübten Sportarten nimmt der „König Fußball" somit „nur" Platz 8 ein (Tabelle 7).

7 Millionen Deutsche oder knapp 11 % der Deutschen über 14-jährigen gehen häufig in das Fitnessstudio, rund 1 Million Menschen (knapp 2 %) gehen häufig dem Pferdesport aktiv nach. Anders als bei vielen anderen Aktivsportarten ist die

41 AWA 2015.

Zahl der aktiven Pferdesportler ebenso wie auch schon das Interesse seit Jahren rückläufig.

Tabelle 7: Die beliebtesten ausgeübten Freizeitaktivitäten und Sportarten in Deutschland nach häufiger Ausübung [AWA 2015: 25.140 Befragte ab 14 Jahre, Hochrechnung auf 69,24 Mio. Personen][42]

Rang	Sportart	% Anteil derjenigen, die der Sportart häufig aktiv nachgehen	Deutsche in Mio.	Trend
1	Fitnessstudio	10,5 %	7,27	↑
2	Wandern	9,6 %	6,65	↑
3	Schwimmen	9,4 %	6,51	↑
4	Jogging, Wald-, Gelände-lauf	8,6 %	5,95	↑
5	Turnen, Gymnastik	6,7 %	4,64	↑
6	Tanzen	6,0 %	4,15	↑
7	Walking	5,1 %	3,53	↓
8	Fußball spielen	5,0 %	3,46	↑
9	Mountainbike fahren	4,8 %	3,32	↑
10	Rennrad fahren	2,8 %	1,94	↑
11	Tennis	2,1 %	1,45	↑
12	Ski-Abfahrtslauf	1,7 %	1,18	↔
13	**Reiten**	**1,6 %**	**1,11**	**↓**
14	Roller- / Inlineskating	1,6 %	1,11	↓
15	Angeln, Fischen	1,5 %	1,04	↔
16	Leichtathletik	1,3 %	0,90	↑
17	Bergsteigen	1,1 %	0,76	↑
18	Golf spielen	1,0 %	0,69	↔
19	Basketball, Streetball	1,0 %	0,69	↔
20	Tauchen	1,0 %	0,69	↑

Der Pferdesport im Zeitalter der Versportlichung der Gesellschaft

Betrachtet man den Pferdesport in dem Kontext der Versportlichung der Gesellschaft und unter Berücksichtigung der Trends im Freizeitverhalten, so kann

42 AWA 2015.

man Chancen aber vor allem auch Limitationen für die Zukunft zumindest des traditionellen Pferdesports identifizieren.

Die Angebots- und Nachfragesituation im Freizeitmarkt hat sich in den vergangenen Jahren verändert. So ist einerseits das Angebot an Freizeitmöglichkeiten ebenso wie das Angebot an Sportmöglichkeiten kontinuierlich gewachsen. Andererseits nimmt das Zeitfenster, das den Menschen für ihre Freizeitgestaltung zur Verfügung steht, seit einigen Jahren ab. Folge dieser Situation ist, dass ein Wettbewerb um die Freizeit der Menschen begonnen hat, dem sich auch der Pferdesport stellen muss. Im Mittel verfügen die Deutschen über 3 Stunden und 49 Minuten freie Zeit an einem Werktag, wobei der Umfang der Freizeit im Wesentlichen von der Lebensphase des Menschen abhängt. So verfügen z. B. junge Menschen im Mittel über drei Stunden Freizeit pro Werktag, während Ruheständler über mehr als fünf Stunden Freizeit pro Tag verfügen.[43] Der durchschnittliche Reiter mit eigenem Pferd verbringt aber pro Tag im Mittel fast drei Stunden Zeit im Stall.[44] Allein das mit der aktiven Ausübung des Pferdesports in der traditionellen Gestaltung verbundene Zeitvolumen kann sich zu einem Ausschlusskriterium für den Pferdesport insbesondere bei der jungen bzw. arbeitenden Generation entwickeln. Demgegenüber steht die Generation der Ruheständler, die zahlenmäßig ansteigt, über genügend Zeit und oftmals auch genügend Geld verfügt, um sich mit dem Pferd zu beschäftigen. Zu berücksichtigen ist dabei, dass die Motive in Abhängigkeit der Lebensphase differieren: So verlieren mit zunehmendem Alter sportliche Motive wie Erfolg, Wettbewerb, Anerkennung oder Nervenkitzel sowie auch die Teilnahme an Turnieren an Bedeutung. Dafür nehmen Motive wie das Naturerlebnis beim Reiten mit steigendem Alter der befragten Pferdesportler in ihrer Bedeutung zu.[45]

Im selben Maße, in dem sich das Berufsleben vieler Menschen in den vergangenen Jahrzehnten grundlegend verändert hat, ändern sich auch ihre Ansprüche an Hobbys und ihre Möglichkeiten der Freizeitgestaltung. Die zunehmende Flexibilität, die vielfach in der Arbeitswelt erwartet und gelebt wird, fordert von Anbietern im Freizeit- und Sportbereich eine Umstellung auf Kunden, in deren Terminplanern regelmäßige wöchentliche Termine keinen Platz finden. Die hohe Anspannung und der Wettbewerb, die in vielen Unternehmen zum Alltag gehören, führen dazu, dass viele Menschen in ihrer Freizeit Motiven wie etwa einem

---

43 Freizeitmonitor 2013.
44 HFP 2015.
45 Ikinger et al. 2013.

entspannten Naturerlebnis nachgehen – anstatt sich auch nach Dienstschluss oder am Wochenende noch mit anderen messen zu wollen.

Ferner wünschen sich die Deutschen für die Zukunft mehrheitlich, einem speziellen Hobby nachgehen zu können, mehr Sport zu treiben und etwas für die Gesundheit zu tun.[46] Diese Aspekte finden sich in Abhängigkeit unterschiedlicher Lebensstile auch im Pferdesport wider. Für die Zukunft ist gerade vor dem Hintergrund des demografischen Wandels zu erwarten, dass das Pferd vermehrt als Freizeitpartner der Menschen genutzt werden wird, aber auch als „Medium" zur Ausübung des Reitens als Gesundheitssport.

Zudem führen demographische Veränderungen wie eine sinkende Geburtenrate und strukturpolitische Entwicklungen wie die Ganztagsschulpolitik dazu, dass Seniorenangebote entstehen müssen, wo vormals Kinder und Jugendliche betreut wurden.

5. Die Beziehung zwischen Versportlichung und Mediatisierung in der Gesellschaft

Die Prozesse der Versportlichung und der Mediatisierung der Gesellschaft bedingen sich gegenseitig und finden ihren Ursprung in den Verlusterfahrungen (siehe Tabelle 8), die die Menschen in der modernen Gesellschaft trotz aller Vorzüge erleben. Der Sport selbst und die Sportberichterstattung können dabei helfen, diese Verluste gewissermaßen zu kompensieren.

So stellt sich in unserer heutigen Gesellschaft eine Routinisierung und Bürokratisierung im Berufs- und Lebensalltag ein, die wiederum zur Langeweile führen kann. Zum Ausgleich dazu sucht der Mensch in seiner Freizeit Spannung und Risiko (Tabelle 8).

Durch die Zunahme an verfügbaren Informationen, deren komplexe Zusammenhänge zunehmend von einem Großteil der Bevölkerung nicht mehr verstanden werden, steigt der Wunsch in der Gesellschaft, sich an einfachen und plastischen Mustern orientieren zu können. Diese kann er im Sport durch ein oftmals einfaches Regelwerk, welches leicht nachvollziehbar ist, widerfinden.

46 Freizeitmonitor 2013.

Tabelle 8: Sport als idealer Partner für das Medium Fernsehen[47]

Gesellschaftliches Problem	Problemlösungsangebot durch das Sportfernsehen
Routinisierung, Bürokratisierung und Langeweile im Arbeitsleben	Bedürfnis nach Spannung wird risikolos befriedigt
Zunahme des Nicht-Verstehens versus Intellektualisierung der Gesellschaft	Sport ist anschaulich und einfach nachzuvollziehen
Enttranszendierung der Gesellschaft	Neue Heldenverehrung durch den Sport, Sport als Ersatzreligion
Affektdämpfung und Körperdistanzierung	Affekte im Sport sind erlaubt und erwünscht
Gemeinschaftsverlust	Gemeinschaftserlebnis, Nähe und Möglichkeit zur Identifikation
Differenzierung und Spezialisierung beeinträchtigt Geselligkeit und Kommunikation	Sport ist zentrales Kommunikationsthema in der Alltagskultur
Biographische Disparitäten	Sportausübung bzw. Sportinteresse als biographische Fixpunkte

Der Anteil der Personen in der deutschen Gesellschaft mit Zugang zu Religion und Gott ist kontinuierlich rückläufig (Enttranszendierung). Dennoch wünscht sich der Mensch „an etwas glauben zu können". Diesen Glauben findet er heute in den sportlichen Helden, die nur durch die Verbreitung über die Massenmedien ihre Reichweite in der Gesellschaft erzielen können.

In der heutigen Gesellschaft überwiegt in Folge der hohen Wissensverfügbarkeit das Denken mit Ausschluss körperlicher Affekte (siehe Dienstleistungsgesellschaft mit reiner Schreibtischtätigkeit). In verschiedenen Sportarten hingegen sind Affekte erlaubt bzw. gar erwünscht, was sich auch in der Berichterstattung niederschlägt, die das emotionale Moment in den Vordergrund rückt.

Es fehlt in der modernen Gesellschaft an Gemeinschaftserlebnissen, die Sportveranstaltungen mitsamt ihrer Berichterstattung widerum liefern können. Neben dem direkten Erleben eines Wir-Gefühls im Rahmen von sportlichen Ereignissen, liefern diese auch im Nachgang ein optimales Kommunikationsthema innerhalb der Alltagskultur, sei es am Arbeitsplatz, in der Schule oder bei Treffen mit Freunden.

47 Digel, Burk 2001.

Schließlich kann sich der Sport im Kontrast zu beruflichen oder regionalen Austauschbarkeiten als kontinuierliches Bindeglied über verschiedene Lebensphasen hinweg zu einem stabilisierenden Lebensinhalt entwickeln.

Aus der Beziehung zwischen Sport und Medien können viele Gewinner hervorgehen, unter anderem auch der Sport selbst, der durch einen direkten Imagegewinn mit Nachahmungs- und Multiplikatoreneffekten zu einer Steigerung der Anzahl aktiver Sportler einer Sportart beitragen kann. Dies gilt gleichermaßen auch für die jeweiligen Sportverbände und die Sportler selbst, die durch die Steigerung der Popularität der Sportart, aber auch der eigenen Person, den Marktwert erhöhen können. Die TV-Anbieter profitieren durch höhere Einschaltquoten und höhere Werbeeinnahmen, die Zuschauer durch ein attraktives Programmangebot und auch die Journalisten können durch eine massenmediale Öffentlichkeit und eine Steigerung der eigenen Popularität Mehrwerte generieren.

Die Beziehung zwischen Pferdesport, Versportlichung und Mediatisierung in der Gesellschaft

Dem Pferdesport gelingt es aktuell nicht, von der Versportlichung und Mediatisierung in der Gesellschaft zu profitieren. Das sich daraus ergebende Problem ist, dass ohne eine mediale Präsenz des Pferdes und des Pferdesports in den Massenmedien die Begeisterung der Bevölkerung für das Pferd bzw. den Pferdesport nicht erhalten bzw. weiter entwickelt werden kann und folglich auch keine neuen Pferdesportler und Pferdebegeisterten gewonnen werden können. Erklärungsansätze für das „Nicht-Gelingen" dieser Symbiose aus Pferdesport, Medien und Gesellschaft können in Anlehnung an Digel und Burk (Tabelle 8) abgeleitet werden:

1. Die Deutschen suchen zum Ausgleich ihres „langweiligen" und durch Routineabläufe geprägten Lebensalltags Ablenkung, Spannung und kurzweilige Beschäftigung. Dem Pferdeleistungssport gelingt es nicht, dem Zuschauer dieses Angebot zu liefern. So sind beispielsweise Dressuraufgaben auf internationalem Niveau langatmig; selbst einen geneigten Pferdesportler kostet eine Grand-Prix-Prüfung mit 15 Startern eine hohe Konzentrationsfähigkeit, möchte er sich im Anschluss fachlich mit Bekannten oder Kollegen dazu austauschen. Auch der Springsport schafft es in der heutigen Zeit der Extremsportarten nicht, einen Spannungsbogen aufzubauen, so wirkt das Springreiten im Fernsehen „zu leicht" und nicht spektakulär genug.
2. Immer mehr Deutsche erleben in ihrem Lebensalltag die Erfahrung des Nicht-Verstehens von komplexen Zusammenhängen. Dies kann zu Verunsicherung führen und zu einem reduzierten Wohlbefinden. In der Freizeit möchte man dieses in einem Umfeld kompensieren, in dem man sich auskennt und mitreden

kann. Während der Fußball in nahezu optimaler Weise dieses Umfeld in Folge eines einfachen Regelwerkes leisten kann, ist der Pferdesport in Folge der Komplexität von Disziplinen und unterschiedlichen Regularien in den verschiedenen Prüfungen kompliziert und der laienhafte Zuschauer oder Besucher einer Pferdesportveranstaltung erlebt in seiner Freizeit das Unbehagen des Nicht-Verstehens aus dem Lebensalltag. So führen verschiedene TV-Sportproduzenten an, dass z. B. das Springreiten nicht immer zuschauerfreundlich sei. Der normale Betrachter könne kaum die Feinheiten des Reitens erkennen, viele hätten auch Schwierigkeiten damit, zu verstehen, warum mal eine Prüfung nach der Zeit, dann wieder nach einem Stechen entschieden werde, dann wieder nach zwei Runden, aber einer Zeitwertung im zweiten Umlauf.

3. Die fehlenden Vorbilder bzw. der fehlende Glaube an Gott und an die Religion in der Bevölkerung steigern den Wunsch nach Alternativen. Diese können in Form sportlicher Helden gefunden werden. Eine besondere Nähe oder auch Verehrung erfahren Sportler, die sich nahbar geben, die es geschafft haben, sich aus schwierigen Verhältnissen an die Spitze zu kämpfen. Diese Vorbilder fehlen im Pferdesport. Ganz im Gegenteil werden Pferdesportler oftmals mit folgenden Attributen in Verbindung gebracht: „reich, arrogant, elitär, rücksichtslos, tierquälerisch".[48] Auch die Doping- und Ausbildungsproblematik der vergangenen Jahren hat dazu beigetragen, das Image der Pferdesportler medial und damit auch in der öffentlichen Wahrnehmung zu verschlechtern.
4. Die im Beruf und Gesellschaftsleben zu beobachtende starke Verkopfung in der Gesellschaft, die wenig Raum für Emotionen und Affekthandlungen lässt, braucht Raum für Ausgleich. So bietet gerade der Fußball diesen Raum, während Emotionen im Pferdesport zum einen selten bei Reitern zu beobachten sind. Aber zum anderen sind auch emotionale Affekte beispielsweise am Dressurviereck unerwünscht. Zudem sind die meisten Menschen nicht mit dem Turniersport groß geworden, sodass sie die Regeln nicht so ohne weiteres verstehen. Ferner lassen sich die Regeln auch nicht leicht in einer Reportage von knapp zwei Minuten erläutern.
5. Im Lebensalltag fehlen vielen Menschen Gemeinschaftserlebnisse. Diese suchen sie in ihrer Freizeit z. B. beim Besuch von Sportveranstaltungen oder aber bei der Ausübung eines Team-Sports. Der Pferdesport zählt in der Ausübung eher zu den Individualsportarten, auch im Berufs- oder Profisport beispielsweise wirken Mannschaftsreiter oft wenig teamorientiert. Durch ein insgesamt eher geringes Interesse in der Öffentlichkeit und damit auch in der

48 von der Tann 2015.

Berichterstattung fehlt nach dem Wochenende, falls internationale Pferdesportveranstaltungen stattgefunden haben, die gemeinsame Basis, um sich dazu auszutauschen. Branchenexperten führen u. a. die sich veränderte Turnierlandschaft als Ursache an – so müssen Turniere zukünftig wieder zu gesellschaftlichen Events, zu Gemeinschaftserlebnissen, werden.

6. Der einzige Aspekt, in dem der Pferdesport punkten kann, ist sicherlich der stabilisierende, biographischen Disparitäten entgegenstehende, Aspekt. So ist der Pferdesport in der aktiven Ausprägung vom Kindes- bis zum Seniorenalter ausführbar und anders als moderne Trendsportarten seit Jahrtausenden mit der Menschheitsgeschichte verknüpft.

6. Zusammenfassung und Ausblick: Die Bedeutung der Medien für die Wahrnehmung von Pferd und Pferdesport in der Bevölkerung

Ohne die Darstellung des Pferdes und des Pferdesports in den Medien kann es nicht gelingen, das Pferd mit all seinen Facetten im Bewusstsein der deutschen Bevölkerung zu verankern und die öffentliche Wahrnehmung positiv zu beeinflussen.

Vergleichbar mit der Situation in der Ernährungswirtschaft, in der der Verbraucher sich immer weiter von der landwirtschaftlichen Urproduktion entfernt hat, ist es in der Pferdewirtschaft so, dass sich immer weniger Menschen mit dem Pferd, seiner Natur und seiner Haltung auskennen.[49] Das hat natürlicherweise Auswirkungen auf den Wissensstand der Bevölkerung: Die Anzahl der „Pferde-Laien“ steigt. Dabei ist zu berücksichtigen, dass die Wahrnehmung der Laien stark medial gelenkt wird, wobei die mediale Lenkung auch mit wirtschaftlichen oder politischen Interessen verbunden sein kann. Hier sieht sich die Pferdewirtschaft schon jetzt teilweise großen Kampagnen von Tierschutzorganisationen (der Deutsche Tierschutzbund hat mehr als 800.000 Mitglieder) gegenüber, die teilweise sehr professionell agieren und, auch wenn sie inhaltlich und sachlich nicht immer korrekt sind, sehr viele Menschen erreichen. Rein fachliche Erklärungen reichen hier nicht aus, um Teilen einer irritierten Bevölkerung die Verunsicherung zu nehmen.[50]

Der Pferdesport als Leistungssport wird zunehmend mit negativen Bildern wie dem Doping von Pferden, schweren Unfällen oder auch tierschutzrelevanten Ausbildungsmethoden in Verbindung gebracht. Das führt dazu, dass aktuell

49 Lauterbach 2013.
50 Busch 2011.

weniger sportfachliche Informationen in den Medien erscheinen als vielmehr negative Bilder, die die zunehmend unwissende, aber auch zugleich kritische Öffentlichkeit nicht mehr toleriert und die Nutzung des Pferdes im sportlichen Einsatz zunehmend in Frage stellt.

Umgekehrt ist es so, dass das Pferd als Lebewesen in der deutschen Bevölkerung noch sehr positiv besetzt ist. Fördernde Effekte des Pferdes auf die Persönlichkeitsentwicklung von Kindern und Jugendlichen, die therapeutische Wirkung des Pferdes auf Behinderte und der Stressabbau durch Umgang mit Pferden bei Berufstätigen im komplexen Lebensalltag sind nur einige der positiven Aspekte, die dem Pferd zugeschrieben werden, über die aber noch zu wenig und teilweise auch zu fachlich in den Medien berichtet wird.

Neben der politischen Tragweite, die eine einseitig negative Berichterstattung über das Pferd in der Gesellschaft haben kann, ist nicht zu unterschätzen, dass Art und Umfang der Berichterstattung im Wesentlichen darüber entscheidet, wie groß das Interesse innerhalb der Gesellschaft am Pferd und dem Umgang mit dem Pferd ist.

Lösungsansätze zur Verankerung des Pferdes und des Pferdesports in der Gesellschaft

Das Pferd als Lebewesen bietet große Potenziale, Emotionen und Begeisterung beim Menschen auszulösen. Die Faszination, die mit dem Pferd einhergeht, ist Jahrtausende alt und an die Menschheitsgeschichte nahezu aller Kulturkreise gekoppelt. Diese Situation oder anders ausgedrückt, dieses Selbstverständnis, mag dazu beigetragen haben, dass die Akteure aus der Pferdewirtschaft es in den vergangenen Jahren verpasst haben, Angebote und Kommunikation rund um das Pferd und den Pferdesport an die sich ändernden Ansprüchen der Gesellschaft anzupassen.

Pferdeleistungssportveranstaltungen kommt nach wie vor eine wichtige Funktion mit öffentlicher Strahlkraft zu, die es zu nutzen gilt, um Vorbildfunktion einzunehmen. Ein Selbstverständnis muss dabei sein, das Pferd als gleichwertigen Partner des Menschen im Sport anzunehmen – dass Doping, oder tierschutzrelevante Ausbildungsmethoden nicht geduldet werden dürfen bzw. pferdegerechte Haltungs- und Fütterungssysteme selbstverständlich sein müssen, sind dabei Mindestanforderungen. Im Folgenden werden beispielhaft einige Lösungsansätze zur Steigerung der Attraktivität des Pferdeleistungssport bzw. der Veranstaltungen ohne Anspruch auf Vollständigkeit genannt.

Die Pferdesportveranstaltung als lebendiges Ereignis

Der Sport rückt immer mehr in den Unterhaltungssektor. Um wirklich erfolgreich zu sein, muss ein Sport spektakuläre Bilder liefern, die Regeln müssen verständlich und für Zuschauer leicht nachvollziehbar sein. In einigen anderen Sportarten hat man versucht, durch kürzere Wettbewerbe TV-tauglicher zu werden. Teils mit großem Erfolg wie im Biathlon – hier wurden mit Massenstart und Verfolgung neue Formate eingeführt, die mit ausschlaggebend für die TV-Tauglichkeit waren. Teils aber hatten die Bemühungen auch wenig Erfolg, im Modernen Fünfkampf etwa sagten einige Athleten, sie müssten quasi ihren Sport neu lernen. Es ist also nicht allein die Kürzung, die ausschlaggebend ist, sondern es spielen viele weitere Faktoren mit hinein.[51]

In allen Pferdesportdisziplinen müssen Änderungen vorgenommen werden, wenn sich diese neben der wachsenden Konkurrenz mit anderen, lebendigeren und moderneren Sportarten, auch auf die sich stets ausweitende Bandbreite der Unterhaltung einstellen wollen. Altmodisches und Traditionelles wird allein nicht länger gut genug sein, um auch in Zukunft Sendezeit zu erhalten.

Beispiele wie die Hop Top-Show oder die Apassionata, die mit einer jährlich wechselnden Tour durch rund dreißig europäische Städte tourt und jährlich etwa 500.000 Zuschauer anlockt, beweisen, dass das Pferd nach wie vor eine Faszination auf die Menschen ausübt, wenn auch auf sich verändernde Weise.

Journalistennetzwerk

Damit in den Gesellschaftsmedien über das Pferd und den Pferdesport berichtet wird, benötigt man auf Seiten der Redakteure Sympathisanten und Fürsprecher. Hierfür ist es erforderlich, dass die Vertreter der Institutionen und die Akteure aus der Pferdewirtschaft – vom Züchter über den Reiter bis zum Unternehmer – einen verbindlichen Kontakt zu den Journalisten aufbauen, da dieser eine entscheidende Rolle bei der Verteilung von Ressourcen in den Massenmedien spielt.

Vorbilder

Der deutsche Pferdeleistungssport braucht Sympathieträger, die sich unter schwierigen Bedingungen an die Spitze gearbeitet haben und das idealerweise mit „nur“ einem Pferd, welches das Besondere an der Partnerschaft zwischen Mensch und Pferd demonstriert. Eine charismatische Ausstrahlung sowie vorbildliches Verhalten gegenüber Pferden und Mitmenschen sind zudem ein Muss.

51 Heinecke 2015.

Emotionen leben

Ein Zuschauer will sich mit einem Sportler identifizieren können, mitleiden, mitfühlen – das fehlt im Reitsport. Wenn man eine gute Geschichte „erzählen kann“, die zugleich Leidenschaft transportiert, ist das Thema Pferd im Fernsehen erfolgreich. Wichtig ist eine persönliche Nähe, nicht eine fachliche Distanz.

Dialog mit der Gesellschaft

Neben den geschilderten kommunikativen Aufgaben ist es essentiell, dass am Pferd Interessierte auch auf ein für sie individuell passendes Angebot treffen. Dazu ist es erforderlich, auf die Menschen in der Gesellschaft zuzugehen, ihnen zuzuhören und entsprechend der Bedürfnisse ein Angebot zu entwickeln.

Literatur

agma (Arbeitsgemeinschaft Media-Analyse e. V.) (2015): Radionutzung in Deutschland, Stand 2014. In: Mediennutzung in Deutschland (Statista-Dossier) unter: http://de.statista.com/statistik/daten/studie/165834/umfrage/taegliche-nutzungsdauer-von-medien-in-deutschland (Stand: 05.08.2015).

AWA (2015): Allensbacher Marktanalyse Werbeträgeranalyse 2015. Institut für Demoskopie Allensbach, Allensbach.

AWA (20014): Allensbacher Marktanalyse Werbeträgeranalyse 2014. Institut für Demoskopie Allensbach, Allensbach.

bpb (2012): Das Beziehungsgeflecht von Medien, Werbung und Sport. Unter: www.bpb.de/gesellschaft/medien/deutsche-fernsehgeschichte-in-ost-und-west/143155/geflecht-von-medien-werbung-und-sport (Stand: 29.07.2015).

Busch, R. J. (2011): Uns Schweinehalter versteht ja doch keiner! Wie man von der Anklagebank in einen guten Dialog kommt. Vortrag Kunigundenruh.

FN (Deutsche Reiterliche Vereinigung e. V.) (2011): Jahresbericht 2011. FNverlag, Warendorf.

FN (Deutsche Reiterliche Vereinigung e. V.) (2012): Jahresbericht 2012. FNverlag, Warendorf.

FN (Deutsche Reiterliche Vereinigung e. V.) (2014): www.pferd-aktuell.de/fn/zahlen--fakten/zahlen--fakten (abgerufen am 15.01.2015).

Detering, M. (2015): Mediale Entwicklung im Reitsport. Vortrag: 2. Liebenberger Pferdeforum. Zukunft von Sport und Zucht im Fokus. Liebenberg.

Digel, H.; Burk, V. (2001): Sport und Medien. Entwicklungstendenzen und Probleme einer lukrativen Beziehung. In: Roters, Gunnar / Klingler, Walter / Gerhards, Maria (Hrsg.) 2001: Sport und Sportrezeption. Baden-Baden: Nomos, S. 15–31.

Fischer, T. (2013): Einstellung zur Pferdesteuer in der deutschen Bevölkerung. Masterarbeit Göttingen.

Heinecke, S. (2015): Dressurreiten – exklusive Nische oder massenkompatible Show? In: Tagungsband Göttinger Pferdetage 2015. FNverlag, Warendorf.

HFP (2014): HFP-Trendbarometer 2014–03. HorseFuturePanel, Göttingen.

HFP (2015): Der Pferdesportler. HorseFuturePanel, Göttingen.

Ikinger, C., Münch, C., Wiegand, K., Spiller, A. (2013): Reiterleben | Reiterwelten. Georg-August-Universität Göttingen (Hrsg.).

Lauterbach, S. (2013): Die Herausforderungen für das Pferd im 21. Jahrhundert. in Bulletin 15/25.11.2013.

Lösche, P. (2007) unter BPB http://www.bpb.de/politik/grundfragen/parteien-in-deutschland/42050/oeffentliche-wahrnehmung?p=all.

Luhmann, N. (1996): Die Realität der Massenmedien. 2. Aufl. Opladen 1996.

Klenk, Christian (2010): Macht und Einfluss der Medien in Deutschland. OWEP 2/2010.

Marcinkowski, F.; Steiner, A. (2010): Was heißt „Medialisierung“? Autonomiebeschränkung oder Ermöglichung von Politik durch Massenmedien? In: Arnold, K., Classen, C., Kinnebrock, S., Lersch, E., Wagner, H.-U. (Hrsg.): Von der Politisierung der Medien zur Medialisierung des Politischen? Zum Verhältnis von Medien, Öffentlichkeiten und Politik im 20. Jahrhundert. Leipziger Universitätsverlag, Leipzig.

Meyen, M. (2014): Medialisierung des deutschen Spitzenfußballs. Eine Fallstudie zur Anpassung von sozialen Funktionssystemen an die Handlungslogik der Massenmedien. In: Medien & Kommunikationswissenschaft, 62. Jg., 377–394.

Rolke, L. (1999): Wie die Medien die Wirklichkeit steuern und selber gesteuert werden. Opladen. Westdeutscher Verlag 1999.

Schubert, K.; Klein, M. (2011): Das Politiklexikon. 5., aktual. Aufl. Bonn: Dietz 2011.

SevenOne-Media (2014): Mediennutzung in Deutschland (Statista-Dossier) unter: http://de.statista.com/statistik/daten/studie/165834/umfrage/taegliche-nutzungsdauer-von-medien-in-deutschland (Stand: 05.08.2015).

Stiftung für Zukunftsfragen: Freizeit-Monitor 2013: Die beliebtesten Freizeitbeschäftigungen der Deutschen. Hamburg 2013.

von der Tann, H. (2015): Warum hat der Reitsport an Zuschauern verloren? Vortrag: 2. Liebenberger Pferdeforum. Zukunft von Sport und Zucht im Fokus. Liebenberg.

Wagner, M. (2014): Wahrnehmungsförderung in heterogenen Kitagruppen, Praxis Forum Kindheit 2014 / Workshop 8.

Weis, K. und Gugutzer, R. (2008): Handbuch Sportsoziologie.Hofmann-Verlag, Schwarndorf.

Gabriele Wach

Finale Pferdeverwertung – Irgendwo müssen sie ja bleiben

Abstract Die Verwertung eines Pferdes hing in der Vergangenheit einerseits von der Nutzung zu dessen Lebzeiten, andererseits von der wirtschaftlichen Situation der Bevölkerung bzw. des Pferdebesitzers ab. Heutzutage spielt, neben rechtlichen Vorgaben, vor allem die emotionale Betrachtungsweise des Besitzers eine wesentliche Rolle. Neben den Möglichkeiten z. B. der Einäscherung oder der Verwertung in der Tierkörperbeseitigungsanstalt, findet sich am Markt Pferdefleisch nicht nur für den menschlichen Verzehr. Ebenso sind vielfältige Produkte mit oder aus Pferdeteilen bzw. mit Pferdeanteil erhältlich.

1. Einführung in die Thematik

„Irgendwo müssen sie ja bleiben" – Klare Worte die gerne verdrängt werden, denn für viele Reiter und Pferdehalter stellt das Sterben des (Freizeit-/Sport-) Pferdes heutzutage ein Tabuthema dar. Akzeptiert wird, dass der Besitzer für die Lebensqualität des Tieres verantwortlich zeichnet, der Tod wird dabei oft ausgeklammert. Nur wenige Pferde sterben in hohem Alter an einem natürlichen Tod, in den meisten Fällen liegt die Entscheidung, wann der Zeitpunkt gekommen ist, in den Händen des Besitzers. Dabei spielen Alter, schwere Verletzung und/ oder Krankheit sicherlich eine Rolle, jedoch sollte diese Entscheidung immer im Sinne des Pferdes getroffen werden. Aber auch über das „Danach" muss der Pferdebesitzer rechtzeitig nachdenken. Eine Verwertung durch Schlachtung, Verbrennung oder Tierkörperbeseitigungsanstalt kann/sollte nicht nur emotional, sondern auch ökonomisch beurteilt werden.

2. Ein Blick in die Historie

Die Entwicklungsgeschichte des Menschen scheint seit über 30.000 Jahren eng mit dem Pferd verknüpft. Erste Nachweise dazu finden sich in Knochenfunden und Höhlenmalereinen. Die Wildpferde der Steinzeit wurden als Jagdbeute und Nahrungsmittel geschätzt, später zur Fleisch- und Milchgewinnung sowie als Kultobjekt (Opfertier, Grabbeigabe) domestiziert. Daneben spielten Pferde ab ca. 600 v.

Chr. u. a. bei den Germanen als Arbeits- und Transporttiere (Reit-, Zug-, Lasttier), für Kriegseinsätze und als Statussymbol eine wichtige Rolle.[1]

Etwa zur gleichen Zeit wurden Pferde als Sporttier entdeckt; es fanden die ersten Polospiele (Persien) und Pferde- und Wagenrennen statt.[2]

Im Jahr 732 erließ Papst Gregor III ein Verbot, Pferdefleisch zu essen. Die Gründe dafür sind nicht klar: einerseits versuchte die Kirche heidnische Bräuche und Kultpraktiken zu unterbinden, andererseits gab es einen Mangel an Streitrössern, die ein wertvolles Kriegsmaterial darstellten.[3]

Einen Überblick zur Pferdeverwendung und -verwertung bis ins Mittelalter gibt die nachfolgende Übersicht.

Tabelle 1: Pferdeverwendung und -verwertung bis ins Mittelalter

Jagdbeute	**Kultobjekt**	**Nahrungsmittel**	**Sporttier**	**Kriegsmaterial**	**Statussymbol**
Verzehr	z.T. Verzehr	Verzehr	?	z.T. Verzehr	**Kein** Verzehr!
?	Verbrennung, Versenken, Aufhängen etc.	Gebrauchsmaterialien	?	Verbrennung	Begräbnis

Quelle: Eigene Darstellung

Dennoch waren das Mittelalter und auch die Zeit danach nicht frei von Pferdefleischverzehr. Vor allem in Kriegs- und Notzeiten fehlte es besonders der ärmeren, städtischen Bevölkerung an Nahrungsmitteln, vorrangig an Fleisch.[4]

In der Neuzeit wurden Pferde weiterhin im Krieg eingesetzt, fanden daneben aber immer mehr Einsatz als Zug-, Last- oder Reittier in der Land- und Forstwirtschaft (Rückepferd) und in den oberen gesellschaftlichen Schichten (Kutschpferd, Reitpferd, Sportpferd).

Bis ins 20. Jahrhundert befanden sich in Europa die meisten Pferde als Arbeitstiere in bäuerlicher Hand bis sie aufgrund des technischen Fortschritts durch Motoren abgelöst wurden.[5]

1 Vgl. Brade, 2013, 1; Krutzler, 2011, 218f. und 274f; Benecke, 1994, 132.
2 Vgl. Gierse, 2000, 20–22.
3 Bonifatii epistula 28: „Inter ea agrestem caballum aliquantos adiunxisti comedere, plerosque et domesticum. Hoc nequaquam fieri deinceps sanctissime sinas frater, sed, quibus potueris Christo iuvante modis, per omnia conpesce et dignam eis interdicto paenitentiam. Inmundum enim est atque exsecrabile."
4 Vgl. Gudehus, 2006, 5f.
5 Vgl. Achilles, 1993, o. S.

Nicht nur in der Landwirtschaft, sondern auch in folgenden Bereichen wurden Pferde in den letzten zwei Jahrhunderten vielseitig eingesetzt:

a) in den Großstädten als Droschken-, Omnibus-, Straßenbahn- und Eisenbahnpferde,
b) in der Schifffahrt als Treidelpferde,
c) Postpferde als Kutschpferde oder Kurierpferde,
d) als Göpelpferde für Mahlwerke und Bewässerungsanlagen,
e) im Bergbau als Grubenpferde,
f) als Karussellpferde, Packpferde,
g) Pferde im Stierkampf, Versuchstiere.[6]

Durch die Industrialisierung verschwand das Pferd seit den 1950er Jahren weitgehend als Arbeitstier, fand aber als Freizeit- und Sporttier immer mehr Beachtung. Aktuell sind Pferde noch bei berittenen Polizeistaffeln und als Sanitätspferde im Einsatz. Einen zusammenfassenden Überblick über die Pferdeverwendung und -verwertung bis heute gibt die nachfolgende Tabelle.

Tabelle 2: Pferdeverwendung und -verwertung in der Neuzeit bis heute

Kriegs-material	**Statussymbol**	**Arbeitstiere in der Großstadt**	**sonstige Arbeitstiere**	**Hobby-, Freizeittiere**	**Sporttiere, Zuchttiere**
z.T. Verzehr	**Kein** Verzehr!	z. T. Verzehr, Hunde- und Katzenfutter	?	z. T. Verzehr (Equidenpass), Futtermittel	Selten (Equidenpass[7]) Verzehr, Futtermittel
Verbrennung	Begräbnis	Abdeckerei	Abdeckerei	Schlachter, Tierkörper-beseitigungs-anstalt	Schlachter, Tierkörper-beseitigungs-anstalt
		Gebrauchsmaterialien (z. B. Dünger, Öl, Kerzen, Kleister, Leder)	Gebrauchs-materialien	Gebrauchs-materialien, Brennstoffe, Dünger	z. T. Sondermüll; Gebrauchs-materialien, Brennstoffe, Dünger

Quelle: Eigene Darstellung

6 Vgl. Gierse, 2000, 34–41, 63–66 und 87.

7 Equidenpässe für Turnierpferde werden von der Zweigstelle mit Sitz in einem Mitgliedstaat einer internationalen Vereinigung oder Organisation, die Pferde im Hinblick auf Wettkämpfe und Rennen gemäß Artikel 2 Buchstabe c der Richtlinie 90/426/EWG verwaltet, ausgestellt. Für alle anderen Pferde werden Equidenpässe von Organisationen ausgestellt, die von der Veterinärverwaltung damit beauftragt wurden.

Es ist zu vermuten, dass die in der Landwirtschaft eingesetzten Pferde auch als Nahrungsmittel dienten, die Statussymbole der „adligen" Pferdebesitzer hingegen nicht geschlachtet, sondern in Parks und Gärten begraben wurden.

Die Pferde, die in Städten oder Unternehmen ihre Arbeit taten, wurden i. d. R. bis zu ihrem Tod voll ausgenutzt, d. h. sie waren oft unterernährt und wurden geschlagen oder misshandelt. Eine Behandlung bei Krankheiten oder Verletzungen fand nicht statt. Sie eigneten sich daher nicht oder nur selten für den menschlichen Verzehr und wurden dem Abdecker/Wasenmeister übergeben. Diese verwerteten die Tierkörper z. B. zu Fett, Leim, Knochenmehl, Salmiak, Seife, Bleichmittel und Viehfutter und vergruben oder verbrannten, was nicht mehr verwertet werden konnte.[8]

3. Der Pferdebestand in Deutschland

Seit dem 1. Juli 2009 muss jedes Pferd/Esel, das in der Europäischen Union gehalten wird, einen Equidenpass besitzen, mit einem Transponder gekennzeichnet und in eine zentrale Datenbank eingetragen sein.[9]

Trotzdem lässt sich der tatsächliche Pferdebestand in Deutschland nicht genau ermitteln. Es kann nur auf Basis verschiedener Hinweise eine Schätzung abgegeben werden. Für das Jahr 2010 erfasste das Statistische Bundesamt 461.779 Einhufer[10], für das Jahr 2013 eine Zahl von 461.300.[11] Diese Zahlen beziehen sich jedoch nur auf die erfassten landwirtschaftlich geführten Betriebe.

---

8 Vgl. Gierse, 2000, 34ff.
9 Bayerische Landesanstalt für Landwirtschaft, 2013, 1.
10 Darunter werden Pferde, Esel und Zebras sowie deren Kreuzungen zusammengefasst.
11 Vgl. Statistisches Bundesamt, 2014, Tiere und tierische Erzeugung, o. S.

Abbildung 1: Pferdebestand in Deutschland in den Jahren 1900 bis 2010 (inklusive der DDR)*

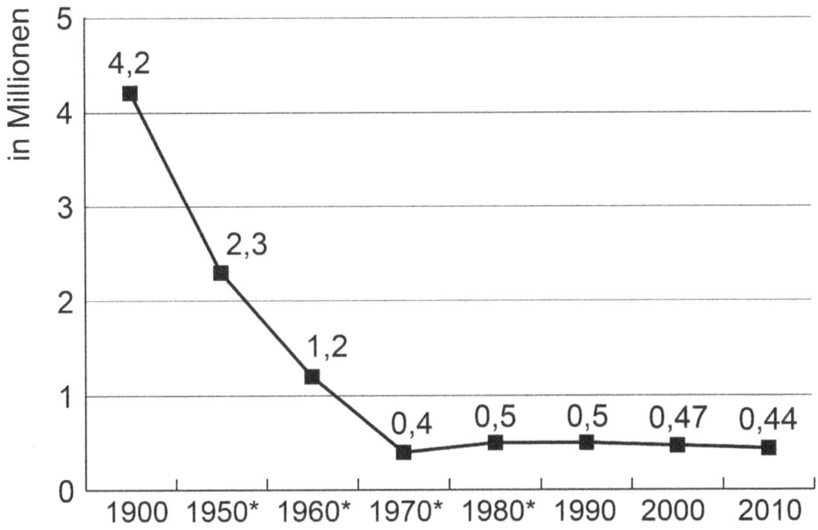

(Eigene Darstellung, Quellen: Statistisches Bundesamt; DBV; Statistisches Amt der DDR, http://de.statista.com/statistik/daten/studie/163428/umfrage/entwicklung-des-pferdebestands-in-deutschland-seit-1900/, Zugriff 6.11.2014)

Der Deutschen Reiterlichen Vereinigung als Bundesverband für Pferdesport und Pferdezucht liegen einzig für den Zuchtbereich zuverlässige Zahlen vor:

Tabelle 3: Anzahl der gemeldeten Zuchttiere 2013

	2012	**2013**
Reitpferde-Zuchthengste	3.559	3.504
Reitpferde-Zuchtstuten	59.886	55.561
Reitpferdefohlen	27.503	25.071
Reitpony-/Kleinpferdehengste	3.850	3.764
Reitpony-/Kleinpferde-Zuchtstuten	22.708	21.395
Reitponyfohlen	9.152	8.220
gesamt	**126.658**	**117.515**

(Quelle: Deutsche Reiterliche Vereinigung, Zahlen und Fakten, www.pferd-aktuell.de/fn/zahlen--fakten/zahlen--fakten, Zugriff 5.11.2014)

Die Ergebnisse einer Umfrage zur Häufigkeit von Reiten in der Freizeit lassen ebenfalls keine Rückschlüsse auf die Anzahl der Pferde zu: „Im Jahr 2012 gab es in der deutschsprachigen Bevölkerung ab 14 Jahren rund 0,49 Millionen Personen, die mehrmals wöchentlich ritten. … Neben dem Pferdesport ist der Bereich des Freizeitreitens mit 1,15 Millionen Menschen ein beliebtes Hobby der Deutschen.“[12] „Im Jahr 2013 gab es in der deutschsprachigen Bevölkerung rund 1,24 Millionen Personen, die häufig in ihrer Freizeit Reiten gingen.“[13]

„Anfang 2014 waren bei den Tierseuchenkassen rund 915.000 Pferde registriert, die sich auf rund 182.000 Pferdehalter/ Pferdehaltungen verteilen.“[14]

Da es keine verlässlichen Zahlen gibt, wird versucht, den Pferdebestand in Deutschland zumindest annäherungsweise festzustellen: „Laut Hochrechnungen u. a. des Statistischen Bundesamts, der Versicherungen, Tierseuchenkassen u. a. leben in Deutschland rund 1,2 Million Pferde und Ponys. Damit hat sich die Pferdepopulation in Deutschland in den vergangenen 40 Jahren etwa vervierfacht.“[15]

Auch wenn diese Zahl deutlich von den erfassten Beständen abweicht, ist davon auszugehen, dass sie annäherungsweise der Realität entspricht, da viele Pferde „privat“ gehalten werden und somit oftmals nicht gemeldet sind.

Es stellt sich daher die Frage wo Pferde, unabhängig davon ob sie gemeldet sind, nach ihrem Tod verbleiben (können).

4. Der Pferdefriedhof

Bis ins Jahr 2002 konnten in Deutschland tote Haustiere im eigenen Garten vergraben werden. Eine andere Möglichkeit ist die Beisetzung auf einem Tierfriedhof. Diese Alternative gibt es heute aber i. d. R. nur für Kleintiere und Hunde. Für die Tierkörperbeseitigung gilt in Deutschland eine EU-Vorschrift[16], die das

---

12 Statista, Bevölkerung in Deutschland nach Häufigkeit des Reitens in der Freizeit, 2015, o. S.

13 Statista, Anzahl der Personen in Deutschland, die in der Freizeit Reiten gehen, 2015, o. S.

14 Sieweck/Hartwig, 2015, XXX.

15 Deutsche Reiterliche Vereinigung, Zahlen und Fakten, Pferdesport und Pferdezucht, Menschen und Pferde, o. J.

16 Nach dem deutschen Tierkörperbeseitigungsgesetz vom 2. September 1975 mussten die Kadaver von Pferden, Schafen, Rindern, Schweinen und Ziegen unschädlich beseitigt werden. Inzwischen wurde das deutsche Tierkörperbeseitigungsgesetz (TierKBG) durch das Tierische Nebenprodukte-Beseitigungsgesetz (TierNebG) vom 25. Januar 2004 ersetzt. Mit diesem Gesetz wurden Vorgaben der EU-Verordnung (EG) Nr. 1774/2002 zur Tierkörperbeseitigung umgesetzt; aufgehoben mit Wirkung zum

Vergraben toter Tiere nur noch mit einer Genehmigung erlaubt (siehe Rechtliche Aspekte der Tierkörperbeseitigung).

Das war nicht immer so:

In Giershagen im östlichen Sauerland befand sich am Rotenberg bis ca. 1940 ein Bereich zur Entsorgung von Kadavern verendeter großer Haustiere, insbesondere von Pferden. Im Volksmund hat dieser Platz heute noch den Namen „Pferdefriedhof".[17]

In Sankt Petersburg befindet sich eine denkmalgeschützte Begräbnisstätte für Pferde (siehe Abbildung 2). Dieser gut erhaltene Pferdefriedhof gilt als größter Pferdefriedhof der Welt und wurde zusammen mit einem Gnadenhof 1826 von Zar Nikolaus I gegründet. Über einen Zeitraum von etwa 100 Jahren wurden 122 bewährte Pferde der Zarenfamilie dort bestattet, das letzte 1917.[18]

Abbildung 2: Gnadenhof und Pferdefriedhof bei Sankt Petersburg im Oktober 2000 (Foto: Alexey Sergeev, www.asergeev.com/pictures/archives/compress/2000/157/32.htm; Zugriff 06.11.2014)

4. März 2011 durch Artikel 54 der Verordnung (EG) Nr. 1069/2009 des Europäischen Parlaments und des Rates mit Hygienevorschriften für nicht für den menschlichen Verzehr bestimmte tierische Nebenprodukte und zur Aufhebung der Verordnung (EG) Nr. 1774/2002 (Verordnung über tierische Nebenprodukte) vom 21. Oktober 2009 (ABl. EU vom 14. November 2009 Nr. L 300, S. 1 (32)).

17 „Unser Giershagen" e. V., o. J., 32_Pferdefriedhof.

18 LEET Marketing GmbH, 2013, o. S.

In Polen findet sich in Kliczków (Klitschdorf) ein von Graf Friedrich zu Solms-Baruth angelegter Pferdefriedhof. Hier ließen die adligen Besitzer im 19. und frühen 20. Jahrhundert ihre Pferde und Jagdhunde bestatten. Noch in den 1950er Jahren befanden sich hier mehr als ein Dutzend Grabsteine. Bis heute sind davon nur zwei erhalten geblieben, die allerdings inzwischen größtenteils zerstört sind. Ein weiterer Grabstein ist inzwischen von der Stiftung Pro Culturae Bono freigelegt worden.[19]

Auch im Königlichen Wald/Park zu Apeldoorn befindet sich ein Pferdefriedhof. Dort liegen alle Pferde und Pony's von Königin Wilhelmina (1880–1962) und Juliana (1909–2004) begraben.[20]

Bei Ausgrabungen auf dem Kronsberg bei Rullstorf im Landkreis Lüneburg wurde ein Pferdegräberfeld (31 menschliche Körpergräber, 130 Brandbestattungen und bisher 42 Pferdebestattungen) entdeckt. Es gilt als größter bekannter spätsächsischer Pferdefriedhof. Das Gräberfeld ist in das 7./8. Jahrhundert n. Chr. datiert und als sächsischer Adelsfriedhof interpretiert.[21]

Die Sitte, Pferde als Grabbeigabe mitzugeben, war im ersten Jahrtausend n. Chr. in Europa weit verbreitet und hat seine Wurzeln in der vorrömischen Eisenzeit. Bekannte Fundorte mit mehr als 20 Pferdeskeletten sind in Deutschland Krefeld-Gellep aus dem 1. Jahrhundert n. Chr. mit 31 Pferden und Beckum mit 24 Pferdeskeletten aus dem 6./7. Jahrhundert.[22]

5. Die Einäscherung

Bisher gibt es in Deutschland keine Einschränkungen bei Urnenbestattungen. Dazu muss das Pferd vom Tierarzt eingeschläfert (Kosten ca. 200–300 Euro) und bei einem Tierkrematorium abgegeben werden. Nur in Amsterdam (Niederlande) und in der Schweiz (seit 2013) existiert je ein Pferdekrematorium, in dem Pferde ganz kremiert werden können. Andernfalls muss ein Metzger hinzugezogen werden, der die Pferde vor dem Verbrennen in Einzelteile zerlegt.[23]

Die Asche (bis zu 26 kg/Pferd) darf auf dafür vorgesehenen Streufeldern, auf See bzw. zu Hause auf der Weide verstreut sowie mit Urne im Garten oder auf einem Tierfriedhof beigesetzt werden. Allerdings ist hierzulande das Einäschern

---

19 Polnisches Fremdenverkehrsamt, o. J., Der Pferdefriedhof in Kliczków (Klitschdorf).

20 Treffpunkt Schöner Reisen, o. J., Forum.

21 Vgl. Gebers, 1985, 276–281; Gebers, 1986, 85ff; Hornig, 1993, o. S. und Becker, 2007, 5.

22 Vgl. Nobis, 1962, 125–185; Nobis, 1973, 224–252; Becker, 2007, 5.

23 Vgl. Pferdekrematorium Kirchberg, 2013, Medienmitteilung; Schweizer Bauer, 7.6.2013, Rubrik Tiere, übrige Tiere.

von Ponys und Pferden verboten. „Um Pferde verbrennen zu dürfen, müssen die gesetzlichen Grundlagen in Europa den nationalen Gegebenheiten angepasst werden. Dies geschieht augenblicklich (August 2014). Dieser Vorgang ist in Deutschland leider immer noch nicht abgeschlossen.“[24] Auch ein Transport von verstorbenen Ponys oder Pferden ist laut aktueller deutscher Gesetzeslage nur den Tierkörperbeseitigungsanstalten sowie Pferdeschlachtern mit Genehmigung erlaubt. Einen Ausweg bieten kommerzielle Dienstleister, die z. B. in die Niederlande (seit 2008)[25] oder die Schweiz (seit 2013)[26] ausweichen.

Tabelle 4: Kosten der Einäscherung im Vergleich (Eigene Darstellung)

<table>
<tr><th></th><th>Deutschland</th><th>Niederlande[27]</th><th>Schweiz[28]</th></tr>
<tr><td>Einäscherung</td><td colspan="3"></td></tr>
<tr><td>bis 250 kg</td><td>790–1.100 Euro</td><td>399–450 Euro</td><td rowspan="3">2.500 CHF (entspricht 2.373,22 Euro; Stand 11.06.2015)</td></tr>
<tr><td>bis 600 kg</td><td>1.490–1.695 Euro</td><td>599–850 Euro</td></tr>
<tr><td>900 kg und mehr</td><td>1.590–1.795 Euro</td><td>999–1.050 Euro</td></tr>
<tr><td>Transport/ Abholung</td><td>im Preis enthalten, nach Entfernung, oder Festpreis</td><td>nach Entfernung</td><td>nach Aufwand</td></tr>
<tr><td>Zustellung Asche</td><td>40–90 Euro</td><td>50 Euro</td><td></td></tr>
<tr><td>Urne</td><td>60 ltr. Holzurne 110 Euro, oder nach Wahl</td><td>zusätzlich nach Wahl</td><td>zusätzlich nach Wahl</td></tr>
<tr><td>Sonstiges (z. B. Blumen, Streuwiese)</td><td></td><td>17,50 bis 130 Euro</td><td></td></tr>
</table>

Die Kosten einer Einäscherung betragen je nach Gewicht des Pferdes etwa 400–2.500 Euro. Dazu kommen ggf. Transport-/Zustellungskosten, Kosten für die Urne, das Ausstreuen der Asche und/oder Kosten für einen Grabplatz.

Eine weitere Möglichkeit ist die „Weiterverarbeitung“ der Kremationsasche zu einem Erinnerungsdiamanten (seit 2006).[29] Benötigt wird dafür aber nur ein kleiner Teil (ca. 300 Gramm) der Asche.[30] Nach einer Analyse im Labor wird der

24 Arbeitsgemeinschaft Pferdekremierung Deutschland, o. J., Rechtliche Aspekte.
25 Vgl. Paardencrematorium Westerhout, 2008, home.
26 Vgl. Pferdekrematorium Kirchberg, 2013, Pferdekrematorium.
27 Vgl. De Breborgh, o. J., Tarieven Paardencrematorium.
28 Vgl. Pferdekrematorium Kirchberg, 2013, Information.
29 Vgl. Semper Fides, 2015, home.
30 Bei einem Pferdegewicht von 500 kg entstehen ca. 15–20 kg Asche.

Kohlenstoff herausgelöst, hohem Druck (ca. 60.000 bar) und hoher Temperatur (ca. 2.500 Grad Celsius) ausgesetzt. Dieser Prozess wird solange fortgesetzt, bis die gewünschte Karatzahl erreicht und die Asche vollständig verbraucht ist. Abschließend wird der Diamant von Hand nach Wunsch geschliffen und poliert.[31] Die Kosten für einen so erzeugten Diamanten betragen 2.890 Euro bis zu 14.990 Euro, je nach Karat und Schliff.[32]

6. Rechtliche Aspekte der Tierkörperbeseitigung

a) Tierkörperbeseitigungsgesetz (TierKBG)

Die Beseitigung von verendeten Tieren dient vorrangig dem Schutz der tierischen und menschlichen Gesundheit sowie der Verhütung der Verbreitung von Krankheitserregern. Nach dem deutschen TierKBG vom 2. September 1975 mussten die Kadaver von Pferden, Schafen, Rindern, Schweinen und Ziegen unschädlich beseitigt[33] werden.[34] Dazu sind gemäß TierKBG § 5, „(1), [1]in Tierkörperbeseitigungsanstalten folgende Tiere zu beseitigen: 1.) Körper von Einhufern, Klauentieren, Hunden, Katzen, Geflügel, Kaninchen und Edelpelztieren, die sich im Haus, Betrieb oder sonst im Besitz des Menschen befinden, 2.) Körper von Tieren, die in Zoologischen Gärten oder ähnlichen Einrichtungen sowie in Tierhandlungen gehalten werden, 3.) herrenlose Tierkörper der in Nummer 1 genannten Tierarten, ausgenommen solche von frei lebendem Wild. … (2) [1]Absatz 1 Satz 1 gilt nicht für einzelne Körper von Hunden, Katzen, Ferkeln, Kaninchen, unter vier Wochen alten Schaf- und Ziegenlämmern sowie einzelne Körper von Geflügel oder in Tierhandlungen gehaltenen Kleintieren und Vögeln, die auf geeigneten und von der zuständigen Behörde hierfür besonders zugelassenen Plätzen oder auf eigenem Gelände, jedoch nicht in Wasserschutzgebieten und nicht in unmittelbarer Nähe öffentlicher Wege und Plätze, vergraben oder in dafür zugelassenen Abfallbeseitigungsanlagen verbrannt werden. [2]Die Tierkörper müssen so vergraben werden, dass sie mit einer ausreichenden, mindestens 50 Zentimeter starken Erdschicht, gemessen vom Rande der Grube an, bedeckt sind."

---

31 Vgl. Semper Fides, 2015, home.

32 Vgl. Semper Fides, 2014, S. 1.

33 S. TierKBG §1 (2) Die Beseitigung im Sinne dieses Gesetzes umfasst das Abliefern, Abholen, Sammeln, Befördern, Lagern, Vergraben, Verbrennen, Behandeln und Verwerten von Tierkörpern, Tierkörperteilen und Erzeugnissen.

34 S. Bundesgesetzblatt Teil I (1975), Nr. 104 vom 06.09.1975, Gesetz über die Beseitigung von Tierkörpern, Tierkörperteilen und tierischen Erzeugnissen (Tierkörperbeseitigungsgesetz – TierKBG), Bundesanzeiger, S. 2313–2320.

b) Tierische Nebenprodukte-Beseitigungsgesetz (TierNebG)

Inzwischen wurde das TierKBG durch das TierNebG vom 25. Januar 2004 ersetzt.[35] Mit diesem Gesetz wurden Vorgaben der EU-Verordnung (EG) Nr. 1774/2002 zur Tierkörperbeseitigung umgesetzt. Definiert werden dort u. a.: „… f) „Nutztier" Tiere, die von Menschen gehalten, gemästet oder gezüchtet und zur Erzeugung von Lebensmitteln (wie Fleisch, Milch und Eiern) oder zur Gewinnung von Wolle, Pelzen, Federn, Häuten oder anderer Erzeugnisse tierischen Ursprungs genutzt werden …h) „Heimtier" Tiere von Arten, die normalerweise von Menschen zu anderen Zwecken als zu landwirtschaftlichen Nutzzwecken gefüttert und gehalten, jedoch nicht verzehrt werden…".[36]

Verendete oder getötete Pferde sind somit in einer Tierkörperbeseitigungsanstalt zu entsorgen. Dabei sind Ausnahmen möglich: Bestattung auf zugelassenen Tierfriedhöfen oder Einäscherung in zugelassenen Tierkrematorien. Sowohl die EG-Verordnung als auch das deutsche Gesetz stellen es den Landesbehörden in der Umsetzung frei, das Vergraben von Heimtieren unter Einhaltung bestimmter Vorgaben zuzulassen. Dazu bedarf es sogenannter „Allgemeinverfügungen". Diese lassen erkennen, dass sich die Behörden an den ehemaligen Vorgaben orientieren: „Das Vergraben von einzelnen Heimtieren auf dem eigenen Grundstück ist zulässig, wenn das Tier mindestens 50 cm tief vergraben wird. Das Grundstück darf jedoch nicht in einem Wasserschutzgebiet liegen, und es muss ein ausreichender Abstand zu öffentlichen Wegen und Plätzen eingehalten werden."[37]

Das gilt jedoch nicht für Pferde, denn in der EU-Verordnung (EG) Nr. 1774/2002 Kapitel II, Artikel 4 werden – nach Gesundheitsgefährdung gestaffelt – 3 Kategorien von beseitigungspflichtigem Material eingeführt. Material der Kategorien 1 und 2 muss in einem dafür zugelassenen Betrieb beseitigt werden. Material der Kategorie 3 (dazu zählt insbesondere ein großer Teil von Schlachtabfällen) kann z. B. zur Energieerzeugung oder für die Tierfutterherstellung verwendet werden. „Material der Kategorie 1 umfasst folgende tierische Nebenprodukte und jedes diese Produkte enthaltende Material: a) alle Körperteile, einschließlich Häute,

35 Dieses Gesetz dient der Durchführung der Verordnung (EG) Nr. 1774/2002 des Europäischen Parlaments und des Rates vom 3. Oktober 2002 mit Hygienevorschriften für nicht für den menschlichen Verzehr bestimmte tierische Nebenprodukte (ABl. EG Nr. L 273 S. 1), zuletzt geändert durch die Verordnung (EG) Nr. 777/2008 vom 4. August 2008 (ABl. L 207 vom 5.8.2008, S. 9), und der zu ihrer Durchführung ergangenen Rechtsakte der Europäischen Gemeinschaft oder der Europäischen Union.

36 Amtsblatt der Europäischen Gemeinschaften, 2002, L 273/4.

37 Vgl. beispielhaft Stadt Bochum, o. J., Tierkörperbeseitigung.

folgender Tiere:...iii) andere Tiere als Nutztiere und Wildtiere, insbesondere Heimtiere, Zootiere und Zirkustiere..."[38]

c) Ausführungsgesetz zum Tierischen Nebenprodukte Gesetz (AgTierNebG)

Gemäß EU-Verordnung (EG) Nr. 1774/2002 müssen in allen Mitgliedsstaaten Falltierbesitzer (Halter von Falltieren, wozu auch Pferde gehören) mit 25 % an den Beseitigungskosten verendeter oder getöteter Tiere beteiligt werden.[39]

Diese Vorgabe wurde mit Wirkung zum 01.07.2004 zum Beispiel in Niedersachsen mit dem Nieders. Ausführungsgesetz zum Tierischen Nebenprodukte Gesetz (Nds. AgTierNebG) umgesetzt. Die Tierseuchenkasse wurde somit die Aufgabe zugewiesen, den Falltierbesitzern in Niedersachsen 25 % der Beseitigungskosten in Rechnung zu stellen. Der erste Bescheidversand für Pferdeverluste im 2. Halbjahr 2004 durch die Tierseuchenkasse erfolgte im Mai 2005.[40]

Am 18.11.2005 ist eine weitere Änderung des Nieders. AgTierNebG in Kraft getreten. Seit 2006 müssen 60 % der Tierkörperbeseitigungskosten (Transport und Verarbeitung) von der Tierseuchenkasse getragen werden.[41] Da diese Beträge nicht wie in der Vergangenheit über Entnahmen aus der Rücklage der Pferdekasse finanziert werden konnten, wurde eine regelmäßige, jährliche Beitragserhebung für Pferde in Niedersachsen zwingend erforderlich.

Die für die Beitragserhebung maßgeblichen Rechtsvorschriften finden sich im Tiergesundheitsgesetz, dem Ausführungsgesetz zum TierGesG und der Beitragssatzung der Tierseuchenkasse. Für die Meldung und Entrichtung der Beiträge ist der Pferdebesitzer verpflichtet, d. h. der Inhaber der tatsächlichen Gewalt, also auch derjenige, in dessen Obhut oder Pflege sich das Pferd befindet (z. B. Betreiber von Pensionsställen, Reitvereine, Pächter von Ställen). Die Eigentumsverhältnisse an den Pferden spielen dabei keine Rolle.[42]

---

38 S. Amtsblatt der Europäischen Gemeinschaften, 2002, L 273/5.

39 Vgl. Niedersächsische Tierseuchenkasse, o. J., Nieders. Ausführungsgesetz zum Tierische Nebenprodukte-Beseitigungsgesetz (Nds. AGTierNebG).

40 Vgl. Niedersächsische Tierseuchenkasse, o. J., Wie kommt das Pferd in die Tierseuchenkasse.

41 S. Nds. AGTierNebG, §3 (5).

42 Vgl. Niedersächsische Tierseuchenkasse, o. J., Wie kommt das Pferd in die Tierseuchenkasse.

7. Verarbeitungsbetriebe Tierischer Nebenprodukte

In Deutschland existieren etwa 40 Verarbeitungsbetriebe Tierischer Nebenprodukte (VTN), auch Tierkörperbeseitigungsanstalten genannt. Diese entsorgen die Schlacht-, Zerlege- und Fleischverarbeitungsbetriebe von Schlachtnebenprodukten, sowie die landwirtschaftlichen Betriebe von gefallenen Tieren.[43] Durch die Verordnung (EG) Nr. 1069/2009 werden tierische Nebenprodukte, nach dem Grad der von ihnen ausgehenden Gefahr für die Gesundheit von Mensch und Tier, in drei Kategorien eingeteilt. Kategorie 1 umfasst spezifiziertes Material mit einem hohen Risikofaktor. Die Kategorie 2 erfasst zumeist die toten Tiere, die aus anderen Gründen als durch eine Tierseuche und auch nicht durch Schlachtung gestorben sind („gefallene" Tiere). Außerdem gehören hierher Tierkörperteile von Tieren, die nicht schlachttauglich waren sowie Tierkörper von Tieren, die nicht zur Schlachtung zugelassen wurden. Kategorie 3 enthält die tierischen Nebenprodukte aus Schlachtung, Zerlegung und Fleischverarbeitung, die aus wirtschaftlichen Gründen nicht zum menschlichen Verzehr verwendet werden. Im Jahr 2012 waren das etwa 2,6 Mio. Tonnen Schlachtnebenprodukte.[44]

Die in den VTN gewonnenen Erzeugnisse sind u. a. Proteine und Fette. Diese werden zum Beispiel zu Futtermitteln oder Biodiesel, aber auch in Chemie- und Kosmetikfabriken weiterverarbeitet. Tiermehl wird seit den BSE-Fällen im Jahr 2000 in Kraftwerken, Zementwerken u. ä. Industriebetrieben mit großem Energiebedarf gemeinsam mit anderen Brennstoffen (z. B. Braunkohlenstaub) verbrannt.[45] Einen Überblick über die tierischen Nebenprodukte und deren Weiterverwendung in den VTN gibt die folgende Tabelle.

---

43 Die Aufgabe der VTN ist gesetzlich durch die Verordnung (EG) Nr. 1069/2009 mit Hygienevorschriften für nicht für den menschlichen Verzehr bestimmte tierische Nebenprodukte und zur Aufhebung der Verordnung (EG) Nr. 1774/2002 (Verordnung über tierische Nebenprodukte) geregelt. Zusätzlich gibt es nationale Ausführungsvorschriften in Bund (Tierische Nebenprodukte-Beseitigungsgesetz) und Ländern.

44 Vgl. STN, 2015, Überblick.

45 Vgl. Landesamt für Natur, Umwelt und Verbraucherschutz Nordrhein-Westfalen, 2014, Tierkörperbeseitigung.

Tabelle 5: Tierische Nebenprodukte und deren Verwendung (Eigene Darstellung, Quelle: STN – Servicegesellschaft Tierische Nebenprodukte mbH)

<table>
<tr><th></th><th>Futtermittel</th><th>Technische Verwendung</th><th>Bio-diesel</th><th>Thermische Verwendung</th><th>Eigenverwertung</th><th>Verbrennung</th></tr>
<tr><td>Proteine</td><td rowspan="2">ja</td><td>Düngemittel</td><td></td><td rowspan="2">Energiegewinnung</td><td></td><td></td></tr>
<tr><td>Tierfett</td><td>Oleochemie</td><td>ja</td><td>Verbrennung zur Energiegewinnung im eigenen Betrieb</td><td>Beseitigung</td></tr>
<tr><td>Schmalz/ Talg</td><td>ja</td><td>ja</td><td>ja</td><td></td><td></td><td></td></tr>
<tr><td>Tiermehl (Fleisch und Knochen[46])</td><td></td><td></td><td></td><td>Kraftwerke, Zementwerke u. ä. Industriebetriebe[47]</td><td></td><td></td></tr>
</table>

Für die Tierkörperbeseitigung werden in den einzelnen Bundesländern Tierkörper-Gebühren erhoben, die allerdings unterschiedlich hoch sind.

Zum Beispiel in Thüringen: Pferd/Esel (je Stück) 36,84 Euro, Fohlen/Pony (je Stück) 25,71 Euro, Transport Tierkörper einzeln (je Abholung) 20,19 Euro[48]; in Nordbayern: Abholung und Beseitigung für ein Großtier 114,00 Euro.[49]

Diese Kosten müssen bisher nur anteilig vom Tierhalter getragen werden. Diese Form der Entsorgung wird in der Regel von der Tierseuchenkasse bezuschusst, da es eine gesetzlich vorgeschriebene Aufgabe der anteiligen Kostenübernahme gibt (siehe „Rechtliche Aspekte der Tierkörperbeseitigung"). Dazu erheben die Tierseuchenkassen inzwischen jährliche Beiträge von den Tierhaltern.

Zum Beispiel für Pferde in Niedersachen gemäß „Beitragssatzung §2 (1) 4. Pferde (einschließlich Ponys) – Für Pferde 3,75 Euro/Tier… (3) Der Mindestbeitrag für jeden Beitragspflichtigen beträgt 10,00 Euro."[50]

In Nordrhein-Westfalen gibt es jedoch seit Januar 2015 die erste Änderung, wonach alle Pferdehalter die Kosten allein tragen müssen:

46 Fleisch und Knochen werden auf unter zwölf Millimeter Korngröße zerkleinert und getrocknet.

47 Vgl. Hosan, Bastian, 2013, Ende eines Pferdelebens und Landesamt für Natur, Umwelt und Verbraucherschutz Nordrhein-Westfalen, 2014, Tierkörperbeseitigung.

48 Vgl. Zweckverband Tierkörperbeseitigung Thüringen, 2014, S. 14.

49 Vgl. Zweckverband Tierkörperbeseitigung Nordbayern, 2013, S. 4.

50 Vgl. Niedersächsische Tierseuchenkasse, Beitragssatzung 2015, o. S.

„Neu ist auch, dass Pferde, Esel, Maulesel, Maultiere und Zebras nicht mehr unter die Kostenteilung fallen. Im Kreis Steinfurt sind von dieser Regelung insbesondere die vielen Pferdehalter betroffen. Bei verendeten Pferden und Eseln trägt der Tierhalter die Kosten künftig komplett selber, egal ob Landwirt oder Pferdeliebhaber."[51] Je nach Anbieter und Fahrtstrecke kann das zu Kosten von mehreren hundert Euro führen.[52]

8. Die Pferdeschlachtung

In den Städten unterlag das Fleischereigewerbe dem Zunftzwang. In erster Linie begutachteten die Fleischer-Zünfte das Schlachtvieh unter ökonomischen Aspekten. Neben der Festlegung der Preise wurde so auf die Gesundheit der Tiere mit geachtet. Das Pferd unterlag allerdings nicht dem Recht der Zünfte.[53] Aus diesem Grund war der Preis für Pferdefleisch nicht festgesetzt, aber es fehlte somit auch die rudimentäre Gesundheitsprüfung.

Das änderte sich erst durch Kaiser Wilhelm II mit dem Gesetz, betreffend die Schlachtvieh- und Fleischbeschau, vom 3. Juni 1900, § 1 Abs. 1 Satz 1:„Rindvieh, Schweine, Schafe, Ziegen, Pferde und Hunde, deren Fleisch zum Genusse für Menschen verwendet werden soll, unterliegen vor und nach der Schlachtung einer amtlichen Untersuchung."[54]

Heutzutage ist die Grundvoraussetzung für die Schlachtung eines Pferdes das Vorliegen des zum Tier gehörenden Equidenpasses.[55] Dem Schlachter ist ein Schlachten ohne vorliegenden Equidenpass untersagt. Ob es sich bei einem Pferd um ein „Schlachtpferd" oder um ein „Nicht-Schlachtpferd" handelt, muss der erste Pferdebesitzer innerhalb der ersten sechs Lebensmonate des neugeborenen

51 Kreis Steinfurt, 2015, Presseinformation 018 Steinfurt, sowie Westfälische Nachrichten, 2015, o. S.

52 Barnboox Wissensdatenbank, 2015, Pferdebesitzer aus Nordrhein-Westfalen zahlen Kosten für Tierkörperbeseitigung jetzt alleine.

53 Kranke und abgewirtschaftete Arbeitstiere (namentlich Pferde) waren Wirtschaftsgut für den kommunalen Justizvollzugsbeamten (z. B. Henker, Abdecker, Schinder).

54 S. Deutsches Reichsgesetzblatt Band 1900, Nr. 27, Seite 547–555.

55 S. Verordnung (EG) Nr. 504/2008 der Kommission vom 6. Juni 2008 zur Umsetzung der Richtlinien 90/426/EWG und 90/427/EWG des Rates in Bezug auf Methoden zur Identifizierung von Equiden in Verbindung mit Abschnitt 13 der Viehverkehrsverordnung (ViehVerkV) vom 3. März 2010; Auslegungshinweise dazu unter www.bmel.de/SharedDocs/Downloads/Tier/Tiergesundheit/Einhufer kennzeichnung_Auslegungshinweise.pdf;jsessionid=50735C3E27250B5BF6E07D271FB2A5BE.2_ cid376?__blob=publicationFile; 8.4.2015.

Pferdes entscheiden. Vorteile und Nachteile dieser Entscheidung sind in der folgenden Tabelle dargestellt.

Tabelle 6: Vor- und Nachteile der Eintragung als Schlacht- bzw. Nicht-Schlachtpferd

	Vorteile	**Nachteile**
Nicht-Schlachtpferd	Einsatz aller Medikamente.	Entscheidung ist nicht rückgängig zu machen.
	Medikamentöse Anwendungen müssen vom Tierarzt nicht eingetragen werden.	Entscheidung über Tötung des Pferdes liegt nicht mehr beim Eigentümer; Tierarzt muss Einverständnis geben.
	Bestandsbuch muss nicht geführt werden.	Das tote Tier gilt als Sondermüll, zusätzliche Kosten für Entsorgung.
Schlachtpferd	Entscheidung über Tötung des Pferdes liegt beim Besitzer; Schlachtung aber keine Pflicht.	Einschränkungen und Dokumentationspflicht bei Anwendung von Arzneimitteln.
	Möglichkeit zur Änderung in „nicht zur Schlachtung bestimmt".	Verpflichtung zum Führen eines Bestandsbuches.

(Eigene Darstellung, Quelle: Tierarztpraxis Lars Schulte, 2009, Equidenpass/Pferdepass)

Die Entscheidung „Nicht-Schlachtpferd" ist nicht mehr zu widerrufen und auch für einen eventuellen Folgebesitzer verbindlich. Aus einem Schlachtpferd kann jedoch jederzeit ein Nichtschlachtpferd werden. Die Änderung des Status ist vom Tierarzt durch seine Unterschrift zu bestätigen und danach der ausstellenden Stelle anzuzeigen. Vor dem 30.06.2009 geborene Pferde, die bis heute nicht identifiziert sind, dürfen ausnahmslos nicht für den menschlichen Verzehr geschlachtet werden.[56]

Zwei der Hauptlieferanten für Schlachtpferde und Pferdefleisch in Europa sind Polen und Rumänien. Auch in Südamerika werden große Mengen an Pferdefleisch für den Export erzeugt. Importländer sind vornehmlich Frankreich, Belgien und die Niederlanden.[57]

Auf Island werden in extensiver Weidehaltung pro Jahr ca. 10.000 Schlachtfohlen produziert.[58] In Uruguay wird hauptsächlich für den Export erzeugt: pro

56 S. Verordnung (EG) Nr. 504/2008.

57 Vgl. Schwanke, o. J., Pferdezucht zur Fleischerzeugung – ökologische und kulturelle Aspekte.

58 Vgl. Schwanke, o. J., Pferdefleisch als Nahrungsmittel – Allgemeine Informationen.

Jahr wird das Fleisch von etwa 50.000 Pferden exportiert. Hauptabnehmer sind Belgien, Frankreich, Spanien, Tschechien, Russland und Deutschland.[59]

Die Pferdeschlachterei erlebt in Kanada einen Boom, nachdem die USA 2007 das letzte Pferdeschlachthaus geschlossen haben. Jährlich werden dort mehr als 80.000 Pferde geschlachtet (im Jahr 2008 waren es 113.000), wobei 70 % der Schlachtpferde aus den USA kommen. Im Jahr 2012 wurden rund 17,6 Tonnen Pferdefleisch exportiert mit einem umgerechneten Exportwert von 70 Mio. Euro. Hauptabnehmer ist Belgien mit rund 5.000 Tonnen, gefolgt von Frankreich, Japan, Kasachstan und der Schweiz.[60]

Argentinien erzeugt jährlich ca. 40.000 Tonnen Pferdefleisch und ist derzeitig der weltweit größte Exporteur. Jährlich werden etwa 200.000 Pferde geschlachtet und 33.000 Tonnen Pferdefleisch im Wert von etwa 52 Millionen US$ exportiert.[61]

In Russland bildet die produktive Pferdezucht einen eigenständigen Wirtschaftszweig mit 200 auf Fleischerzeugung spezialisierten Betrieben sowie weiteren 83 Betrieben für die Erzeugung von Stutenmilch. Etwa 243.000 Pferde werden hier für diese Zwecke gehalten.[62]

In Deutschland werden jährlich ca. 3.000 Tonnen Pferdefleisch erzeugt, wofür etwa 12.000 Pferde geschlachtet werden.[63] Einen Überblick über die Jahre 2012/2013 gibt die nachfolgende Tabelle.

Tabelle 7: Pferdeschlachtungen in Deutschland 2012/2013 (Quelle: Statistisches Bundesamt, 2013)

Deutschland	**Gewerbliche Schlachtungen**	**Hausschlachtungen**
2012	11.776	147
2013	10.751	148
Schlachtmenge in t		
2012	3.109	39
2013	2.838	39

59 Vgl. Schwanke, o. J., Fleisch und Wurst vom Pferd – Linkliste.
60 Vgl. Braune, 2013, o. S.
61 Vgl. Schwanke, o. J., Fleisch und Wurst vom Pferd – Linkliste.
62 Vgl. Schwanke, o. J., Pferdezucht zur Fleischerzeugung – ökologische und kulturelle Aspekte.
63 Vgl. Schwanke, o. J., Pferdefleisch als Nahrungsmittel – Allgemeine Informationen, ebenso Huth, 2013, o. S.

Im Gegensatz zu anderen Ländern (z. B. Italien, Niederlande), in denen Pferde auch industriell am Fließband geschlachtet und verarbeitet werden, sind in Deutschland Pferdemetzgereien meist kleinere, handwerklich arbeitende Betriebe.[64] Die ersten Pferdemetzgereien wurden in Aachen (1830), München (1840), Berlin (1847) eröffnet, einhergehend mit der Einführung des Pferdemetzgerberufes (ab 1848). Im Jahr 1907 existierten bereits 1.325 Pferdemetzgereien in Deutschland und der Deutsche Rossschlächterverband wurde gegründet.[65]

„Die Pferdemetzgerei von Kaspar Wörle hat tiefe Wurzeln in der Vergangenheit. Früher war der Handel mit Pferden auf dem seit 1883 existierenden Münchner Rossmarkt ein blühendes Geschäft. So ist es nicht verwunderlich, dass es in den 50er Jahren noch 20 Pferdemetzgereien in München gab. Doch die Zeiten haben sich geändert und das Geschäft mit den Pferden ist stark rückläufig. Heute gibt es nur noch eine einzige Pferdemetzgerei in München, die Metzgerei von Kaspar Wörle auf der Heiliggeist-Seite vom Viktualienmarkt, ohne die es wahrscheinlich gar keine mehr geben würde.“[66]

Heute gibt es in Deutschland insgesamt nur noch etwa 100 Pferdeschlachtereien (ca. 14.000 andere Schlachtereien). Der Bevölkerungsanteil an Pferdefleischkonsumenten beträgt ca. 0,3 %. Der Selbstversorgungsgrad für Pferdefleisch liegt bei 107 %.[67] Einen Vergleich zur allgemeinen Versorgungsbilanz für Fleisch im Jahr 2013 zeigt die folgende Tabelle.

Tabelle 8: Versorgungsbilanz für Fleisch 2013 (in 1.000 t Schlachtgewicht) (Quelle: Deutscher Fleischerverband, 2014, S. 36)

	Brutto-eigen-erzeugung	**Einfuhr**	**Ausfuhr**	**Verbrauch**		**Verzehr je Kopf in kg**	**Selbst-versorgung in %**
				insges.	**je Kopf kg**		
Pferdefleisch	**4**	**1**	**1**	**4**	**0,0**	**0,0**	**107**
Fleisch insgesamt	8.528	3.303	4.711	7.120	88,1	60,4	120

Italien liegt europaweit mit 900 Gramm jährlichem Pro-Kopf-Verbrauch (Pferdefleisch) noch vor anderen traditionellen Pferdefleischländern wie Luxemburg (680 g) und Frankreich (350 g). Deutschland und Portugal haben den geringsten

64 Vgl. Schwanke, o. J., Geschichte des Pferdefleisches – Kulturhistorische Daten und Entwicklungen.

65 Vgl. Zens et al., 2013, S. 7.

66 Wörle, 2015, Die Geschichte.

67 Vgl. Deutscher Fleischerverband, 2014, S. 36, sowie Huth, 2013, o. S.

Konsum mit etwa 50 Gramm pro Jahr.[68] Die folgende Tabelle zeigt die Entwicklung der Pro-Kopf-Verzehrmenge von Fleisch in Deutschland.

Tabelle 9: Fleischverzehr im langfristigen Vergleich in Kilogramm (Quelle: Deutscher Fleischerverband, 2014, S. 39)

	1950	1975	1985	1995	2005	2010	2012	2013
Hauptfleischarten	23,3	47,6	57,4	51,7	48,5	48,9	48,4	47,6
Pferdefleisch	**0,6**	**0,1**	**0,1**	–	–	–	–	–
Fleisch gesamt	26,2	55,8	66,1	61,8	60,0	61,3	60,8	60,4

Für Pferdefleisch gibt es in Deutschland keine regelmäßigen Marktnotierungen, wie für Schweine- oder Rindfleisch.[69] Der Pferdeschlachter zahlt dem Besitzer einen Schlachtpreis, der sich in der Regel nach dem Gewicht, der Rasse und dem körperlichen Zustand des Pferdes richtet. Die folgenden zwei Beispiele verdeutlichen, wie die Berechnungsmodelle nach Region, Jahreszeit und Schlachter variieren können:

Bei einem Lebendgewicht von insgesamt 500 kg verbleiben etwa 55 bis 60 % (ca. 300 kg Schlachtertrag) als verwertbare Menge, die mit einem Preis von 1,20–1,50 Euro/kg (insgesamt 360–450 Euro) vergütet werden.[70]

Bei einem 600 kg schweren Pferd (Lebendgewicht) liegt der Preis bei 0,30–0,80 Euro/kg (insgesamt 180–480 Euro), für z. B. große Warmblüter werden Preise bis zu 1.000 Euro gezahlt.[71]

Als Nebenprodukte fallen Innereien, Fett, Blut, Hufe, Knochen, Haare und das Fell an, wobei nahezu alle Teile nutzbringend verwertet werden können. Haut, Mähne und Schweif werden heute nur noch selten durch den Pferdemetzger weiterverarbeitet bzw. verkauft, da sich der Aufwand bei den geringen Stückzahlen nicht lohnt. Knochen, Hufe, Innereien etc. und Kopf werden fachgerecht entsorgt (siehe VTN).[72]

---

68 Vgl. Zens et al., 2013, S. 10.

69 Vgl. Huth, 2013, o. S.

70 Vgl. Knoche, Interview, 2015.

71 Vgl. Huth, 2013, o. S.

72 Vgl. Knoche, Interview, 2015.

9. Das Pferd – Substanzwert

Wird das Pferd als reines Produkt/Sachgut betrachtet, kann es in verschiedene Bestandteile zerlegt werden: Fleisch, Fett, Mähne und Schweif, Knochen, Haut, Hufe, Hufeisen, Innereien und Kopf (siehe Abbildung 3).

Um einen Gesamtwert zu berechnen, werden die einzelnen Bestandteile mengenmäßig (in kg) erfasst (siehe Tabelle 10) und mit einem dafür zu erzielenden Preis multipliziert. Der Wert der einzelnen Bestandteile ist jeweils aus einem realistischen Mittel gebildet, da die Verwendungsmöglichkeiten wie auch die Verkaufspreise stark variieren. Detaillierte Zahlen dazu sind im anschließenden Teil „Verwendungsmöglichkeiten einzelner Bestandteile" zu finden.

Für ein 500 Kilogramm schweres Pferd (Lebendgewicht) lässt sich ein theoretischer Substanzwert von 3.500 Euro errechnen. Das ist nicht mit dem objektiv am Markt zu erzielenden Verkaufspreis eines Pferdes zu vergleichen. Denn dabei werden Faktoren wie z. B. Alter, Gesundheit, Abstammung, Farbe, Größe, Rittigkeit, erbrachte Leistungen, Charakter etc. berücksichtigt. Je nach Verwendung und Funktion des Pferdes werden einzelne Faktoren höher oder niedriger gewichtet und beeinflussen somit den Preis; auch Angebot und Nachfrage spielen eine Rolle. Diese komplexe Thematik wird im Artikel „Grundlegende Überlegungen zur finanziellen Bewertung von Pferden" näher beleuchtet.

Abbildung 3: Bestandteile eines Pferdes (Eigene Darstellung)

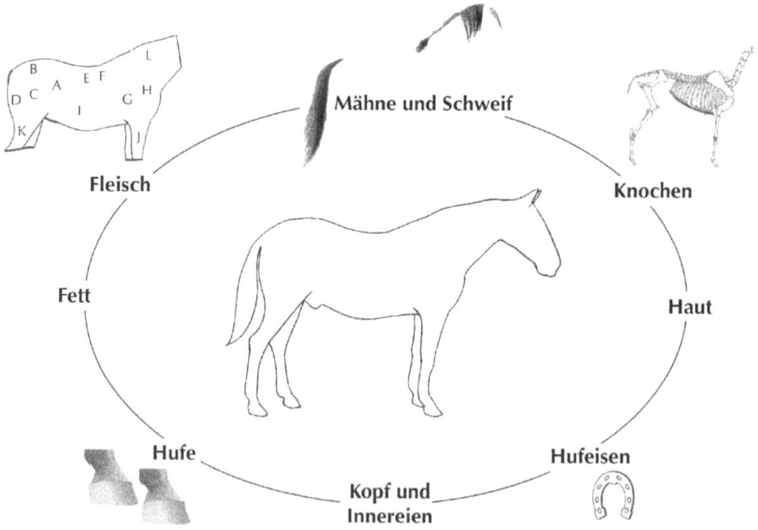

Tabelle 10: Verteilung der einzelnen Komponenten nach Menge und Wert (Quelle: Knoche, Interview, 2015)

	ca. Menge/pro Pferd (500 kg)	ca. Anteil Gewicht in %	Preis pro kg/Stk. in €	Gesamtpreis im Durchschnitt in €
a) Fleisch	225 kg	45,0	4,00–25,00	2.500,00
b) Fett	10–15 kg	3,0	2,00–6,00	50,00
c) Mähne und Schweif	2 kg	0,4	40,00	40,00
d) Knochen	60 kg	12,0	ab 3,00	300,00
e) Haut	10 kg (1 Haut ca. 3–4 m^2)	2,0	11,00–50,00	100,00
f) Hufe	4 kg	0,8	0	0
g) Hufeisen	1 kg	0,2		10,00
h) Innereien und Kopf	190 kg	38,0	4,00–34,00	500,00

10. Verwendungsmöglichkeiten einzelner Bestandteile

a) Fleisch für den menschlichen Verzehr

Pferdefleisch gilt nicht nur unter Veterinären als gesund. Es ist fettarm[73] und die Tiere, zumindest in Deutschland, werden nicht in Massentierhaltung gemästet. Für den menschlichen Verzehr eignen sich folgende Schlachtteile (vgl. Abb. 3 „Fleisch“):

73 Pferdefleisch zählt mit nur 3 Gramm Fett und 4,7 Gramm Eisen pro 100 Gramm zu den fett- und cholesterinärmsten Fleischsorten. (vgl. Max Rubner-Institut, Bundesforschungsinstitut für Ernährung und Lebensmittel, o. J., Rind und Pferd – Fleisch im Vergleich)

Tabelle 11: Schlachtteile, Verwendung, Menge und Preise (Eigene Darstellung, Quelle: Huth, 2013 und Knoche, 2015)

<table>
<tr><th>Schlachtteil</th><th>Verwendung</th><th>ca. Menge pro Pferd/kg</th><th colspan="2">ca. Verkaufspreis kg/Euro</th></tr>
<tr><td>(A) Filet</td><td rowspan="3">Steakfleisch, Roastbeef</td><td rowspan="3">20</td><td>25,00</td><td>25,00</td></tr>
<tr><td>(B) Hinterrücken</td><td>18,00</td><td>18,00</td></tr>
<tr><td>(E) Vorderrücken</td><td>18,00</td><td>18,00</td></tr>
<tr><td>(C) Oberschale</td><td>Steakfleisch, Rouladen</td><td rowspan="2">100</td><td>8,00</td><td>10,50</td></tr>
<tr><td>(D) Seemer/ Seemerrolle</td><td>Braten, Rouladen, Gulasch</td><td>8,00</td><td>8,30–10,50</td></tr>
<tr><td>(F) Hochrippe</td><td rowspan="2">Schmorfleisch, Gulasch</td><td rowspan="3">100</td><td>18,00</td><td rowspan="2">8,30–9,00</td></tr>
<tr><td>(G) Brust</td><td>6,00</td></tr>
<tr><td>(H) Bug</td><td>Pferdeschinken, Rauchfleisch</td><td>6,00</td><td>15,00</td></tr>
<tr><td>(I) Bauchlappen</td><td rowspan="4">Suppenfleisch, Kochwurst</td><td rowspan="3">2–3</td><td>5,00</td><td rowspan="4">7,40–16,00</td></tr>
<tr><td>(J) Vorderes Beinfleisch</td><td>5,00</td></tr>
<tr><td>(K) Hinteres Beinfleisch</td><td>4,00</td></tr>
<tr><td>(L) Nacken</td><td>20</td><td>6,00</td></tr>
<tr><td>ausgelassenes Fett*</td><td>zum Backen</td><td></td><td colspan="2">6,00</td></tr>
</table>

* www.rossfleischversand.de/shop/index.php?cPath=5; 7.5.2015

b) Fleisch als Futtermittel für Hunde und Katzen

Pferdeschlachter bieten direkt im eigenen Laden oder im Versand Pferdefleischartikel als Tiernahrung an. Im Internet finden sich zudem Händler, sogenannte „Inverkehrbringer", die Tiernahrung aus Pferdefleisch versenden und z. T. einen eigenen Lieferservice haben.[74]

Fast alle Bestandteile des Pferdes finden im Futtermittel vielfältige Verwendung:

74 Zum Beispiel: www.tackenberg.de/service/Lieferung-im-Grossraum-Hamburg; (Zugriff 2015-05-07).

Tabelle 12: Pferdefleisch als Futtermittel (Eigene Darstellung, Quelle verschiedene Tierfutteranbieter/Pferdeschlachter im Internet)

Bestandteile und sonstige Inhaltsstoffe	Verkaufspreis Euro/kg
Muskelfleisch, geschnitten, vakuumverpackt, tiefgefroren (evtl. Zusatz von pflanzlichen Rohstoffen)	5,60–5,90
Frischfleisch, 100 % Muskelfleisch, vakuumverpackt	4,00–5,20
in der Dose (70 % Pferdeherzen, Pferdelungen, Pferdefleisch, Pferdeleber, 29 % Brühe, 1 % Mineralstoffe)	5,70–7,50
getrocknetes Pferdefleisch	22,50–44,50
Hundewurst (35 % Pferdefleisch, 30 % Innereien vom Pferd (Leber, Milz, Nieren), 35 % pflanzliche Stoffe)	4,00–5,50
getrocknete Luftröhre, Knorpel, Sehnen, Magen, Herz, Lunge, Leber, Ohren, Zunge	14,00–34,00
Knochen (gesägte Fleisch- und Röhrenknochen) für Hunde	2,99
Pferdeschmalz ist ausgelassene Pferdeflome (Nierenfett)	5,20
Ergänzungsfuttermittel/Leckerlies (Pflanzlicher Rohstoff, Pferdeschmalz, Anteile Pferdefleisch, Malz, Hefe)	7,00–8,00

c) Fett – Kerzen, Lederöl, Biodiesel

Der überwiegende Teil des Pferdefettes findet als technisches Tierfett (gemischt mit anderen Tierfetten) bei der Produktion von Reinigungsmitteln, Schmiermitteln, Reifen, Plasten, Kerzen, Farben, Leder Verwendung. Diese stoffliche Verwertung macht ca. 1/3 der Menge aus, die restlichen 2/3 finden energetische Verwendung als Kraft- oder Brennstoffersatz (Biodiesel), wobei der Anteil durch Eigennutzung der VTN-Betreiber stetig steigt (vgl. Tab. 5).[75]

Vereinzelt wird ausgelassenes Pferdefett als Hausmittel zum Einreiben von Gelenken oder als Haarkur angeboten.[76]

75 Vgl. Dettmer, 2006, S. 62f und Ventus-Aliance s.r.o., 2014, Technisches Tierfett.
76 Vgl. Fleischerei Carsten Dohrmann, o. J., Pferdefett, Produktinformationen.

d) Mähne und Schweif – Schmuck, Peitschen, Bürsten

Aus Pferdehaar werden verschiedene Produkte hergestellt, z. B. Schmuck[77], Peitschen[78], Bürsten und Besen[79], Haarbezug eines Streichbogens für Streichinstrumente.[80] Dieses Bogenhaar stammt vorrangig aus Sibirien, der Mongolei oder China von speziell gezüchteten Pferden und ist von hellgelber, fast weißer Färbung. Ein Bezug für einen Violinbogen besteht heute aus ca. 170 Haaren, was einem Gewicht von ca. 5,6g entspricht.[81]

Rosshaar wird als geflochtene Meterware[82] (Preis 2,50 Euro/Meter) oder auch als ganzer Schweif[83] (Preis 40,00 Euro/Stück) angeboten.

Da Schweife (Länge 80–130 cm Länge) bei Pferden nachwachsen, ist es fraglich, ob die o. a. Artikel von geschlachteten Pferden stammen. In Einzelfällen bei Schmuck, aber auch Peitschen oder Bürsten ist das durchaus möglich. Hierbei spielt die Färbung des Pferdehaares oder die chemische (Nach-)Behandlung ggf. nicht so eine große Rolle.

e) Knochen – Knöpfe/Griffe, Leim, Dünger, Tierfutter (vgl. VTN)

In der Antike sind Pferdeknochen bevorzugt für Messer und Schwertgriffe verwendet worden. Auch heute noch gibt es spezielle Angebote für einzelne Knochen zum Preis 5,00–20,00 Euro/Stück.[84]

Bis heute wird Knochenleim in der Holzverleimung (Tischlerleim), der Buchbinderei, sowie bevorzugt im Musikinstrumentenbau verwendet, da die Klebkraft hoch, aber die Leimung reversibel ist.[85] Die Preise liegen je nach Anbieter zwischen 6,90–11,95 Euro/kg.

Lange Zeit wurden diese Schlachtnebenprodukte zu Fleischknochen- und Knochenmehl verarbeitet und überwiegend zur Verfütterung eingesetzt. Nach dem EG-weiten Verfütterungsverbot (2001) ist diese Verwertung nicht mehr erlaubt, jedoch ist es unter bestimmten Bedingungen als Düngemittel zugelassen.

---

77 Vgl. Das Schmuckpferdchen, o. J., Schmuck aus Pferdeschweifhaar.

78 Vgl. Meßinger Fashion & Brands, o. J., Peitsche aus Pferdehaar.

79 Vgl. Bürstenmacherei Reinke, 2015, Startseite, Katalog.

80 Vgl. Geige24, 2015, Wissenswertes zur Bogenbehaarung.

81 Vgl. Gerbeth, 2015, o. S.

82 Vgl. Schmiedekunst Haselmayr, 2013, Pferdeknochen.

83 Vgl. ROSSI Das Beste! Vom Pferd!, o. J., Edle Felle.

84 Vgl. Schmiedekunst Haselmayr, 2013, Pferdeknochen sowie Knochen.

85 Vgl. Streichgut, 2012, S. 1.

Die dazu erforderlichen Voraussetzungen sind in der EG-Hygieneverordnung und der Düngemittelverordnung (DüMV) festgelegt.[86]

Fleischknochen- und Fleischfuttermehl wird aus genusstauglich fleischreichen Knochenteilen hergestellt und darf nicht an Wiederkäuer verfüttert werden. Jedoch als Zusatzfutter z. B. für tragende und säugende Hündinnen zur Erhaltung von Knochenbau und Gebiss (Preis 9,40–26,00 Euro/kg) verwendet werden.[87] Fleischknochenschrot besteht aus zerkleinerten, entfetteten Knochen und dient in erster Linie als Mineralstoffträger. Die Aufbereitung darf nur in Betrieben erfolgen, die ihre Tätigkeit nach § 3 Abs. 1 der Futtermittelherstellungsverordnung angezeigt haben.[88]

f) Haut und Hufe – Hundefutter, Kleidung

Getrocknete Pferdehaut wird von vielen Tierfutteranbietern als Kauartikel für Hunde angeboten. Sowohl in der Form (z. B. in Streifen, als Kaustange, geflochten, gerollt), als auch beim Preis (11,00–24,90 Euro/kg) gibt es vielfältige Varianten.

Auch heute noch wird Pferdehaut (Rossnappa) als Bekleidungsleder angeboten. Der Preis liegt bei 44,90–48,90 Euro/qm.[89]

Die aufwändig gegerbte Ledersorte Cordovan, auch Pferde- oder Rossleder genannt, wird traditionell aus der Gesäßpartie (der Kruppe) eines Pferdes gewonnen. Dabei entstehen nur ein bis zwei Paar Schuhe aus einer Pferdehaut. Der Preis für dieses qualitativ hochwertige Leder ist entsprechend hoch.[90]

Aber auch „normale“ Kleidung und Schuhe[91] oder Lederjeans (Preis 129,00–450,00 Euro/Stück)[92] werden aus Pferdehaut hergestellt. Polstereien oder Nähwerkstätten benutzen die Haut (Preis 75,50 Euro/qm) für Möbel. Gegerbte Felle

---

86 S. Verordnung (EG) Nr. 1774/2002 des europäischen Parlaments und des Rates vom 3. Oktober 2002 mit Hygienevorschriften für nicht für den menschlichen Verzehr bestimmte tierische Nebenprodukte; Verordnung über das Inverkehrbringen von Düngemitteln, Bodenhilfsstoffen, Kultursubstraten und Pflanzenhilfsmitteln vom 5. Dezember 2012 (BGBl. I S. 2482).

87 Vgl. Canina Pharma GmbH, o. J., Calcina Fleischknochenmehl.

88 S. Verordnung (EG) Nr.183/2005 mit Vorschriften für die Futtermittelhygiene vom 12. Januar 2005.

89 Vgl. Lederhaus Giese & Bruhm GmbH, o. J., o. S.

90 Vgl. Wegner, 2013, o. S.; Feine Wiener Schuhmanufaktur e.U., 2015, o. S.

91 Vgl. Prüfer, 2009, o. S.; Braun, 2012, o. S.

92 Vgl. ROSSI Das Beste! Vom Pferd!, o. J., Lederwaren aus Pferdeleder.

finden als Teppiche oder Tagesdecken (Preis für ein Haflingerfell 420,00 Euro/ Stück) ihre Abnehmer.[93]

Normalerweise werden Pferdehufe heutzutage nicht mehr verwendet und fachgerecht entsorgt. Dennoch finden sich z. B. Pferdehuf-Schuhe als extravagant, künstlerische, für einige Menschen allerdings abstoßende Möglichkeiten im Modebereich.[94]

g) Hufeisen

Für Hufeisen lässt sich eine wirtschaftliche Verwertung nicht erkennen, wahrscheinlich werden diese größtenteils als Altmetall entsorgt. Einzig Schmuck, der als Einzelstück aus Hufeisen geschmiedet wird[95] sowie „Glückshufeisen"[96] mit Gravur (ab 18,00 Euro) zeigen eine vereinzelte Weiterverwendung auf.

11. Wirtschaftliche Betrachtung für Pferdehalter

Wie eingangs beschrieben, muss der Pferdehalter letztendlich über die finale Verwertung seines Pferdes entscheiden. Tritt dabei der emotionale Aspekt in den Hintergrund, kann eine wirtschaftliche Betrachtung zur Entscheidungsfindung beitragen. Die nachfolgende Tabelle gibt einen groben Überblick über Aufwendungen bzw. Erträge, da die Größe des Pferdes berücksichtigt werden muss und z. B. zusätzlich Fahrtkosten nach Entfernung in Rechnung gestellt werden.

93 Vgl. ROSSI Das Beste! Vom Pferd!, o. J., Edle Felle.
94 Vgl. Prengel, 2012, o. S.
95 Vgl. Armundo, o. J., o. S.
96 Vgl. Glücksgeschenk, o. J., Hufeisen Geschenk; Krellsche Schmiede, 2014–2015, o. S.; Goodluckhorseshoes, 2015, o. S.

Tabelle 13: Aufwendungen und Erträge für den Pferdehalter (Eigene Darstellung)

	Aufwendungen in Euro	**Erträge in Euro**
Euthanasie/Einschläferung	200–300	
Einäscherung in Deutschland	790–2.000	
Einäscherung in den Niederlanden	400–1.100	
Einäscherung in der Schweiz	2.500	
Tierkörperbeseitigung durch VTN (je nach Bundesland Bezuschussung durch Tierseuchenkasse)	46–115	
Tierkörperbeseitigung durch VTN in Nordrhein-Westfalen (neu: keine Bezuschussung)	mehrere Hundert	
Tierkörperbeseitigung als Sondermüll (Nicht-Schlachtpferd)	nicht ermittelbar	
Schlachtung (Equidenpass!)		180–1.000

In jedem Fall muss der Pferdehalter, direkt vor Ort bei den entsprechenden Anbietern und bezogen auf sein Pferd, Informationen zu den jeweiligen Möglichkeiten der Verwertung einholen. Das sollte rechtzeitig geschehen und ggf. zu einer frühzeitigen Entscheidung über das „Danach" führen, da die Kosten zum Teil nicht unerheblich sind. Einzig die Schlachtung bietet dem Pferdehalter einen Ertrag. Voraussetzung dafür ist die Kennzeichnung des Pferdes als „Schlachtpferd" im Equidenpass.

Literatur

Achilles, Walter (1993): Deutsche Agrargeschichte im Zeitalter der Reformen und der Industrialisierung. Stuttgart: Ulmer.

Amtsblatt der Europäischen Gemeinschaften (10.10.2002): VERORDNUNG (EG) Nr. 1774/2002 DES EUROPÄISCHEN PARLAMENTS UND DES RATES vom 3. Oktober 2002 mit Hygienevorschriften für nicht für den menschlichen Verzehr bestimmte tierische Nebenprodukte, L 273/1–L 273/95; http://mulewf.rlp.de/fileadmin/mufv/img/inhalte/tiere/TKBVOEG1744_2002.pdf; (Zugriff 2014-11-18).

Arbeitsgemeinschaft Pferdekremierung Deutschland (o. J.): Rechtliche Aspekte, Anmerkungen zur rechtlichen Situation in Deutschland und der EU, www.pferdekremierung.eu/; (Zugriff 2014-11-12).

Armundo (o. J.): Armundo; www.armundu.de/; (Zugriff 2015-06-10).

Barnboox Wissensdatenbank (2015): Pferdebesitzer aus Nordrhein-Westfalen zahlen Kosten für Tierkörperbeseitigung jetzt alleine, 23.01.2015, www.barnboox.de/wissensdatenbank/fachartikel/pferdebesitzer-aus-nordrhein-westfalen-zahlen-kosten-f%C3%BCr; (Zugriff 2015-04-09).

Bayerische Landesanstalt für Landwirtschaft (2013): Welchen Equidenpass (Pferdepass) braucht mein Pferd?, www.lfl.bayern.de/mam/cms07/itz/dateien/tierzuchtrecht_equidenp__sse___bersicht.pdf; (Zugriff 2015-04-08).

Becker, Ilona (2007): Die Pferde aus dem sächsischen Gräberfeld Rullstorf (Ldkr. Lüneburg) – eine anatomisch-paläopathologische Untersuchung und ein Vergleich mit rezenten Pferdepopulationen Leipziger online-Beiträge zur Ur- und Frühgeschichtlichen Archäologie.

Benecke, Norbert (1994): Zur Domestikation des Pferdes in Mitteleuropa. Einige neue archäozoologische Befunde, – in: Hänsel, B. und Zimmer, St. (Hrsg.): Die Indogermanen und das Pferd, Akten des Interdisziplinären Kolloquiums, Freie Universität Berlin, 1992, Archaeolingua Band 4, Hrsg.: Bökönyi, S. und Meid, W., Budapest, 1994; S. 132.

Brade, Wilfried (2013): Die deutsche Reitpferdezucht – aktueller Stand und wirtschaftliche Bedeutung, – in: Bundesministerium für Ernährung, Landwirtschaft und Verbraucherschutz (Hrsg.): Berichte über Landwirtschaft, Zeitschrift für Agrarpolitik und Landwirtschaft, Band 91, Heft 1, Mai 2013, S. 1.

Braun, Tatjana (2012): Unterwegs auf Kuhfüßen – Künstlerin fertigt Schuhe aus Tierteilen, – in: Portal der Hessische/Niedersächsische Allgemeinen (HNA), 29.04.12, www.hna.de/welt/unterwegs-kuhfuessen-kuenstlerin-fertigt-schuhe-tierteilen-2296597.html; (Zugriff 2015-05-13).

Braune, Gerd (2013): Kanada: „Ein zartes Fleisch, reich an Eisen“, – in: „Die Presse“, Print-Ausgabe, 21.02.2013; http://diepresse.com/home/panorama/welt/1347109/Kanada_Ein-zartes-Fleisch-reich-an-Eisen; (Zugriff 2015-04-28).

Bürstenmacherei Reinke (2015): Startseite, Katalog; www.buerstenmacherei.de/mod/; (Zugriff 2015-05-04).

Bundesgesetzblatt (1975): Teil I, Gesetz über die Beseitigung von Tierkörpern, Tierkörperteilen und tierischen Erzeugnissen (Tierkörperbeseitigungsgesetz – TierKBG), Bundesanzeiger, Nr. 104 vom 06.09.1975.

Canina Pharma GmbH (o. J.): Calcina Fleischknochenmehl; www.canina.de/Hunde/Gebiss-Skelett-Knochenbau-Gelenke/Calcina-Fleischknochenmehl.html; (Zugriff 2015-05-13).

Das Schmuckpferdchen (o. J.): Schmuck aus Pferdeschweifhaar; www.das-schmuckpferdchen.de/Startseite/; (Zugriff 2015-05-04).

De Breborgh, o. J., Tarieven Paardencrematorium. www.debreborgh.nl/nl/Paardencrematorium/Tarieven-Paardencrematorium; (Zugriff 2014-11-12).

Dettmer, Tina (2006): Nichtwassermischbare Kühlschmierstoffe auf Basis nachwachsender Rohstoffe, Dissertation, Schriftenreihe des Instituts für Werkzeugmaschinen und Fertigungstechnik der Technischen Universität Braunschweig, Vulkan-Verlag, Essen, S. 53–55 und S. 61–65.

Deutsche Reiterliche Vereinigung (o. J.): Zahlen und Fakten, Pferdesport und Pferdezucht, Menschen und Pferde; www.pferd-aktuell.de/fn/zahlen--fakten/zahlen--fakten; (Zugriff 2014-11-06).

Deutscher Fleischerverband (2014): Geschäftsbericht 2013/14; www.fleischer-handwerk.de/medien--und-presseservice/daten-und-fakten/geschaeftsbericht/auszge-aus-dem-geschaeftsbericht.html; (Zugriff 2015-04-08).

Fleischerei Carsten Dohrmann (o. J.): Pferdefett, Produktinformationen; www.rossfleischversand.de/shop/product_info.php?products_id=55&osCsid=; (Zugriff 2015-05-13).

Feine Wiener Schuhmanufaktur e.U. (2015): Horween Shell Cordovan, Pferdeleder vom Feinsten, www.schuhmanufaktur.at/Horween-Shell-Cordovan?googletx=1&gclid=CK-J9b7AvsUCFSMUwwodcIEA0w; (Zugriff 2015-05-13).

Gebers, Wilhelm (1985): Ein sächsischer Kultplatz mit Gräberfeld in Rullstorf, Ldkr. Lüneburg, – in: Kl. Wilhelmi (Hrsg.): Ausgrabungen in Niedersachsen, 1979–1984, Berichte zur Denkmalpflege in Niedersachsen, Beiheft 1 (Stuttgart 1985), Theiss, 276–281.

Gebers, Wilhelm (1986): Neue Ergebnisse zum sächsischen Brand- und Körpergräberfeld in Rullstorf, Ldkr. Lüneburg, nach den Grabungen des Jahres 1985. Ber. Denkmalpfl. Niedersachsen 6, 85–87.

Geige24 (2015): Wissenswertes zur Bogenbehaarung; www.bogenbehaarung.de/#Wo_kommt_das_Pferdehaar_her_; (Zugriff 2015-05-04).

Gerbeth, Thomas M. (2015): Das Bogenhaar – Ein Naturprodukt: Herkunft, Aufbau und Verarbeitungsweise, www.geigenmacher.at/seiten/Fachartikel_Bogenhaar.htm; (Zugriff 2014-10-22).

Gierse, Winfried (2000): Peitsche, Sporen und Kandare – Das Pferd, ein oft geplagtes Wesen, Libri Books on Demand, Meschede.

Glücksgeschenk: Hufeisen Geschenk, www.gluecksgeschenk.de/Hufeisen-geschenk; (Zugriff 2015-06-02).

Goodluckhorseshoes (2015): Glückshufeisen: ein Geschenk, das hängen bleibt. http://goodluckhorseshoes.de/; (Zugriff 2015-06-02).

Gudehus, Ulrike (2006): Die Entwicklung der Pferdeschlachtung und des Pferdefleischkonsums in Deutschland unter Berücksichtigung der gesetzlichen Änderungen. Dissertation, LMU München: Tierärztliche Fakultät.

Hornig, Cornelius (1993): Das spätsächsische Gräberfeld von Rullstorf, Ldkr. Lüneburg. Internat. Arch. 14 (Buch am Erlbach 1993), Leidorf.

Hosan, Bastian (2013): Ende eines Pferdelebens. – in: Süddeutsche Zeitung, 25.03.2013, www.sueddeutsche.de/muenchen/ebersberg/lizenz-zuum-schlachten-ende-eines-pferdelebens-1.1633303.

Huth, David (2013): Rossbraten, Fohlenschnitzel – das steckt im Pferdefleisch, – in: WAZ Der Westen, www.derwesten.de/panorama/unternehmen-pferdefleisch-id7638103.html; 19.2.2013.

Knoche, Hermann (2015): persönliches Interview am 27. April 2015 in Helmstedt.

Koche & Sohn (2015): Roßschlachterei; www.rossschlachterei-knoche.de/wir-ueber-uns/index.html; (Zugriff 2015-04-28).

Kreis Steinfurt (2015): Presseinformation Nr. 018 Steinfurt, 20. Januar 2015; www.presse-service.de/data.cfm/static/898526F.html; (Zugriff 2015-06-11).

Krellsche Schmiede (2014–2015): Glückshufeisen mit Gravur/Prägung, http://de.dawanda.com/product/70436831-glueckshufeisen-mit-gravur-praegung; (Zugriff 2015-06-02).

Krutzler, Gerald (2011): Kult und Tabu: Wahrnehmungen der Germania bei Bonifatius, 1. Aufl., LIT Verlag, Wien, Berlin, Münster, S.218ff und S. 274ff.

Landesamt für Natur, Umwelt und Verbraucherschutz Nordrhein-Westfalen (2014): Tierkörperbeseitigung, Agrarwirtschaft, Tierseuchenbekämpfung, www.lanuv.nrw.de/agrar/tiergesundheit/tierkoerperbeseitigung.htm; Zugriff: 2015-04-09).

LEET Marketing GmbH (2013): cyclopaedia, Pferdefriedhof (Sankt Petersburg); www.cyclopaedia.de/wiki/Pferdefriedhof-%28Sankt-Petersburg%29; (Zugriff 2014-11-11).

Lederhaus Giese & Bruhm GmbH: Ledershop, Bekleidungsleder, Roßnappa Relax, www.lederhaus.de/leder/bekleidungsleder.php; (Zugriff 2015-04-09).

Max Rubner-Institut, Bundesforschungsinstitut für Ernährung und Lebensmittel (o. J.): Rind und Pferd – Fleisch im Vergleich; www.mri.bund.de/no_cache/de/startseite/rind-pferd.html; (Zugriff 2015-06-11).

Meßinger Fashion & Brands (o. J.): Peitsche aus Pferdehaar; www.mystic-store.com/fetisch-und-sm-bedarf/peitschen-gerten/peitschen/peitsche-aus-pferdehaar.html; (Zugriff 2015-05-04).

Niedersächsische Tierseuchenkasse (2015): Beitragssatzung 2015, Satzung über die Erhebung von Beiträgen zur Tierseuchenkasse für das Jahr 2015, www.ndstsk.de/index.php?bereich=2&topic_id=884&akv=253; (Zugriff 2015-04-29).

Niedersächsische Tierseuchenkasse (2009): Nieders. Ausführungsgesetz zum Tierische Nebenprodukte-Beseitigungsgesetz (Nds. AGTierNebG) in der Fassung der Bekanntmachung vom 21.4.1998 (Nds. GVBl. S. 481) – VORIS 78520 01 00

00 000 -, zuletzt geändert durch Artikel 1 des Gesetzes vom 16.12.2009 (Nds. GVBl. S. 480), www.ndstsk.de/index.php?bereich=6&topic_id=163; (Zugriff 2015-04-29).

Niedersächsische Tierseuchenkasse (o. J.): Wie kommt das Pferd in die Tierseuchenkasse, Meldepflicht, Pferdehalter, www.ndstsk.de/index.php?bereich=1&topic_id=143; (Zugriff 2015-04-29).

Nobis, Günter (1961): Zur Frühgeschichte der Pferdezucht: Die Pferde der Wikingerzeit aus Deutschland, Norwegen und Island, – in: Zeitschrift für Tierzüchtung und Züchtungsbiologie (Journal of Animal Breeding and Genetics) 76, Blackwell Verlag GmbH, S.125–185.

Nobis, Günter (1973): Zur Frage der römerzeitlichen Hauspferde in Zentraleuropa. – in: Zeitschrift für Säugetierkunde, 38(4), Hamburg, S. 224–252.

Paardencrematorium Westerhout (2008): Willkommen auf der Website des Pferdekrematoriums Westerhout!, home; www.paardencrematoriumwesterhout.nl/deutsch/; (Zugriff 2014-11-12).

Pferdekrematorium Kirchberg (2013): Sein Pferd kremieren lassen – ein Abschied voller Würde, Medienmitteilung; www.pferdekrematorium.ch/beilagen/Medienmitteilung%20Pferdekrematorium%20-%20D.pdf; (Zugriff 2014-11-17).

Pferdekrematorium Kirchberg (o. J.): Pferdekrematorium; www.kleintierkrematorium.ch/content/view/36/66/lang,ge/; (Zugriff 2014-11-12).

Pferdekrematorium Kirchberg (2013): Information; www.pferdekrematorium.ch/default.asp?m=20; (Zugriff 2014-11-12).

Polnisches Fremdenverkehrsamt (o. J.): Der Pferdefriedhof in Kliczków (Klitschdorf); www.polen.travel/de/andere-sehenswurdigkeiten/der-pferdefriedhof-in-kliczkow-klitschdorf; (Zugriff 2014-11-06).

Prengel, Haiko (2012): Berliner Künstlerin macht Mode aus toten Tieren, – in: Die Welt, 24.10.2012, www.welt.de/lifestyle/article110199431/Berliner-Kuenstlerin-macht-Mode-aus-toten-Tieren.html; (Zugriff 2015-05-13).

Prüfer, Tillman (2009): Vom Rücken der Pferde, – in: Zeit online, ZEITmagazin N° 44/2009; www.zeit.de/2009/44/Stil-44/komplettansicht; (Zugriff 2015-04-09).

ROSSI Das Beste! Vom Pferd!: Lederwaren aus Pferdeleder; www.rossi-pferdefleisch-felle-leder.de/pferdeleder-und-bekleidung/; (Zugriff 2015-04-09).

ROSSI Das Beste! Vom Pferd!: Edle Felle; www.rossi-pferdefleisch-felle-leder.de/edle-felle/; (Zugriff 2015-04-09).

Schmiedekunst Haselmayr (2013): Pferdeknochen; www.haselmayr.de/shop/product_info.php?info=p1125_pferdeknochen-nr--b4.html; (Zugriff 2015-05-013).

Schmiedekunst Haselmayr (2013): Knochen; www.haselmayr.de/shop/index.php?cat=c78_Knochen-Knochen.html; (Zugriff 2015-05-013).

Schwanke, Jan (1997, 2006, 2014): Fleisch und Wurst vom Pferd – Erzeugung, Verkauf und Zubereitung von Pferdefleisch; www.pferd-und-fleisch.de/index.htm; (Zugriff 2015-04-08).

Schwanke, Jan (o. J.): Fleisch und Wurst vom Pferd – Erzeugung, Verkauf und Zubereitung von Pferdefleisch; Pferdezucht zur Fleischerzeugung – ökologische und kulturelle Aspekte; www.pferd-und-fleisch.de/pferdeflsh/fprod1.htm; (Zugriff 2015-04-08).

Schwanke, Jan (o. J.): Fleisch und Wurst vom Pferd – Erzeugung, Verkauf und Zubereitung von Pferdefleisch; Pferdefleisch als Nahrungsmittel – Allgemeine Informationen, www.pferd-und-fleisch.de/pferdeflsh/eigen1.htm; (Zugriff 2015-04-08).

Schwanke, Jan (o. J.): Fleisch und Wurst vom Pferd – Erzeugung, Verkauf und Zubereitung von Pferdefleisch; Linkliste, www.pferd-und-fleisch.de/jschwanke/link1.htm; (Zugriff 2015-04-08).

Schwanke, Jan (o. J.): Fleisch und Wurst vom Pferd – Erzeugung, Verkauf und Zubereitung von Pferdefleisch; Linkliste, www.pferd-und-fleisch.de/jschwanke/link1.htm; (Zugriff 2015-04-08).

Schwanke, Jan (o. J.): Fleisch und Wurst vom Pferd – Erzeugung, Verkauf und Zubereitung von Pferdefleisch; Geschichte des Pferdefleisches – Kulturhistorische Daten und Entwicklungen; www.pferd-und-fleisch.de/Kultur/geschichte_des_pferdefleisches.htm; (Zugriff 2015-04-08).

Schweizer Bauer (7.6.2013): Erstes Schweizer Pferdekrematorium – Kremation von Pferd kostet 2500 Franken, Rubrik Tiere/übrige Tiere, www.schweizerbauer.ch/tiere/uebrige-tiere/erstes-schweizer-pferdekrematorium---kremation-von-pferd-kostet-2500-franken-10911.html; (Zugriff 2014-11-17).

Semper Fides (2014): Auftrag für die Lieferung eines PUREdiamond, www.semperfides.eu/wp-content/uploads/2015/01/auftrag_PUREdiamond_14-04-14.pdf; (Zugriff 2014-04-08).

Semper Fides (2015): www.semperfides.eu/; (Zugriff 2014-11-12).

Servicegesellschaft Tierische Nebenprodukte mbH (STN) (2015): Überblick. www.stn-vvtn.de/index.php; (Zugriff 2015-04-09).

Sieweck, Jörg/ Hartwig, Thomas (2015): Wirtschaftsfaktor Pferd: Marktdaten über Reiter & Pferd, Books on Demand, Norderstedt.

Stadt Bochum (o. J.): Tierkörperbeseitigung, Rathaus und Bürgerservice online, Tierseuchen, Tierkörperbeseitigung, www.bochum.de/C125708500379A31/vwContentByKey/W273EEA2782BOLDDE; (Zugriff 2014-11-18).

Statista GmbH (2015): Bevölkerung in Deutschland nach Häufigkeit des Reitens in der Freizeit von 2010 bis 2014; http://de.statista.com/statistik/daten/studie/172186/umfrage/haeufigkeit-reiten-in-der-freizeit/; (Zugriff 2014-11-06).

Statista GmbH (2015): Anzahl der Personen in Deutschland, die in der Freizeit Reiten gehen, nach Häufigkeit von 2012 bis 2014; http://de.statista.com/statistik/daten/studie/171164/umfrage/haeufigkeit-von-reiten-in-der-freizeit/; (Zugriff 2014-11-06).

Statistisches Bundesamt (2013): Fachserie 3, Reihe 4; www.destatis.de/DE/Publikationen/Thematisch/LandForstwirtschaft/ViehbestandTierischeErzeugung/Viehbestand tierischeErzeugung.html; (Zugriff 2014-11-05).

Statistisches Bundesamt (2014): Tiere und tierische Erzeugung, www.destatis.de/DE/ZahlenFakten/Wirtschaftsbereiche/LandForstwirtschaftFischerei/Tiereundtierische Erzeugung/Tabellen/BetriebeEinhuferBestand.html; (Zugriff 2014-11-05).

STN – Servicegesellschaft Tierische Nebenprodukte mbH, www.stn-vvtn.de/fakten_zahlen.php; (Zugriff 2015-04-09).

Streichgut (2012): Technisches Merkblatt, Leipzig, www.naturfarben-leipzig.de/f/STG-640-Merkblatt.pdf?x=4608; (Zugriff 2015-05-13).

Tierarztpraxis Lars Schulte (2009): Equidenpass/Pferdepass, Ihr Tierarzt informiert; www.equi-vet.de/ihr-tierarzt-informiert/equidenpass-pferdepass; (Zugriff 2015-06-11).

Treffpunkt Schöner Reisen (o. J.): Forum, Spaziergang im Königlichen Wald oder auch Park zu Apeldoorn; www.schoener-reisen.at/forum/showthread.php?4088-Spaziergang-im-K%F6niglichen-Wald-oder-auch-Park-zu-Apeldoorn; (Zugriff 2014-11-11).

„Unser Giershagen" e. V. (o. J.): 32_Pferdefriedhof; www.bergbauspuren.de/index.php/der-rundweg/nordroute/nordroute7; (Zugriff 2014-11-06).

Ventus-Aliance s.r.o. (2014): Industrielle Tierfette – Technisches Tierfett; www.ventus-aliance.cz/de/andere-produkte/industrielle-tierfette-0; (Zugriff 2015-05-13).

Wegner, Claudia (2013): Cordovan Leder vorgestellt, – in: Shoepassion, Kulturgut Schuhe, 27.6.2013, www.shoepassion.de/blog/cordovan-leder; (Zugriff 2015-05-13).

Westfälische Nachrichten (2015): Tierkörperbeseitigung neu geregelt – Für tote Pferde zahlt jetzt der Halter ganz alleine, 22.01.2015, www.wn.de/Muensterland/Kreis-Steinfurt/Steinfurt/1854655-Tierkoerperbeseitigung-neu-geregelt-Fuer-tote-Pferde-zahlt-jetzt-der-Halter-ganz-alleine; (Zugriff 2015-04-09).

Wörle, Kaspar (2015): Pferdemetzgerei; www.pferdemetzgereiwoerle.de/; (Zugriff 2015-04-08).

Wörle, Kaspar (2015): Die Geschichte. www.pferdemetzgereiwoerle.de/index.php/geschichte; (Zugriff 2015-04-08).

Zens, Wolfgang; Horn, Detlef; Eisgruber, Hartmut; Sie, Jana; Bülte, Michael (2013): Zur Bedeutung der Tierart „Pferd“ als Lebensmittel in der Europäischen Union, Deutsche Veterinärmedizinische Gesellschaft, 54. Arbeitstagung des Arbeitsgebietes Lebensmittelhygiene, Giessen; www.uni-giessen.de/cms/fbz/fb10/institute_klinikum/institute/nahrungsmittelkunde/institut/dvg/archivierung/daten2013/zens; (Zugriff 2015-04-08).

Zweckverbandes Tierkörperbeseitigung Nordbayern (2013): Gebührensatzung des Zweckverbandes Tierkörperbeseitigung Nordbayern vom 11. April 2005 -i. d. F. der 7. Änderungssatzung vom 19. Dezember 2012.

Zweckverband Tierkörperbeseitigung Thüringen (2014): Amtsblatt für den Zweckverband Tierkörperbeseitigung Thüringen, Jahrg. 4, Nr. 5.

Autoreninfos

Franziska Baum absolviert aktuell ihr Masterstudium „Führung in Dienstleistungsunternehmen“ nachdem sie ihren Bachelor im Fach Tourismusmanagement 2011 erfolgreich an der Hochschule Ostfalia abgeschlossen hat. Schwerpunktmäßig beschäftigt sie sich mit Fragestellungen rund um die nationale sowie internationale Hotellerie.

Insa Bandemer wird in Kürze ihren M.A. an der Ostfalia – Hochschule für angewandte Wissenschaften im Bereich „Führung in Dienstleistungsunternehmen“ absolvieren. Zuvor hat sie hier 2012 bereits erfolgreichen ihren B.A. abgeschlossen. Nebenbei ist sie seit 2014 für die Volkswagen Financial Services AG im Produktmanagement tätig.

Prof. Dr. Rainer Cherkeh ist Partner einer auf Sport- und Vereinsrecht spezialisierten Rechtsanwaltssozietät sowie Honorarprofessor für Sportrecht und Vermarktung u. Recht an der Ostfalia HaW. Er ist Lehrbeauftragter für das Modul „Nationales und Internationales Sportrecht“ an der Universität Oldenburg sowie Lehrbeauftragter für das Modul „Profisport und Recht“ an der Universität Jena. Rainer Cherkeh ist Mitglied der International Sport Lawyers Association (ISLA) und der AG Sportrecht des DAV. Er berät und vertritt eine Vielzahl von Mandanten aus dem Profi- und Amateursport (einschließlich Reitsport). Neben zahlreichen Vorträgen und Veröffentlichungen zu sport- und vereinsrechtlichen Themen hat er auch diverse Fachbeiträge zu Rechtsthemen des Reitsports verfasst.

Prof. Dr. Albert Galli ist Professor für Allgemeine Betriebswirtschaftslehre und Sportökonomie im Studiengang Sportmanagement an der Ostfalia Hochschule Braunschweig/Wolfenbüttel. Nach dem Studium der Betriebswirtschaftslehre und der Promotion an der Wirtschaftswissenschaftlichen Fakultät der Universität Regensburg war er u. a. Senior Advisor bei KPMG in München im Geschäftsfeld Financial Advisory Services – Corporate Finance sowie Professor für Allgemeine Betriebswirtschaftslehre und Finanzwirtschaft an der Hochschule Landshut. Neben der Lehre an der Ostfalia Hochschule Braunschweig/Wolfenbüttel ist er als Gutachter und Berater sowie als Lehrbeauftragter tätig. Unter anderem arbeitete er für die Union des Associations Européennes de Football (UEFA), den Deutschen Fußball-Bund (DFB), den Ligaverband und die DFL Deutsche Fußball Liga GmbH. Nach einem Lehrauftrag an der European Business School (EBS), Oestrich-Winkel, im damaligen Intensivstudium Sportökonomie hat er derzeit einen Lehrauftrag an der Friedrich-Schiller-Universität Jena im MBA-Studiengang

Sportmanagement. Einer seiner Lehr- und Forschungsschwerpunkte liegt in den Bereichen Finanzierung sowie Unternehmens- und Assetbewertung. Prof. Dr. Albert Galli ist Autor zahlreicher Fachbeiträge und Herausgeber des Handbuches ‚Sportmanagement'.

Dr. Birthe Gärke (geb. Niemann) hat an der Georg-August-Universität Göttingen Agrarwissenschaften studiert. Im Anschluss an ihr Studium promovierte sie zu dem Thema „Veränderungen im Zuchtgeschehen und deren Auswirkungen auf die Hannoveraner Pferdezucht". Sie ist bei der Agrifood Consulting und dem HorseFuturePanel im Bereich Marktforschung tätig. Bei einer Fachberatung für Pferdebetriebe, Schade und Partner, ist sie schwerpunktmäßig für betriebswirtschaftliche Fragestellungen verantwortlich.

Heinke Heise promoviert derzeit am Lehrstuhl für Betriebswirtschaftslehre des Agribusiness bei Herrn Prof. Theuvsen im Rahmen des Promotionsprogramms „Animal Welfare in Intensive Livestock Production Systems – Tierhaltung im Spannungsfeld von Tierwohl, Ökonomie und Gesellschaft" zu den Einstellungen verschiedener Stakeholder zu Tierwohl. Zuvor studierte sie Agribusiness an der Georg-August Universität Göttingen und verfasste dort ihre Masterarbeit zu dem Thema unternehmerisches Handeln in Pferdebetrieben. Diese Arbeit entstand in Zusammenarbeit mit der UKB Betriebsberatung sowie dem Bundesverband der Berufsreiter Deutschland. Im Jahr 2014 wurde die Arbeit mit dem GWP Wissenschaftspreis ausgezeichnet. Als Besitzerin und Ausbilderin mehrerer Pferde bis in den hohen Dressursport verfügt sie über ein hohes Maß an praktischer Erfahrung im Pferdesport.

Christina Ikinger promoviert seit Mai 2013 am Lehrstuhl für Marketing für Lebensmittel und Agrarprodukte von Herrn Professor Spiller im Rahmen des Promotionsprogramms „Animal Welfare in Intensive Lifestock Production Systems – Tierhaltung im Spannungsfeld von Tierwohl, Ökonomie und Gesellschaft" zum Thema Tierwohl beim Sportpferd. Vor der Promotion hat sie Betriebswirtschaftslehre mit den Schwerpunkten Marketing, Spanisch sowie Public & Nonprofit Management an der Universität Mannheim und anschließend Pferdewissenschaften an der Universität Göttingen studiert. Als Besitzerin zweier Pferde beschäftigt sie sich intensiv mit optimalen Haltungsbedingungen und ist im Pferdesport aktiv.

Elena Möller absolviert an der Ostfalia Hochschule für angewandte Wissenschaften den Bachelorstudiengang Sportmanagement. Zur Zeit beschäftigt sie sich in ihrem Masterstudium – ebenfalls an der Ostfalia Hochschule – mit der Führung in Dienstleistungsunternehmen. Durch die Studiengangwahl sowie der

Übernahme eines Engagements in einem Landesfachverband konnte sie den Interessenschwerpunkt des organisierten Sports für sich entdecken.

Thomas Mühlbauer betreibt ein Hotel mit angeschlossenem Reitstall und eine Springpferdezucht in Bad Kötzting im Bayerischen Wald. Bereits mit 15 Jahren wurde ihm das Goldene Reitabzeichen verliehen. Neben vielen Platzierungen und Siegen in der schweren Klasse erreichte er als Mitglied der deutschen Springequipe bei den Europameisterschaften im Reiten 2009 in Wimbledon Platz 3 im Mannschaftswettbewerb und Platz 5 im Einzelwettbewerb.

Dr. Janina Müller promovierte zum strategischen Management des Galopprennsports in Deutschland. Außerdem war sie Betreuerin der Masterarbeit von H. Heise während ihrer Promotionszeit am Lehrstuhl der Betriebswirtschaftslehre des Agribusiness. Sie war früher selbst erfolgreiche Vielseitigkeitsreiterin.

Dr. Christina Münch verbindet in ihrer Person Wissenschaft und Praxis. Aufgewachsen auf einem landwirtschaftlichen Nebenerwerbsbetrieb in Westfalen, absolvierte sie vor Aufnahme ihres Masterstudiums der Agrarwissenschaften an der Georg-August-Universität Göttingen eine Ausbildung zur Pferdewirtin, die sie mit der Stensbeck-Auszeichnung abschloss. Unter der Betreuung von Prof. Dr. Dr. M. Gauly fertigte sie ihre Dissertation zu unterschiedlichen Aufzuchtintensitäten von Junghengsten und deren Auswirkungen auf Gesundheit und Leistungsfähigkeit an, betreute den Masterstudiengang Pferdewissenschaften und führte für diesen die Öffentlichkeitsarbeit durch. Heute lebt sie auf einem landwirtschaftlichen Betrieb in Brandenburg, auf dem sie die elterliche Pferde- und Aberdeen Angus-Zucht weiterführt und weiterhin im Pferdesport aktiv ist. Im Jahr 2011 gründete sie als geschäftsführende Gesellschafterin das auf die Pferdebranche spezialisierte Marktforschungsunternehmen HorseFuturePanel. Im Jahr 2015 gründete sie zudem gemeinsam mit weiteren Vertretern der Pferdewirtschaft den „Verein Pferde für unsere Kinder", der das Ziel verfolgt, das Pferd wieder stärker im Bewusstsein der Bevölkerung zu verankern und die Zugänge – insbesondere für Kinder – zum Pferd zu verbessern.

Dr. Michael Scheuerer ist als Fachtierarzt für Pferde und Chirurgie, sowohl in der klinischen Pferdemedizin, als auch in der Sportpferde-, Turnier- und Gestütsbetreuung, tätig. Nach dem Studium der Tiermedizin und nachfolgender Promotion an der Ludwig-Maximilians-Universität München hat er über nahezu 10 Jahre hinweg in verschiedenen Tierkliniken im In- und Ausland eine umfassende Fachausbildung erworben. Die Gründung und der Aufbau einer eigenen tierärztlichen Klinik für Pferde und Kleintiere haben ihn über viele Jahre hinweg intensiv beschäftigt. Mittlerweile hat er sein Team vergrößert und findet vermehrt

Zeit, an wissenschaftlichen Fragestellungen zu arbeiten. Darüber hinaus unterstützt er das Lehr-, Versuchs- und Fachzentrum Schwaiganger bei der Ausbildung von Hufschmieden, Besamungstechnikern und Pferdewirten als Lehrbeauftragter und Mitglied der entsprechenden staatlichen Prüfungskommissionen. Diverse Gerichte, Versicherungen und Pferdefachleute beauftragen ihn regelmäßig mit der Erstellung von Sachverständigengutachten.

Jasmin Singh – geb. am 04.12.1990 in Hannover – studiert an der Ostfalia Hochschule für angewandte Wissenschaften, Fakultät für Verkehr-Sport-Tourismus-Medien „Führung in Dienstleistungsunternehmen" und ist seit 17 Jahren leidenschaftliche Freizeitreiterin. Besonderes Interesse besteht dabei an dem artgerechten Umgang mit Pferden.

Prof. Dr. Ludwig Theuvsen leitet seit 2002 den Lehrstuhl Betriebswirtschaftslehre des Agribusiness an der Georg-August Universität Göttingen. Seine Hauptforschungsschwerpunkte liegen in der Organisation von Wertschöpfungsketten im Agribusiness, dem Strategischen Management sowie dem Personalmanagement in der Agrar- und Ernährungswirtschaft sowie dem Qualitätsmanagement und der Zertifizierung von Agrarprodukten und Lebensmitteln. Auch das Risikomanagement in der Landwirtschaft zählt zu seinem Forschungsbereich.

Gabriele Wach ist seit 2006 als wissenschaftliche Mitarbeiterin an der Ostfalia Hochschule für angewandte Wissenschaften in den Studiengängen Sportmanagement und Führung in Dienstleistungsunternehmen tätig. Als Geschäftsführerin der Sport & Zukunft UG (haftungsbeschränkt) arbeitet sie mit Kommunen, Verbänden und Vereinen zusammen. Dem voraus gingen Tätigkeiten in den Bereichen Consulting, Unternehmensberatung, Design-Agenturen, sowie freiberufliche Beratungstätigkeiten für Corporate Design und betriebswirtschaftliche Fragen des Sports.

Prof. Dr. Ronald Wadsack ist seit September 2000 als Professor für Sportmanagement an der Fachhochschule Braunschweig/Wolfenbüttel (Ostfalia Hochschule für angewandte Wissenschaften; Campus Salzgitter), Studiengang Sportmanagement berufen. Vorher war er als Mitarbeiter der Universität Witten/Herdecke und freiberuflicher Berater bereits in dem Themengebiet Sportmanagement tätig. Aktuelle Themenschwerpunkte sind betriebswirtschaftliche Fragen des Sports, insbesondere der Führung und Zukunftsfähigkeit von Sportbetrieben, der Mitarbeitsformen und Finanzierung. Verschiedene Beratungstätigkeiten für Verbände und vielfältige Veröffentlichungen sind im Zuge dieser Tätigkeiten entstanden. Herausgeber der Buchreihe „Blickpunkt Sportmanagement".

Katharina Wiegand promoviert an der Georg-August-Universität Göttingen, Lehrstuhl für Agrarmarketing von Herrn Professor Spiller. Im Rahmen des Förderprogramms der Stiftung der Deutschen Wirtschaft (sdw) forscht sie zur Marktorientierung von Reitschulen und weiteren Aspekten der aktuellen Entwicklung und Zielgruppen im Pferdesport. Zuvor hat sie Pferdewissenschaften und Biologie studiert. Als Vorstandsmitglied eines 400 Mitglieder starken Reitvereins ist sie seit vielen Jahren u. a. mit der Organisation des Schulbetriebs und diverser Veranstaltungen betraut.

Blickpunkt Sportmanagement

Herausgegeben von Ronald Wadsack

Band 1 Ronald Wadsack / Rainer Cherkeh / Carolin von Büdingen / Rüdiger Hamel: Krisenmanagement in Sportbetrieben. 2006.

Band 2 Thomas Bezold / Lutz Thieme / Gerhard Trosien / Ronald Wadsack (Hrsg.): Handwörterbuch des Sportmanagements. 2008. 2., neubearbeitete und erweiterte Auflage 2013.

Band 3 Louise Bielzer / Ronald Wadsack (Hrsg.): Betrieb von Sport- und Veranstaltungsimmobilien. Managementherausforderungen und Handlungsoptionen. 2011.

Band 4 Christina Münch / Katharina Wiegand (Hrsg.): Die deutsche Pferdewirtschaft. Betriebswirtschaftliche Aspekte zwischen Hobby und Unternehmung. 2016.

www.peterlang.de

www.ingramcontent.com/pod-product-compliance
Ingram Content Group UK Ltd.
Pitfield, Milton Keynes, MK11 3LW, UK
UKHW021918290926
8980IPUK00015B/1329

9 783631 665893